토양환경
기사 실기

PREFACE
ENGINEER SOIL ENVIRONMENT

본서는 한국산업인력공단의 최근 출제기준에 맞추어 토양환경기사 실기시험을 준비하는 수험생들이 가장 효율적으로 공부할 수 있도록 필수내용만 정성껏 담았습니다.

● 본 교재의 특징

> 1. 최근 출제경향에 맞추어 핵심이론과 필수기출계산문제 및 풀이 수록
> 2. 출제비중이 높은 핵심필수계산문제의 풀이 수록
> 3. 최근의 복원기출문제에 대한 상세한 해설 수록

차후 실시되는 시험문제들의 해설을 통해 미흡하고 부족한 점은 계속 수정·보완해 나가도록 하겠습니다.

끝으로, 이 책을 출간하기까지 끊임없는 성원과 배려를 해주신 예문사 관계자 여러분, 보건환경연구원 전재식 부장님, 주경야독 유동기 대표이사, 달팽이 박수호 님에게 깊은 감사를 전합니다.

저자 **서영민**

출제기준

토양환경기사 출제기준(필기)

직무 분야	환경·에너지	중직무 분야	환경	자격 종목	토양환경기사	적용 기간	2023.1.1.~2026.12.31.

○직무내용 : 토양·지하수 정화 및 관리 분야의 관계법규, 공학적 지식 등을 바탕으로 토양·지하수 환경오염 정화 및 관리에 대한 설계, 시공, 운영에 관한 직무 수행

필기검정방법	객관식	문제수	80	시험시간	2시간

필기과목명	문제수	주요항목	세부항목	세세항목
토양학개론	20	1. 토양환경	1. 토양의 물리·화학적 특성	1. 토양의 분류 및 특성 2. 토양의 3상 및 토성 3. 점토광물 구조 및 특성 4. 토양교질물 및 이온교환 5. 흡착특성 6. 토양의 산화·환원
			2. 토양미생물 분류 및 정화특성	1. 토양미생물 분류 2. 토양미생물과 오염물질 정화특성
			3. 토양오염 특성 및 영향	1. 토양오염의 특성 2. 토양오염 물질의 특성 및 영향 3. 토양오염원별 특성 및 영향
			4. 토양에서의 오염물질 이동	1. 오염물질의 거동특성 2. 오염물질의 이동 및 저감방안
			5. 토양오염대책	1. 토양오염의 예방대책 2. 토양오염의 정화대책
		2. 지하수 환경	1. 지하수 수리특성	1. 지하수의 유동 2. 지하수 수리
			2. 지하수 오염의 특성, 영향 및 조사	1. 지하수 오염의 특성 2. 지하수 오염의 영향 3. 지하수 오염의 조사
		3. 토양관리	1. 토양의 산성화, 염류화, 사막화 및 토양 침식	1. 토양의 산성화 2. 토양의 염류화 및 사막화 3. 토양 침식 4. 산성 및 염류토양의 개선
			2. 토양 영양관리	1. 영양 물질의 이동 2. 적정수준의 영양물질 처리 3. 영양 물질의 변환 4. 토양 영양관리기술

필기과목명	문제수	주요항목	세부항목	세세항목
토양 및 지하수 오염 조사기술	20	1. 토양오염 공정 시험기준	1. 총칙	1. 일반사항 등 2. 정도보증/정도관리 등
			2. 누출검사방법	1. 저장물질이 없는 누출 검사대상 시설 2. 저장물질이 있는 누출 검사대상 시설 등
			3. 토양오염도 일반 시험방법	1. 시료채취방법 2. 시료조제방법 3. 분석용 시료의 함수율 보정
			4. 토양오염도 기기 분석방법	1. 자외선/가시선분광법 2. 원자흡수분광광도법 3. 유도결합 플라즈마 원자 발광 분광법 4. 기체크로마토그래피법 5. 이온전극법 등
			5. 토양오염도 항목별 시험방법	1. 일반항목 2. 금속류 3. 유기화합물류 4. 기타
		2. 토양오염 조사 및 평가	1. 토양오염정밀조사	1. 기초, 개황조사 방법 및 절차 2. 정밀조사 방법 및 절차
			2. 토양오염평가	1. 위해성 평가방법 및 절차 2. 토양환경평가방법 및 절차
토양 및 지하수 오염 정화기술	20	1. 물리·화학적 정화기술	1. 물리·화학적 정화기술	1. 물리적 정화기술의 종류 및 특성 2. 화학적 정화기술의 종류 및 특성 3. 기술별 공정 이론 4. 기술별 적용범위 및 제약조건 등
			2. 물리·화학적 정화기술의 설계, 시공, 유지관리	1. 각 정화기술의 설계 2. 각 정화기술의 시공 3. 각 정화기술의 유지관리
		2. 생물학적 정화기술	1. 생물학적 정화기술	1. 생물학적 정화기술의 종류 및 특성 2. 기술별 공정 이론 3. 기술별 적용범위 및 제약조건 등
			2. 생물학적 정화기술의 설계, 시공, 유지관리	1. 각 정화기술의 설계 2. 각 정화기술의 시공 3. 각 정화기술의 유지관리
		3. 열적 정화기술	1. 열적 정화기술	1. 열적 정화기술의 종류 및 특성 2. 기술별 공정 이론 3. 기술별 적용범위 및 제약조건 등
			2. 열적 정화기술의 설계, 시공, 유지 관리	1. 각 정화기술의 설계 2. 각 정화기술의 시공 3. 각 정화기술의 유지관리

INFORMATION

필기과목명	문제수	주요항목	세부항목	세세항목
토양 및 지하수 환경관계법규	20	1. 토양환경 보전법	1. 법	1. 총칙 2. 토양오염의 규제 3. 토양보전대책지역의 지정 및 관리 4. 토양관련 전문기관 및 토양정화업 5. 보칙 및 벌칙
		2. 지하수법	1. 법	1. 지하수의 보전·관리 2. 지하수의 수질보전 등에 관한 규칙

토양환경기사 출제기준(실기)

| 직무분야 | 환경·에너지 | 중직무분야 | 환경 | 자격종목 | 토양환경기사 | 적용기간 | 2023.1.1.~2026.12.31. |

○ 직무내용: 토양·지하수 정화 및 관리 분야의 관계법규, 공학적 지식 등을 바탕으로 토양·지하수 환경오염 정화 및 관리에 대한 설계, 시공, 운영에 관한 직무이다.
○ 수행준거: 1. 토양오염에 대한 전문적인 지식을 토대로 하여
　　　　　　 2. 토양오염 현황을 정확히 조사, 측정 및 분석할 수 있다.
　　　　　　 3. 측정자료를 토대로 토양오염을 평가 및 예측할 수 있다.
　　　　　　 4. 토양오염 대책을 수립하여 정화 및 관리를 적절하게 적용하기 위한 설계, 시공, 운영할 수 있다.

| 실기검정방법 | 필답형 | 시험시간 | 3시간 |

실기과목명	주요항목	세부항목	세세항목
토양오염 조사 및 정화 실무	1. 토양오염조사 및 평가	1. 토양오염조사 방법 및 절차 이해하기	1. 토양오염조사 방법 및 특성을 파악할 수 있다. 2. 토양오염조사 절차를 숙지하여 계획을 수립, 시행할 수 있다. 3. 위해성 평가방법 및 원리를 숙지하여 계획을 수립, 시행할 수 있다.
		2. 토양오염평가 방법 및 절차 이해하기	1. 토양환경평가 방법 및 특성을 평가할 수 있다. 2. 토양환경평가 절차를 숙지하여 계획을 수립, 시행할 수 있다.
		3. 토양분석하기	1. 토양 이화학적 특성을 분석할 수 있다. 2. 시료 전처리를 할 수 있다.
		4. 부지특성 조사하기	1. 토양오염부지의 특성을 조사할 수 있다.
	2. 토양 및 지하수 오염 정화	1. 정화계획 수립하기	1. 대상 부지의 향후 이용계획을 고려한 정화목표를 설정할 수 있다. 2. 정화대상 지역의 정화기술 적용 제한성을 검토할 수 있다.
		2. 현장 적용성 평가하기	1. 현장의 실증실험을 적용하기 위한 공법을 선정할 수 있다. 2. 시공 시 도출될 수 있는 문제점과 한계점을 예측할 수 있다.
		3. 정화공법 선정하기	1. 대상부지 여건을 고려한 정화공법별 기술 적용성을 비교평가 할 수 있다.
		4. 정화시설시공계획 수립하기	1. 설계도서에 따라 정화시설의 단계별 시공계획을 검토할 수 있다.
		5. 정화효율 평가하기	1. 정화공정별 모니터링을 수행할 수 있다.
		6. 정화시설운영 종료하기	1. 설계도서에 따라 정화시설물 철거 및 원상복구 절차를 검토할 수 있다.
		7. 정화검증하기	1. 정화계획서에 따른 이행 여부를 판단할 수 있다. 2. 현장에서 검증 시료 채취 및 분석을 할 수 있다. 3. 정화시설의 정화효율성을 판단할 수 있다.
	3. 토양관리 및 보전	1. 토양오염 사전 예방하기	1. 토양오염원별 이동특성을 이해하고 이를 사전에 예방할 수 있는 기술을 숙지하여야 한다.
		2. 사후관리 및 모니터링 이해하기	1. 토양 및 지하수 오염정화 후 적절한 사후관리방법 및 모니터링에 대하여 숙지하여야 한다.
		3. 토양보전하기	1. 침식방지 등 토양 보전 방법에 대하여 숙지하여야 한다.

PART 01. 실기이론 및 기출필수문제

Section 001 토양의 정의 ··· 1-3
Section 002 토양의 기능 ··· 1-4
Section 003 토양의 분류 ··· 1-5
Section 004 토양의 생성 ··· 1-9
Section 005 토양침식 ··· 1-13
Section 006 토양의 단면(Soil Profile, 토양층위) ································ 1-16
Section 007 토양의 3상 ··· 1-18
Section 008 토성(Soil Texture) ··· 1-20
Section 009 우리나라 토양의 일반적 특징 ··· 1-23
Section 010 토양의 물리적 특성 ··· 1-24
Section 011 균등계수(C_u) 및 곡률계수(C_z) ·································· 1-26
Section 012 공극률(Porosity) ··· 1-28
Section 013 토양의 입단화 ··· 1-33
Section 014 토양 수분 ··· 1-35
Section 015 토양 내 공기 ··· 1-42
Section 016 토양의 색 ··· 1-43
Section 017 토양의 온도 ·· 1-44
Section 018 토양의 가소성(소성) ·· 1-46
Section 019 토양 광물 ··· 1-48
Section 020 공극비(Void Ratio)와 공극률(Porosity) ·························· 1-49
Section 021 시료(토양) 채취기 ··· 1-54
Section 022 pH(수소이온농도) ··· 1-59
Section 023 토양의 산성화 ··· 1-61
Section 024 토양의 염류화 ··· 1-62
Section 025 토양의 산화·환원전위(ORP ; Eh) ··································· 1-64
Section 026 점토광물 ··· 1-66

Section 027 이온교환 ··· 1-71
Section 028 염기포화도 및 수소포화도 ·· 1-74
Section 029 토양유기물 ··· 1-77
Section 030 토양유기물 분해속도 ··· 1-80
Section 031 토양오염물질의 이동특성 ··· 1-87
Section 032 오염물질과 토양의 상호작용 ··· 1-89
Section 033 토양 내의 원소순환 ··· 1-94
Section 034 토양 미생물 ·· 1-99
Section 035 탄소원과 에너지원에 따른 미생물 분류 ···································· 1-102
Section 036 토양오염의 특징 및 오염원 ·· 1-103
Section 037 토양오염물질(중금속류) ·· 1-108
Section 038 BTEX ·· 1-118
Section 039 유기화학물질 ··· 1-121
Section 040 지하수의 일반사항 ··· 1-124
Section 041 대수층 ·· 1-128
Section 042 수리전도도(Hydraulic Conductivity) ······································ 1-130
Section 043 Darcy 법칙 ··· 1-133
Section 044 실제 단면을 통하여 흐르는 지하수의 이동속도 ························· 1-137
Section 045 투수량 계수(전도계수, Transmissivity) ···································· 1-143
Section 046 공극률(간극률, Porosity) ·· 1-144
Section 047 비산출률(Specific Yield) 및 비보유율(Specific Retention) ······· 1-145
Section 048 비저류계수(Specific Storage) 및 저류계수(Storativity) ············ 1-146
Section 049 지하수 특성 ·· 1-149
Section 050 지하수의 오염 ··· 1-151
Section 051 지하수 오염물질의 거동(유동) ·· 1-153
Section 052 NAPL(Non Aqueous Phase Liguid) ····································· 1-155
Section 053 토양 내의 물질이동 ··· 1-158
Section 054 오염토양의 처리장소 위치에 따른 구분 ···································· 1-159
Section 055 현장 내 처리방법(On-Situ)과 현장 외 처리방법(Off-Situ) ········ 1-163
Section 056 오염토양의 처리기술에 따른 구분 ··· 1-164
Section 057 토양오염 방지 및 복원기술 ·· 1-165

CONTENTS

Section 058 토양오염 복원 및 정화단계 ··· 1-166
Section 059 토양증기추출법(SVE) ·· 1-167
Section 060 공기스파징(공기분사기법, Air Sparging) ································ 1-176
Section 061 토양세척공법(Soil Washing) ·· 1-179
Section 062 토양세정방법(Soil Flushing) ·· 1-186
Section 063 동전기 정화방법(Electrokinetic Remediation(Separation)) ········· 1-188
Section 064 유리화 방법(Vitrification)(전기용융방법) ································· 1-192
Section 065 자연저감법(Natural Attenuation) ·· 1-195
Section 066 화학적 산화/환원법(Chemical Reduction/Oxidation) ··············· 1-198
Section 067 화학적 불용화처리 ·· 1-202
Section 068 용매추출방법(Solvent Extraction, Chemical Extraction) ········· 1-204
Section 069 고형화·안정화 방법(Solidification·Stabilization) ··················· 1-206
Section 070 수직차단벽(Vertical Cut Off Walls) ··· 1-212
Section 071 투수성 반응벽체(PRB) ·· 1-219
Section 072 Direction Wells ··· 1-223
Section 073 Dual Phase Extraction ·· 1-224
Section 074 수압 및 공기 파쇄추출법(Hydraulic and Pneumatic Fracturing) ····· 1-225
Section 075 지하수오염 처리 기술 ··· 1-228
Section 076 생물학적 복원기술(Bioremediation) ·· 1-233
Section 077 바이오벤팅(Bioventing)방법 : 생물학적 통기법 ······················· 1-250
Section 078 원위치 생물학적 복원(지중 생물학적 복원, In-Situ Bioremediation) 1-258
Section 079 토양경작방법(Landfarming) ·· 1-261
Section 080 바이오파일(Biopile) 방법 ·· 1-264
Section 081 슬러지상 생물반응조(Slurry Phase Biological Treatment) ········ 1-267
Section 082 퇴비화 공법(Composting) ··· 1-269
Section 083 바이오스파징(Bio Sparging) ·· 1-271
Section 084 바이오슬러핑(Bio Slurping) ··· 1-273
Section 085 바이오필터(Biofilter) ·· 1-275
Section 086 백색 부후균(White Rot Fungus) ··· 1-278
Section 087 식물정화법(Phytoremediation) ··· 1-279
Section 088 소각 ·· 1-286

토 양 환 경 기 사 실 기
CONTENTS

Section 089 열탈착 기술(Thermal Desorpton) ·· 1-288
Section 090 토양오염도 조사 ··· 1-296
Section 091 토양 정밀조사 ·· 1-298
Section 092 오염지반의 조사방법 ··· 1-301
Section 093 토양오염 평가 ·· 1-303
Section 094 토양환경 평가방법 및 절차 ·· 1-305
Section 095 시료의 채취방법 ··· 1-307
Section 096 시료의 조제방법 ··· 1-313
Section 097 수분함량 ··· 1-314
Section 098 수소이온농도(유리전극법) ·· 1-316
Section 099 각 토양오염물질의 분석 ··· 1-319

PART 02. 핵심필수문제

Section 001 핵심필수문제 ··· 2-3

PART 03. 복원기출문제

2012 복원기출문제 ··· 3-3
2013 복원기출문제 ··· 3-17
2014 복원기출문제 ··· 3-31

CONTENTS

2015 1회 복원기출문제 ·· 3-46
      2회 복원기출문제 ·· 3-55
      4회 복원기출문제 ·· 3-63

2016 1회 복원기출문제 ·· 3-72
      2회 복원기출문제 ·· 3-79
      4회 복원기출문제 ·· 3-88

2017 1회 복원기출문제 ·· 3-96
      2회 복원기출문제 ·· 3-102
      4회 복원기출문제 ·· 3-110

2018 1회 복원기출문제 ·· 3-117
      2회 복원기출문제 ·· 3-123
      4회 복원기출문제 ·· 3-130

2019 1회 복원기출문제 ·· 3-137
      2회 복원기출문제 ·· 3-144
      4회 복원기출문제 ·· 3-151

2020 1회 복원기출문제 ·· 3-159
      통합 1·2회 복원기출문제 ·· 3-166
      3회 복원기출문제 ·· 3-172
      4회 복원기출문제 ·· 3-178

2021 1회 복원기출문제 ·· 3-185
      2회 복원기출문제 ·· 3-193
      4회 복원기출문제 ·· 3-199

2022 1회 복원기출문제 ·· 3-206
      4회 복원기출문제 ·· 3-213

2023 1회 복원기출문제 ·· 3-219
      2회 복원기출문제 ·· 3-225
      4회 복원기출문제 ·· 3-232

2024 1회 복원기출문제 ·· 3-238
      2회 복원기출문제 ·· 3-246
      3회 복원기출문제 ·· 3-253

PART 01

실기이론 및
기출필수문제

SECTION 001 토양의 정의

1. 물리적 정의

토양은 암석이 오랜 기간 동안 물리·화학적 또는 생물학적 과정 등의 풍화작용으로 부서져 이루어진 물질을 말한다.

2. 형태학적 정의

토양은 고체, 액체, 기체의 결합체로 지각표면을 뒤덮고 있는 구성 물질을 말한다.

3. 지하수 존재 여부에 따른 구분

(1) 불포화 토양

일반적으로 지하수층위의 토양을 의미한다.

(2) 포화토양

일반적으로 지하수에 포화되어 있는 토양을 의미한다.(대수층 : 지하수를 함유하고 있는 포화토양층)

> **Reference** 환경 구성요소로서의 토양
>
> 1. 토양은 일반적인 자연조건하에서 외적 요인에 대해 완충능력이 크다.
> 2. 주로 미생물 작용을 통하여 사멸물질을 원래의 구성성분으로 분해하여 그들 성분이 식생을 경유하여 원래의 사이클로 환원되기 위한 적당한 환경을 제공한다.
> 3. 용해성분과 콜로이드상 성분, 특히 호기적인 표층로를 통과하는 사이에 무기화되어 유기질 성분을 포함한 물의 여과기로서의 역할을 가진다.
> 4. 식물의 생육 및 다른 형태의 생명을 지탱하는 기능과 함께 자연의 폐기물을 위한 쓰레기장으로서의 작용과는 상호적으로 밀접한 관련을 가진다.

SECTION 002 토양의 기능

(1) 식물 성장을 위한 매체
   ① 식물 뿌리 지지
   ② 양분 및 수분의 저장·공급

(2) 토양 공극을 통한 CO_2와 O_2의 교환통기 기능

(3) 토양의 절연기능(토양의 온도조절 기능)
   토양 내 온도변화폭이 작도록 조절

(4) 토양 내의 수분변화를 조절하는 토양공극의 함수능 기능(토양의 수분조절 기능)

(5) 완충작용(Buffer Action) 기능
   ① 토양 유기물이나 점토에 의해 완충능을 가지고 있음(오염물질 정화)
   ② 산 또는 알칼리에 의한 pH 변화가 미약함을 의미

(6) 영양분과 유기폐기물의 순환계로서의 역할 기능

(7) 공학적 매체 기능
   원료 및 건축 등의 기초역할

(8) 물의 공급조절 기능
   ① 홍수 조절
   ② 지하수 확보

토양의 분류

1. 형태학적 분류체계(미국 농무부 토양분류법 : 6개의 범주)

(1) 개요

형태학적 분류체계는 토양의 생성인자를 기초로 한 토양분류와는 다르게, 토양 그 자체의 성질을 기초로 하여 토양층의 특징 및 성격에 따라, 즉 화학적·형태적 차이를 정확하게 분류한 것이다.

(2) 분류 계수

① 목(Order)

㉠ 분류 중 가장 큰 단위로 12종류가 있음
㉡ 토양 형성과정에 따라 달라짐
㉢ 토양층위 발달에 따른 토양특성에 근거를 둔 고차분류 단위

② 아목(Sub-Order)

생화학적 동질성을 띠는 토양의 특성에 기초를 둠

③ 대군(대토양군, Great-Group)

특징적 층위 존재 여부, 즉 특징적 층위 배열에 따른 의미에 따른 분류

④ 아군(아토양군, Sub-Group)

대군을 세분화한 분류

⑤ 과(계, Family)

토성, 광물, 점토광물, 반응, 토양온도에 기초를 둔 분류

⑥ 통(Series)

가장 기본이 되는 단위로 분류의 최소기본단위

2. 토양목 구분(미국 농무부 토양분류기준) : 형태론적 분류(신토양분류 : 12과목)

(1) 엔티졸(Entisols)

① 토양층위가 뚜렷하지 않은 미발달 토양(층의 분화가 거의 없음 : 미숙 토양)
② 생긴 지 얼마 안 되는 토양
③ 모든 기후에서 생성되며 Tundra가 이에 속함

(2) 인셉티졸(Inceptisols)

① 습한 지역에서 주로 나타나며 모암의 변화로 인해 생성된 층이 조금 있음
② 우리나라에 분포하고 물질의 변성 또는 농축에 의하여 토양층위가 막 발달하기 시작한 젊은 토양
③ 탄산염, 규산염 등이 집적되어 있으며 표층은 얇고 유기물 함량이 낮으며 염기의 공급력은 중간이거나 낮음
④ 이 지역은 식생에 알맞은 온도가 계속되고 보통 90일간은 습함
⑤ 온대·열대습윤기후에서 발달하며 산성갈색토, 화산회토, 산악습초지토 등이 이에 속함

(3) 몰리졸(Mollisols)

① 표층에 유기물 함량이 높아 부드러운 표층을 가짐
② 표층 색깔은 검은색(흑색)이며 염기의 공급능력이 높음
③ 물리성이 좋으며 염기성분이 많음
④ 반건·반습지대의 초원토양
⑤ 율색토, Chernozem 등이 이에 속함

(4) 알피졸(Alfisols)

① 점토가 쌓인 집적층(B층)이 존재함
② 표층 색깔은 회색 또는 갈색을 나타냄
③ 석회가 용탈되어 Al 및 Fe이 하토층에 집적되는 습윤지방의 토양

④ 염기포화도가 35% 이상인 Argillic 층을 가짐
⑤ 회갈색 Podzol이 이에 속함

(5) 얼티졸(Ultisols)

① 강우에 의한 세탈이 극심하여 염기함량이 낮은 하부층을 가진 토양
② 온대·열대의 다습지대의 토양이며 점토가 많고 염기함량이 적음
③ 염기포화도가 35% 이하인 Argillic 층을 가짐
④ 적갈색 Laterite, 적황색 Podzol이 이에 속함
⑤ 습한 지역에서도 발달하며, 저염기포화도를 가짐

(6) 옥시졸(Oxisols)

① 가수산화물 및 석영의 혼합물
② 점토층이 없고 산화물(Al, Fe)이 풍부함
③ 풍화가 심한 지역의 산화물 토양이며 열대지방에 주로 존재함
④ 1:1형 점토가 많고 Laterite 토양이 이에 속함
⑤ 풍화와 용탈이 매우 심하게 일어나는 고온다습한 열대기후지역에서 발달함

(7) 버티졸(Vertisols)

① 팽창과 수축이 현저하게 일어나 역전이 발생하며, 팽창성(팽윤성) 점토의 함량이 높아질 경우 건조한 시기에는 토양이 갈라져서 깊은 골이 생김
② 건습이 반복되는 열대·아열대에서 발달
③ Grumusol, Regur, 열대흑색토 등이 이에 속함

(8) 아리디졸(Aridisols)

① 건조한 지역에 존재하고 유기물 함량이 낮으며 용탈작용이 없음
② Na 함량이 높은 경우가 많고 층위분화가 미약함
③ 염류가 집적되는 토양
④ 사막토, 갈색토, Solonetz 등이 이에 속함

(9) 스포도졸(Spodosols)

① 한랭습윤 기후에서 집적층(B층)을 가진 토양
② 유기물, 철산화물, 알루미늄산화물이 쌓인 토양층이 존재함
③ 하층토에 비정질의 물질이 집적된 토양
④ Spodic 층이 발달하고 Podzol이 이에 속함

(10) 히스토졸(Histosols)

① 부분적으로 또는 심하게 분해된 수생식물의 잔재가 얕은 연못이나 습지에서 퇴적되어 형성
② 유기질(식물조직)로 이루어진 늪지의 토양으로 흑색과 암갈색을 나타냄
③ 유기물 함량이 20~30% 이상이며 유기물토양층은 40cm 이상임
④ 담수상태 또는 산성 조건에서 발달하는 유기질 토양
⑤ 이탄토, 흑니토 등이 이에 속함

(11) 안디졸(Andisols, Andosols)

① 화산재 토양이며 60% 이상의 화산분출물로 구성
② 양이온 교환용량(CEC)과 흡착력이 높음
③ 유기물(Allophane, Al-humic Complex) 함량은 높으나 용적밀도는 낮음
④ 표토가 검은빛인 토양

(12) 젤리졸(Gelisols)

① 토양 내에 영구동토층(Permafrost)을 포함한 토양
② 층위분화가 미약함
③ 가장 최근에 추가된 토양목

> **Reference** 우리나라에 분포하고 있는 토양목
>
> ① 인셉티졸　　② 엔티졸　　③ 몰리졸
> ④ 알피졸　　　⑤ 얼티졸　　⑥ 히스토졸

SECTION 004 토양의 생성

1. 토양 생성 과정

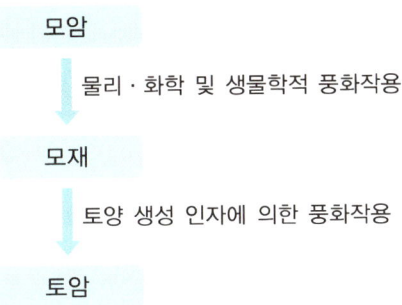

2. 풍화작용(Weathering)

암석이 기후, 물, 지형, 생물 등에 의해 입자가 작아지거나 성질이 변화하는 것. 즉, 모암이 장기간에 걸친 자연적인 작용 또는 구성성분이 변성되는 화학적 분해에 의해 암석의 본질이 변화하여 토양의 모재가 되는 것이 풍화작용이다.

(1) 물리적 풍화작용(Physical Weathering, 기계적 풍화작용)

물리적 작용(기계적 작용) 즉 온도변화, 물의 동결과 해빙, 대기, 마모, 식물이나 동물의 영향에 의해 분열되어 분리되는 것을 말하며, 표면적이 증가된다.

(2) 화학적 풍화작용(Chemical Weathering)

광물이나 암석이 지각표면에서 공기나 수분과 접촉, 화학적으로 안정되기 위하여 암석의 본질을 다른 물질로 변화시키는 풍화작용을 말한다. 즉, 가수분해, 수화작용, 산화·환원반응, 산성화, 용해작용, 이온교환 등의 화학반응에 의해 조암광물이 분해되는 것을 말한다.

(3) 생물학적 풍화작용(Biogical Weathering)

생물에 의한 풍화작용은 동물, 식물, 미생물이 암석을 분해하는 산(Acid)을 형성하여 발생되며, 토양생물은 호흡을 통해 CO_2를 생성, OH^-을 중화시키거나 탄산염이나 중탄산염을 생성, 암석광물의 분해를 촉진시킨다.

3. 토양생성 주요인자

(1) 기후(Climate)

① 토양생성인자 중 가장 큰 영향을 미치는 인자이다.
② 토양의 온도와 습도를 변화시킨다.
③ 고온다습한 기후조건에서 빠르게 토양생성작용이 진행되며, 한랭·건조한 기후조건에서는 서서히 진행된다.
④ 기후조건 중 기온과 강우량(습도)이 가장 중요한 역할을 한다.

(2) 생물(식생, Vegeation)

① 식생은 주로 유기물로, 토양의 풍화에 큰 영향을 미친다.
② 식물의 뿌리는 지중에서 토양의 밀도를 변화시킨다.
③ 식물은 기온과 강수량에 의해 지배되며 초원, 관목, 산림으로 구분된다.

(3) 모재(모암, Parent Material)

① 토양의 근원이 모재이며 파동적으로 작용하고 크게 화성암, 퇴적암, 변성암으로 나눈다.
② 한랭·건조한 지역에서는 모재의 영향을 많이 받고 고온·다습한 지역에서는 모재의 영향이 미비하다.

(4) 지형(Topograpy)

① 기후에 의한 토양생성속도를 촉진 또는 지연시킨다.
② 경사가 급한 지역에서는 침식작용으로 인한 미세입자는 모두 유실되고 조대입자만 남는다.
③ 평지에서 미세입자가 집적되어 단단한 토양이 되는데 이를 Plansol이라 한다.

(5) 시간(Time)

① 토양은 시간에 따라 비가역적으로 변화, 즉 장기간 동안 매우 천천히 미숙토양에서 성숙토양으로 된다.
② 미숙토양에서 성숙토양으로 될 때까지는 일정한 시간을 필요로 하며, 이는 모재와 환경조건에 따라서 일정하지 않다.

(6) 인위적 영향

인간을 포함한 생명체에 대한 영향을 의미한다.

4. 토양생성작용

(1) 포드졸화(Podzolization) 작용

① 포드졸화 작용은 한랭습윤지대, 낮은 온도, 침엽수림, 조립질, 산성 토양의 조건에서 잘 일어나며 토양 표층의 철과 알루미늄 등이 용탈되어 생긴 회백색의 표백층과 그 밑에 철과 알루미늄이 집적되어 생긴 흑갈색 또는 적갈색의 집적층을 갖는 토양생성과정이다.
② 산성 부식질의 영향으로 토양의 무기성분이 심하게 분해되어 유동성이 매우 작은 Fe, Al 등까지도 졸(Sol) 상태로 되어 하층으로 이동하는 토양생성과정이다.

(2) 라테라이트화(Laterization) 작용

① 주로 고온다습한 열대기후 조건하에서 활엽수림의 중성부식질에서 일어나며 염기류나 규산이 용탈되고 철 및 알루미늄의 산화물이 잔류해서 상대적으로 많아지는 과정을 말한다.
② SiO_2/Al_2O_3 또는 SiO_2/Fe_2O_3의 비가 낮은 토양이 생성된다.

(3) 글레이화(Gleization) 작용

① 배수가 불량한 곳이나 지하수위가 높은 저습지에서 산소의 공급이 불충분하여 토양이 환원상태가 되었을 때 Fe^{3+}이 Fe^{2+}으로 환원되어 표층의 색깔이 담청색 내지 녹청색 또는 청회색을 나타내는 글레이층(G층)이 발달하는 토양생성작용이다.
② 글레이층(G층)은 산화·환원전위가 매우 낮고 치밀하며 다소 점성질이다.

(4) 석회화 작용(Calcification)

① 강우량이 적은 건조 또는 반건조 지역에서 규산염의 가수분해에 의해 부생되는 칼슘(Ca), 마그네슘(Mg)이 탄산염으로 되어 토양 전체에 집적되는 토양생성작용이다.
② 석회화 작용을 받은 토양은 칼슘으로 포화된 부식이 대부분이며 우리나라에서는 볼 수 없다.

(5) 염류화 작용(Salinization)

① 가용성의 염류 탄산염, 황산염, 염화물, 질산염이 표층에 집적되는 토양생성작용이다.
② 알칼리흑토(Solonetz)는 염류토양에 Na염이 첨가되거나 세탈작용이 일어날 때 토양교질이 Na 교질로 변환되며 강알칼리성을 나타내는 토양이다.

(6) 점토화 작용(Siallitization)

① 규산(SiO_2)의 함량이 풍부한 점토광물을 함유한 풍화물이 풍부한 수분 및 온도의 적정 조건에서 2차적인 점토광물질의 생성작용이다.
② 온난습윤지대의 활엽낙엽 수림하에서 이루어지는 토양 생성작용이다.

(7) 부식 및 이탄 집적 작용

① 부식 집적은 풍부한 식물 유체의 공급과 토양 모재 중에 칼슘 함량이 많고 유기물의 무기화가 잘 이루어지지 않은 상태에서 유기물이 집적된다.
② 이탄 집적은 지하수위가 낮은 곳이나 수중에서 유기물 분해가 억제되어 이것이 부식화되어 집적된 것을 말한다.

SECTION 005 토양침식

토양침식은 물에 의한 수식, 바람에 의한 풍식으로 구분되고 사막화의 원인이 되고, 토양입자에 흡착된 각종 화학물질이 수계로 방출되어 수질오염의 원인이 되며 대기도 오염시킨다.

1. 수식(Water Erosion)

(1) 개요 및 특징

① 토양사면의 침식현상으로 토괴로부터 분산탈리된 토양입자들의 이동, 낮은 곳으로 운반된 입자들의 퇴적과 같은 3단계 과정을 거쳐 일어난다.
② 빗방울에 의한 침식과 표류수(지표유거수)에 의한 침식으로 구분한다.
③ 지질침식은 굴곡이 심한 자연지형을 고르고 평평하게 하는 과정이다.
④ 가속침식이 일어나는 지역은 토양이 풍화나 퇴적에 의하여 새롭게 생겨나는 것보다 빠른 속도로 침식된다.

(2) 침식의 진행정도(3단계)

① 면상침식

빗물이 지표면을 고르게 면상으로 얇게 씻겨 내리는 현상이다.

② 세류침식

토양표면의 약한 흐름이 모여 소규모 흐름을 형성하고 이것이 표토를 씻겨 내리는 현상이다.

③ 협곡침식

각 세류침식이 합류하여 침식력을 증가시켜 깊은 골짜기를 형성하고, 이것이 씻겨 내리는 현상이다.

2. 풍식(Wind Erosion)

(1) 개요 및 특징

① 건조토양에서 바람에 의한 토양의 유실현상으로 관여하는 인자는 풍속, 수분함량이다.
② 연간강수량이 약 400mm 이하인 지역에서 발생한다.
③ 깊은 골짜기를 형성하지 않으며 바람에 의해 많은 양의 표토를 이동시켜 넓은 지역에 영향을 미친다.

(2) 풍식의 3가지 유형

① 표토 손실
② 토지 개변
③ 풍식물에 의한 피복

3. 바람에 실린 토양입자들이 크기에 따라 이동하는 경로(풍식의 유형)

(1) 약동(Saltation)

대개 바람에 의하여 지름 0.1~0.5mm의 토양입자가 지표면에서 30cm 이하의 (15cm 이상의) 높이로 비교적 짧은 거리를 구르거나 뛰는 모양으로 이동하는 것을 말한다.

(2) 포행(Soil Creep)

큰 토양입자가 토양표면을 구르거나 미끄러지며 이동하는 것이다.

(3) 부유(Suspension)

먼지 전체 이동량의 15% 정도 수준이다.

> **Reference** 토양유실량 추정식

$$A = R \times K \times LS \times C \times P$$

여기서, A : 토양유실량
R : 강우침식능 인자
K : 토양침식성 인자
LS : 지형인자(경사장 및 경사도 인자)
C : 작부 인자
P : 토양관리 인자

SECTION 006 토양의 단면(Soil Profile, 토양층위)

토양의 수직적 성층구조를 토양 단면이라 한다.

1. 구성순서(지표면으로부터 지하로)

O층(유기물층) ➡ A층(표층, 용탈층) ➡ B층(집적층) ➡ C층(모재층) ➡ R층(기반암)

2. 각 층의 특징

(1) O층(유기물층)

① 부분적으로 분해가 일어나고 있는 토양단면의 최상부층으로 주로 산림토양에서 볼 수 있다.
② 암반층 바로 위는 모재층이며 표면의 유기물층을 걷어내면 용탈층이 나타난다.
③ O층은 유기물의 분해 정도에 따라 O_1과 O_2로 구분할 수 있다.
④ O_1층은 분해되지 않아서 유기물의 원형을 식별할 수 있는 유기물층이며 낙엽퇴(L층)라고도 한다.
⑤ O_2층은 유기물의 분해로 인해 육안으로 식별할 수 없는 유기물층으로, F층(유기물분해 왕성한 층)과 H층(부식화된 층)으로 구분한다.

(2) A층(용탈층)

① 성토층의 가장 윗부분에 위치하고 기후나 식생 등의 영향을 받아 가용성 염류가 용탈되며 경우에 따라서는 점토나 부식과 같은 교질물질도 아래로 이동하게 되는 용탈층으로 A_1, A_2, A_3층으로 구분한다.
② 광물질이 존재하는 최상부층이며 분해된 유기물질로 인해 짙은 색의 토양층이다.
③ A_1층은 주위환경에 가장 크게 지배되는 층으로 부식화된 유기물과 광물질이 섞여 있는 암흑색의 층이다.

④ A_2층은 광물질이 풍부하여 하부에 있는 층보다 색깔이 짙은 것이 특징이다.
⑤ A_3층은 A층(용탈층)에서 B층(집적층)으로 이동하는 이행층이다.

(3) B층(집적층)

① 풍화작용이 가장 활발하게 진행되고 있는 층으로 B_1, B_2, B_3 및 B+A층으로 구분하며 상부 토층으로부터 용탈된 철과 알루미늄 산화물, 고운 점토 등이 집적된다.
② 토양의 구조가 뚜렷하게 구분되는 특징이 있다.(토괴의 표면에 점토피막이 형성되어 있기 때문에 구조가 발달)
③ 습윤한 기후에서는 칼슘과 같은 가용성 양이온이 종종 용탈되며 건조한 기후에서는 탄산칼슘 및 그 밖의 가용성 염류가 집적된다.
④ 일반적으로 A층에 비하여 토층의 색이 밝다.

(4) C층(모재층)

① 무기물층으로서 토양생성작용(풍화작용)을 거의 받지 않는 기암층 위의 모재층이다.
② 칼슘, 마그네슘 등의 탄산염이 교착상태로 쌓여있거나 위에서 녹아내려 온 물질이 엉키어 쌓인 토양층위이다.

(5) R층(모임층)

단단한 모암(풍화되지 않고, 고결되어 있는 기암층)으로, 미약하게 풍화된 토양이며, 성토층(Solume)과 전토층(Regolith)이 있다.

SECTION 007 토양의 3상

1. 토양의 4대 성분

① 무기물(45%) ┐
② 유기물(5%)　┘ 고형물질
③ 물(20~30%)　┐
④ 공기(20~30%) ┘ 공극(토양입자와 입자 사이의 공기나 물로 채워질 수 있는 틈새)

2. 토양의 3상

고체상(고상) 50%, 액체상(액상) 25%, 기체상(기상) 25%의 비율을 갖는다.

(1) 고상(Solid Phase)

① 무기물

㉠ 토양 내 무기물은 규소(Si), 산소(O), 철(Fe), 알루미늄(Al), 칼슘(Ca), 나트륨(Na), 칼륨(K) 등이며 보통 산화물인 SiO_2, Al_2O_3, Fe_2O_3, $CaCO_3$ 형태로 존재

㉡ 1차 광물(암석이 세분화되어 생성)과 2차 광물(1차 광물이 풍화되어 생성)로 구분

㉢ 1차 광물은 주로 조암광물이며 2차 광물은 점토가 대부분임

② 유기물

㉠ 토양 내 유기물은 대부분 동식물의 유체와 배설물이며 토양 중 유기물의 함량(중량비)은 대략 1.0~7.0%(0.5~5%) 정도

㉡ 유기물은 복잡한 고분자의 혼합물로서 이온교환이나 무기성분과 복합체 형성에 관여하며, 유기물 중 가장 중요한 부분은 부식질(Humus)임

㉢ 유기물은 토양생물체에게 탄소와 에너지원 역할을 함

(2) 액상(토양수, Water Phase)

① 토양수는 Na^+, K^+, Mg^{2+}, Ca^{2+}, Cl^-, NO_3^-, SO_4^{2-}, HCO_3^- 등의 이온으로 구성된 염류의 희박용액
② 토양 내의 물은 토양 내의 공극에 존재하고 물질 운반에 중요한 역할을 하며, 토양입자와 물 분자 사이에는 흡착 및 응집력이 작용함
③ 토양입자와의 결합력에 따라 결합수, 흡습수, 모관수, 중력수로 구분
④ 토양액체는 모세관적인 토양의 소공극에 존재하며, 대공극에서는 토양입자 표면의 수막이 두꺼워짐에 따라 중력에 의해 이동함

(3) 기상(Soil Air)

① 토양공기는 일반대기에 비해 산소(O_2)의 농도는 낮고 이산화탄소(CO_2) 및 수증기(H_2O)의 함량은 높다.
② 기상의 산소 부족으로 나타나는 현상
  ㉠ 뿌리의 호흡작용방해
  ㉡ 유기물이 혐기적으로 분해하게 되면 작물에 유해한 환원성 물질이 집적됨

SECTION 008 토성(Soil Texture)

1. 정의

토양 무기질 입자와 입경 조성(기계적 조성)에 의한 토양의 분류이다.

2. 토성 결정에 사용되는 매체

① 모래 : 2.00~0.002mm
② 실트(미사) : 0.02~0.002mm
③ 점토 : 0.002mm 이하

3. 특징

① 토성에 관련된 성질은 결국 토양을 구성하는 입자의 양과 공간의 양에 따라 결정된다.
② 토성의 결정방법은 기계적 분석에 의하여 모래 및 점토의 백분율을 산출하여 삼각도표법을 이용하면 토성을 쉽게 구분할 수 있으며, 토성명이 삼각도표법상 경계선상에 해당하는 경우에는 작은 입자를 많이 함유한 토성명을 따르고, 토양 유기물 및 자갈함량은 고려하지 않는다.
③ 토양 무기질 입자와 입경 조성에 의한 토성의 종류는 12가지이다.
④ 토성을 결정하기 위한 입경분포를 분석하는 방법에는 간이법과 기계적 분석법이 있다.

4. 입자 직경에 따른 토양의 특징

토양 종류 / 구분	사질 토양	미사질 토양	점토질 토양
수분 함유율 정도(용수량)	小	中	高
배수 정도	高	中	小
유기물 비율	小	中	高
유기물 분해율	高	中	小
응집인력(가소성)	小	高	高
바람에 대한 저항력	中	小	高
식물에 대한 지지능력	小	中	高
식물에 대한 영양 공급	小	中	高
산성도 변화율	高	中	小
유해 물질 침출률(용탈능력)	高	中	小
압축/팽창률(팽창수축률)	小	中, 小	高
pH 운용 능력	小	中	高
차수능력	小	小	高

5. 삼각도표법에 의한 토양 종류

① 실트(미사)의 %함량에서 점토의 %함량면에 평행하게 선을 작성하고 또 다른 선은 점토의 %함량면에서 모래의 %함량면에 평행이 되게 선을, 모래의 함량(%)면에서 미사의 %함량면에 평행이 되게 선을 그어 선의 교차점(만나는 점)에 있는 구간의 토양 분류명을 확인한다.
② 예를 들면 점토 15%, 미사 20%, 모래 65%인 토양은 3각도표상 사양토이다.

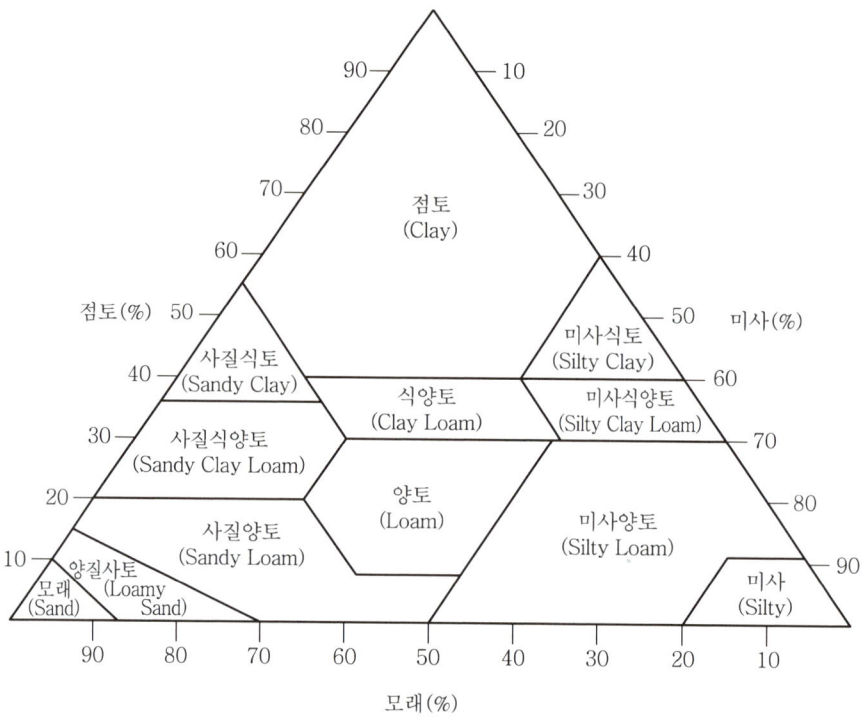

기출 必 수문제

01 어느 지역의 토양에 대한 입자분석을 해보았더니 모래(Sand) 50%, 미사(Silty) 30%, 점토(Clay) 20%로 이루어져 있다면 이 토양의 토성은?

> **풀이**
> 토성삼각도에 의해 주어진 함량을 취하여 평행하게 그은 직선의 교차점으로부터 Loam(양토)을 구할 수 있다.

SECTION 009 우리나라 토양의 일반적 특징

(1) 사질(모래) 토양
(2) 낮은 유기물 함량
(3) 산성 토양
(4) 낮은 염기치환용량
(5) 우리나라의 토양을 구성하는 모암은 화강암과 화강편마암으로 되어 있고, 화강암은 SiO_2 함량이 많은 산성암으로 물리성은 좋으나 강산성을 띠고 있어 비옥도가 낮다.

> **Reference** 우리나라 논 토양의 토성 분포
>
> 1. 농경지 토양의 약 2/3 이상은 조립질의 화강암과 화강편마암으로 구성되어 있다.
> 2. 조립질의 화강암이 많은 이유는 암석이 매우 풍화되었고, 풍화물이 저지대의 평탄지에 퇴적되었기 때문이다.

> **Reference** 우리나라 밭 토양의 토성 분포
>
> 1. 세립질괴 조립질이 약 50 : 20 정도이다.
> 2. 세립질은 투수성이 나쁘며 습할 경우에는 점착성이 증대하여 작업이 불편하다.
> 3. 조립질은 보수력이 낮아 가뭄의 피해를 입기 쉽고 대체로 비옥도가 낮다.

SECTION 010 토양의 물리적 특성

1. 토양의 입경 구분

토양입자를 자갈, 모래, 미사, 점토로 구분하는 것을 입경 구분이라 한다.

2. 토양 입자 특성

(1) 자갈(Gravel)

① 입자 직경 2mm 이상
② 비표면적이 작고 토양의 이화학 특성에 기여하지 않음

(2) 모래(Sand)

① 입자 직경 2~0.05mm
② 대부분 석영(SiO_2)과 1차 광물로 구성됨(비교적 풍화가 어려운 조암광물로 이루어짐)
③ 비표면적이 비교적 작아 수분보유력이 매우 약하고 응집성 및 점착성은 없음

(3) 미사(Silt)

① 입자 직경 0.05~0.002mm
② 실트 중 거친 부분은 모래와 유사하나 가는 부분은 이화학적 특성에 관계됨
③ 점토에 부착되어 식물 생육을 이롭게 하고, 응집성, 가역성도 가짐

(4) 점토(Clay) : 식토

① 입자 직경 0.002mm 이하
② 표면적이 매우 커서 표면활성이 높고 점착성과 응집성이 큼
③ 토양의 이화학적 특성에 크게 기여(입경이 매우 작아 교질(Colloid)의 성질을 갖고 있기 때문)
④ 흡착성이 크기 때문에 오염물질을 잘 흡착하여 환경적으로 가장 유리함
⑤ 압밀성 및 팽창수축력이 높음
⑥ 유기물 분해가 느리고 풍식 감수성이 낮음

3. 입도분포를 결정하기 위한 분석방법

토양 구성입자의 직경 분석방법으로 기계적 분석이라고도 한다.

(1) 비중계 분석

토양의 현탁액에 특수한 비중계를 적용, 그 농도를 조정하는 방법

(2) 침전 분석

세립토인 경우 Stoke's 법칙을 이용한 분석

(3) 체분석

토양이 조립토인 경우 분석

(4) 비표면적 분석

균등계수(C_u) 및 곡률계수(C_z)

토양구성입자의 직경, 즉 입도분포 결정을 위한 체분석 시 활용되는 지표

$$C_u = \frac{D_{60}}{D_{10}} \qquad\qquad C_z = \frac{(D_{30})^2}{D_{10} \times D_{60}}$$

여기서, D_{10}, D_{30}, D_{60} : 체를 통과한 흙의 누적백분율인 통과백분율 10%, 30%, 60%에 해당하는 직경
D_{10} : 유효입경

기출必수문제

01 입도분포곡선으로부터 구한 통과백분율 10%, 30%, 60%에 해당하는 직경이 각각 0.05mm, 0.15mm, 0.50mm이다. 이때 균등계수(C_u)는?

풀이

$$C_u = \frac{D_{60}}{D_{10}} = \frac{0.50\text{mm}}{0.05\text{mm}} = 10$$

기출必수문제

02 토양의 입도분석 결과 입도분포곡선으로부터 $D_{10}=0.06$mm, $D_{30}=0.15$mm, $D_{60}=0.53$mm로 측정되었다. 이때 곡률계수는?

풀이

$$\text{곡률계수}(C_z) = \frac{(D_{30})^2}{D_{10} \times D_{60}} = \frac{0.15^2}{0.06 \times 0.53} = 0.71$$

03 토양의 입도분포를 조사한 결과가 다음과 같을 경우, 유효입경, 균등계수, 곡률계수는 각각 얼마인가?(단, D_{10}, D_{30}, D_{60}은 각각 통과백분율 10%, 30%, 60%에 해당하는 입경이다.)

구분	D_{10}	D_{30}	D_{60}
입자크기(mm)	0.25	0.50	0.75

풀이

유효입경(D_{10}) : 0.25mm

균등계수(C_u) = $\dfrac{D_{60}}{D_{10}} = \dfrac{0.75}{0.25} = 3.0$

곡률계수(C_z) = $\dfrac{(D_{30})^2}{D_{10} \times D_{60}} = \dfrac{(0.5)^2}{0.25 \times 0.75} = 1.33$

04 오염토양 처리공법을 선택하기 위하여 토양의 곡률계수(C_z)를 구하시오.(단, D_{10}은 0.0025mm, D_{30}은 0.025mm, D_{60}은 0.18mm이며 D_{10}, D_{30}, D_{60}은 각각 입도 분포곡선에서 통과백분율 10%, 30%, 60%에 해당하는 직경)

풀이

$C_z = \dfrac{(D_{30})^2}{D_{10} \times D_{60}} = \dfrac{0.025^2}{0.0025 \times 0.18} = 1.39$

05 오염토양의 입도분포를 분석하여 $D_{10}=0.08$mm, $D_{30}=0.17$mm, $D_{50}=0.51$mm, $D_{60}=0.57$mm, $D_{90}=2.00$mm의 결과를 얻었다. 이 오염토양의 균등계수(C_u)와 곡률계수(C_z)는 각각 얼마인가?

풀이

균등계수(C_u) = $\dfrac{D_{60}}{D_{10}} = \dfrac{0.57}{0.08} = 7.13$

곡률계수(C_z) = $\dfrac{(D_{30})^2}{D_{60} \times D_{10}} = \dfrac{0.17^2}{0.57 \times 0.08} = 0.63$

SECTION 012 공극률(Porosity)

1. 개요

토양입자 사이에 공기나 물로 채워진 공간을 공극이라 하며, 공기의 통로 및 물의 저장·통로의 역할을 하고 작물의 생육과 밀접한 관계가 있다.

2. 관련식

$$공극률(\%) = \left(1 - \frac{\rho_b}{\rho_p}\right) \times 100 \qquad 공극비(e) = \frac{공극률}{1 - 공극률}$$

여기서, ρ_p : 입자밀도(진비중) (mg/m³)

$$\rho_p = \frac{토양무게(mg)}{토양부피(m^3)} = \frac{건조토양의\ 무게}{토양고상의\ 부피}$$

토양의 3상 중 고상 자체만의 밀도이며, 토양광물이 중금속을 다량 함유하면 입자비중은 크지만 자연토양을 이루는 1, 2차 광물은 일반적으로 2.60~2.75 범위임

ρ_b : 용적밀도(가비중) (mg/m³)

$$\rho_b = \frac{토양무게(mg)}{토양부피(m^3) + 공극부피(m^3)} = \frac{토양무게(mg)}{전체부피(m^3)}$$

- 자연상태의 토양비중으로 진비중보다 일반적으로 작은 값을 갖고, 토양의 3상 모두를 포함한 자연상태의 밀도를 의미함
- 용적밀도가 크면 단위부피당 고형입자가 많은 것을 의미함 (즉, 공극이 작음을 의미)
- 오염토양 및 오염물질의 양을 결정하는 데 매우 중요한 인자이며, 공기유통이나 물의 저장능력을 나타냄

3. 특징

① 토양의 공극률 및 투수성은 유체와 오염물질의 이동에 영향을 미치는 물리적 특성이다.
② 공극률은 토양의 총 부피 중 빈 공간(공극)의 비율이다.
③ 투수성은 토양의 유체이동능력이다.(모래>점토)

4. 토양의 공극률에 영향을 주는 인자

① 토성
② 토양구조
③ 배열상태
④ 입단의 크기

기출 必 수문제

01 토양의 용적비중이 1.53이고 입자비중이 2.88일 때 토양의 공극률(%)은?

풀이

$$공극률(\%) = \left(1 - \frac{용적비중}{입자비중}\right) \times 100 = \left(1 - \frac{1.53}{2.88}\right) \times 100 = 46.89\%$$

기출 必 수문제

02 토양의 용적비중이 1.6이고 공극률이 30%라면 이 토양의 입자비중은?

풀이

$$공극률(\%) = \left(1 - \frac{용적비중}{입자비중}\right) \times 100$$

$$30\% = \left(1 - \frac{1.6}{입자비중}\right) \times 100$$

입자비중 = 2.29

기출 필수문제

03 공극률이 0.25인 토양의 공극비는?

풀이

$$공극비 = \frac{공극률}{1-공극률} = \frac{0.25}{1-0.25} = 0.33$$

기출 필수문제

04 입자 밀도 $2.5g/cm^3$, 용적 밀도 $1.5g/cm^3$인 토양의 공극률(%)은?

풀이

$$공극률(\%) = \left(1 - \frac{1.5}{2.5}\right) \times 100 = 40\%$$

기출 필수문제

05 어느 지역 토양의 공극률 측정을 위해 토양 $60cm^3$를 채취하여 고형입자 부피와 수분 부피를 측정하였더니 $42cm^3$와 $12cm^3$였다. 이 지역 토양의 공극률(%)은?

풀이

$$공극률(\%) = \left(1 - \frac{부분부피}{전체부피}\right) \times 100 = \left(1 - \frac{42}{60}\right) \times 100 = 30\%$$

기출 필수문제

06 어느 지역 토양시료에 대해 공극률 측정결과가 20%였다. 시료 내 수분부피와 공기 부피가 각각 $8cm^3$, $2cm^3$였다면 현장에서 채취한 토양시료의 전체부피(cm^3)는? (단, 공극은 수분과 공기로만 차 있다고 가정함)

풀이

$$공극률(\%) = \frac{(수분부피 + 공기부피)}{전체부피} \times 100$$

$$20\% = \frac{(8+2)cm^3}{전체부피} \times 100$$

$$전체부피(cm^3) = 50cm^3$$

기출 必수문제

07 토양의 용적밀도가 1.5g/cm³일 때 150cm³의 부피에 해당하는 (건조)토양의 무게 (g)는?

풀이

$$용적밀도 = \frac{(건조)토양무게}{전체부피}$$

$$\begin{aligned}(건조)토양무게 &= 용적밀도 \times 전체부피 \\ &= 1.5\text{g/cm}^3 \times 150\text{cm}^3 \\ &= 225\text{g}\end{aligned}$$

기출 必수문제

08 토양을 채취한 후 건조시켜 무게를 측정하니 100g이었다. 토양의 용적밀도 (g/cm³)는?(단, 토양채취는 높이 6cm, 내경 5cm인 코어 이용)

풀이

$$용적밀도 = \frac{100\text{g}}{\left(\frac{3.14 \times 5^2}{4}\right)\text{cm}^3 \times 6\text{cm}} = 0.85\text{g/cm}^3$$

기출 必수문제

09 어느 지역의 토양 공극률은 0.42이며 토양입자밀도는 2.65g/cm³이다. 이 지역의 토양단위 용적밀도(Bulk Density, g/cm³)는?

풀이

$$공극률 = 1 - \left(\frac{\rho_b}{\rho_p}\right) = 1 - \left(\frac{토양용적밀도}{토양입자밀도}\right)$$

$$0.42 = 1 - \left(\frac{\rho_b}{2.65}\right)$$

$$\rho_b = 1.54\text{g/cm}^3$$

기출 必 수문제

10 500cm³ 용기를 가득 채운 토양의 용적밀도가 1.2g/cm³이다. 토양을 물로 포화시킨 후 토양의 질량이 825g이라면 토양의 공극률(%)은?

풀이

포화시 물의질량 = 포화질량 − 건조질량

$$= 825g - (500cm^3 \times 1.2g/cm^3) = 225g$$

(포화시 물의 질량 = 공극부피)

$$공극률(\%) = \frac{공극부피}{토양\ 전체부피} \times 100 = \frac{225}{500} \times 100 = 45\%$$

SECTION 013 토양의 입단화

1. 정의

여러 개의 토양입자들이 모여 큰 구조로 되는 작용을 토양의 입단화라 한다. 또한 작은 토양입자들이 서로 응집한 덩어리 형태의 토양을 입단이라 한다.

2. 입단구조의 장점

토양구조가 입단으로 발달할 때 비모세관 공극 및 모세관 공극이 늘어나면서 공기의 통기와 수분의 저장능력을 증가시킨다.

3. 입단 생성

① 음으로 하전된 점토 사이에 다가의 양이온(Ca^{2+}, Fe^{2+}, Al^{3+})이 위치하여 정전기적인 힘으로 인한 점토가 서로 끌리는 현상에 의해 입단이 일어난다.
② 양으로 하전된 점토와 음으로 하전된 점토가 서로 끌리는 현상에 의해 입단이 일어나며, 양이온의 입단화 작용의 크기는 수화도가 큰 이온(Na^+)은 약하고, 수화도가 작은 이온(Ca^{2+})은 강하다.
③ 토양개량제의 입단화 효과는 정전기적 또는 교환반응·수소결합·반데르발스 힘 등에 의해 나타난다.

4. 입단화 정도 표시방법

(1) 분산도

기본입자 이하의 부분 중 분산된 입자의 비율이며, 표시에는 Puri 분산계수와 Middleton 분산율이 있다.

(2) Puri 분산계수

① 처리하지 않은 토양을 물속에서 24시간 침지 후 진탕하여 입경이 0.002mm 이하인 입자량을 구한다.

② 관련식

$$\text{분산계수} = \frac{\text{토양을 물속에 침지하여 24시간 진탕시킨 후 입경 0.002mm 이하의 입자량}}{\text{완전히 분산시킨 후 입경 0.002mm 이하의 입자량}}$$

③ 토양이 0.002mm 이상의 내수성 입단을 가지지 않을 경우 Puri 분산계수는 1(100%)이 된다.

④ 0.002mm 이하의 기본입자가 모두 0.002mm 이상의 내수성 입단을 가지는 경우 Puri 분산계수는 0이 된다.

(3) Middleton 분산율

① 토양의 100배 물에서 20회 진탕 후 0.05mm 이하의 입자량을 구했을 때 양자의 백분율을 분산율이라 한다.

② Middleton 분산율이 20 이상 되면 토양의 입단화는 불량하다.

(4) 입단의 파괴 원인

① 토양의 경운
② 강우나 관개에 관한 건습
③ 동결과 융해의 반복
④ 토양 유기물의 분해
⑤ 기온의 변동

SECTION 014 토양 수분

토양 중 수분은 응집력과 부착력에 의해 존재한다.

1. 모세관현상

① 마른 토양을 원통 유리컬럼에 채워 물이 든 시험접시에 거꾸로 세워 두었더니 물이 컬럼 아래에서부터 위로 올라가는 현상이 발생하였는데, 이런 현상을 모세관현상이라 한다.

② 모세관현상에 의한 물의 상승높이가 가장 큰 토양은 세립질 토양이며 물의 상승 속도가 빠른 토양은 조립질 토양이다.

③ 모세관 상승 높이(h)

$$h = \frac{2\sigma \cos\theta}{\gamma r} \text{ (cm)}$$

여기서, σ : 물의 표면장력(g/cm)
θ : 물과 모세관 사이의 접촉각(°)
γ : 물의 단위중량(g/cm³)
r : 모세관의 반지름(cm)

2. 토양 수분장력(pF)

(1) 정의

토양 수분장력은 토양이 수분을 보유하는 힘, 즉 토양입자 표면과 수분 사이의 결합력을 압력단위(atm, Pa, bar)로 표시한 것으로 수주높이가 높을수록 그 힘은 크다.

(2) 관련식

수주높이(cm)의 대수값을 pF로 표시하여 나타냄

$$pF = \log[H]$$

여기서, H : 물기둥(수주) 높이(cm)

(3) 압력환산

$$1\text{atm} = 1{,}033\text{cmH}_2\text{O} = 1.013\text{bar} = 1{,}013\text{mmbar} = 760\text{mmHg}$$
$$= 101.325\text{kPa} = 1.033\text{kg}_f/\text{cm}^2 = 3\text{pF}$$

(4) 1기압의 힘은 수주높이로 환산하면 약 10배(1,000cm)에 해당하고 이 물기둥 높이(cm)의 대수값(log)은 3이므로 pF=3이다.

기출 必수문제

01 토양수 압력이 10,000bar일 경우 pF로 환산하면?

풀이

$$pF = \log[H]$$
$$H = 10{,}000\text{bar} \times \frac{1{,}033\text{cmH}_2\text{O}}{1.013\text{bar}} = 10{,}330{,}000\text{cmH}_2\text{O}$$
$$= \log 1{,}0330{,}000 = 7.0$$

기출 必수문제

02 토양수분장력이 pF 4라면 이를 물기둥의 압력으로 환산한 값(기압)은?

풀이

$$pF = \log[H]$$
$$4 = \log[H]$$
$$H = 10^4 \text{cmH}_2\text{O}$$
$$\text{기압} = 10^4 \text{cmH}_2\text{O} \times \frac{1\text{기압}}{1{,}033\text{cmH}_2\text{O}} = 9.68\text{기압}$$

기출필수문제

03 토양 수분의 표시방법에 따른 단위가 pF 4.5인 경우, 물기둥의 높이(cm)는?

풀이

$$pF = \log[H]$$

$$4.5 = \log[H]$$

$$H(\text{물기둥 높이}) = 10^{4.5} = 31,622 \text{cm}$$

기출필수문제

04 식물이 물을 흡수하지 못하여 시들게 되는 토양수분상태를 나타내는 일반적인 위조점(토양수분퍼텐셜, MPa)은?

풀이

위조점(pF = 4.18)

$$pF = \log[H]$$

$$4.18 = \log[H]$$

$$H = 10^{4.18} \text{cmH}_2\text{O}$$

$$\text{atm} = 10^{4.18} \text{cmH}_2\text{O} \times \frac{1\text{atm}}{10,332 \text{mmH}_2\text{O}} = 14.65 \text{atm}$$

$$\text{MPa} = 14.65 \text{atm} \times \frac{0.101325 \text{MPa}}{1\text{atm}} = 1.48 \text{MPa}$$

3. 토양 수분의 물리학적 분류(분리기준 : 토양 수분의 흡착력 pF)

(1) 결합수

① pF 7.0 이상으로 토양입자와 화학반응으로 결합되어 있는 수분
② 식물이 직접 이용할 수 없는 수분
③ 화합물에 영향을 주는 수분(화합수)
④ 가열(100~110℃)하여도 제거되지 않음

(2) 흡습수

① pF 4.5 이상으로 상대습도가 높은 공기 중 풍건토양이 노출되면 토양입자의 표면에 대기로부터 물이 흡수되는데, 이 물을 흡습수라 함
② 강하게 흡착되어 있으므로 식물이 직접 이용할 수 없음
③ 100~110℃ 상태에서 8~10시간 가열(건조)시 아주 쉽게 제거할 가능성 있음
④ 교질물질에 흡착된 수분량은 교질물질의 표면적에 비례하므로 이것으로부터 토양표면적을 구할 수 있음

(3) 모세관수

① pF 2.54~4.5(1/3~31기압) 사이의 물로 식물에 이용됨
② 흡습수 외부 표면(토양입자 주변이나 모세관 공극 중에 들어 있는 물)에 표면장력과 중력이 평형을 유지하는 상태에서 존재하는 물
③ 토양의 모세관수량은 온도, 염류함량, 토성, 구조 등에 따라서 다름
④ 모관퍼텐셜

  ㉠ 흙 속에서 모관수를 지지하는 힘
  ㉡ 입경이 작을수록 모관퍼텐셜이 낮아짐
  ㉢ 온도가 낮을수록 모관퍼텐셜이 낮아짐
  ㉣ 함수비가 낮을수록 모관퍼텐셜이 낮아짐
  ㉤ 간극이 클수록 모관퍼텐셜이 낮아짐

⑤ 수분퍼텐셜

㉠ 수분퍼텐셜은 압력퍼텐셜, 삼투퍼텐셜, 매트릭퍼텐셜, 중력퍼텐셜로 구성
㉡ 토양 수분의 경우 압력퍼텐셜과 중력퍼텐셜은 무시할 수 있고, 삼투퍼텐셜은 (−)값으로 대단히 작기 때문에 토양수분을 결정짓는 가장 중요한 퍼텐셜은 매트릭퍼텐셜임

(4) 중력수(자유수)

① pF 2.52(2.54) 이하(1/3기압 이하)로 포장용수량 이상으로 토양의 큰 공극에 존재하는 수분
② 중력작용에 의하여 토양입자로부터 분리되어 토양입자 사이를 이동하거나 지하로 침투하는 물
③ 식물 이용이 용이하고 대수층에 모여 지하수원이 됨
④ 큰 공극에 있는 것은 중력, 작은 공극에 있는 것은 물의 막장력에 의하여 이동함

4. 토양 수분의 식물학적 분류

토양수분은 식물학적 견지에서 볼 때 과잉수분, 유효수분, 무효수분으로 분류한다.

(1) 과잉수분

① 토양의 포장용수량장력 이상의 중력수, 즉 자유수를 과잉수분이라 함
② 토양 내 질소 고정 및 암모니아화를 일으키는 호기성 세균의 활성을 저해함
③ 토양의 통기를 막고 토양 내 염류를 용탈시킴

(2) 유효수분

① 포장용수량 장력과 위조계수 장력 사이(영구위조점 장력 사이 ; 포장용수량에서 위조계수를 뺀 나머지)의 보유 수분임(pF : 2.54~4.18)
② 식물 생장에는 유효수분 50~80%가 소요되었을 때 수분을 공급(수분함량이 위조점에 가까워지면 식물이 물을 흡수하는 속도가 느려지기 때문)
③ 식물이 이용할 수 있는 수분

(3) 무효수분

① 영구위조점 이하의 수분함량(pF : 4.18 이상)
② 식물이 이용할 수 없는 수분

(4) 포장용수량

① pF 2.54(1/3기압) 정도의 중력수 범위에 속하여, 토양의 수분함량을 나타내는 용어. 즉, 토양에 유지되는 수분함량을 말함
② 토양이 물로 포화된 후 물이 중력에 의해 자연적으로 하강하고 1~3일 후에는 하강하지 않고 토양 내에 남아있는 물의 퍼센트(%)를 말함(토양이 물로 포화된 후 대공극의 물은 중력에 의하여 모두 빠지지만 소공극의 물이 그대로 남아있는 상태)
③ 식물에 가장 유효한 수분(일반적으로 식물생육에 가장 좋은 수분임)
④ 포장용수량보다 수분이 많은 상태에서는 식물에 필요한 물이 충분하고 포장용수량보다 수분이 적은 조건에서는 뿌리의 호흡에 필요한 산소량은 많아짐
⑤ 포장용수량은 식질계 토양에서 많고, 구조의 발달이 불량한 사질계 토양에서 적음

(5) 초기위조점

① 초기위조점의 장력은 pF 3.8(pF 3.9)
② 식물이 이용할 수 있는 수분량이 감소하여 식물이 시들기 시작하는 수분함량, 즉 수분의 공급이 없어 점차 감소되어 낮에는 세포의 팽압을 유지할 수 없어 시드는데 밤이 되면 정상으로 회복하는 상태

(6) 영구위조점

① 영구위조점의 장력은 pF 4.18(pF 4~5)
② 초기위조점을 넘어 시든 식물이 회복하지 못할 경우의 수분함량, 즉 포화습도의 대기 중에 식물을 놓아도 회복되지 않는 상태
③ 위조계수(Wilting Coefficient)라고도 함

④ 유효수분 = 포장용수량 - 영구위조점(위조계수)

(7) 최대 용수량

pF 0으로 강우나 관개에 의하여 토양이 물로 포화된 상태에서 중력에 저항하여 모세관이 최대로 포화되어 있는 수분

015 토양 내 공기

1. 토양 내 공기와 일반대기의 비교

① N_2(75~90%), CO_2(0.1~10%), Ar(0.93~1.1%), 상대습도(95~100%)는 대기보다 높고, O_2(2~20%)는 대기보다 낮음. 또는 토양 공기 중 질소함량은 대기 중의 함량과 비슷하다.
② 토양 중 CO_2 평균함량은 대기 중 농도의 약 8배이며, 여름에 높고 겨울에 낮으나 O_2는 반대이다.
③ 토양 공기의 산소함량은 토심(토양의 깊이)이 증가할수록 감소하고 CO_2(탄산가스)는 증가함. 즉, 심층토가 표층토에 비하여 미세공극이 많아 산소의 공급이나 이산화탄소의 제거가 원활하지 못하다.
④ 토양의 깊이가 깊을수록 산소함량이 적어지는 정도는 토양공극의 특성과 밀접한 관계가 있다.

│ 대기와 토양 공기의 비교 │

구분	대기의 조성	토양 공기의 조성
N_2	78.09	75~90
O_2	20.95	2~21
Ar	0.93	0.93~1.1
CO_2	0.03	0.1~10
상대 습도	30~90	95~100

2. 토양 내 공기의 지배요인

① 토성 : 사질토양이 공기용기량을 증대시킴
② 토양 구조 : 입단이 형성되면 공기용기량이 증대함
③ 토양 수분 : 토양 수분이 증가하면 공기용기량은 감소함(산소 낮아지고 이산화탄소 증가)

SECTION 016 토양의 색

토양의 색으로 토양의 풍화 과정 및 이화학적 성질을 판정하거나 비옥도를 알 수 있는데, 열을 가장 많이 흡수하는 색은 흑색이고, 가장 적게 흡수하는 것은 백색이다.

1. 토양의 색을 결정하는 요인

① 토양의 구성 암석
② 유기물 및 수분함량
③ 배수성(투수성)
④ Fe과 Mn의 산화상태

2. 토양의 색상에 가장 큰 영향을 미치는 인자

① Fe(무기색)
② 부식(유기색)

3. 색을 결정하는 물질

① FeO(아산화철) : 청회색
② $Fe_2O_3 \cdot H_2O$(산화철) : 황갈색
③ FeS(황화철), 부식질, Fe^{2+} : 회색
④ 유기물 : 흑색

017 토양의 온도

토양의 온도는 식물생장은 물론 토양의 물리·화학적인 성질에도 영향을 준다.

1. 토양온도의 결정요인

(1) 외적 요인

일사량, 기온, 풍수, 토양회복 등

(2) 내적 요인

토양의 비열, 열전도도

2. 토양온도의 수열·방열에 대한 영향인자

(1) 수열

비열, 열전도도, 토양색, 경사도, 피복물, 방향 등

(2) 방열

증발량(수분), 열복사

3. 온도 영향

(1) 토양온도가 높은 경우

① 유기물질의 분해속도가 빠름
② 무기화 촉진되어 부식집적이 안됨

(2) 토양온도가 낮은 경우

① 유기물질의 분해속도가 느림
② 유기물이 집적되어 부식화 촉진

4. 비열

① 비열은 토양 1g을 1℃ 올리는 데 필요한 열량을 물과 비교한 것이며, 비열이 크면 온도의 상승 및 하강이 느리다.(물 1.0, 무기성분 0.2, 유기성분 0.4, 공기 0)
② 물은 비열이 높기 때문에 토양수분함량이 많으면 온도를 올리기가 어렵다.
③ 토양무기입자의 비열은 0.2cal/g·℃에 지나지 않지만 물은 1.0cal/g·℃로서 5배가 더 높으므로 토양수분함량이 증가할수록 토양의 비열은 증가하는데, 이는 토양온도를 올리는 데 필요한 열량이 증가하기 때문이다.

5. 열전도도

① 태양의 열을 받아 토양 온도가 상승하는 것은 열전도도에 의한 것으로, 토양조직이 거칠면 열전도도가 늦고, 조밀하면 빠르다.
② 습윤토양은 건조토양보다 열전도도가 매우 빠르다.(물의 열전도도가 공기의 열전도도의 약 30배)
③ 토성에 따른 열전도도

무기입자(모래, 점토 등) > 물 > 부식 > 공기

사토 > 양토 > 식토 > 이탄토

SECTION 018 토양의 가소성(소성)

1. 개요

① 수분함량에 따라 변화하는 토양상태의 물리적 성질을 결지성이라 하며, 결지성 중에서 가장 중요한 성질을 가소성(Plasticity)이라 한다.
② 토양에 응력(외력)을 가했을 때 부서지지 않고 유연하게 견디어 그 본래의 형태를 유지하는 성질. 즉, 토양에 힘을 가했을 때 파괴되는 일이 없이 단지 모양만 변화되고 힘이 제거된 후에도 원점으로 되지 않는 성질이다.
③ 가소성은 응력이 제거되어도 본래의 형태로 되돌아가지 않으며, 토양의 연경도 중에서 가장 중요한 성질이다.

2. 관련식

> 소성지수(가소성지수) = 액성한계 − 소성한계

(1) 액성한계(LL ; Liquid Limit)

토양의 수분함량이 그 이상 되면 상태가 더 이상 선명화되지 못하고 액체상태로 되는 한계수분함량을 의미. 즉, 소성상태에서 액성상태로 변하는 순간의 수분함량이다.

(2) 소성한계(PL ; Plastic Limit)

토양의 수분함량이 일정 수준 미만이 되면 성형상태를 유지하지 못하고 부스러지는 상태에서의 한계수분함량을 의미. 즉, 토양이 소성을 가지는 최소 수분함량을 소성하한 또는 소성한계라 한다.

(3) 소성지수(PI ; Plastic Index)

소성지수는 토양이 소성을 나타내는 최소 및 최대의 수분함량을 나타내는 소성한계와 액성한계의 차이를 나타낸다.

(4) 토양의 소성지수

몬모릴로나이트 > 일라이트 > 할로이사이트 > 카올리나이트

> **Reference**
>
> **1** 아터버그 한계(Atterberg Limits)
> 토양가소성을 측정하는 계기이며 가소성은 토양이 액성한계, 소성한계, 점착한계의 물리적 특성을 가지게 될 때의 수분함량으로 정의된다.
>
> **2** 점착한계(Sticky Limits)
> 토양이 매끄러운 고체 표면에 점착할 수 있는 능력을 잃을 경우의 토양수분함량을 의미한다.

SECTION 019 토양 광물

1. 1차 광물

① 암장이 냉각되어 생성된 광물로 규소(Si)와 산소(O)를 주성분으로 하고 있으므로 규산염 광물이라고도 하고, 1차 광물로서 지각을 이루고 있는 암석은 95%가 화성암이다.
② 암석이 기계적·화학적·생물학적 작용으로 붕괴 또는 분해되었을 때 큰 변화가 없는 광물이다.
③ 주요한 화학성분으로는 SiO_2, Al_2O_3, Fe_2O_3, CaO, MgO 등이 있다.
④ 6대 조암광물
   휘석, 감람석, 석영, 장석류, 운모류, 각섬석

2. 2차 광물

① 1차 광물이 변성작용 또는 풍화작용에 의하여 변질되거나 또는 새로이 생성된 광물이다.
② 2차 광물은 대부분 판상의 격자를 이룬다.

SECTION 020 공극비(Void Ratio)와 공극률(Porosity)

1. 공극비(간극비)

$$공극비 = \frac{공극(간극)의 \ 부피}{토양(흙)의 \ 부피}$$

2. 공극률

$$공극률 = \frac{공극부피(수분부피 + 공기부피)}{토양 \ 전체부피(고상 + 액상 + 기상)} = \left(1 - \frac{고상(입자)부피}{전체부피}\right)$$

∗ 부분부피는 고상(입자)부피를 의미

3. 공극비와 공극률의 관계

$$공극비 = \frac{공극률}{1 - 공극률} = \left(\frac{비중 \times 4℃ \ 물의 \ 단위중량}{건조단위중량}\right) - 1$$

$$공극률 = \frac{공극비}{1 + 공극비}$$

4. 포화도

$$포화도 = \frac{물의 \ 부피}{공극 \ 부피} = \frac{함수비 \times 비중}{공극비}$$

5. 함수비

$$\text{함수비} = \frac{\text{물의 무게}}{\text{건조토양 입자 무게}}$$

6. 함수율

$$\text{함수율} = \frac{\text{물의 무게}}{\text{토양 전체무게(고상+액상+기상)}}$$

7. 습윤단위중량

$$\text{습윤단위중량} = \left(\frac{\text{비중}(1+\text{함수비})}{1+\text{공극비}}\right) \times 4℃ \text{ 물의 단위중량}(1{,}000\,\text{kg}_f/\text{m}^3)$$

8. 건조단위중량

$$\text{건조단위중량} = \left(\frac{\text{비중}}{1+\text{공극비}}\right) \times 4℃ \text{ 물의 단위중량} = \frac{\text{습윤단위중량}}{1+\text{함수비}}$$

9. 포화단위중량

$$\text{포화단위중량} = \left(\frac{\text{비중} \times \text{공극비}}{1+\text{공극비}}\right) \times 4℃ \text{ 물의 단위중량}$$

기출필수문제

01 어느 지역 토양의 공극률 측정을 위해 토양 80cm^3를 채취하여 고형입자부피와 수분부피를 측정하였더니 52cm^3와 12cm^3였다. 이 지역의 토양 공극률(%)은?

풀이

$$공극률(\%) = \left(1 - \frac{\text{고상(입자)부피}}{\text{전체부피}}\right) \times 100 = \left(1 - \frac{52}{80}\right) \times 100 = 35\%$$

기출필수문제

02 어느 지역 토양시료에 대한 공극률 측정결과가 30%였다. 시료 내 수분부피와 공기부피가 각각 10cm^3, 5cm^3였다면 현장에서 채취한 토양시료의 전체부피(cm^3)는?(단, 공극은 수분과 공기로만 채워졌다고 가정)

풀이

$$공극률(\%) = \left(\frac{\text{공극부피}}{\text{토양 전체부피}}\right) \times 100 = \left(\frac{\text{수분부피} + \text{공기부피}}{\text{토양 전체부피}}\right) \times 100$$

$$\text{토양 전체부피} = \frac{(10+5)\text{cm}^3}{0.3} = 50\text{cm}^3$$

기출필수문제

03 어떤 토양시료가 함수비 20%, 습윤단위중량 1.5ton/m^3일 때 건조단위중량(t/m^3), 공극비, 포화도(%)는?(단, 토양 비중 2.55)

풀이

$$\text{건조단위중량} = \frac{\text{습윤단위중량}}{1+\text{함수비}} = \frac{1.5}{1+0.2} = 1.25\text{ton/m}^3$$

$$\text{공극비} = \left(\frac{\text{비중} \times \text{단위중량}}{\text{건조단위중량}}\right) - 1 = \left(\frac{2.55 \times 1.0}{1.25}\right) - 1 = 1.04$$

$$\text{포화도} = \left(\frac{\text{함수비} \times \text{비중}}{\text{공극비}}\right) \times 100 = \left(\frac{0.2 \times 2.55}{1.04}\right) \times 100 = 49.04\%$$

기출 必수문제

04 공극률과 공극비의 관계식을 유도하고 공극비가 0.75일 때 공극률(%)을 계산하시오.(단, 공극률은 η, 공극비 $e = \dfrac{V_v}{V_S}$ 의 기호를 사용한다.)

> **풀이**
>
> 공극률$(\eta) = \dfrac{공극부피(V_v)}{토양\ 전체부피(V)}$
>
> $V = V_v + V_S$
>
> 여기서, V_S : 토양(흙)의 부피
>
> 공극률(η)을 V_S로 나누면
>
> $\eta = \dfrac{\dfrac{V_v}{V_S}}{\left(\dfrac{V_v + V_S}{V_S}\right)} = \dfrac{e}{e+1}$
>
> $\eta = \dfrac{e}{e+1} = \dfrac{0.75}{0.75+1} \times 100 = 42.86\%$

기출 必수문제

05 지하저장탱크 철거공사시 발생한 오염토양의 양은 $4,500\text{m}^3$이다. 오염토양의 공극률은 30%일 때 초기 수분포화도 25%를 생물학적 정화기술의 최적수분포화도인 65%로 조절하기 위해 필요한 수분의 초기 소요량은 몇 L인가?

> **풀이**
>
> 포화도 $= \dfrac{물의\ 부피}{공극의\ 부피}$
>
> 포화도 65%일 때 물의 양(L)$= 0.65(4,500\text{m}^3 \times 0.3) = 877.5\text{m}^3 = 877,500\text{L}$
> 포화도 25%일 때 물의 양(L)$= 0.25(4,500\text{m}^3 \times 0.3) = 337.5\text{m}^3 = 337,500\text{L}$
> 필요한 물의 양$= 877,500\text{L} - 337,500\text{L} = 540,000\text{L}$

기출 必 수문제

06 $100m^3$ 오염토양의 생물학적 처리를 위하여 수분함량을 조절하려 한다. 토양의 함수비는 10%이고 건조단위중량은 $1.7g/cm^3$일 때, 함수비를 40%로 늘이기 위하여 첨가해야 할 물의 양은 몇 ton인가?

풀이

$$건조단위중량 = \frac{습윤단위중량}{1+함수비}$$

$$습윤단위중량 = 건조단위중량 \times (1+함수율)$$

함수비 10% 경우

습윤단위중량 $= 1.7g/cm^3 \times (1+0.1) = 1.87g/cm^3$

함수비 40% 경우

습윤단위중량 $= 1.7g/cm^3 \times (1+0.4) = 2.38g/cm^3$

첨가할 물의 양 = 함수비 40% − 함수비 10%
$= (2.38 - 1.87)g/cm^3$
$= 0.51g/cm^3 \times 100m^3 \times 10^6 cm^3/m^3 \times ton/10^6 g = 51 ton$

SECTION 021 시료(토양) 채취기

1. 표층토양

(1) 모종삽, 채취그릇

① 적용

표층토양 시료채취

② 장점

㉠ 비용 저렴
㉡ 장거리 이송 가능
㉢ 다량의 토양시료 채취 가능
㉣ 다루기 쉬움

③ 단점

㉠ 시료가 쉽게 흐트러짐
㉡ 동일 크기의 토양시료를 다시 채취하기 어려움

(2) 회전식 굴착기(Auger)

① 적용

교란된 표층토양 시료채취(여러 성분이 섞인 토양 채취)

② 장점

㉠ 비용 저렴
㉡ 사용 간편
㉢ 1인도 손쉽게 작동 가능
㉣ 토양의 형태, 부피에 따라 시료채취 가능

③ 단점
   ㉠ 정확한 채취깊이 측정 불가능
   ㉡ 시료가 쉽게 흐트러짐
   ㉢ 휘발성 오염물질 채취에 부적당
   ㉣ 채취깊이가 1~2m 정도로 제한됨

(3) 튜브

① 적용
   교란되지 않은 표층토양 시료채취

② 장점
   ㉠ 비용 저렴
   ㉡ 사용 간편
   ㉢ 1인도 손쉽게 작업 가능
   ㉣ 토양 정밀특성조사도 가능
   ㉤ 회전식 굴착기와 병행 사용시 6m 깊이까지 시료채취 가능

③ 단점
   ㉠ 튜브로부터 시료추출이 어려움
   ㉡ 건조할 경우나 매우 습한 경우, 입자상인 토양 채취에 부적당
   ㉢ 채취깊이 1~2m 정도로 제한됨

(4) 슬라이드 햄머

교란되지 않은 표층토양 시료채취

2. 지중 토양

(1) 분리식 시료채취기(분리식 스푼)

① 적용

견고하지 않은 층의 교란된 토양시료 채취

② 장점

㉠ 지층구조 해석에 적합한 시료채취 가능
㉡ 드릴링 능력과 땅속 암반에 의해서만 채취깊이가 한정됨

③ 단점

㉠ 원토양을 와해시켜 구조분석에 부적합
㉡ 연속 시료채취 시 많은 시간이 요구됨

(2) 회전식 시료채취기

① 적용

토양의 견고함과 상관없이 교란된 토양시료 채취

② 장점

㉠ 계속적으로 코어 채취 가능
㉡ 단단하지 않은 점토나 실트질에 대해서 회수율이 좋음

③ 단점

㉠ 유체의 순환으로 인해 토양이 와해되기 쉬움
㉡ 시간이 오래 소요됨
㉢ 장비가 고가임

(3) 박벽개방식 튜브

① 적용

교란되지 않고 견고하지 않은 토양시료 채취

② 장점

㉠ 쉽게 적용 가능함
㉡ 교란되지 않는 토양에 적합함

③ 단점

㉠ 견고한 토양공극에는 적용이 어려움
㉡ 자갈이 있을 경우 시료채취에 방해를 받음
㉢ 채취기 벽이 손상되기 쉬움

(4) 박벽피스톤

① 적용

견고하지 않거나 큰 모래층의 토양시료 채취

② 장점

㉠ 박벽시료 채취기보다 토양회수율이 높음
㉡ 무거운 토양 채취 시 유용함

③ 단점

㉠ 박벽시료 채취기에 비해 적용이 제한됨
㉡ 구조가 복잡하여 기능상 문제 발생 가능성이 높음

(5) 특수화 박벽시료 채취기

교란되지 않은 시료 채취

(6) 타격식 장비

교란되지 않은 토양시료 채취 가능

3. 지오프로브 시스템의 토양채취기

(1) 개요

차량에 탑재한 유압식의 소형 동력해머를 이용하여 시료채취장치를 지중에 넣어 토양시료를 채취하며 기계식 간이보링기라고도 한다.

(2) 장비 구성

① 드라이브 헤드
② 피스톤 팁
③ 피스톤 막대
④ 피스톤 스톱핀
⑤ 샘플 튜브·라이너
⑥ 커팅슈

(3) 시료채취방식

① 유압타격식
② 수동타격식

(4) 장점

① 물리·화학적으로 교란되지 않은 시료를 채취하여 정확한 데이터를 얻을 수 있음
② 채취깊이를 정확하게 파악할 수 있음
③ 천공 시 불순물이 발생하지 않기 때문에 폐기물 처리가 필요 없음
④ 100%의 토양채취 시료 회수율을 얻을 수 있음
⑤ 소형 장비이므로 장비 이동이 편리하여 장소의 제한도가 적음
⑥ 천공 시 물을 이용하지 않아 사료가 화학적으로 변하지 않음
⑦ 채취구경이 소형(1.5inch)이므로 땅표면 원형대로 보존이 가능함

(5) 단점

① 단단한 시료를 채취하는 것은 불가능함
② 큰 자갈이나 조약돌을 함유한 얼어있는 토양은 채취하기 어려움
③ 충적토양은 채취하기 어려움

pH(수소이온농도)

1. 개요

① 토양반응은 일반적으로 pH로 나타냄
② pH는 수소이온(H^+) 농도의 역수에 상용대수를 취한 값

$$pH = \log\frac{1}{[H^+]} = -\log[H^+] \Rightarrow [H^+] = 10^{-pH}$$

$$pOH = \log\frac{1}{[OH^-]} = -\log[OH^-] \Rightarrow [OH^-] = 10^{-pOH}$$

$$pH + pOH = 14$$

$$pH = 14 + \log[OH^-]$$

여기서, $[H^+]$: H^+의 몰농도(mol/L)
$[OH^-]$: OH^-의 몰농도(mol/L)

2. 점토광물과 토양 pH의 관계

(1) pH 감소의 경우

pH 감소 ➡ H^+이온 증가 ➡ 점토광물 표면에 H^+ 흡착 ➡ 토양표면이 (+)로 대전
➡ 음이온 흡착 가능

(2) pH 증가의 경우

pH 증가 ➡ H^+이온 감소 ➡ 점토광물 표면에 H^+ 방출 ➡ 토양표면이 (−)로 대전
➡ 양이온 흡착 가능

기출 필수문제

01 토양세척공법 적용 시 발생하는 pH 3인 산성폐수를 pH 7로 중화시키기 위해 중화제로 95%의 가성소다를 사용할 경우 산성폐수 1L당 가성소다 몇 g이 필요한가?

풀이

산성폐수(pH 3)의 $[H^+] = 10^{-3}$ mol/L

$$H^+ + OH^- \rightarrow H_2O$$
$$(10^{-3} \text{mol/L}) \quad (10^{-3} \text{mol/L}) \quad (\text{pH } 7)$$

따라서 중화에 필요한 $[OH^-] = 10^{-3}$ mol/L

$$NaOH \rightarrow Na^+ \rightarrow OH^-$$
$$(10^{-3} \text{mol/L}) \quad (10^{-3} \text{mol/L}) \quad (10^{-3} \text{mol/L})$$

산성폐수 1L당 필요 가성소다 양(g/L) $= 10^{-3}$ mol/L $\times 40$ g/mol $\times \dfrac{100}{95}$

$= 0.042$ g/L

기출 필수문제

02 pH가 4.0인 토양용액의 수소이온농도가 2배로 되는 경우 pH의 변화는?

풀이

$[H^+] = 10^{-pH} = 10^{-4}$ mol/L

수소이온농도 2배 2×10^{-4} mol/L

$pH = -\log[H^+] = -\log[2 \times 10^{-4}] = 3.7$

023 토양의 산성화

1. 토양산성화의 원인

① 규산염 광물과 가수산화물의 분해
② 탄산 및 기타 유기산의 형성
③ 비료에 의한 산성화
④ 산성암 및 황화물의 풍화
⑤ 유기물의 축적
⑥ 식물에 의한 염기의 흡수
⑦ 산성비

2. 산성비가 토양에 미치는 영향

① 칼슘(Ca^{2+}), 마그네슘(Mg^{2+}) 등 염기의 용출 가속화
② HCO_3^- 농도의 감소
③ 토양용액 용존 유기물 농도의 감소
④ $AlPO_4$의 침전에 의한 토양 용액 PO_4 농도의 감소
⑤ 토양으로부터 알루미늄(Al)의 용해도 증가(Al은 가수분해되어 수소이온 발생)
⑥ 토양의 산성화 촉진
⑦ 중금속(Zn, Cd)의 토양용액으로의 용출

024 토양의 염류화

1. 토양의 염류집적원인

① 지하수위의 상승
② 관개수에 의한 염류의 증가
③ 배수량의 저하
④ 지하수 모관상승의 증가

2. 나트륨 흡착비(SAR)

SAR은 관개수와 배수량에 함유되어 있는 나트륨(Na^+) 함량에 대한 칼슘(Ca^{2+})과 마그네슘(Mg^{2+}) 함량의 비율이다.

$$SAR = \frac{Na^+}{\sqrt{\dfrac{Ca^{2+} + Mg^{2+}}{2}}}$$

각 이온농도 단위 : meq/L

3. 염류화된 토양(염류토양, 나트륨성 토양, 나트륨화 토양, 알칼리성 토양)

① 알칼리성 토양은 토층 하부의 염류가 표층으로 이동하여 그곳에 집적되면서 생성되며 탄산염과 중탄산염을 다량 함유하여 pH 8.5 이상의 강알칼리성을 나타낸다.
② 나트륨성 토양은 토양입자에 부착되어 있는 나트륨의 양이 많은 토양으로 점토질 토양에서 발생하기 쉽고 탄산나트륨의 함량에 따라서는 pH가 9.5 이상 되기도 한다.

③ 염류토양은 가용성 염류를 다량으로 함유한 토양으로 대륙의 건조·반건조지에 널리 분포되며 토양에 집적되어 생성된다.
④ 점토화가 이루어지는 곳에서는 염류(탄산염, 황산염, 질산염)가 표층에 쌓여 피각을 형성하는 경우가 있는데 이것을 Solonchak, 알칼리백토라고 한다.

기출必수문제

01 다음 조건을 가진 토양의 나트륨 SAR은?

$$Ca^{2+} : 4meq/L, \quad Mg^{2+} : 4meq/L, \quad Na^+ : 6meq/L$$

풀이

$$SAR = \frac{Na^+}{\sqrt{\frac{Ca^{2+} + Mg^{2+}}{2}}} = \frac{6}{\sqrt{\frac{4+4}{2}}} = 3$$

기출必수문제

02 다음과 같이 분석결과가 Na^+ 50mg/L, Ca^{2+} 30mg/L, Mg^{2+} 80mg/L인 경우 SAR(나트륨흡착비)은?

풀이

$$SAR = \frac{Na^+}{\sqrt{\frac{Ca^{2+} + Mg^{2+}}{2}}}$$

$$Na^+ = 50mg/L \times \frac{1meq}{23mg} = 2.17meq/L$$

$$Ca^{2+} = 30mg/L \times \frac{1meq}{\left(\frac{40}{2}\right)mg} = 1.5meq/L$$

$$Mg^{2+} = 80mg/L \times \frac{1meq}{\left(\frac{24}{2}\right)mg} = 6.67meq/L$$

$$= \frac{2.17}{\sqrt{\frac{1.5+6.67}{2}}} = 1.07$$

SECTION 025 토양의 산화·환원전위(ORP ; Eh)

1. 산화·환원전위(Eh)

산화·환원전위는 수소분자가 이온화하여 두 개의 수소이온으로 변하는 표준수소 전극반응의 산화·환원전위를 기준(Eh=0V)으로 상대적인 크기로 표시, 즉 전극의 표면과 토양용액 사이의 전위차를 의미한다.

2. 관련식(Nernst식) 및 특징

$$Eh = E_0 + \frac{0.05915}{n} \ln \frac{[O_x]}{Red}$$

여기서, Eh : 산화·환원전위(V, mV)
E_0 : 표준산화·환원전위(V ; 표준상태)
n : 반응에 관여하는 몰(mol)수(전자수)
O_x : 산화제의 mol농도(mol/L)
Red : 환원제의 mol농도(mol/L)

① 산화환경(산화상태)일 때는 Eh 값이 양(+)이고 환원환경(환원상태)은 음(-)이다.
② 일반적으로 토양은 -0.35~+0.80V 범위이며 물에 포화된 토양(담수토양)의 Eh는 -0.18V 정도로 환원성을 나타낸다.
③ 통기성과 배수조건이 불량한 토양은 산화능력이 떨어져 Eh가 낮아지므로 혐기성 미생물의 증식과 활성이 활발해진다.
④ 토양 온도 증가 시 Eh가 낮아진다.
⑤ Fe, Mn은 산화조건에서 불용화되며 Cu, Zn, Cd 등의 환원성 물질과 황화물 공존 시에는 용해도가 감소한다.
⑥ 대부분의 금속류 원소들은 산성환경에서 용해도와 이동도가 높지만 비소(As), 몰리브덴(Mo), 셀레늄(Se) 원소는 중성 및 염기성에서 음이온화합물 상태로 존재하여 토양에 흡착되지 않고 용해도 및 이동성이 증가한다.

⑦ 중금속은 낮은 pH, 높은 산화환원전위(Eh)에서 용해도가 높으나 Mo, Se, As 등은 다른 특성을 나타낸다.

> 토양 내 비소의 이동에 영향을 미치는 성분은 Fe, Al, Ca이다.

SECTION 026 점토광물

1. 특징

① 점토광물은 2차 광물이며 대부분 층상 규산염이다.
② 입경은 2μm 이하이며 활성표면적이 매우 커 토성에 영향을 미쳐 식물 생육의 중요한 요인이 된다.
③ 점토광물의 가장 중요한 구성성분은 SiO_2, Al_2O_3이다.

2. 점토광물의 기본구조 종류

(1) 규산 사면체판

① 산소원자 3개를 평면에 맞대어 배열하고 그 위에 또 하나의 산소원자를 놓으면 가운데에 공간이 생겨 규소가 끼어 있는 상태를 나타냄
② 규산사면체의 내부에는 정육각형의 공간이 생김(공간 크기는 NH^+나 K^+의 크기와 비슷하여 무기양분으로 사용된 NH^+나 K^+가 고정됨)

(2) 알루미늄 팔면체판

① 알루미늄과 산소 또는 수산기로 된 판자가 겹쳐서 이루어지며, 6개의 산소가 수산기 중에 4개를 평면에 맞대어 배열하고 그 상부, 하부 및 중앙에 각각 1개의 이온을 붙여 놓은 형태로서 그 중간에 반지름 0.7Å 크기의 공간이 생김
② 알루미늄 8면체 내부에는 Mg^{2+} 또는 Al^{3+}이 끼어 있음

(3) 동형치환

① 결정의 격자 내에서 전하의 크기와 상관없이 어떤 이온 대신 크기가 비슷한 다른 이온이 치환되어 들어가는 현상으로 층상광물들의 결정화단계, 즉 광물들이 생성되는 과정에서 이루어짐

② 동형치환에 의하여 생성되는 음전하는 토양의 환경조건이 달라져도 그대로 유지되는 전하
③ 2 : 1 격자형 광물이나 2 : 2 격자형 광물에서만 일어나며 1 : 1 격자형 광물에서는 생성되지 않음

> **Reference** 점토광물의 표면전하
>
> 1. 일반적으로 점토광물이나 유기물은 음전하를 많이 가지므로 토양은 순음전하를 띤다.
> 2. 변전하(Variable Charge)는 토양의 pH 영향을 많이 받는 전하이다.
> 3. 음전하를 고정전하라 한다.
> 4. 점토광물을 분쇄하여 분말도를 높이면 음전하가 많아진다.

3. 점토광물의 분류

결정형 광물
- Si 판 1개와 Al 판 1개가 층상으로 결속하여 한 결정 단위를 이룸

- 1 : 1 격자형 광물(2층형 광물, 비팽창형)
  - 할로이사이트, 나크라이트, 카올리나이트, 딕카이트

- 2 : 1 격자형 광물(3층형 광물)
  한 층의 Al 8면체를 Si 4면체가 양쪽으로 샌드위치처럼 싸서 3층 구조를 이룸
  - 팽창형 → 몬모릴로나이트, 사포나이트, 버미큘라이트
  - 비팽창형 → 일라이트

- 2 : 1 : 1(2 : 2 ; 격자형 광물, 비팽창형) → 클로라이트

비결정형 광물(무정형) : 알로펜, 이모고라이트

(1) 카올리나이트(Kaolinite)

① Al-OH 8면체 층의 -OH기들은 그 위층의 Si-O 4면체 층의 밑면의 산소들과 인접하고 있어 두 층 간에는 수소결합이 형성되며 규소 4면체 층과 알루미늄 8면체 층이 1 : 1로 결합된 광물

② Kaolinite는 여러 층이 견고하게 결합되므로 다른 점토 광물에 비하여 굵고 잘 부서지지 않고, 고온다습한 열대지방의 심하게 풍화된 토양에서 발견되는 중요점토광물
③ 우리나라에서 대표적으로 나타나는 점토광물이며, 양이온 치환용량(CEC)은 3~15meq/100g임

(2) 할로이사이트(Halloysite)

① Kaolinite와 같은 Si층 사이에 물분자층 하나가 끼어 있어 기저면 간격이 넓어져 있으며 이를 가열하면 물이 비가역적으로 빠져나감
② 결정구조가 나선모양의 튜브형태이며 점성이 높고 가소성이 큼

(3) 2 : 1 격자형 광물

① 3층형 광물이며, 한 층의 Al 8면체를 Si 4면체가 양쪽으로 샌드위치처럼 싸서 3개층을 이룸
② 수소결합이 형성되지 않고 반데르발스 결합을 형성하므로 결합이 매우 약하고, 팽창성 및 수축성을 가짐

(4) 몬모릴로나이트(Montmorillonite)

① 2 : 1형(3층형 광물) 광물이며 양이온 교환능력과 비표면적이 크며 산성 백토라고도 하며 수분상태에 따라 쉽게 팽창 또는 수축하므로 물에 쉽게 분산됨
② Kaolinite에 비하여 양이온 교환능력이 크고, 층 전하는 주로 Mg^{2+}에 의한 Al^{3+}의 동형치환에 의하여 발생함
③ 비표면적은 600~800m²/g 정도이며 양이온 교환용량은 80~100(150) Cmolc/kg임
④ 8면체 층 Al^{3+}의 1/6 정도가 Mg^{2+}로 치환되어 있으며 치환되는 이온 간의 전하가 다르므로 영구적으로 강한 음전하를 가지게 되어 오염물질의 이동을 제지할 수 있음

⑤ 스멕타이트(Smectite)
  ㉠ 3층형 광물(2 : 1형 구조)로서 팽창형 구조이며 화학조성과 전하의 비율이 다른 몇 가지가 포함되고 한층의 Al 8면체를 Si 4면체가 양쪽에서 샌드위치처럼 싸서 3층 구조를 이루고 있으며 가장 대표적인 것이 몬모릴로나이트임
  ㉡ 가소성이 크고 집결성, 수화 및 팽윤 특성을 갖고 있기 때문에 오염 물질의 이동을 제지할 수 있다.

(5) 사포나이트(Saponite)

① 스멕타이트 계통의 점토광물
② 8면체층 2개의 Al^{3+}이 3개의 Mg^{2+}으로 치환되어 생성된 광물

(6) 일라이트(Illite)

① K^+의 함량이 많은 퇴적물이 저온조건하에서 변성작용을 받을 때 형성되는 것으로 층 사이의 공간에 K^+이 비교적 많아 습윤상태에서도 팽창이 불가능함
② 양이온교환 용량은 몬모릴로나이트의 약 1/3 정도임
③ 2 : 1의 층상구조이며 토양 중에 흔히 존재하는 점토광물로, 규산사면체 중의 Si 15%가 Al^{3+}으로 치환되어 있음

(7) 버미큘라이트(Vermiculite)

① 2 : 1 격자형 광물이며 질석이라고도 하고, 주로 운모류 광물의 풍화로 생성된 토양에 많이 존재하는 점토광물
② 풍화작용에 의해 일라이트의 층간을 결합하는 K^+이 전부 또는 대부분 빠져나간 것을 말함. 즉, 운모류에서 K^+이나 Mg^{2+}가 풍화과정에서 용탈될 때 생기는 점토광물
③ 단위층 간의 결합력이 약하여 수분함유량이 증가하면 팽창함. 즉, 일부 팽창이 가능한 광물
④ CEC(양이온 교환용량)는 80~150(180)meq/100g으로 몬모릴로나이트와 비슷함

(8) 클로라이트(Chlorite)

① 대표적인 2 : 1 : 1형 광물로 녹니석이라고도 하고 수소결합에 의해 강하게 결합되어 수분함량 증가 시에도 팽창하지 않음
② CEC(양이온 교환용량)는 10~40meq/100g 정도임

이온교환

1. 토양의 이온교환(흡착)에 영향을 미치는 요인

① 토양용액 중 이온의 상대적 농도
② 이온의 전하수
③ 각 이온의 운동속도(활성도)

2. 이온교환효율이 큰 순서(이온에 따른 침투력의 크기) ; 해리순서

$$Al^{3+} > Ca^{2+} > Mg^{2+} > NH_4^+ > K^+ > Na^+ > Li^+$$

① 토양 중 존재하는 이온의 물에 대한 수화도가 큰 순서

$$Li > Na > K > NH_4 > R_b$$

② 수화이온의 크기(수화도)가 작은 이온이 이온교환효율 및 이온활성도가 크다는 의미
③ 양이온 교환반응은 화학양론적이며 가역적인 반응
④ 양이온의 흡착의 세기는 양이온의 전하가 증가할수록, 교환체의 음전하가 증가할수록 증가하며, 양이온의 수화반지름이 클수록 감소

3. 양이온교환용량(양이온교환능, CEC)

(1) 정의

일정량의 토양교질이 보유할 수 있는 교환성 양이온의 총량을 말하며 토양이나 교질물 100g이 갖고 있는 치환성 양이온 총량을 mg당량(meq)으로 나타낸다.

(2) 특징

① CEC는 무기 및 유기콜로이드가 흡착할 수 있는 양이온의 총량을 의미함
② 토양의 CEC는 토양교질입자의 음전하의 크기에 달려있음

③ 자연토양의 경우 여러 가지 점토광물의 혼합물로서 그 CEC는 대략 50meq 정도이고 점토질의 함량이 높은 토양은 CEC가 높음
④ 온대지방 토양의 교질입자는 대체로 양전하보다 음전하의 크기가 큼
⑤ 토양 교질입자의 음전하는 식물의 생육에 중대한 영향을 미침
⑥ 모래와 미사는 표면적이 매우 적어 CEC에 거의 기여하지 않음

(3) 단위

① CEC는 건조토양 100g당 흡착된 교환가능성 양이온의 밀리그램당량(meq)으로 나타냄
② 1meq/100g = 1cmolc/kg = 10mmolc/kg
③ molc는 전하에 대한 몰수(moles)를 의미

$$\text{molc} = \frac{\text{g분자량}}{\text{원자가}}$$

(4) 토양입자 크기(mm)에 대한 CEC(meq/100g)

부식토 > 식토 > 사양토 > 사토

① 사토 > 0.02   : 0~6(1~5)
② 미세사양토 0.02~0.002 : 3~7(5~10)
③ 식토   : 15~30(또는 22~63)
④ 부식토   : 200 이상(범위 200~400)

4. 각 점토광물의 CEC

① Montmorillonite : 80~150cmolc/kg
② Chlorite : 10~40cmolc/kg
③ Illite : 10~40cmolc/kg
④ Kaolinite : 3~15cmolc/kg
⑤ Vermiculite : 100~150cmolc/kg
⑥ Clay(식토) : 30cmloc/kg 이상
⑦ Clay Loam(식양토) : 15~30cmloc/kg
⑧ Sand(사토) : 1~5cmolc/kg

> **Reference**
>
> 우리나라의 토양은 유기물함량이 적고 Kaolinite가 주로 분포하며 CEC는 평균 10Cmolc/kg 정도로 매우 낮다.

기출 必수문제

01 어떤 모래의 점토가 Kaolinite 40%, Montmorillonite 50%, 나머지는 모래로 구성되어 있다. Kaolinite와 Montmorillonite의 양이온교환능(CEC)이 각각 10 meq/100g, 100meq/100g이라 할 때, 이 흙의 양이온치환능은?(단, 모래의 양이온치환능은 무시)

풀이

$$CEC = \left(10 \times \frac{40}{100}\right) + \left(100 \times \frac{50}{100}\right) = 54 \text{meq}/100\text{g}$$

기출 必수문제

02 어떤 토양이 유기물질 2.5%와 점토 30%로 구성되어 있다면 예상되는 CEC는?(단, 유기물과 점토의 CEC는 150meq/100g과 80meq/100g이다.)

풀이

$$CEC = \left(150 \text{meq}/100\text{g} \times \frac{2.5}{100}\right) + \left(80 \text{meq}/100\text{g} \times \frac{30}{100}\right) = 27.75 \text{meq}/100\text{g}$$

기출 必수문제

03 토양을 분석한 결과 pH 6.0, 점토 85%, 부식 15%로 나타났다. 토양의 CEC를 추정하면 얼마인가?(단, 점토와 부식의 CEC는 각각 10Cmolc/kg, 100Cmolc/kg이라고 가정하고, 나머지는 고려하지 않음)

풀이

$$CEC = \left(10 \times \frac{85}{100}\right) + \left(100 \times \frac{15}{100}\right) = 23.5 \text{Cmolc/kg}$$

SECTION 028 염기포화도 및 수소포화도

1. 염기포화도

염기포화도(BSP)는 양이온교환용량(CEC)에 대한 교환성 염기의 비이다.

$$염기포화도(\%) = \frac{교환성\ 염기(meq)}{교환성\ 양이온(meq)} \times 100$$

$$= \frac{교환성\ 염기의\ 총량(cmolc/kg)}{양이온교환용량(cmolc/kg)} \times 100$$

여기서, 교환성 염기는 Ca, Mg, K, Na이고, H, Al는 제외됨

기출 필수문제

01 토양 중 교환성 양이온이 아래 표와 같을 때 염기포화도(%)는?

토양 중 교환성 양이온(meq/100g)				
Ca	Mg	K	Na	H
15.3	4.8	0.3	0.6	5.2

풀이

$$염기포화도(\%) = \frac{15.3 + 4.8 + 0.3 + 0.6}{15.3 + 4.8 + 0.3 + 0.6 + 5.2} \times 100 = 80.15\%$$

기출 필수문제

02 토양의 CEC가 35meq/100g이고 H^+ 및 Al^{3+}이 각각 5.5meq/100g, 4.5meq/100g 존재할 때 BSP(%)는?

풀이

$$염기포화도(\%) = \frac{35 - (5.5 + 4.5)}{35} \times 100 = 71.43\%$$

03 양이온교환용량이 25Cmolc/kg이고, Ca 4Cmolc/kg, Fe 3Cmolc/kg, Mg 2Cmolc/kg, Al 3Cmolc/kg, Na 1Cmolc/kg, K 1Cmolc/kg, Si 1Cmolc/kg 을 함유한 토양의 염기포화도(%)는?

풀이

$$염기포화도(\%) = \frac{4+2+1+1}{25} \times 100 = 32\%$$

04 토양의 양이온교환용량이 40Cmolc/kg이고, 그중 H 이온이 6Cmolc/kg, Al 이온이 4.5Cmolc/kg 존재할 때 염기포화도(%)는?

풀이

염기포화도(%) = 100 − 비염기포화도

$$비염기포화도 = \frac{6+4.5}{40} \times 100 = 26.25\%$$

$$= 100 - 26.25 = 73.75\%$$

2. 수소포화도

수소포화도는 양이온교환용량(CEC)에 대한 수소이온(H^+)의 비이다.

$$수소포화도(\%) = \frac{수소이온의~meq}{교환성~양이온(meq)} \times 100$$

기출 必수문제

01 다음 표와 같은 깊이에서 교환성 양이온 농도를 측정하였다. 토양의 수소 및 염기포화도(%)는?

깊이 (cm)	교환성 양이온(meq/100g)				
	Ca	Mg	K	Na	H
15~27	13.8	4.2	0.4	0.1	11.4

풀이

$$수소포화도(\%) = \frac{11.4}{13.8+4.2+0.4+0.1+11.4} \times 100 = 38.13\%$$

$$염기포화도(\%) = \frac{13.8+4.2+0.4+0.1}{13.8+4.2+0.4+0.1+11.4} \times 100 = 61.87\%$$

기출 必수문제

02 초원의 마사질 양토 0~15cm 깊이의 토양층을 분석한 결과 총 양이온교환용량은 27meq/100g으로 나타났으며, 실제 교환성 양이온(meq/100g)은 Ca 12.4meq/100g, Mg 5.0meq/100g, K 0.5meq/100g, Na 0.1meq/100g, H 9.0meq/100g으로 측정되었다. 수소포화도(%) 및 염기포화도(%)는?

풀이

$$수소포화도(\%) = \frac{9.0}{12.4+5.0+0.5+0.1+9.0} \times 100 = 33.3\%$$

$$염기포화도(\%) = \frac{12.4+5.0+0.5+0.1}{12.4+5.0+0.5+0.1+9.0} \times 100 = 66.7\%$$

SECTION 029 토양유기물

1. 개요 및 특징

① 토양유기물은 동식물의 조직과 배설물이며 주된 성분은 셀룰로오스, 리그닌과 단백질로서 일반적으로 토양 중 1~7% 정도 포함되어 있다.
② 토양유기물은 CEC를 증가시키고 토양의 흡수성 및 완충력(pH 완충용량)을 향상시킨다.
③ 탄소화합물과 영양물질을 공급하여 토양 미생물의 활성을 증가시키며, 토양의 입단 형성을 증가시켜 통기성(토양공극량)을 높여준다.
④ 토양유기물 중 가장 중요한 것은 부식토(Humus)이다.

2. 토양유기물의 기능 중 간접적 효과

① 금속이온과의 착제 형성
② 토양물리성의 개량, 토양구조의 안정화
③ 급격한 pH 변화에 대한 완충작용
④ N, P, S 및 다른 필수 원소의 공급원
⑤ 부식물질의 암색에 의한 흡열 및 보온효과
⑥ 양이온 교환능력에 의한 부기양분의 보유
⑦ 토양미생물의 영양원

3. 부식토(부식질, Humus)

(1) 정의

부식질은 유기물이 미생물에 의하여 썩을 때 잔존물질로서 갈색 또는 암갈색의 일정한 형태가 없는 교질상의 물질이며 매우 복잡하고 분해에 대하여 저항성이 큰 물질의 혼합물이다.

(2) 부식토의 특성

① 흡착성, 흡수성, 비료보유능력이 강함
② 토양의 물리·화학적 성질을 개선함
③ 식물 및 미생물의 영양원
④ 부식토의 과량 존재시에는 토양의 산성화로 일시적 양분 결핍증 발생 및 무기물의 결핍현상이 발생함

(3) 부식의 기능

① 토양의 수분 함유량 증진 및 유지
② 일정 온도 유지
③ 토양미생물에 대한 에너지공급원
④ 식물에 대한 질소의 공급
⑤ 생물 성장촉진 및 양분의 흡수 유지
⑥ 토양 완충력 증가 및 독성물질(중금속)의 유해작용 감소

(4) 부식물질의 구분

부식물질(Humic Substance)은 비부식물질에 비하여 구조가 복잡하여 분해에 대한 저항성이 크며 용제에 대한 성질로 구분한다.

① 부식산(Humic Acid)

㉠ 강알칼리에 용해되고 강산하에서 침전하는 물질
㉡ 부식질(Humus)을 구성하고 있는 물질 중 중간 내지 고분자의 산성 물질
㉢ 무정형이며 색깔은 황갈색~흑갈색으로 부식질의 주요부분을 구성
㉣ 화학적 조성은 탄소(50~60%), 수소(3~5%), 질소(1.5~6%), 산소(30~35%) 정도임
㉤ 방향족화합물(벤젠핵, 나프탈렌, 피리딘, 안트라센)과 공역 이중결합을 많이 가지고 있음
㉥ 양이온 치환용량(CEC)은 부식화도가 높을수록 증가하므로 200~600meq/100g으로 매우 높음

⊗ 1가의 양이온과 결합된 염은 수용성 이온을 만들지만 2가 이상의 양이온 (Ca^{2+}, Al^{3+}, Mg^{2+})과 결합한 물은 불용해성, 즉 난용성 염이 됨

② 풀보산(Fulvic Acid)

㉠ 산과 알칼리에 용해되는 물질
㉡ 부식산과 비부식물질이 결합된 형태
㉢ 부식산과 비교해서 양적으로는 비슷하며 탄소의 양은 적고 산소의 양은 많음
㉣ Ca^{2+}, Mg^{2+}, Fe^{3+}, Al^{3+} 등과 결합하여 용해성 염을 생성하여 토양생성에 중요한 역할을 함

③ 부식탄(부식회, 휴민(Humin))

㉠ 산과 알칼리 모두에 불용하는 물질
㉡ 전체 부식물질의 20~30% 정도
㉢ 무기성분과 강하게 결합
㉣ 미분해 식물의 조직과 탄화된 물질 및 잘 추출되지 않는 부식산으로 구성

> **Reference** 토양유기물질과 휘발속도
>
> 휘발성이 강한 토양오염 물질(휘발성 유기화합물질)은 물에 대한 용해도가 작아 기체로 존재하여 확산을 통해 지표면으로 배출되며, 토양의 흡착작용으로 증기밀도 저하 및 휘발속도 감소가 나타난다.

토양유기물 분해속도

1. 0차 반응(Zero Order Reaction)

(1) 개요

① 반응물(유기물)의 농도가 무제한 증가할지라도 반응속도에는 영향을 미치지 않는 반응을 0차 반응이라 함
② 반응속도가 반응물의 농도에 영향을 받지 않는, 즉 농도에 무관한 반응을 의미하며 시간에 대한 농도변화는 그래프상 직선으로 표현됨
③ 유기물의 분해가 효소(촉매)의 양에만 의존하는 반응

(2) 관련식

$$C_t = -kt + C_0$$

여기서, C_t : t시간 후 남은 반응물(유기물)의 농도
k : 0차 반응속도상수(hr^{-1}, $1/hr$)
C_0 : 초기($t=0$) 반응물(유기물)의 농도

2. 1차 반응(First Order Reaction)

(1) 개요

① 반응속도가 반응물(유기물)의 농도에 비례하여 진행되는 반응이며 시간에 대한 농도변화는 그래프상 직선이 아닌 곡선으로 표현됨(단, 시간에 대한 농도의 대수로 표현하면 직선이 됨)
② 토양 내 효소가 충분히 존재할 때 유기물 분해는 농도에 비례한다는 반응

(2) 관련식

$$C_t = C_0 e^{-k \cdot t}$$

$$\ln\left(\frac{C_t}{C_0}\right) = -kt$$

여기서, C_t : t시간 후 남은 반응물의 농도
C_0 : 초기($t = 0$) 반응물의 농도
k : 1차 반응의 속도상수(hr^{-1}, $1/hr$)

기출必수문제

01 토양 내 유기물의 농도가 50mg/kg이었다. 1시간 후의 유기물 농도가 40mg/kg 이었다면 3시간 후의 유기물 농도(mg/kg)는?(단, 유기물의 분해는 토양에 존재하는 효소의 양에만 의존한다. 0차 반응 기준)

풀이

$C_t = -kt + C_0$ (0차 반응 속도식)

1시간 후의 반응속도상수(K)

$40 = -K + 50$, $K = 10$

3시간 후의 유기물 농도(C_t)

$C_t = -(10 \times 3) + 50 = 20 \mathrm{mg/kg}$

기출必수문제

02 오염지하수 유역을 자연저감방법에 의해 모니터링을 수행하고자 한다. 지하수 내 유류의 농도가 1mg/L였다면 1년(365일) 후 지하수 농도(mg/L)를 예측하시오. (단, 1차 반응, $K = 0.006/day$)

풀이

$C = C_0 \times e^{-kt} = 1 \times e^{-0.006 \times 365} = 0.11 \mathrm{mg/L}$

기출 필수문제

03 초기 농도가 150mg/L인 오염물질이 5시간 후에 20mg/L로 감소하였다면 4시간 후의 농도(mg/L)는?(단, 오염물질 분해는 1차 반응)

> **풀이**
>
> $\ln \dfrac{C}{C_0} = -K \cdot t$
>
> $\ln \dfrac{20}{150} = -K \times 5\text{hr}$
>
> $K = 0.403/\text{hr}^{-1}$
>
> $C = C_0 e^{-kt} = 150 \times e^{-0.403 \times 4} = 29.92 \text{mg/L}$

기출 필수문제

04 지하수 내 벤젠의 농도가 10mg/L이다. 1차 감쇠계수가 0.005/day일 때 5년 후 지하수 내 벤젠의 농도(mg/L)는?

> **풀이**
>
> $C = C_0 e^{-kt} = 10 \times e^{-(0.005 \times 365 \times 5)} = 0.001 \text{mg/L}$

기출 필수문제

05 벤젠으로 오염된 지역에 대해 지하수 오염 모니터링을 진행하였다. 300일 후 벤젠의 농도가 0.5mg/L로 검출되었다면 초기의 벤젠농도(mg/L)는 얼마인가?(단, 1차반응속도 상수 $K = 0.005/\text{day}$)

> **풀이**
>
> $\ln \dfrac{C}{C_0} = -K \cdot t$
>
> $C = C_0 \times e^{-k \cdot t}$
>
> $0.5 = C_0 \times e^{-0.005 \times 300}$
>
> $C_0(\text{초기 농도}) = 2.24 \text{mg/L}$

기출필수문제

06 1.1.1-TCE는 지중에서 분해되며 반감기가 180일이다. 이 오염물질의 분해반응 속도가 1차 반응이라고 가정할 때 초기 오염농도의 30%가 제거되는 데 소요되는 기간(day)은?

풀이

$$\ln\frac{0.5\,C_0}{C_0} = -K \times 180$$

$$\ln 0.5 = -K \times 180$$

$$K = 0.00385/\text{day}^{-1}$$

30% 제거 소요시간(t)

$$\ln\frac{(1-0.3)\,C_0}{C_0} = -0.00385\,\text{day}^{-1} \times t$$

$$t = 92.62\,\text{day}$$

기출필수문제

07 초기 TPH 농도가 6,500ppm이고 1차 분해반응에 의해 90일 후 농도가 4,000ppm일 때 1차 반응 속도상수(day^{-1})는?

풀이

$$\ln\frac{C}{C_0} = -K \cdot t$$

$$\ln\frac{4,000}{6,500} = -K \times 90\,\text{day}$$

$$K = 5.395 \times 10^{-3}\,\text{day}^{-1}$$

기출필수문제

08 토양의 유기물질 초기농도의 50%가 될 때까지 소요되는 시간이 100hr이었다면 유해물질의 1차 감소 속도상수(hr^{-1})는?

풀이

$$\ln\frac{50}{100} = -K \times 100$$

$$K = 0.0069/\text{hr}\,(0.0069\,\text{hr}^{-1})$$

09 초기 TPH 오염농도가 13,500ppm이고 1차 분해반응에 의해 6일 후의 농도가 8,400ppm이다. 오염농도가 2,000ppm으로 될 때까지 소요되는 시간(day)은? (단, day는 정수로 표시할 것)

풀이

$$\ln\left(\frac{C}{C_0}\right) = -k \cdot t$$

$$\ln\left(\frac{8,400}{13,500}\right) = -k \cdot 6\text{day}$$

$$k = 0.0791 \text{day}^{-1}$$

$$\ln\left(\frac{2,000}{13,500}\right) = -0.0791 \text{day}^{-1} \times t$$

$$t = 24.14 \fallingdotseq 25 \text{day}$$

10 어떤 물질의 1차 반응 속도상수가 0.0005day^{-1}이다. 반감기(year)는?

풀이

반감기 표현식

$$\ln\frac{0.5C_0}{C_0} = -Kt$$

$$t = -\frac{\ln 0.5}{K} = -\frac{(-0.6931)}{0.0005\text{day}^{-1}} = 1386.2\text{day} \times \text{year}/365\text{day} = 3.80\text{year}$$

11 실험실에서 예비실험결과 독성물질의 1차 반응 분해상수가 0.02day^{-1}임을 알았다. 물질의 반감기(day)는?

풀이

$$t = -\frac{\ln 0.5}{K} = -\frac{(-0.6931)}{0.02\text{day}^{-1}} = 34.66\text{day}$$

기출必수문제

12 토양 내 오염물질이 100mg/kg이다. 이 오염물질이 25mg/kg으로 되는 데 소요되는 시간(day)은?(단, 1차 반응 속도상수는 0.006day^{-1})

풀이

$$\ln\frac{25}{100} = -0.006\text{day}^{-1} \times t$$

$$t = 231.01\text{day}$$

기출必수문제

13 유류로 오염된 지역을 정화하여 현재 유류의 농도가 50mg/kg이다. 잔류유류성분에 대한 모니터링 계획 수립을 위하여 모니터링 기간을 선정하고자 한다. 정화 후 유류는 1차 반응 감소계수 추세에 의해 저감된다면 10mg/kg까지 감소되는 데 소요되는 시간(day)을 구하시오.(단, 1차 반응 감소계수 0.006day^{-1})

풀이

$$\ln\frac{10}{50} = -0.006\text{day}^{-1} \times t$$

$$t = 268.24\text{day}$$

기출必수문제

14 토양슬러지 반응기를 이용하여 슬러리유량 100L/min 규모로 초기 TPH 1,200 mg/kg 농도를 TPH 50mg/kg 농도까지 최종처리하고자 할 때 필요한 반응조 크기(L)는?(단, 반응속도=1차 반응, 반응소 종류=연속류 완전혼합형 반응조(CFSTR), 반응 속도상수=0.25/min, 정상상태 유출기준)

풀이

CFSTR 1차 반응식

$$\frac{C}{C_0} = \frac{1}{(1+K \cdot t)}$$

$$\frac{50}{1,200} = \frac{1}{(1+0.25/\text{min} \times t)}$$

$$t = 92\text{min}$$

반응조 크기(L) $= t \times Q = 92\text{min} \times 100\text{L/min} = 9,200\text{L}$

기출 필수문제

15 상온에서 수용성 염소계 에테르화합물의 탈할로겐화 속도상수 실험결과, PCE의 속도상수는 시간당 0.05로 조사되었다. 1차 분해 반응식에 근거하여 초기 농도의 40%가 분해되려면 약 몇 시간이 지나야 하는가?

풀이

$$\ln\frac{(100-40)}{100} = -0.05\,\text{hr}^{-1} \times t$$

$$t = 10.22\,\text{hr}$$

SECTION 031 토양오염물질의 이동특성

1. 토양오염물질의 이동경로(특이성)에 영향을 주는 주요 특성인자

(1) 유기오염물질의 특성인자

① 증기압
② 헨리상수(공기/물 분배계수)
③ 분해상수
④ 옥탄올/물 분배계수(Kow)

(2) 무기오염물질의 특성인자

① 용해도적
② 착염물질의 형성

2. 토양성질 중 오염물질 확산 및 처리에 중대한 영향을 미치는 토양의 특성인자

① 토양 내 유기물질 함량
② 토양의 pH 및 알칼리도
③ 토양의 투수계수
④ 토양의 함수율
⑤ 양이온 교환용량(CEC)
⑥ 지하수위

> **Reference** 옥탄올 – 물 분배계수(Kow)

1. 옥탄올 – 물 두 환경에서 옥탄올 층의 화학물질 농도와 물층의 화학물질 농도의 비, 즉 혼합되지 않는 두 상인 옥탄올과 물에서의 용질의 분포를 나타내는 계수이다.

2. 수생유기체에 의해 화학물질이 얼마나 소모될지를 알려주는 중요한 지표이다.

3. 적은 양의 데이터로부터 결정될 수 있으므로 매우 폭넓게 이용된다.

4. Kow가 작은 경우(Kow < 2)
   - 친수성이며 고용해도를 가짐
   - 오염물질의 이동성이 커짐
   - 물에 대한 용해도가 상대적으로 크므로 미생물에 의한 분해가 활발
   - 지하수 내 오염물질의 분해속도가 빨라짐

5. Kow가 큰 경우(Kow > 4)
   - 소수성이며 고축적성을 가짐
   - 오염물질의 이동성이 작아짐
   - 물에 대한 용해도가 낮으므로 미생물에 의한 이동도가 떨어짐
   - 지하수 내 오염물질의 분해속도가 늦어짐

6. $Kow = \dfrac{\text{옥탄올에서의 용질의 농도}}{\text{물에서의 용질의 농도}}$

   Kow > 1 : 소수성 강함
   Kow < 1 : 친수성 강함

SECTION 032 오염물질과 토양의 상호작용

1. 흡착

(1) 개요

① 흡착이란 용질(이온, 분자, 화합물 등)이 액상과 토양입자 경계면 사이에서 분배될 때 일어나는 현상을 말한다.
② 오염물질과 토양의 상호반응은 용액 중 오염물질이 정전기적 인력에 의해 토양입자의 표면과 결합할 때 화학반응이 일어난다.

(2) 토양의 흡착(이온교환)에서 중요한 요인

① 토양용액이온의 상대적 농도
② 이온의 전하수
③ 각 이온의 운동속도

(3) Freundich 등온흡착식(등온흡착모델)

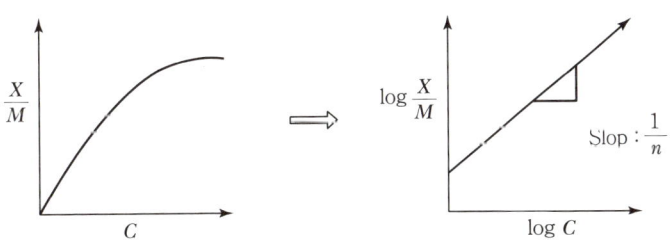

$$\frac{X}{M} = KC^{\frac{1}{n}} \rightarrow 양변에 \log : \log\frac{X}{M} = \frac{1}{n}\log C + \log K$$

여기서, X : 흡착된 용질의 양(무게)
　　　　　흡착제에 흡착된 피흡착제 농도(유입수 농도−유출수 농도)
　　　M : 흡착제의 양(무게)
　　　C : 용질의 평형농도(피흡착제 물질 농도, 유출수 농도, 지하수 내 오염물질 농도)
　　　K, n : 상수(실험)

① 고농도에서 등온선은 선형을 유지한다.
② 유기화합물(농약), 중금속에 대한 흡착효율은 좋으나 최대흡착량을 예측하는 것은 불가능하다.

(4) Langmuir 등온흡착식(등온흡착모델)

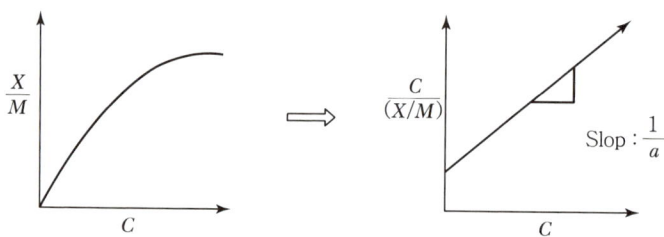

$$\frac{X}{M} = \frac{abC}{1+bC} \Rightarrow \text{양변에 } C\text{를 곱함}: \frac{C}{(X/M)} = \frac{1}{ab} + \frac{C}{a}$$

여기서, a : 상수(최대흡착량), b : 상수(흡착에너지)

① 흡착은 가역적이며 흡착에너지는 모든 지점에서 동일하다.
② 고농도에서 등온선은 선형적이지 못하고 한정적이다.(비선형이다.)
③ 낮은 흡착농도 및 중성유기화합물질에 대한 흡착효율은 좋으나 토양입자의 흡착설명은 불가능하다.
④ 유한개의 흡착지점은 개개의 오염물질에 대해 동일한 친화력을 가진다.
⑤ 각 흡착지점은 단 한 개의 분자만 수용한다. 즉, 흡착지점이 고정된 단일 흡착층에서 일어난다.
⑥ 주변흡착 지점들 사이에 상호작용이 일어나지 않는다. 즉, 표면에 흡착된 분자는 옆으로 이동하지 않는다.

기출 必수문제

01 지하수 $1,500m^3$ 중에 페놀이 $24mg/L$의 농도로 함유되어 있다. 이를 활성탄으로 처리하여 $1mg/L$까지 낮추기 위해 소요되는 활성탄의 양(kg)을 구하시오.(단, Freundlich 흡착등온식을 이용하고 K는 0.5, n은 1을 적용)

> **풀이**
>
> Freundlich 등온흡착식
>
> $$\frac{X}{M} = KC^{\frac{1}{n}}$$
>
> $$\frac{(24-1)}{M} = 0.5 \times 1^{\frac{1}{1}}$$
>
> M(활성탄 양) $= 46\text{mg/L} \times 1,500\text{m}^3 \times 1,000\text{L/m}^3 \times \text{kg}/10^6\text{mg} = 69\text{kg}$

02 페놀 농도가 400mg/L인 지하수에 활성탄을 520mg/L 주입하였더니 페놀농도가 320mg/L로 되었고, 2,300mg/L를 주입하였더니 페놀 농도가 110mg/L로 되었다. 지하수 중 페놀 농도를 10mg/L로 저감시키기 위한 활성탄 주입량(g/L)을 구하시오.(단, Freundlich 등온흡착식 이용)

> **풀이**
>
> Freundlich 등온흡착식
>
> $$\log\frac{X}{M} = \frac{1}{n}\log C + \log K$$
>
> $$\log\left(\frac{400-320}{520}\right) = \frac{1}{n}\log 320 + \log K \quad \cdots\cdots\cdots ㉮$$
>
> $$\log\left(\frac{400-110}{2,300}\right) = \frac{1}{n}\log 110 + \log K \quad \cdots\cdots\cdots ㉯$$
>
> ㉮식에서 ㉯식을 빼면 $0.0864 = \frac{1}{n}(\log 320 - \log 110)$
>
> $n = 5.36$값을 ㉮식에 대입 K를 구함
>
> $$\log\left(\frac{400-320}{520}\right) = \frac{1}{5.36}\log 320 + \log K$$
>
> $\log K = -1.28$
>
> $K = 10^{-1.28} = 0.052$
>
> 활성탄 주입량
>
> $$\frac{X}{M} = KC^{\frac{1}{n}}$$
>
> $$\frac{(400-10)}{M} = 0.052 \times 10^{\frac{1}{5.36}}$$
>
> $M = 4,880\text{mg/L} \times \text{g}/1,000\text{mg} = 4.88\text{g/L}$

2. 착제 형성

(1) 특징

① 착제 형성은 금속양이온과 음이온(무기배위자)이 반응해서 생긴다.
② 무기배위자 음이온의 종류에는 OH^-, Cl^-, SO_4^{2-}, CO_3^-, PO_4^{3-}, CN^{-1} 등이 있다.
③ pH 증가 시 착제의 안정도가 높게 된다.

(2) 중금속 착제의 안정도 순위

$$Cu^{2+} > Fe^{2+} > Pb^{2+} > Ni^{2+} > CO^{2+} > Mn^{2+} > Zn^{2+}$$

(3) 가수분해(1차 반응)

① 점토의 함량이 증가하면 가수분해를 촉진시킨다.
② 온도가 상승하면 가수분해율도 증가한다.
③ 고농도의 금속이온은 화학물질의 가수분해를 촉진시킨다.
④ pH가 증가하면 염기성-촉매 가수분해반응은 증가한다.

(4) 침전

침전은 용해의 반대 개념으로 수용액으로부터 고체상 표면으로 용질이 이동, 축적하는 현상이다.

(5) 휘발

① VOC 제거에 가장 중요한 반응이다.
② 토양유기물질의 흡착작용으로 증기밀도 저하 및 휘발속도 감소가 나타난다.
③ 휘발성이 강한 토양오염 물질 즉 VOC(휘발성 유기화합물)는 물에 대한 용해도가 작아 기체로 존재하여 확산을 통해 지표면으로 배출된다.

(6) 산화 · 환원전위(Eh)

① 토양의 산화 · 환원 전위는 식물 양분의 가급성과 유해물질 등의 생성 등과 관련하여 작물생육에 영향을 미친다.
② 배수의 필요성을 나타내는 지표로서 토양의 생산력과 밀접한 관계를 가진다.

SECTION 033 토양 내의 원소순환

1. 탄소(C)

① 모든 유기물은 탄소의 화합물이며 탄소동화작용과 생화학적 고정작용에 의해 유기물이 생성된다.
② 탄소는 토양에 주로 저장되어 있으며 그 양도 식물과 일반 대기 중에 존재하는 탄소보다 많다.
③ 토양 중에서 토양미생물에 의해 탄소화합물로 분해되어 최종적으로 CO_2를 대기 중으로 방출하며, 토양유기물 함량이 감소하면 대기 중의 CO_2 농도가 증가한다.
④ 토양 중 탄소는 미생물 유기물 분해에 의한 CO_2를 대기 중으로 배출한다.
⑤ 토양 공기의 조성은 대기보다 CO_2가 10배 정도 높다.
⑥ 토양 중 CO_2가 대기 중으로 배출되지 못하면 환원반응이 일어나 CH_4, 유기산 등이 생성되어 토양을 산성화시킨다.
⑦ 토양 공기 중 CO_2 방출속도가 늦으면 CO_2 농도가 높아져 토양미생물의 활동이 감소한다.

2. 질소(N)

(1) 특징

① 작물의 생산에 있어서 결핍현상이 흔히 나타나는 원소이다.
② 표토 부근의 토양 내에 존재하는 총 질소의 90% 이상은 유기질소 형태로 존재한다.
③ 식물이 이용할 수 있는 질소는 무기질소(NH_4^+, NO_3^-)이다.
④ NO_3^-는 토양에 흡착되지 않으며 쉽게 용탈되어 지하수오염을 야기시킨다.
⑤ 지하수 환경 내에서 NO_2^-의 함량은 소량이다.
⑥ 토양 생성 초기에는 질소 성분이 거의 없으나 시간이 경과되면서 유기질소 양이 증가한다.

⑦ N_2의 식물체 내 질소화합물화에 관여하는 미생물은 질소고정세균이다.

⑧ 가축분뇨나 두엄 등이 지하수에 유입되어 이들 지하수를 음용할 경우 주로 어린아이들에게 청색증을 유발하는 물질은 질산성 질소(NO_3^-)이다.

(2) 무기화 작용(암모니아화 작용)

① 유기성 질소가 NH_4^+로 변화하는 과정(단백질 → 아미노산 → NH_4^+)

② 관여 미생물은 대부분 유기영양미생물

③ 암모니아화 작용의 최적조건은 온도 30℃, pH 7~8, 용수량 60~80%, C/N비 낮은 값

(3) 고정화 작용(질소동화작용)

① 무기성 질소가 유기성 질소로 변화되는 과정
(NO_3^- → NH_4^+ → 단백질 ; NO_3^- 의 단백질화)

② 관여 미생물은 대부분 유기영양미생물

(4) 질산화 작용

① NH_4^+가 질산화 미생물에 의해 산화반응을 거쳐 NO_3^-이 되는 과정
(NH_4^+ → NO_2^- → NO_3^-)

② 질산화 작용에 의해 생성된 질산이온 또는 토양에 첨가된 질산이온은 토양에 흡착되지 않고 이동성이 큰 음이온이 됨

③ 아질산화 단계

  ㉠ NH_4^+가 질산화 미생물에 의해 NO_2^-(아질산)으로 산화되는 단계

  ㉡ NO_2^-은 일반 토양 중에는 대량 축적되지 않으나 알칼리성 조건에서는 상당량 축적된다.(NH_4^+ → NO_2^-)

  ㉢ $NH_4^+ + 1.5O_2$ → $NO_2^- + 2H^+ + H_2O +$ 에너지(275kJ)

  ㉣ 관여 질산화 미생물(아질산균) 종류

    ⓐ Nitrosomonas

    ⓑ Nitrosococcus

④ 질산화 단계
  ㉠ NO_2^-이 NO_3^-(질산)으로 산화되는 단계이다.
     $[NO_2^- \rightarrow NO_3^-]$
  ㉡ 관여 질산화의 생물종류
     ⓐ Nitrobacter
     ⓑ Nitrocystis

⑤ 질산화 작용을 위한 주요조건
  ㉠ 질산화 세균(질산화미생물)이 충분할 것
  ㉡ 산소가 충분히 공급될 것
  ㉢ 적당한 탄소원이 존재할 것(탄소원, CO_3^{2-}, HCO_3^-, H_2CO_3)
  ㉣ 수분이 적당(50%)할 것
  ㉤ 온도가 적당(25~30℃)할 것
  ㉥ 최적 pH(4.5~7.5) 범위일 것

(5) 탈질작용

① NO_3^-(질산이온)이 탈질세균(탈질미생물)에 의해 N_2O(아산화질소), NO(산화질소), N_2(질소가스) 등으로 환원되는 작용이다.
   $[NO_3^- \rightarrow NO_2^- \rightarrow N_2, N_2O, NO]$

② 탈질작용은 환원층에서 탈질미생물에 의해 발생한다.

③ 탈질과정

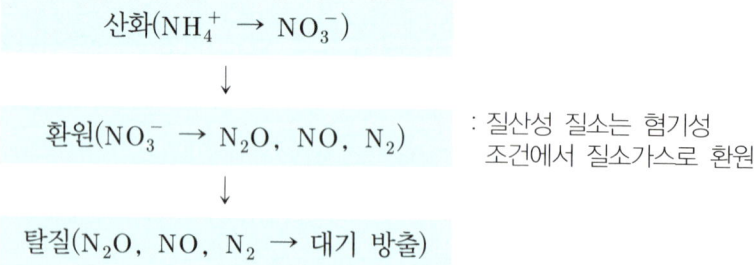
: 질산성 질소는 혐기성 조건에서 질소가스로 환원

④ 질소의 산화형은 NO_3^-이고, 환원형은 NH_3이며, 탈질작용이 더욱 진행되면 N_2 형태로 대기 중으로 유실된다.

⑤ 관여 탈질세균(탈질미생물) 종류
  ㉠ Pseudomonas
  ㉡ Acromobacter
  ㉢ Bacillus
  ㉣ Micrococcus

⑥ 탈질작용의 영향인자
  ㉠ 유기물 함량이 높을 것
  ㉡ 최적 pH(6~9) 범위일 것(토양유기물 경우 pH 5.0~5.5)
  ㉢ 온도가 적당(25~35℃)할 것

(6) 화학적 탈질작용

① NO_2^-이 화학반응에 의해 가스상태의 질소화합물로 전환되어 토양으로부터 손실되는 작용이다.
② pH 5.0~5.5에서 작용하며 미생물은 관계하지 않는다. 즉, 토양유기물의 탈질반응은 pH 5.0~5.5 범위의 산성 조건을 필요로 한다.

(7) 생물학적 질소고정

① 대기 중 기체상태의 분자질소가 토양미생물에 의해 NH_3로 전환되어 유기질소화합물로 활성되는 작용이다.

② 질소고정 작용
  ㉠ N_2의 식물체 내 질소화합물화(미생물이 식물과 공생하여 질소를 고정하는 공생적 질소고정과 독립적으로 질소를 고정하는 비공생적 질소고정이 있다.)
  ㉡ 관여 미생물은 질소고정 세균(토양 중 독립생활을 하면서 단독으로 공중질소를 고정하여 이를 이용하는 미생물 : Azotobacter, Clostridium)

③ 주로 콩과식물의 뿌리에 공생하면서 질소고정을 하는 미생물은 Rhizobium 속의 세균이며 콩과식물은 그 생육에 필요한 질소의 2/3를 공중유리질소고정에 의하여 흡수, 1/3만을 토양에서 얻는다.

3. 인(P)

① 인은 C,N,S에 비해 난용성으로, 토양에 흡착성이 강하고 그 존재의 형태에 따라 토양생물에 의한 이용성이 크게 다르다.
② 미생물 중에 존재하는 인의 양은 토양 중 전체 인량의 1~2%로 소량이다.
③ 식물이나 토양미생물은 용액 중 PO_4^{2-}로 흡수·이용하며 인산염의 용해도는 낮다.
④ 인은 하천이나 호소에 부영양화를 일으키며 생물학적 작용에 의한 대기 중으로의 확산은 일어나지 않는다.
⑤ 토양이 발달하면 유기성 인의 함량은 증가되고, 무기광물 형태의 인은 감소한다.
⑥ 토양 중 무기성 인은 Al, Ca, Fe과 결합된 형태이며 식물이 이용할 수 있는 형태는 무기인산으로 대표적 형태는 $H_2PO_4^-$, HPO_4^{2-}이다.
⑦ 인의 순환에 영향을 미치는 미생물 역할
  ㉠ 난용성 무기성 인의 용해
  ㉡ 인의 흡수 및 세포합성
  ㉢ 유기성 인의 분해 및 인산이온(PO_4^{3-}) 생성

4. 황(S)

① 황은 경작지 표층토에서 90% 이상이 유기물 형태의 황으로 존재한다.
② SO_4^{2-}는 가용성이고 이동성이 커 용탈에 의해 쉽게 유실되며 유기성 황의 SO_4^{2-}는 직접 식물에 이용될 수 없다.
③ 환원상태의 토양에서는 황산염과 미생물에 의해 H_2S가 발생한다.

SECTION 034 토양 미생물

1. 개요

① 토양에는 조류, 균류, 방선균, 세균류 등 많은 미생물이 서식하며 자연계의 순환에 큰 역할을 한다.
② 호기성 미생물이 필요로 하는 전자수용체는 산소(O_2)이다.
③ 유기독성물질의 미생물 분해반응을 분할이라 한다.

2. 조류(Algae)

① 조류는 유기물 합성을 하여 생육이 급증하면 부영양화를 초래한다.
② 자가영양체와 종속영양체가 있으며 녹조류, 남조류, 규조류가 대표적이다.
③ 토양 중에서 유기물 생성, 질소고정, 산소공급, 질소세균과의 공생작용을 한다.

3. 사상균(Fungi)

① 핵막과 세포벽을 가지고 있는 진핵 생물로 균사(Hyphae)라고 불리는 가는 실 모양을 하고 있으며, 호기성 생물이지만 CO_2 농도가 높은 환경에서도 잘 견딘다.
② 토양 내의 미생물 중 일반적으로 내산성이 강하고 산성 토양에서 유기물 분해의 중요한 작용을 담당하며, 토양 중에서 분해가 가장 어려운 식물체의 구성성분인 리그닌을 주로 분해하는 균이다.
③ 토양이 산성일수록 상대적인 수가 증가하는 미생물이며 호기성 또는 CO_2 농도가 높은 환경에서도 잘 견디나 수소분압이 낮은 곳(논토양)에서는 생존할 수 없다.
④ 사상균의 종류는 Fusarium, Aspergillus, Penicillium, Mucor, Trichoderma 등이다.

4. 방선균(Actinomyces)

① 형태는 사상균과 비슷하지만 세포 내 미세구조(크기와 포자 형성 과정)가 세균처럼 세포핵이 없는 원핵 생물이다.

② 대부분 산소를 요구하는 호기성 균으로 과습한 곳에서는 잘 자라지 않는다.
③ 토양 중에 두 번째로 많으며 에너지와 영양원을 얻기 위해 탄수화물과 유기물을 분해하여 생육하는 화학종속영양체이다.
④ 세균과 사상균의 중간에 위치하는 미생물이며 다양한 유기물을 영양원으로 하여 생육하고 부식물을 분해하는 미생물을 포함한다.
⑤ 대부분의 방선균은 산소를 요구하는 호기성 균으로 경작지보다는 목초지에 많으며, 휴경토양보다는 경작지에 많다.
⑥ 대부분의 방선균은 산성에 약하다. 즉, 산성을 좋아하지 않으며, 그 활동력은 활성 석회의 양에 따라 다르다.
⑦ 생육에 가장 적당한 pH는 6.0~7.5이며 pH 5 이하에서는 그 생육이 크게 저하된다.
⑧ 난분해성 물질인 리그닌, 케라틴, 셀룰로오스 등의 부식 성분을 분해하는 균이다.
⑨ 방선균의 종류는 Streptomyces, Nocarolia, Micromonspora 등이다.
⑩ 흙냄새는 방선균인 Actinomyces Odorifer가 분비하는 Geosmins과 같은 물질에 의한 것이다.

5. 세균(Bacteria)

(1) 개요

① 토양생물 중 가장 많이 존재하며 유기물 분해, 무기물 산화, 질소고정 등 물질순환에 중요한 역할을 한다.
② 세균류는 자급영향세균(황세균, 철세균, 질산화성 균)과 타급영향세균(암모니아화성 균)으로 구분한다.

(2) 종류

① Cunninghamella Elegons

방향족화합물의 고리를 파괴하는 미생물

② Micrococcus, Pseudomons, Mycobacterium

석유화합물 제거에 중요한 역할을 하는 미생물

③ Rhizobium

　　질소고정박테리아로 콩과식물 뿌리에 붙어서 대기 중 질소를 고정시키면서 생존하는 미생물

④ Azotobacter

　　N_2를 질소원으로 하는 미생물

⑤ Clostridium

　　혐기성 세균이며 결합질소를 섭취하는 미생물

⑥ Nitrosomonas

　　암모니아를 아질산염으로 변화시키는 데 관여하는 호기성의 무기영양 미생물

⑦ Nitrobacter

　　아질산염을 질산염으로 변화(산화)시키는 데 관여하는 호기성의 무기영양 미생물

⑧ Desulfovibrio

　　황산염을 H_2S(황화수소)로 환원시키는 미생물

⑨ Acinetobacter

　　토양 중 NAPL(물 이외의 액상화합물)을 분해하는 미생물

6. 미생물 수와 활성에 영향을 주는 요인

(1) 토양의 물리·화학적 요인

① 온도　　② 염도　　③ pH　　④ 영양분

(2) 생물학적 요인

원생동물과 선충에 의한 포식

SECTION 035 탄소원과 에너지원에 따른 미생물 분류

독립(자가)영양미생물은 무기탄소를 이용하여 생산자 구실을 하며 종속영양미생물은 유기탄소를 이용하여 소비자 또는 분해자 구실을 한다.

구분(영양 형태)	탄소원	에너지원	예
광(합성)독립(자가)영양 미생물 (Photoautotroph)	CO_2	빛	남조류(Cyanobacteria), 조류, 시안세균
광(합성)종속영양미생물 (Photoheterotroph)	유기탄소 (유기화합물)	빛	Rhodospeudomonas, Rhodospirillum
화학 독립(자가)영양 미생물 (Chemoautotroph)	CO_2	환원 형태의 무기물 (무기물의 산화·환원반응) (NH_4, H_2S, NO_2^-, H_2, S, $S_2O_3^{2-}$, Fe^{2+})	질화세균(질산화성균), 황산화균(황세균), 수소산화균, 철산화균(철세균)
화학 종속영양미생물 (Chemoheterotroph)	유기탄소 (유기화합물)	유기화합물 (유기물의 산화·환원반응)	원생동물, 진균류, 대부분의 세균

SECTION 036 토양오염의 특징 및 오염원

1. 토양오염의 특징

① 오염경로의 다양성
② 피해 발현의 완만성(시차성)
③ 오염지역의 국지성
④ 타 매체와의 연관성(오염의 비인지성 및 다른 환경인자와의 영향관계의 모호성)
⑤ 지속성 및 잔류성
⑥ 오염물질 및 오염지역에 따른 특이성
⑦ 원상복구의 어려움

2. 토양오염원

(1) 중금속

① 발생원

자연적 발생원(자연함유량) 및 인위적 발생원 중 주로 인간의 인위적 활동에 의한 오염이 문제가 된다.

② 대책

㉠ 석회질 자재 투여

토양의 pH를 높여 중금속(Cu, Cd, Zn, Mn, Fe 등)을 수산화물로 침전시킴(석회질 투여)

㉡ 인산비료 투여

중금속(Cr, Pb, Zn, Cd, Fe, Mn)과 반응시켜 난용성의 인산염을 생성함으로써 중금속을 불용화시킴(인산 투여)

ⓒ 토양 환원 촉진

토양이 환원상태로 되면 Cd 등은 H_2S와 반응하여 난용성의 황화물을 형성함으로써 불용화시킴

ⓔ 식물을 이용한 제거

토양 중 중금속을 특이적으로 흡수·농축하는 식물을 이용하여 제거함 (양치식물은 카드뮴, 해바라기는 납)

ⓜ 객토

오염된 토양을 깎아내고 그 위에 객토함

(2) 농약

① 개요

㉠ 농약은 주로 제초제, 살충제 등으로 급성중독을 일으키며 잔류 및 축적에 의해 인체에 영향을 일으킨다.

㉡ 일반적으로 유기염소계 농약이 유기인계 농약보다 유기물 함량이 많을수록 잔류성이 강하다.

② 농약과 토양성분 사이에 발생하는 상호작용(결합구조)

㉠ Van Der Waals 힘에 의한 물리적 결합 ⎤
㉡ 이온결합(이온교환)과 정전기결합　　　｜ 일반적으로 2개 또는
㉢ 수소결합　　　　　　　　　　　　　　｜ 그 이상이 동시에
㉣ 배위결합 또는 배위자결합　　　　　　 ⎦ 작용함

③ 토양 중 농약분해 주요작용

㉠ 광분해

㉡ 순수한 화학분해

㉢ 미생물 분해

(3) 광산 폐수

① 개요

㉠ 휴·폐광산 주변지역에서는 Cd, Cu, Pb, Zn 등이 존재하여 하천, 농경지 등에 중금속 오염의 원인물질로 작용한다.

㉡ 산성 광산폐수의 주된 원인물질은 황철석(FeS_2)이며 토양의 산성화를 야기시킨다.

② 무산소석회배수(ALD) 시설

㉠ 석탄광의 산성광산배수(AMD) 처리법

㉡ 산성이 강한 수질과 알칼리성 물질인 석회암을 반응시킴으로써 중화효과에 의해 처리하는 원리

③ ALD의 두 가지 작용

㉠ 산성 배수에 알칼리성 물질을 투입하여 pH를 중화시켜 철의 침전을 유도함으로써 AMD를 지속적으로 방지하는 작용

㉡ AMD에 의해 용출되는 중금속을 침전시켜 제거하는 작용

④ SAPS(알칼리 공급조)의 A층, B층 충전물질 역할

SAPS는 다량의 Fe, Al, Mn 등을 함유한 광산배수(폐수)로 정화하기 위하여 유기물이 황산염을 황화물로 환원시켜 금속이 황화물로 침전되도록 유도하고 하부에 서회석을 활용하여 pH를 높이는 공법이다.

㉠ 유기물로 황산염환원균이 황산염을 황화물로 침전시켜 금속이 황화물로 침전되도록 유도하는 역할(A층 역할)

㉡ 석회로 산성광산배수의 pH를 증가시켜 중금속을 제거하는 역할(B층 역할)

㉢ 광산배수의 산도가 높고 Fe^{3+}의 농도가 높아서 ALD나 알카리도를 공급하는 기존의 처리시스템으로 광산배수를 처리하기 어려울 때 적용한다.

⑤ Diversion well

석회석을 이용하여 산성 광산배수를 중화시키는 방식으로 산성 배수의 유동을 조절하여 2.5m 이상의 높이에서 떨어뜨려 석회층을 교한하여 금속 수산화물에 의한 석회석 표면의 피막 형성을 억제시키는 방법이다.

⑥ 혐기성 소택지

두꺼운 층의 유기질 퇴비를 첨가하여 황환원반응을 유도하여 알칼리도를 증가시키고 산성 광산배수 내 중금속을 침전시키는 시스템이다.

(4) 점오염원과 비점오염원

① 점오염원(Point Contaminant Source)

오염원의 농도범위를 확인할 수 있는 오염원
- ㉠ 지하저장 탱크
- ㉡ 매립장(폐기물)
- ㉢ 정화조
- ㉣ 축산배수 배출원 및 공단 산업폐수 배출원
- ㉤ 유류저장고

② 비점오염원(Non Point Contaminant Source)

오염원의 농도범위를 측정하는 것이 불가능한 오염원
- ㉠ 산성비
- ㉡ 농약 및 화학비료
- ㉢ 도로제설제
- ㉣ 쓰레기에서 유발된 질산성 질소
- ㉤ 도로 노면 배수
- ㉥ 휴·폐광산으로부터 유출되는 중금속
- ㉦ 방사성 물질

(5) 기타 오염원

오염원에 따른 오염물질

오염원	오염물질	지역
석유류 제조 및 저장시설	BTEX, TPH, PAH	생활주거지역
유독물질 저장시설	VOC, PAH	
산업시설	유류, 유기용제, 석유화학원료, 중금속	산업지역
농약 저장시설	DDT, 2,4-D	농업지역

(6) 주요 오염원별 처리방법

오염원	주요 해당 기술
주유소 등 지하저장시설	• 저장 탱크 및 배관 부식·산화 방지기술 • 모니터링 기술 • 생물활성대에 의한 처리기술 • 토양증기추출법 및 바이오벤팅(Bioventing) 기술
폐기물 매립지	• 수직차단벽 • 생물활성대에 의한 처리기술 • 고형화·안정화 처리기술
휴·폐광산	• 중화제를 이용한 화학적 처리기술 • 고형화·안정화 처리기술 • 갱내수 처리기술

(7) 지하매장 저장시설의 누출측정기기

① 자동누출측정기기의 측정방법

㉠ 압력측정식
㉡ 부표식
㉢ 광전기식
㉣ 레이저식
㉤ 초음파 측정식

② 외부누출측정기기의 측정방법

㉠ 이중벽 틈새감지법
㉡ 증기감지법
㉢ 지하수감지법
㉣ 탱크 자체에 설치하는 누출검사관

> **Reference** 지하탱크의 누출시험방법
>
> ① 수중거품법 ② 비누거품법 ③ 가압방치법
> ④ 차압법 ⑤ 할로겐누설시험법 ⑥ 액체도포법

SECTION 037 토양오염물질(중금속류)

1. 카드뮴 및 그 화합물

(1) 성상

① 원자량 112.4, 비중 8.642인 은백색의 금속으로 부드럽고 연성이 있음
② 6방형의 결정체이며 물에는 잘 녹지 않고 산에 잘 녹으며, 내식성이 강하고 가열 시 쉽게 증기화함

(2) 발생원

① 납광물이나 아연 제련 시 부산물
② 카드뮴화합물 제조공정
③ 축전지 전극 제조 및 도자기, 페인트 안료 제조공정

(3) 특징

① 카드뮴화합물은 그림물감의 색소(도료 재료)나 플라스틱공장, 전지, 사진재료, 살균제 등으로 폭넓게 사용되고 카드뮴은 도료의 재료로 광범위하게 사용됨
② 알칼리와는 반응이 어렵고 할로겐과 산에는 반응하기 쉬움
③ 주로 2가 양이온으로 존재하기 때문에 노출된 흡착기에서의 정전기적인 흡착이 주요 결합기작으로서 작용할 수 있음
④ 카드뮴은 대부분 식물에 쉽게 흡수됨
⑤ 환원성 조건에서는 황화물로 침전됨
⑥ 도로 근방의 토양에 상대적으로 많이 존재함
⑦ 식물에 쉽게 흡수되고 먹이사슬을 통하여 주로 감염됨

(4) 인체영향

① 급성중독

  ㉠ 구토와 설사(소화기 증상)
  ㉡ 폐기종(폐수종)
  ㉢ 신장결석
  ㉣ 근육통
  ㉤ 빈혈
  ㉥ 고농도의 경우 기형, 돌연변이, 암 유발

② 만성중독

  ㉠ 신장기능 장애(신장피질에 축적되어 저분자 단백뇨 다량 배설, 이따이이따이병의 경우는 신장이 비가역적으로 손상됨)
  ㉡ 인체의 간과 신장에 농축·저장됨

2. 납 및 그 화합물

(1) 성상

① 원자량 207.21, 비중 11.34인 청색(청백색) 및 은회색의 연한 중금속
② 대부분의 납화합물은 물에 잘 녹지 않으며 무기납, 유기납으로 구분됨

(2) 발생원

① 납 제련소 및 납 광산
② 납축전지 생산
③ 납 포함된 페인트(안료) 생산
④ 인쇄소 및 합금 제조 시

(3) 특징

① 자동차 공장, 전지생산 공장에서 주로 사용
② 테트라에틸납(TEL)과 테트라메틸납이 가솔린의 Antinock 첨가제로 이용
③ 인간이나 동물이 대량으로 납을 섭취한다면 간장, 위장, 골에 집적되고 독성 작용이 일어남
④ 납은 식물체 내에서는 거의 이동하지 않음
⑤ 납은 토양에 2가 양이온으로 흡착하기 때문에 토양에서 납이 방출되는 경우는 거의 없음
⑥ 공기 중에서는 신속히 산화막을 생성함
⑦ 등축결정으로서 질산과 진한 황산에 가용성임
⑧ 오염토양 내 Pb는 일반적으로 Cd보다 높은 농도로 존재

(4) 인체영향

① 급성중독

　㉠ 위장, 경련
　㉡ 복통, 구토
　㉢ 설사, 배뇨이상

② 만성중독

　㉠ 피로감 및 위장장해
　㉡ 체중감소 및 식욕부진
　㉢ 시력감퇴 및 변비
　㉣ 빈혈 및 말초신경계·중추신경계 이상

3. 수은 및 그 화합물

(1) 성상

① 원자량 200.59, 비중 13.546인 은백색의 무거운 중금속
② 상온에서 액체상태의 유일한 금속이며 수은 합금(아말감)을 만드는 특징이 있음

(2) 발생원

① 형광등, 수은온도계, 체온계, 혈압계, 기압계 제조공정
② 수은전지, 아말감 제조공정
③ 광산, 제련공정 및 가성소다, 농약 제조공정
④ 페인트(안료), 농약, 살균제 제조공정

(3) 특징

① 미나마타병의 원인물질로 신경계통의 장애를 주어 언어, 지각장애 등을 유발하는 오염물질
② 화합물 형태로 전극이나 농약, 안료, 건전지, 촉매제, 염료로 쓰이며 중독의 주요 영향은 중추신경장애와 신장기능장해임
③ 토양 중 수은이 어떤 반응을 하는가는 주로 그것에 존재하는 수은의 형태에 따라 규정함
④ 온도계, 압력계 등과 같은 측정기나 제어에 많이 이용
⑤ 수은 특성은 그 화합물의 종류에 따라 크게 다름
⑥ 양이온 형태로서 토양에 쉽게 흡착되며(수은화합물과 토양성분과의 상호작용이 좋음), 저용해성 인산수은, 탄산수은, 황산수은의 형태는 이동성이 매우 낮음
⑦ 유기수은 중 알킬수은화합물의 독성은 무기수은화합물의 독성보다 매우 강함
⑧ 중금속 오염지역에서는 Hg^{2+}, Hg_2^{2+} 형태로 존재하며 식물뿌리의 발육을 저해함
⑨ 수은화합물과 토양 성분은 강한 상호작용을 하기 때문에 토양 중 휘산 형태 이외로의 방출은 통상적으로 지극히 적음

(4) 인체영향

① 전신증상

㉠ 중추신경계(특히 뇌조직에 심한 증상)
㉡ 신장기능장애

② 급성중독

㉠ 단백뇨
㉡ 구내염

③ 만성중독

㉠ 치은부에 황화수은의 청회색 침전물 침착(치은염)
㉡ 구내염, 신경장애(수전증)
㉢ 시신경장애, 수족신경마비, 보행장애
㉣ 유기수은 중 메틸수은에 의한 미나마타병 발병

4. 구리 및 그 화합물

(1) 성상

① 원자량 63.546, 비중 8.92인 적색의 중금속
② 질산과 가열한 황산에 용해 가능

(2) 발생원

① 제련공정
② 황산구리, 염화제일구리 제조공정
③ 신동, 제선 합금공정

(3) 특징

① 토양 중 구리는 이동성이 적고 치환하기 어려움
② 토양 중 구리 함량이 높으면 미량의 원소가 식물에 흡수될 때 영향을 받음

③ 토양 중 구리 농도가 높으면 식물체에 철(Fe)의 결핍이 일어남
④ 돼지의 배설물을 토양에 과잉으로 투기하면 구리가 집적될 수 있음
⑤ 구리의 오염은 농약 성분으로 과수와 사료에 이용되는 $CuSO_4$에 의함
⑥ 토양 중 구리의 자연부존량은 평균 3~4mg/kg인데, 토양용액의 구리 농도가 0.1mg/kg 이상이면 식물생육이 불량해짐

(4) 인체영향

① 급성중독

㉠ 구토, 설사
㉡ 점막 자극

② 만성장애

간장·소화기 장애

5. 비소 및 그 화합물

(1) 성상

원자량 74.921, 비중 5.727인 은빛 광택의 중금속

(2) 발생원

① 토양의 광석 등 자연계에 널리 분포
② 광산, 제련소
③ 아비산·비산염의 제조 및 사용공정
④ 반도체, 유리공업(착색제), 방부제
⑤ 살충제, 구충제, 목재보존제

(3) 특징

① 비소화합물은 대부분 독성이 강하기 때문에 살균제, 제초제, 살충제 등 여러 가지 농약으로 사용함
② 직물이나 모피공장에서 사용되고 있으며, 세정제에도 상당량 포함되어 있음
③ 토양 중 비소의 화학작용은 인의 화학작용과 매우 유사하므로 인을 비색정량할 때 비소가 존재하면 간섭이 발생하여 측정이 곤란함
④ 토양 중 비소의 이동성을 증가시키는 것은 산성 물질이며, 인산비료를 사용하면 이동성이 증대함
⑤ 토양 내 비소의 이동성(비소고정)에 영향을 미치는 토양 내 성분은 알칼리성, 즉 칼슘(Ca), 알루미늄(Al), 철(Fe)이며 Fe/As 비의 감소에 따라 이동성은 증가함
⑥ 유기황, 질소, 탄소화합물과 결합하는 성질을 가지고 있음
⑦ 비소에 의한 영향은 섭취하는 비소의 농도와 비소의 화학적 형태에 따라 다름
⑧ 토양 내 비소는 주로 표층 10cm 내에서 발견됨
⑨ 인체 내에 노출된 비소는 As^{3+}가 As^{+5}보다 독성이 더 강하고 특히 물에 녹아 아비산을 생성하는 삼산화비소가 가장 강력함
⑩ $FeSO_4$, $Ca_3(A_sO_4)_2$ 같은 알칼리성 비소화합물의 용해도적이 아주 작아 점토함량이 많은 토층일수록 비소가 토양에 많이 축적되며, 깊은 층에서는 쉽게 용탈됨

(4) 인체영향

① 급성중독

㉠ 용혈성 빈혈
㉡ 심한 구토, 설사, 근육경직
㉢ 신장기능 저하 및 탈수증

② 만성중독

㉠ 시각장애 및 피부의 색소침착(흑피증), 피부염증 · 피부암
㉡ 간장장애 및 지각마비, 근무력증
㉢ 말초신경장애(다발성 신경염)

6. 크롬 및 그 화합물

(1) 성상

① 원자량 51.99, 비중 7.14인 은회색의 중금속
② 염산, 황산에는 용해 가능하나 질산, 왕수(질산+염산)에는 용해 불가능

(2) 발생원

① 제련공정
② 전기도금공장 및 합금 제조공정
③ 가죽, 피혁 제조 및 염색, 안료 제조공정
④ 방부제, 약품 제조공정

(3) 특징

① 자연 중에는 주로 3가 형태로 존재하고 6가 크롬은 적음
② 3가 크롬보다 6가 크롬이 체내흡수가 많으며 인체에 유해한 것은 6가 크롬(중크롬산 : $Cr_2O_7^{2-}$)이고, 부식작용과 산화작용이 있음
③ 6가 크롬은 토양 내에서 3가 크롬으로 환원되어 토양 입자에 흡착, 불용성의 $Cr(OH)_3$을 생성하여 이동성이 느려짐
④ 깊은 지하수층에는 주로 3가 크롬이 많음

(4) 인체영향

① 급성중독
  ㉠ 신장장애 및 위장장애
  ㉡ 급성폐렴

② 만성중독
  ㉠ 점막장애(비중격천공)
  ㉡ 피부장애
  ㉢ 발암작용(폐암, 비강암, 기관지암)

7. 아연 및 그 화합물

(1) 성상

① 원자량 65.409, 비중 7.14인 청회색의 중금속
② 염산 및 묽은 황산에 용해 가능

(2) 발생원

① 도금공장 및 납땜용 자재류
② 아연합금 제조공정

(3) 특징

① 금속도료와 합금의 주원료로 사용됨
② 자동차 타이어·브레이크 라이닝 마모로 인해 도로변에 축적

(4) 인체영향

급성중독 : 구토, 설사, 피부염

(5) 아연등량계수(ZE)

① 하수슬러지의 토양투기와 관련해서 각종 금속 사이에서 독성을 상대적으로 평가하는 자료
② 하수슬러지 내 중금속 함량을 기준으로 슬러지의 토지 주입 시 부하율을 나타내는 계수
③ Zn, Cu, Ni 등에 의한 영향 정도를 ZE로 나타냄
④ $ZE = Zn^{2+} + (2 \times Cu^{2+}) + (8 \times Ni^{2+})$

기출 必수문제

01 아연 150ppm, 구리 80ppm, 니켈 60ppm일 경우 토양 내 중금속의 아연등량계수(ZE)는?

풀이
$ZE = 150 + (2 \times 80) + (8 \times 60) = 790 \text{ppm}$

8. 니켈 및 그 화합물

(1) 성상

① 원자량 58.69, 비중 8.9인 은백색의 중금속
② 묽은 질산에 용해 가능

(2) 발생원

① 광산 및 제련소
② 도금 및 합금 · 제강공정

(3) 특징

① 토양 중 니켈은 식물에 흡수되기 쉬움
② 유화물감이나 화장품 및 배터리 등의 생산에도 이용됨
③ 식물의 생육에 대해서 독성이 높은 원소로 알려져 있음
④ 니켈 농도가 높은 토양은 인산을 첨가하면 니켈 독성이 감소함

(4) 인체영향

① 급성중독

　폐부종, 폐렴

② 만성중독

　피부염, 폐 · 비강에 암 발생

SECTION 038 BTEX

1. 개요

① BTEX(Benzene, Toluene, Ethylbenzene, Xylene)는 휘발성 방향족탄화수소이다.
② BTEX를 가장 많이 함유하고 있는 것은 휘발유이다.
③ 오염은 주로 지하석유저장탱크로부터 누출이나 이송 Line, 배관 등에서 배출된다.

2. 종류

(1) 벤젠(Benzene)

① 화학식 : C_6H_6
② 분자량 : 78.11g/mol
③ 특징
  ㉠ 방향의 무색 액체로 용제, 시너(Thinner), 추출제, 유기합성에 이용
  ㉡ 휘발성 및 인화성·폭발성의 위험 있음(가연성이 큼)
  ㉢ 물에 대한 용해도(1.8g/L)(물에 잘 녹음)
  ㉣ 증기압은 95.2mmHg(25℃)
  ㉤ 폭발상한값(UEL) 및 폭발하한값(LEL)은 각각 8%, 1.5%

④ 인체영향
  ㉠ 급성중독
    마취작용
  ㉡ 만성중독
    ⓐ 자각증상(식욕부진)
    ⓑ 조혈기능장애
    ⓒ 적혈구, 백혈구, 혈소판 수 감소

ⓓ 재생불량성 빈혈 및 백혈병

ⓔ 저농도로 장기간 노출시 발암률 증가

(2) 톨루엔(Toluene)

① 화학식 : $C_6H_5CH_3$

② 분자량 : 92.14g/mol

③ 특징

㉠ 방향의 무색액체로 인화·폭발의 위험성 있음

㉡ 시너, 접착제, 잉크 등의 주요 용제로 사용

㉢ 물에 대한 용해도(5.15g/L ; 25℃)(물에 약간 녹음)

㉣ 증기압은 6.8mmHg(0℃)

㉤ 폭발상한값(UEL) 및 폭발하한값(LEL)은 각 7.0%, 1.27%

㉥ 공동대사작용으로 호기성 환경에서 트리클로로에틸렌(TCE)을 분해시킬 때 이용되는 화합물

④ 인체영향

㉠ 마취작용(피부흡수)

㉡ 두통, 피로감, 탈력감

㉢ 중추신경계, 자율신경계 장애

㉣ 의식상실, 전신경련

(3) 에틸벤젠(Ethylbenzene)

① 화학식 : C_8H_{10}

② 분자량 : 106.16g/mol

③ 특징

㉠ 무색의 액체로 인화, 폭발의 위험성 있음

㉡ 휘발유 냄새가 나며 용제, 합성 중간체로 이용됨

㉢ 물에 대한 용해도(0.14g/L ; 15℃)

② 증기압은 7.1~9.53mmHg(25℃)

⑩ 폭발상한값(UEL) 및 폭발하한값(LEL)은 각각 6.7%, 1%

④ 인체영향

㉠ 급성중독

ⓐ 점막(목)의 자극성

ⓑ 가슴답답함

ⓒ 마취작용

㉡ 만성중독

혈관계 영향

(4) 크실렌(자일렌, Xylene)

① 화학식 : C_8H_{10}

② 분자량 : 106.16g/mol

③ 특징

㉠ 자극적인 냄새가 나는 무색의 액체로 인화·폭발의 위험성이 있음

㉡ 용제, 염료, 안료, 합성섬유 등의 원료로 이용됨

㉢ 물에 대한 용해도(불용)

㉣ 증기압은 6.8~8.9mmHg(25℃)

④ 인체영향

톨루엔과 비슷함

유기화학물질

1. 난분해성 유기화학물질의 종류

① 가지구조가 많은 화합물
② 분자 내에 많은 수의 할로겐 원소를 함유하는 화합물
③ 물에 대한 용해도가 적은 화합물
④ 원자의 전하차가 큰 화합물

2. 종류

(1) PCB(Polychlorinated Biphenyls)

① 화학식 : $C_{12}H_7C_{13}(42\%)$, $C_{12}H_5C_{15}(54\%)$

② 특징

　㉠ 동의어로 아로클로르 1242, 염소화비페닐, 다염소화비페닐, 트리클로로비페닐
　㉡ Biphenyl 염소화합물의 총칭이며 전기공업, 인쇄잉크용제 등으로 사용함
　㉢ 물에는 불용성, 유기용매에는 용해성이 있음
　㉣ 체내 축적성이 매우 높기 때문에 발암성 물질로 분류함
　㉤ 물에 대한 용해도가 낮고 옥탄올-물 분배계수가 큼
　㉥ 인화·폭발의 위험은 없지만 화학적으로 안정하여 분해되지 않고 지용성이기 때문에 수중의 생체 내에서 축적되어 지구생태계를 널리 오염시켜 문제가 됨

③ 인체영향

　㉠ 눈과 점막을 자극하고 간독성이 있음
　㉡ 염소성·심상성 낭창
　㉢ 식욕감퇴 및 복통
　㉣ 만성중독에 의한 카네미유증

(2) 페놀(Phenol)

① 화학식 : C_6H_6O

② 분자량 : 94.11g/mol

③ 특징

　㉠ 백색 또는 담황색의 고체로 물·에탄올·에테르·클로로포름 등에 녹음
　㉡ 수지, 의약품, 염료, 합성수지, 농약 등의 합성원료로 사용
　㉢ 상수도에 포함되면 염소와 반응하여 클로로페놀을 형성하여 강한 악취를 발생함
　㉣ 물에 대한 용해도(67g/L)
　㉤ 증기압은 0.35mmHg(25℃)
　㉥ UEL 및 LEL은 각 8.6%, 1.7%

④ 인체영향

　㉠ 급성중독

　　현기증, 호흡곤란, 전신권태 구토, 설사, 두통

　㉡ 만성중독

　　정신착란, 피부발진, 식욕부진

(3) TCE(Trichoroethylene)

① 화학식 : $C_2HC_{13}(CHCl = CCl_2)$

② 분자량 : 131.40g/mol

③ 특징

　㉠ 클로로포름과 같은 냄새가 나는 무색투명한 액체
　㉡ 금속의 탈지세정제, 일반용제로 널리 사용
　㉢ 오염물질이 지하대수층을 오염시킬 경우, 지하수면 아래에 지배적으로 오염운을 형성함
　㉣ 물에 대한 용해도는 아주 약한 수용성을 가짐
　㉤ 증기압은 58mmHg(20℃)

④ 인체영향

ⓐ 마취작용

ⓑ 간장, 신장장애

ⓒ 스티븐존슨 증후군

(4) PCE(Perchoroethylene)

① 화학식 : $C_2C_4(Cl_2C = CCl_2)$

② 분자량 : 165.8g/mol

③ 특징

ⓐ 클로로포름 또는 에테르의 냄새가 나는 무색의 액체

ⓑ 드라이클리닝용 세정제, 금속세정, 일반용제, 유기합성원료 등으로 이용

ⓒ 물에 대한 용해도(0.15g/L ; 20℃)

ⓓ 증기압은 20mmHg(26.3℃)

④ 인체영향

ⓐ 피부점막 자극 및 마취작용

ⓑ 중추신경계 이상(자각증상 증가)

ⓒ 구토, 복통

SECTION 040 지하수의 일반사항

1. 특징

① 지하수란 지표부와 대칭되는 말로 지하에 있는 암석(토양)의 간극을 채우고 있는 간극수를 말한다.

② 전 지구적인 물분포부피비율
   빙하·만년설 > 지하수(지하 약 4km) > 토양수분 > 강

③ 우리나라 지하수 이용현황
   생활용수 > 농·어업용수 > 공업용수 > 기타

④ 지표하수(Underground Water)의 수직분포는 지표로부터
   [토양수 → 중간수 → 모세관수 → 지하수]이다.

⑤ 불포화수는 토양수, 중간수, 모세관수의 합을 의미한다.

⑥ 지하수면은 포화대(지하수)와 불포화대가 접하며 대기압과 지하수 수압이 같은 지점들을 연결한 면이다.

기출必수문제

01 어떤 유기용제 40L가 토양으로 유출되었다. 이로 인해 발생된 오염지하수의 부피는 100m³이었고, 지하수 내 유기용제의 농도는 60mg/L이었다. 유기용제의 밀도가 0.9g/mL일 때 토양 내 잔존하는 유기용제의 양(L)은?(단, 유기용제의 분해는 고려하지 않음)

풀이

토양 내 잔존 유기용제의 부피(L)
 = 유출량(토양유입량) − 지하수로의 유출량(지하수 내 용존량)
 토양유입량 = 40L

지하수로의 유출량 = $\dfrac{100m^3 \times 60mg/L \times 1{,}000L/m^3}{0.9g/mL \times 1{,}000mg/g \times 1{,}000mL/1L}$ = 6.67L

토양 내 잔존 유기용제의 부피(L) = 40 − 6.67 = 33.33L

2. 지하수 이용의 장단점

(1) 장점

① 물리·화학적 성분이 비교적 일정함
② 지표수에 비해 부존량이 많고 계절적인 부존량의 변화가 적음
③ 기상 변동(증발)에 의한 유실이 적음
④ 전처리 필요성이 적고 지표수에 비해 오염 가능성이 적음
⑤ 병원균이 거의 없어 생활용수·공업용수로 사용이 가능함
⑥ 오염 확산이 지표수에 비해 느리고 이동 중 오염물질 저감이 가능함
⑦ 단시간 내에 용수로 개발이 가능함
⑧ 특수한 경우 외에는 색도 및 탁도가 일정함
⑨ 수온이 연중 일정하고, 이용도가 높음

(2) 단점

① 오염 발생 시 저감 및 처리가 어려움
② 지하수 개발 시 장소제약을 받고(대수층 발달장소에서만 지하수개발 가능) 지표수에 비해 양도 적음
③ 지표수보다 용존물질의 양이 높게 존재함
④ 지표수와 비교하여 건조·반건조지역 등에서는 경제적일 수 있으나, 습윤지역에서는 비경제적임

3. 지하수의 수질 특성

① 지하수 수질은 지질매체에 의해 영향을 받음
② 지표수에 비해 용존물질의 양이 많고 용해되어 있는 염류의 농도가 높음
③ 지표수에 비해 무기질이 풍부하고 알칼리도 및 경도가 높으며 SS 함량 및 탁도는 낮음
④ 화학성분이 비교적 일정하고 지하수의 온도 변화가 적음
⑤ 깊이가 클수록 약알칼리성을 나타냄

4. 지하수의 물리·화학적 특성인자

(1) 전기전도도(Electric Conductivity)

① 물질이 전류를 흐르게 하는 능력을 나타내는 단위
② 지하수 내 이온농도의 지시인자
③ 지하수 내에 이온이 많을수록 전기저항이 감소되고 따라서 전기전도도는 증가함

(2) 비전기전도도(Specific Conductivity)

특정 온도하에서 단위길이나 단위면적을 갖는 물체의 전기전도도를 나타내는 단위이다.

(3) 경도(Hardness)

물의 세기를 말하며 물속의 Ca^{2+}과 Mg^{2+} 이온의 양을 $CaCO_3$의 농도로 나타낸 값이다.

(4) 알칼리도(Alkalinity)

① 수산화물이나 수산기가 물속에 들어 있을 때는 알칼리도에 영향을 미침
② 탄산염(CO_3^{2-})과 중탄산염(HCO_3^-)은 알칼리도에 영향을 미침
③ 알칼리도는 지하수의 pH가 반드시 7 이상이어야 하는 것은 아님
④ 알칼리도 측정은 페놀프탈레인이나 메틸오렌지 등의 지시약을 사용함

기출必수문제

01 지하수 내에 Mg^{2+} 30mg/L, Ca^{2+} 40mg/L일 경우 이 지하수의 경도($CaCO_3$; mg/L)는?

풀이

$$경도(CaCO_3\ ;\ mg/L) = \left(30mg/L \times \frac{50}{24/2}\right) + \left(40mg/L \times \frac{50}{40/2}\right)$$
$$= 225.0 mg/L$$

5. 지하수의 수질 특성 도식법

(1) 파이퍼 다이어그램(Piper Diagram)

① 지하수 모니터링의 수질조사에 널리 이용되고 있는 삼각수질도식법이다.
② 하단의 2개 삼각형 중 왼쪽은 주 양이온 Na^+, K^+, Ca^{2+}, Mg^{2+}의 농도를 백분율로 환산하여 표시한 것이고, 오른쪽 삼각형은 주음이온인 Cl^-, SO_4^{2-}, HCO_3^-, CO_3^{2-} 이온농도를 백분율로 환산하여 표시한 것으로, 양이온과 음이온이 표시된 점을 상부에 있는 다이아몬드형 그래프에 표시하여 지하수의 유형분석과 진화 및 혼합작용을 분석하는 데 이용하는 수질도식법이다.

(2) 스티프 다이어그램(Stiff Diagram)

도표의 중앙선을 기준으로 좌측에는 양이온 Na^{2+}, K^+, Ca^{2+}, Mg^{2+}의 농도를, 우측에는 음이온 Cl^-, SO_4^{2-}, HCO_3^-, CO_3^{2-}의 농도를 모형으로 나타낸 다이어그램으로서 동일한 기원의 지하수는 같은 형태를 나타낸다.

SECTION 041 대수층

1. 특징

① 함수층(Aquifer)이라고도 하며 지하수로 포화되어 있는 지층 중에서 경제적으로 개발할 수 있는 지하수를 배출할 수 있는 암석이나 지층을 대수층이라 한다.
② 대수층은 다공질이며 투수성이 높고 충전량에 비해 양수량이 많으면 대수층의 지하수 고갈이 일어난다.
③ 자연대수층은 점토나 실트로 구성된 퇴적물이나 셰일과 같은 암석으로 구성된 지층으로 지하수는 다량 포함하고 있으나 투수성이 충분하지 않아 경제적 지하수 개발을 할 수 없는 지층이다.

2. 대수층 분류

(1) 비피압대수층(Unconfined Aquifer)

① 지표와 근접하여 존재하는 대수층은 불투수층에 의한 압력을 받지 않는 층, 즉 제1불투수층의 대수층을 말하며 상하 자유롭게 움직일 수 있는 지하수위를 가지고 있다.
② 비피압대수층의 지하수를 자유면지하수 또는 천층수라고 한다.
③ 채수방법은 천정호 또는 심정호로 이루어진다.
④ 비피압대수층의 지하수는 강수의 증감에 따라 수량이 증감하며 지상의 기온·수질에 영향을 준다.
⑤ 지하수면과 제1불투수층의 사이에 위치한 대수층이다.
⑥ 비피압대수층은 일반적으로 지표 부근에서 나타나며 토양공극을 통하여 대기와 연결되어 있다.
⑦ 대수층의 두께는 자유롭게 변한다.

(2) 피압대수층(Confined Aquifer)

① 제1불투수층과 제2불투수층 사이에 위치하는 대수층(대수층이 불투수층 사이에 끼어 압력을 받는 층)이다.
② 피압대수층의 지하수위는 항상 지표면보다 높지 않다.
③ 채수방법은 굴착정으로 이루어진다.
④ 피압대수층의 지하수위를 정수위라 한다.
⑤ 피압대수층의 지하수를 피압지하수 또는 심층수라고 한다.
⑥ 피압대수층의 지하수는 수온과 수질의 계절적 변화가 적다.

(3) 주수대수층(Perched Aguifer)

① 부유대수층이라고도 하며 투수성이 작은 퇴적층에 의해 주 지하수에서 분리된 비피압대수층이다.
② 빙하퇴적층, 화산지역에 존재한다.

3. 포화대수층의 수리지질학적 구분

(1) 흐름 특성(유동 특성)

① 수리전도도
② 투수량계수

(2) 저류특성(물보유능력)

① 공극률
② 비저류계수 및 저류계수
③ 비산출률
④ 비보유율

042 수리전도도(Hydraulic Conductivity)

1. 특징

① 포화대의 수리지질학적인 특성을 지하수의 흐름 특성과 저유 특성으로 대별할 때 흐름 특성으로 중요한 인자이다.
② 투수계수(유출률)라고도 하며 유체의 밀도, 매질공극 크기, 유체의 점성에 영향을 받는다.
③ Darcy 법칙의 K의 의미이다.

2. 수평등가 투수계수(평균수평 수리전도도)

$$\text{수평등가 투수계수} = \frac{\sum_{i=1}^{n} K_i d_i}{d}$$

3. 수직등가 투수계수(평균수직 수리전도도)

$$\text{수직등가 투수계수} = \frac{d}{\sum_{i=1}^{n} \frac{d_i}{K_i}}$$

여기서 K_i : i번째 층의 수평 수리전도도
d_i : i번째 층의 두께
d : 대수층 전체 두께

기출 必수문제

01 각 지층의 투수계수가 각각 $K_1 : 5 \times 10^{-3}$cm/sec, $K_2 : 2 \times 10^{-4}$cm/sec, $K_3 : 3 \times 10^{-2}$cm/sec이고, 두께는 $H_1 : 5m$, $H_2 : 4m$, $H_3 : 4m$일 때 수직등가 투수계수와 수평등가 투수계수(cm/sec)를 구하시오.

풀이

수직등가 투수계수

$$= \frac{(500+400+400)\text{cm}}{\left(\dfrac{500}{5\times 10^{-3}\text{cm/sec}}\right)+\left(\dfrac{400}{2\times 10^{-4}\text{cm/sec}}\right)+\left(\dfrac{400}{3\times 10^{-2}\text{cm/sec}}\right)}$$

$$= 6.14 \times 10^{-4} \text{cm/sec}$$

수평등가 투수계수

$$= \frac{[(5\times 10^{-3}\text{cm/sec})\times(500\text{cm})]+[(2\times 10^{-4}\text{cm/sec})\times(400\text{cm})]+[(3\times 10^{-2}\text{cm/sec})\times(400\text{cm})]}{(500+400+400)\text{cm}}$$

$$= 1.12 \times 10^{-2} \text{cm/sec}$$

4. 수리전도도 특성 측정방법(대수층의 특성 조사방법)

(1) 추적자 시험방법(Tracer Test)

① 추적자를 주입하여 농도변화 측정
② 대수층 수리적 특성 조사 및 오염물질 이동 조사방법
③ 추적자는 용질이동의 결과를 반영하고, 용질이동과 용질전이현상을 설명하기에 유용함
④ 추적자 조건
　㉠ 물에 대한 용해도가 높고 검출이 쉬울 것
　㉡ 지하수에 침전·흡착·분배가 되지 않을 것
　㉢ 독성이 없고 매질 특성을 변화시키지 않을 것
　㉣ 지하수의 속도·방향과 일치할 것
⑤ 추적자 종류
　㉠ 바이러스, 박테리아 등의 미립자
　㉡ Cl^-, Br^-, NH_4^+, Mg^{2+}, SO_4^{2-} 등의 이온
　㉢ $3H$, $^{222}R_n$, ^{82}BR, ^{131}I 등의 방사성 동위원소

(2) 양수 시험방법(Pumping Test)

① 대수층 시험이라고도 하며 지하수를 토출하면서 지하수위를 측정함
② 양수시험목적
　㉠ 투수계수, 전도계수, 저류계수의 결정
　㉡ 수자원으로서의 수질과 수량의 결정
　㉢ 최대도출량 산출
　㉣ 인근 우물의 수면강하에 미치는 영향 파악
③ 우물의 적정양수량은 한계양수량의 약 80%로 함
④ 우물의 경제양수량은 한계양수량의 약 70%로 함

(3) 순간충격시험(Slug Test)

어떠한 물체를 순간 주입한 후 바로 제거할 때 시간에 따른 수위변화를 측정한다.

SECTION 043 Darcy 법칙

1. 특징

① 지하수의 흐름을 설명하는 법칙이다.
② 지하수의 유량을 조사할 때 사용한다.
③ 지하수의 흐름속도는 수두구배에 비례한다는 경험법칙으로 흐름은 층류여야 한다.
④ 투수성 기질로 채워진 원통을 통해 나오는 유량은 수두차에 비례한다.
⑤ 투수성 기질로 채워진 원통을 통해 나오는 유량은 거리에 반비례한다.
⑥ 투수성 기질로 채워진 원통을 통해 나오는 유량은 흐름의 단면에 비례한다.

2. 관련식

$$Q = A \times V$$

$$V = KI = K\frac{dh}{dL}$$

$$Q = KIA = KA\frac{dh}{dL}$$

여기서, Q : 대수층의 유량(m^3/sec)
K : 비례상수(투수계수=수리전도도)(m/sec)
A : 물 흐름의 수직방향 단면적(m^2)
dh : 수두차($h_2 - h_1$)(m)
dL : 수평방향 두 지점 사이 거리(m)
$\frac{dh}{dL}(I)$: 두 지점 사이 수리경사
V : Darcy 속도(m/sec)

01 지하수 상류와 하류 두 지점의 수두차 1.5m, 두 지점 사이의 수평거리 500m, 수두계수가 500m/day일 때 대수층의 단면적이 6m²인 지하수의 유량(m³/day)은? (단, Darcy 법칙 이용, 공극률은 고려하지 않음)

풀이

$$Q = KA\frac{dh}{dL} = 500\text{m/day} \times 6\text{m}^2 \times \frac{1.5\text{m}}{500\text{m}} = 9\text{m}^3/\text{day}$$

02 폭 1m, 두께 50m인 대수층에 설치된 관측정 A의 수위는 50m이고, 관측정 B의 수위는 30m이며 관측정 사이 거리가 1,000m일 때 대수층에 흐르는 지하수의 양(m³/day)은?(단, 수두계수 0.5m/day)

풀이

$$Q = KA\frac{dh}{dL} = 0.5\text{m/day} \times (1\times 50)\text{m}^2 \times \frac{(50-30)\text{m}}{1,000\text{m}} = 0.5\text{m}^3/\text{day}$$

03 대수층의 수리전도도 0.1cm/sec, 지하수 수직 단면적 200m², 수리경사가 0.05일 때 유입 지하수량(m³/day)은?

풀이

$$Q = KA\frac{dh}{dL}$$

$$= (0.1\text{cm/sec} \times 1\text{m}/100\text{cm} \times 86,400\text{sec/day}) \times 200\text{m}^2 \times 0.05$$

$$= 864\text{m}^3/\text{day}$$

기출必수문제

04 지하수 흐름의 수두차 5m, 두 지점 사이 거리 300m, 투수계수 0.45cm/sec일 때 지하수의 유량(m^3/day)은?(단, 대수층 폭 2.5m, 두께 7.5m)

풀이

$$Q = KA\frac{dh}{dL}$$
$$= (0.45\text{cm/sec} \times 1\text{m}/100\text{cm} \times 86{,}400\text{sec/day})$$
$$\times (2.5 \times 7.5)\text{m}^2 \times \left(\frac{5\text{m}}{300\text{m}}\right)$$
$$= 121.5\text{m}^3/\text{day}$$

기출必수문제

05 원통컬럼에 수리전도도가 0.2m/hr인 토양을 충진하여 수평으로 놓고 토양 내 기포가 생기지 않게 일정한 유량의 물을 흘려보내주었다. 유량과 단면적 비의 값은 0.05m/hr이었고 컬럼 전체의 수두차(Head Loss)는 0.5m였다. 실험에 사용한 원통컬럼의 길이(m)는?

풀이

$$Q = KA\frac{dh}{dL}$$
$$\frac{Q}{A} = K\frac{dh}{dL}$$
$$0.05\text{m/hr} = 0.2\text{m/hr} \times \frac{0.5\text{m}}{\text{길이}}$$
$$\text{길이} = 2\text{m}$$

기출必수문제

06 수두차가 1.5m이고 두 지점 사이 거리가 4.0m일 때 이 지점을 통과하는 유속(cm/sec)은?(단, 투수계수 0.2cm/sec)

풀이

$$V = KI = K\left(\frac{dh}{dL}\right) = 0.2\text{cm/sec} \times \frac{1.5\text{m}}{4.0\text{m}} = 0.075\text{cm/sec}$$

07 대수층의 두께가 10.5m, 우물 반지름이 0.1m, 양수량이 50L/min, 양수정 지하수위는 2.5m이다. 영향반경 30m 거리에서 측정한 지하수위가 1.2m일 때 이 자유수면 대수층의 수리전도도(cm/sec)를 구하시오. (단, 피압대수층으로 가정하고 소수점 4째 자리까지 답하시오.)

> **풀이**
>
> 피압대수층의 투수계수(K)
>
> $$K = \frac{2.3Q \log \frac{r_2}{r_1}}{2\pi b(h_2 - h_1)}$$
>
> 여기서, K : 수리전도도
> Q : 양수량
> b : 대수층 두께
> r_2 : 영향반경(양수정 2)
> r_1 : 우물반경(양수정 1)
> h_2 : 양수정 수위
> h_1 : 측정 수위
>
> $$= \frac{2.3 \times 50 \text{L/min} \times \log \frac{30}{0.1} \times \text{m}^3/1{,}000\text{L}}{2 \times 3.14 \times 10.5\text{m} \times (9.3 - 8)\text{m}}$$
>
> $[10.5 - 1.2 = 9.3,\ 10.5 - 2.5 = 8]$
>
> $= 0.0033232 \text{m/min} \times \text{min}/60\text{sec} \times 100\text{cm/m}$
>
> $= 0.0055 \text{cm/sec}$
>
> Note : $(h_2 - h_1) = 2.5 - 1.2 = 1.3$
> $\qquad\qquad\quad = 9.3 - 8 = 1.3$
> Note 계산으로 하여도 무방합니다.

SECTION 044 실제 단면을 통하여 흐르는 지하수의 이동속도

$$\overline{V} = \frac{V}{\eta_e} = \frac{Q}{A \cdot \eta_e} = \frac{K}{\eta_e}\left(\frac{dh}{dL}\right)$$

여기서, $\overline{V}$: 실제 지하수 이동속도(공극유속 ; 평균선형 유속)

　　　　V : Darcian Velocity

　　　　η_e : 유효공극률

　　　　　　토양의 입자 사이에 공기나 물로 채워진 틈을 공극이라 하고 단위질량당 공극량을 공극률이라 함

　　　　K : 투수계수
- 지층에서 물의 이동속도를 표시하는 척도로 사용함

　　　　$\left(\dfrac{dh}{dL}\right)$: 동수경사($=I$) ; 수리경사
- 유체가 다공성 매체를 통과할 때 마찰 등으로 인한 에너지 손실을 의미함

기출필수문제

01 공극률 0.35, 다시안 유속(Darcian Velocity) 0.2cm/hr인 포화대수층의 공극에서 실제 지하수가 이동하는 속도(cm/hr)는?

풀이

$$\overline{V} = \frac{V}{\eta_e} = \frac{0.2\text{cm/hr}}{0.35} = 0.57\text{cm/hr}$$

기출필수문제

02 유효공극률이 0.50인 대수층에서 비배출량이 4.5m/min일 때 평균선형유속(cm/sec)은?

풀이

$$\overline{V} = \frac{V}{\eta_e} = \frac{4.5\text{m/min} \times \text{min/60sec} \times 100\text{cm/m}}{0.50} = 15.0\text{cm/sec}$$

기출 필수문제

03 매립지에서 염소의 농도가 1,000mg/L인 침출수가 누출되어 다음과 같은 특성을 지닌 대수층으로 유입되고 있다. 다음의 자료를 이용하여 산출된 평균선형유속(m/sec)은?

> 수리전도도 $= 3.0 \times 10^{-3}$ cm/sec
> $\dfrac{dh}{dL} = 0.002$
> 유효공극률 $= 0.23$

풀이

$$\overline{V} = \dfrac{k}{\eta_e}\left(\dfrac{dh}{dL}\right)$$

$$= \dfrac{3.0 \times 10^{-3} \text{cm/sec} \times \text{m}/100\text{cm} \times 0.002}{0.23} = 2.6 \times 10^{-7} \text{m/sec}$$

기출 필수문제

04 K(수리전도도) $= 2.0 \times 10^{-3}$cm/sec, η_e(유효공극률) $= 0.25$, $\dfrac{dh}{dL}$(수두구배) $= 0.002$일 때 지하수의 평균선속도(cm/sec)는?(단, Darcy 법칙 적용)

풀이

$$\overline{V} = \dfrac{K}{\eta_e}\left(\dfrac{dh}{dL}\right) = \dfrac{2.0 \times 10^{-3} \text{cm/sec} \times 0.002}{0.25} = 1.6 \times 10^{-5} \text{cm/sec}$$

기출 필수문제

05 유기오염물질로 오염된 사질대수층이 있다. 수리전도도가 3.0×10^{-4}cm/sec, 유효공극률이 0.3, 수두구배가 0.001일 때 오염운의 평균이동속도(cm/sec)는?(단, 흡착 등에 의한 지연은 고려하지 않음)

풀이

$$\overline{V} = \dfrac{k}{\eta_e}\left(\dfrac{dh}{dL}\right) = \dfrac{3.0 \times 10^{-4} \text{cm/sec}}{0.3} \times 0.001 = 10^{-6} \text{cm/sec}$$

기출필수문제

06 투수계수 5.5×10^{-4}cm/sec, 공극률 0.35, 동수경사 0.004 조건일 때 Darcy 법칙에 의한 지하수 이동속도(m/year)는?

풀이

$$\overline{V} = \frac{k}{\eta_e}\left(\frac{dh}{dL}\right)$$

$$= \frac{5.5 \times 10^{-4} \text{cm/sec} \times 86,400 \sec/\text{day} \times 365 \text{day/year} \times \text{m}/100\text{cm}}{0.35} \times 0.004$$

$$= 1.98 \text{m/year}$$

기출필수문제

07 토양의 투수계수가 3.0×10^{-3}cm/sec이고 공극률이 0.23, 동수경사가 0.002일 때 지하수의 이동거리(m/year)는?(단, Darcy 법칙 적용)

풀이

$$\overline{V} = \frac{k}{\eta_e}\left(\frac{dh}{dL}\right)$$

$$= \frac{3.0 \times 10^{-3} \text{cm/sec} \times 86,400 \sec/\text{day} \times 365 \text{day/year} \times \text{m}/100\text{cm}}{0.23} \times 0.002$$

$$= 8.23 \text{m/year}$$

기출필수문제

08 휘발유를 운반하는 Pipe Line의 투수계수가 150m/day, 유효공극률이 0.3인 대수층 바로 위에 설치되어 있으며 휘발유가 새고 있다고 가정하면 이 대수층의 수리구배가 0.015m/m일 때 250m 떨어진 우물에서 휘발유가 검출될 때까지의 소요시간(day)은?(단, 기타 조건은 고려하지 않음)

풀이

$$\overline{V} = \frac{k}{\eta_e}\left(\frac{dh}{dL}\right)$$

$$\frac{거리(L)}{시간(T)} = \frac{k}{\eta_e}\left(\frac{dh}{dL}\right)$$

$$\frac{250\text{m}}{시간(T)} = \frac{150\text{m/day}}{0.3} \times 0.015\text{m/m}$$

$$시간(T) = 33.33 \text{day}$$

09 토양의 투수계수가 0.15m/day이고 공극률이 0.3, 수리경사가 0.033일 때 오염물질이 90cm 이동하는 데 걸리는 시간(day)은?(단, Darcy 법칙 적용)

풀이

$$\overline{V} = \frac{k}{\eta_e}\left(\frac{dh}{dL}\right) = \frac{L}{T}$$

$$T = \frac{L}{\frac{k}{\eta_e}\left(\frac{dh}{dL}\right)}$$

$$= \frac{0.9\text{m}}{\left(\frac{0.15\text{m/day}}{0.3}\right) \times 0.033} = 54.55\text{day}$$

10 질산은(AgNO$_3$) 15mg/L가 라이너가 설치되지 않은 매립지에서 투수계수가 2×10^{-5} cm/sec인 토양을 통해 3m 아래에 위치한 지하수면까지 이동하는 데 걸리는 시간(year)은?

풀이

시간(year)

$$= \frac{거리}{투수계수} = \frac{3\text{m} \times 100\text{cm/m}}{2 \times 10^{-5}\text{cm/sec} \times 86,400\text{sec/day} \times 365\text{day/year}}$$

$$= 0.48\text{year}$$

11 오염물질이 수리전도도가 0.5×10^{-7}cm/sec인 토양층에서 0.8m 깊이에 도달하는 시간(year)은?

풀이

시간(year)

$$= \frac{거리}{수리전도도} = \frac{0.8\text{m} \times 100\text{cm/m}}{0.5 \times 10^{-7}\text{cm/sec} \times 86,400\text{sec/day} \times 365\text{day/year}}$$

$$= 50.74\text{year}$$

기출 必 수문제

12 다음 조건에서 수리전도도(m/day)를 Darcy's 법칙을 이용하여 구하시오.

대수층 공극률 : 0.4
수리구배 : 0.02
10m 이동 시 소요 일수 : 40일

[풀이]

$$\overline{V} = \frac{K}{\eta_e}\left(\frac{dh}{dL}\right)$$

$$\frac{10\text{m}}{40\text{day}} = \frac{K}{0.4} \times 0.02$$

$$K = 0.25\text{m/day} \times \frac{1}{0.05} = 5\text{m/day}$$

기출 必 수문제

13 투기된 매립지로부터 지하수로 침출수가 흘러들어 이동하고 있다. 매립지의 침출수위가 12m이고 이로부터 300m 떨어진 하천의 평시수위는 1m라고 할 때 침출수가 유출된 직후 하천에 도달하는 데 걸리는 기간(월)은 얼마인가?(단, 이동구간의 투수계수 1×10^{-3} cm/sec, 흙의 공극률 0.34, 한 달은 30일 기준)

[풀이]

$$\overline{V} = \frac{k}{\eta_e}\left(\frac{dh}{dL}\right)$$

$$= \frac{1 \times 10^{-3}\text{cm/sec}}{0.34} \times \frac{(12-1)\text{m}}{300\text{m}} \times \frac{1\text{m}}{100\text{cm}} \times 86,400\text{sec/day}$$

$$= 9.317 \times 10^{-2}\text{m/day}$$

$$\text{기간(월)} = \frac{\text{거리}}{\text{속도}} = \frac{300\text{m}}{9.317 \times 10^{-2}\text{m/day} \times 30\text{day/1month}}$$

$$= 107.33(108\text{개월})$$

기출 필수문제

14 대수층 내 공극률이 0.4이며 지하수 수리구배가 0.1로 알려진 지역의 수리전도도를 측정하기 위하여 추적자를 사용하였다. 확산 및 흡착이 전혀 없이 지하수의 흐름과 동일하게 추적자가 이동한다는 가정하에 추적자가 20m 이동하는 데 걸린 시간은 10일이었다. 이 지역 지하수의 수리전도도(cm/sec)를 Darcy's 법칙을 이용하여 구하시오.(소수 다섯째 자리에서 반올림)

풀이

$$\overline{V} = \frac{k}{\eta_e}\left(\frac{dh}{dL}\right)$$

$$\overline{V}(공극유속 : \text{cm/sec}) = \frac{20\text{m} \times 100\text{cm/m}}{10\text{day} \times 86,400\text{sec/day}}$$
$$= 2.31481 \times 10^{-3}\,\text{cm/sec}$$

$$2.31481 \times 10^{-3}\,\text{cm/sec} = \frac{K \times 0.1}{0.4}$$

$$K = \frac{2.31481 \times 10^{-3}\,\text{cm/sec} \times 0.4}{0.1} = 0.0093\,\text{cm/sec}$$

SECTION 045 투수량 계수(전도계수, Transmissivity)

1. 특징

① 완전포화된 대수층의 단위폭당 단위 수리구배하에서 수평적으로 이동하는 물의 양이다.
② 단위동수경사에서 대수층의 단위폭당 유량으로 투수계수와 대수층의 두께를 곱한 값으로 나타낸다.
③ 대수층이 지하수 통과 정도를 나타내는 지하수채수량 영향인자이다.
④ 관련식

$$T = Kb$$

여기서, T : 투수량 계수(m^2/sec)
K : 수리전도도(m/sec)
b : 대수층 두께(m)

기출必수문제

01 투수량 계수가 $15m^2$/day이고 대수층의 수리전도도가 3m/day일 때 대수층의 두께(m)는?

풀이

$T = K \cdot b$
$b = \dfrac{T}{K} = \dfrac{15m^2/day}{3m/day} = 5m$

공극률(간극률, Porosity)

1. 특징

① 대수층 내에 발달된 틈 및 공간의 양을 나타내는 단위이다.
② 정량적으로는 대수층으로부터 시료를 채취하여 시료의 전 체적에 대한 시료 내의 전 공간 및 틈의 체적과의 비를 의미한다.
③ 대수층의 물 보유능력에 미치는 영향인자 중 가장 중요하다.
④ 입자의 크기가 작을수록 공극률이 크다.(점토>모래)

2. 유효공극률(Effecitive Porosity)

① 비유출률, 비수율, 유효간극률과 동일 의미이다.
② 토양 또는 암석(대수층)에서 중력에 의해 배출되는 수량과 암석의 부피 비율이다.
③ 공극률과 값이 같거나 작다.

3. 관련식

$$\eta(\%) = \frac{V_v}{V} \times 100$$

여기서, η : 공극률(%)
V_v : 공극의 부피
V : 전체 부피(입자+공극)

SECTION 047 비산출률(Specific Yield) 및 비보유율(Specific Retention)

1. 비산출률

① 비산출률은 비유출률이라고도 하며 토양 또는 암석(대수층)에서 중력에 의해 배출되는 수량과 암석의 부피의 비율이다.
② 비산출률은 자유면 대수층에서 지하수면의 단위상승 혹은 강하에 의해 단위면적을 통해 자유면 대수층의 저류지하수로부터 유입 혹은 유출되는 물의 부피와의 비율이다.(중력에 의해 배출되는 물의 부피와 대수층 부피의 비율)
③ 비산출률은 단위체적의 대수층 내에 저유된 지하수와 대수층으로부터 외부로 뽑아낼 수 있는 지하수량과의 비를 나타낸다. 즉, 포화된 암석으로부터 중력으로 인해 배수되는 물체적의 비율이다.
④ 비산출률은 유효공극률, 비수율, 비피압 저류계수와 동일 의미이다.
⑤ 비산출량은 양수 처리로 인하여 실제 유출되는 양이다.

2. 비보유율

① 비보유율은 표면장력으로 인해 중력배수가 되지 않고 공극 내의 지질매체에 부착되어 있는 물의 체적과 대수층 전체 체적의 비이다.(단위 체적의 지하수저수지와 그 저수지로부터 지하수를 배출시키고 난 다음 대수층 내에 남아 있는 양과의 비)
② 비보유율은 중력배수에 저항하여 암석이 보유할 수 있는 물 체적의 비율이다.
③ 비보유량은 지하수의 배수 후 대수층 내에 남아 있는 오염물질의 양이다.

3. 관련식

$$총\ 공극률 = 비산출률 + 비보유율$$

$$비산출률 = \frac{배출물의\ 부피}{대수층\ 부피}$$

$$비보유율 = \frac{배출\ 후\ 대수층에\ 잔류한\ 물의\ 부피}{대수층\ 부피}$$

SECTION 048 비저류계수(Specific Storage) 및 저류계수(Storativity)

1. 비저류계수

피압대수층에서 단위수위 강하 혹은 상승에 의해 대수층의 단위부피를 통해 유출되거나 유입되는 물의 부피이다.

2. 저류(저유)계수

피압대수층에서 단위수위 강하 혹은 상승에 의해 대수층의 단위 단면적으로부터 유출되거나 유입되는 물의 부피이며 저류도라고도 한다.

3. 관련식

$$S = \frac{1}{A} \frac{\Delta V'}{\Delta h}$$

여기서, S : 저류계수
A : 면적(m^2)
Δh : 수두 변화량(m)
V' : 유입이나 유출되는 물의 부피(지하수량)(m^3)

$S =$ 비산출률 + (비저류계수 × 대수층 무게) : 비피압대수층

$S =$ (비저류계수 × 대수층 두께) : 피압대수층

기출 必수문제

01 자유면 대수층의 면적 5,000,000cm², 저류계수 0.25인 지하수의 수위가 가뭄으로 0.6m 하강하였다면 손실된 지하수량(L)은?

풀이

$$S = \frac{1}{A} \frac{\Delta V'}{\Delta h}$$

$$\Delta V' = S \times A \times \Delta h$$
$$= 0.25 \times 5,000,000 \text{cm}^2 \times 0.6\text{m} \times \text{m}^2/100^2\text{cm}^2 \times 1,000\text{L/m}^3$$
$$= 75,000\text{L}$$

기출 必수문제

02 다음 조건의 자유면 대수층에서 개발 가능한 지하수량(m³)은?(단, 대수층 넓이 100km², 대수층 두께 100m, 비산출률 0.3, 수위강하 3.5m)

풀이

$$S = \frac{1}{A} \frac{\Delta V'}{\Delta h}$$

$$\Delta V' = S \times A \times \Delta h$$
$$= 0.3 \times 100\text{km}^2 \times 3.5\text{m} \times 10^6 \text{m}^2/\text{km}^2 = 1.05 \times 10^8 \text{m}^3$$

기출 必수문제

03 어떤 지역에 내리는 연간 강수량이 1,500mm이고 그중 25%가 지하로 함양된다. 또한 이 지역의 비산출률이 0.2일 때 지하로 함양된 강수가 자유면 대수층으로 침투하면 지하수위(m)는 얼마나 상승되겠는가?

풀이

$$\text{비산출률} = \frac{\text{강수량}}{\text{지하수위 변화량}}$$

$$\text{지하수위 변화량} = \frac{1.5\text{m} \times 0.25}{0.2} = 1.88\text{m}$$

04 자유면 대수층이 발달한 지역에서 공극률이 0.3, 비산출률이 0.3이고 유역면적이 150km²이며 수위강하를 4m만 허용할 때 지하수 개발 가능량(m³)은?(단, 자유면 평균두께 100m)

풀이

$$\Delta V' = S \times A \times \Delta h$$
$$= 0.3 \times 150 \text{km}^2 \times 4\text{m} \times 10^6 \text{m}^2/\text{km}^2 = 1.8 \times 10^8 \text{m}^3$$

05 1m³의 건조모래를 가득 채운 용기에 물을 부어 공극이 완전히 채워졌을 때 사용한 물의 양은 240L였다. 배수용 꼭지를 틀어 장기간 물을 중력배수시켰을 때 190L가 중력배수되었다. 이때 모래의 비보유율은?

풀이

$$\text{비보유율} = \frac{\text{배출 후 대수층에 잔류한 물의 부피}}{\text{대수층 부피}}$$
$$= \frac{(240-190)\text{L}}{1,000\text{L}} = 0.05$$

06 모래에 지하수를 장기간 중력배수시켰을 때 모래의 비산출률이 0.25이고 모래의 공극률이 0.4라면 비보유율은?

풀이

총 공극률＝비산출률＋비보유율
비보유율＝총 공극률－비산출률＝0.4－0.25＝0.15

SECTION 049 지하수 특성

1. 지하수의 수질 특성

① 지하수 수질은 지질매체에 의해 영향을 받는다.
② 지표수에 비해 용존물질량이 많고 용해되어 있는 염류의 농도가 높다.
③ 지표수에 비해 무기질이 풍부하고 알칼리도 및 경도가 높으며 SS 함량 및 탁도는 낮다.
④ 화학성분이 비교적 일정하고 지하수의 온도 변화가 적다.
⑤ 깊이가 클수록 약알칼리성을 나타낸다.

2. 지하수의 물리·화학적 특성인자

(1) 전기전도도(Electric Conductivity)

① 1개 물질이 전류를 흐르게 하는 능력을 나타내는 단위. 즉, 용액이 전류를 운반할 수 있는 정도를 나타냄
② 지하수 내에 이온이 많을수록 전기저항이 감소되고 따라서 전기전도도는 증가함
③ 관계식

$$전기전도도(L) = \frac{1}{R} = \frac{A \times K}{i}$$

$$R(\Omega) = \frac{\rho \cdot i}{A}$$

여기서, ρ : 저항도(Ωcm)
i : 두 전극 간 거리(cm)
A : 단면적(cm^2)
$k\left(\dfrac{1}{\rho}\right)$: 비전도도

(2) 비전기전도도(Specific Conductivity)

특정 온도하에서 단위길이나 단위면적을 갖는 물체의 전기전도도를 나타내는 단위이다.

(3) 경도(Hardness)

물의 세기를 말하며 물속의 Ca^{2+}과 Mg^{2+}이온의 양을 $CaCO_3$의 농도로 나타낸 값이다.

(4) 알칼리도(Alkalinity)

① 수산화물이나 수산기가 물속에 들어 있을 때는 알칼리도에 영향을 미침
② 탄산염(CO_3^{2-})과 중탄산염(HCO_3^-)은 알칼리도에 영향을 미침
③ 알칼리도는 지하수의 pH가 반드시 7 이상이어야 하는 것은 아님
④ 알칼리도 측정은 페놀프탈레인이나 메틸오렌지 등의 지시약을 사용함

기출必수문제

01 지하수 내에 Mg^{2+} 30mg/L, Ca^{2+} 40mg/L일 경우 이 지하수의 경도($CaCO_3$, mg/L)는?

풀이

$$경도(CaCO_3, mg/L) = \left(30mg/L \times \frac{50}{24/2}\right) + \left(40mg/L \times \frac{50}{40/2}\right)$$
$$= 225.0mg/L$$

SECTION 050 지하수의 오염

1. 지하수 오염의 특징

① 흐름의 완만성
② 흐름방향의 모호성
③ 원상복귀의 어려움
④ 오염원 확인의 어려움
⑤ 오염원 및 오염경로의 다양성
⑥ 오염영향의 국지성, 즉 오염영역이 아주 좁음

2. 지하수 오염원 분류

(1) 점오염원

① 오염원의 위치 및 영역이 명확히 구분되며 지하수 오염의 규모와 확산범위 파악이 용이함

② 점오염원의 예
  ㉠ 지하저장탱크, 매립장, 정화조
  ㉡ 폐공, 공장 및 가축 폐수

(2) 비점오염원

① 점오염원에 비해 넓은 지역적 범위이며 유출경로, 오염 확산의 확인이 곤란함

② 비점오염원의 예
  ㉠ 산성비, 농약
  ㉡ 도로노면배수, 도시지역

3. 지하수 오염물질의 종류

(1) 질산염

① 지하수의 일반적인 오염물질로 유동성이 큼
② 가축분뇨나 두엄 등이 유입된 지하수를 음용할 경우 주로 어린아이들에게 청색증(Blue Baby Syndrome)을 일으키는 물질
③ 지하수 유기성 폐기물에 의해 오염 여부를 파악하는 데 좋은 지표물질
④ 지하수 환경 내에서 NO_2^-의 함량은 소량임

(2) 암모니아

토양 내에서 유동성이 적다.

(3) 중금속

광산배수나 산업폐수 및 도시지역의 지표유출수 등이 배출원이다.

(4) 염소이온

높은 염소이온 농도 검출 시 유기성 폐기물에 의한 오염이다.

(5) 미생물(대장균)

발생원이 다양하다.(매립지 침출수, 정화조 유출수, 하수슬러지 살포)

Reference

토양오염물질 중에 수질의 부영양화 및 지하수 오염물질로 작용하는 물질은 질소(N), 인(P) 등이다.

SECTION 051 지하수 오염물질의 거동(유동)

1. 이류(이송)

지하수환경으로 유입된 오염물질이나 용질이 지하수의 공극유속(Pore Water Velocity)과 같은 속도로 움직이는 현상, 즉 지하수의 용존고형물 혹은 열이 지하수와 같은 속도로 수송되는 것이다.

2. 확산

용액의 농도가 불균일할 때 농도가 높은 곳으로부터 낮은 곳으로 물질이 이동하는 현상이다.(물속에 녹아 있는 이온성·분자성 화학종이 높은 농도영역에서 낮은 농도영역으로 이동하는 현상)

3. 분산

① 용질이 다공질매체를 통하여 이동하는 과정에서 희석되는 현상, 즉 오염된 지하수는 다공질 기질을 통해 오염되지 않은 지하수와 섞여 희석되는 현상이다.
② 기계적 분산과 수리학적 분산으로 구분되며 기계적 분산에는 종분산과 횡분산이 있다.
③ 종분산
   ㉠ 유체의 유선방향을 따라 섞이는 것
   ㉡ 큰 공극을 지나는 유체가 작은 공극을 지나는 유체보다 빨리 흐르기 때문에 종분산이 일어남
   ㉢ 유체가 공극을 통해 흐를 때 공극의 가장자리보다는 중심을 통하여 빨리 흐르기 때문에 종분산이 일어남
   ㉣ 횡분산보다 10~20배 정도 크며 종분산 시 일반적으로 농도는 낮아짐
   ㉤ 유체의 일부가 다른 것보다 더 긴 이동경로를 가짐
   ㉥ 큰 공극을 지나는 유체가 작은 공극을 지나는 유체보다 빨리 흐름

④ 횡분산
  ㉠ 유체의 유선방향의 수직방향으로 섞이는 것
  ㉡ 유체가 다공성 매질 통과시 유동경로의 분리로 인해 횡분산이 일어남
⑤ 기계적 분산계수

$$\text{기계적 분산계수} = \text{평균선속도(공극속도)} \times \text{동력학적 분산도}$$

4. 지연

① 용질의 유동이 예상보다 늦어지는 현상, 즉 오염물질이 매질 등에 흡착되어 오염물질의 일부가 지하수 흐름보다 늦어지는 현상이다.
② 지연계수 : 지연현상을 나타내는 인자

$$\text{지연계수} = \frac{\text{지하수의 평균선형속도(공극유속)}}{\text{용질농도가 처음 농도의 1/2인 지점에서 오염물질 이동속도}}$$

$$\text{이동속도} = \frac{\text{지하수의 평균선형속도(공극유속)}}{\left(\frac{\text{토양용적밀도}}{\text{공극률}} \times \text{분배계수}\right) + 1}$$

기출 必수문제

01 다음 조건일 때 용질농도가 처음 농도의 1/2 지점에서 오염물질의 이동속도(cm/day)는?

대수층 공극률 : 0.30
용적밀도 : 1.8g/cm³
지하수 이동속도 : 0.15cm/day
오염물질의 분배계수 : 80mL/g

풀이

$$\text{오염물질 이동속도} = \frac{\text{지하수의 이동속도}}{\left(\frac{\text{토양 용적밀도}}{\text{공극률}} \times \text{분배계수}\right) + 1}$$

$$= \frac{0.15\text{cm/day}}{\left(\frac{1.8\text{g/cm}^3}{0.30} \times 80\text{mL/g} \times 1\text{cm}^3/1\text{mL}\right) + 1}$$

$$= 3.12 \times 10^{-4} \text{cm/day}$$

SECTION 052 NAPL(Non Aqueous Phase Liguid)

1. 특징

① 비수용성 액체라고 하며 물이나 공기와 접촉 시 혼합되지 않는 탄화수소 화합물을 의미한다.
② 물에 쉽게 용해되지 않고 섞이지 않아 자연상에서 물과 분리된 유체의 형태로 존재한다.
③ NAPL이 지하로 유입되면 물과의 무게 차이에 따라(물보다 무거우냐, 가벼우냐에 따라) 분포상태와 위치가 달라진다.
④ 물과 NAPL의 물리적 특성과 화학적 특성의 차이 때문에 두 액체 사이에서는 물리적 경계면이 형성되어 혼합되지 않는다.

2. NAPL의 이동과 분포에 영향을 미치는 주요 요인

① NAPL의 누출량
② 누출의 표면적과 침투면적
③ 누출 후 경과시간
④ 지하의 수분이동(불포화대) 또는 지하수이동(포화대) 조건
⑤ 지하수면과 누출지점 간의 거리 또는 불포화대 두께
⑥ NAPL의 특성(밀도, 습윤성) 및 매질의 특성(투수성, 공극분포)

3. 분류

(1) LNAPL(저밀도 비수용성 액체)

① 물에 쉽게 용해되지 않고 섞이지 않아 자연상에서 물과 분리된 유체의 형태로 존재하는 NAPL 중 물보다 밀도가 작은 NAPL을 의미
② 지중에 유입되어 지하수층에 도달하게 되면 물보다 가벼우므로 지하수층 상부에 뜨게 되고 지하수의 흐름에 따라 이동함

③ 대표적 오염물질

　㉠ BTEX(벤젠, 톨루엔, 에틸벤젠, 크실렌)
　㉡ 원유, 휘발유, 디젤유
　㉢ 헵탄, 헥산
　㉣ 이소프로필알코올

(2) DNAPL(고밀도 비수용성 액체)

① 물에 쉽게 용해되지 않고 혼합되지 않아 자연상에서 물과 분리된 유체의 형태로 존재하는 NAPL 중 물보다 밀도가 큰 비수용성 액체임
② 밀도가 $1g/cm^3$ 이상이며 일반적으로 물보다 무거우므로 지하수 저면에 쌓이거나 암반에 형성된 균열 속으로 들어가기도 함

③ 대표적 오염물질

　㉠ TCE(Trichloroethylene), PCE(Perchloroethylene)
　㉡ 페놀, PCB(Polychlorinated Biphenyl)
　㉢ 1.1.1-Trichloroethane(1.1.1-TCA), 2-Chlorophenol(클로로페놀)
　㉣ 클로로포름, 사염화탄소

4. 거동 특성(이동 특성)

(1) NAPL의 거동 특성

① NAPL은 불포화대에서 이동 중 토양공극 내에 잔류하므로 이동성이 없는 상태가 됨
② NAPL이 모세관대에 도달 시 밀도에 따라서 이동 형태가 완전히 달라짐
③ 불포화대에 잔류하는 NAPL은 전부 토양공기로 증발하기 때문에 불포화대 전체 및 대기 중으로 이동함
④ NAPL의 잔류포화도

$$\text{NAPL의 잔류포화도} = \frac{\text{공극 내 이동성이 없는 상태로 잔류하는 NAPL}}{\text{토양공극부피}}$$

⑤ NAPL의 잔류포화도에 영향을 미치는 인자

  ㉠ 수리경사(흐름속도)
  ㉡ 계면장력
  ㉢ 습윤성
  ㉣ 중력 및 부력
  ㉤ 유체 점도 및 밀도
  ㉥ 토양 공극 분포 형태

(2) DNAPL의 거동 특성

  ① DNAPL은 물보다 무거워서 지하수면을 통과함
  ② DNAPL은 수직이동 중 일부는 용존되고 토양 공극 사이에 잔유물을 약 1~40% 남김
  ③ 대수층 바닥에 도달 시 DNAPL은 지하수 이동방향과 관계 없이 기반암의 기울기에 따라 이동방향이 결정됨

> **Reference** 토양오염조사기술에서 BTEX용액을 메틸알코올(CH_3OH)에 넣는 이유
>
> 1. BTEX는 LNAPL, 즉 물보다 가볍기 때문에 부유하게 되는데 메틸알코올이 넓게 분포되어 있는 BTEX를 한 지점으로 모이게 하는 역할을 한다.
> 2. TCE, PCE는 DNAPL이므로 토양입자에 결합되어 있는 유해한 오염유기물의 표면장력을 약화시키거나 중금속을 액상으로 변화시켜 메틸알코올이 토양입자로부터 오염유기물 및 중금속을 분리해내는 역할을 한다.

SECTION 053 토양 내의 물질이동

1. 오염 토양 내의 물질이동 이론

(1) 물의 흐름 이론
Darcy's Low

(2) 열의 흐름 이론
Fourrier's Low

(3) 전기 흐름 이론
Ohm's Low

(4) 확산 이론
Fick's Low

2. 토양 내에서 지하수가 이동하는 방법

① 중력에 의한 이동
② 표면장력에 의한 이동
③ 증발에 의한 이동

3. 토양이 중력에 의해 이동 시 물의 이동을 방해하는 힘

① 토양입자에 의한 표면마찰력
② 토성공기의 점성저항력
③ 표면장력

SECTION 054 오염토양의 처리장소 위치에 따른 구분

1. 원위치 처리방법(In-Situ)

오염 또는 축적된 토양을 이송하지 않고 오염장소에서 오염물질을 제거·분해하여 처리하는 기술이다.

(1) 원위치 처리방법의 적용 조건

① 처리량이 많을 경우
② 오염원의 분포가 광범위할 경우
③ 오염원의 농도가 낮을 경우
④ 처리부지 확보가 곤란할 경우
⑤ 처리비용이 낮을 경우
⑥ 처리기간이 길 경우

(2) 장점(Ex-Situ의 상대적)

① 처리비용이 적음
② 오염토양 및 지하수 동시 처리 가능
③ 기타 환경문제가 발생하지 않음

(3) 단점

① 오염토양 처리 시 처리기간이 많이 소요
② 지하수 내로 오염물질의 유입 가능성
③ 처리효율에 대한 확신이 곤란
④ 오염토양의 투수성이 낮으면 적용 곤란

(4) 적용오염원의 종류

① 유류
② 유기물
③ 방사성폐기물

(5) 처리효율

보통

(6) 종류

① 토양증기추출법(SVE ; Soil Vapor Extraction)
② 생물학적 분해법(생분해법, Biodegradation)
③ 바이오벤팅법(Bioventing)
④ 바이오슬러핑법(Bio Slurping)
⑤ 바이오스파징법(Bio Sparging)
⑥ 진균이용처리법(백색부후균, White Rot Fungus)
⑦ 고형화·안정화 처리법(Solidfication·Stabilization)
⑧ 공기분사법(Air Sparging)
⑨ 수직차단법(Vertical Cut Off Walls)
⑩ 유리화법(Vitrification)
⑪ 동전기정화법(Electrokinetic Separation)
⑫ 식물정화법(Phytoremediation)
⑬ 자연저감법(Natural Attenuation)
⑭ 토양수세법(Soil Flushing)
⑮ 압축공기파쇄추출법(Pneumatic Fracturing)

2. 굴착 후(탈 위치) 처리방법(Ex-Situ)

오염 또는 축적된 토양을 굴착하여 이송 오염토양 밖에서 처리하는 기술이며, 오염토양 위의 현장에서 직접 처리하는 On-Situ 처리와 오염토양을 처리장소로 운반하여 처리하는 Off-Situ 처리로 구분된다.

(1) 굴착 후 처리방법 적용조건

① 처리량이 적을 경우
② 오염원의 분포가 집중된 경우
③ 오염원의 농도가 높은 경우
④ 처리부지 확보가 용이한 경우
⑤ 처리비용이 높은 경우
⑥ 처리기간이 짧은 경우

(2) 장점

① 단기간에 처리가 가능함
② 처리효율이 높음
③ 오염농도가 높은 경우도 처리가 가능
④ 처리운전조건 및 영향 인자의 제어 용이

(3) 단점

① 상대적으로 처리비용 많이 소요됨(굴착, 이송, 처리시설 설치)
② 굴착, 이송에 따른 주변환경에 오염물질 노출 가능성
③ 굴착으로 인한 토양지중환경에 영향(교란)

(4) 적용오염원의 종류

① 중금속
② 유해폐기물

(5) 처리효율

높음

(6) 종류

① 토양증기추출법(SVE ; Soil Vapor Extraction)
② 퇴비화법(Composting)
③ 토양경작법(Landfarming)
④ 할로겐분해법(Glyconate Dehalogenation)
⑤ 토양세척법(Soil Washing)
⑥ 고형화·안정화 처리법(Solidification·Stabilization)
⑦ 용매(용제)추출법(Solvent Extraction)
⑧ 고온가스추출법(Hot Gas Decontamination)
⑨ 소각법(Incineration)
⑩ 열분해법(Pyrolysis)
⑪ 열탈착법(Thermal Desorption)
⑫ 화학적 산화/환원법(Chemical Reduction/Oxidation)
⑬ 바이오 파일(Biopiles) 및 바이오 필터(Biofilter)

> **Reference** 오염토양 복원기술 구분
>
> **1** 오염원 처리방법
>   ① 치환방법   ② 차단방법
>   ③ 제거방법   ④ 독성저하방법
>   ⑤ 토지용도 변경방법
>
> **2** 오염원 복원위치
>   ① 원위치(In-situ) 처리방법   ② 탈위치(Ex-situ) 처리방법
>
> **3** 오염원 제거방법
>   ① 물리적 방법 : 표면복토, 굴착제거, 격리, 차폐, 공기세척, 증기세척, 진공추출 등
>   ② 화학적 방법 : 산화, 중화, 이온교환, 용매, 계면활성제 등
>   ③ 생물학적 방법   ④ 열적 방법
>   ⑤ 전기적 방법

SECTION 055 현장 내 처리방법(On-Situ)과 현장 외 처리방법(Off-Situ)

1. 현장 내 처리방법

오염토양을 오염장소에서 직접 처리하는 방법이다.

(1) In-Situ

오염토양을 수거하지 않고 현 위치에서 처리하는 방법이다.

(2) Ex-Situ

오염토양을 수거하여 부지 내 다른 장소에서 처리하는 방법이다.

2. 현장 외 처리방법

오염토양을 부지 밖으로 옮겨 처리하는 방법이다.

(1) 장점

① 공학적으로 설계된 처리시설에서 최적조건하에서 처리가 가능함
② 오염물질 제거에 단시간 소요
③ 목표 처리수준에 도달하기 쉬움

(2) 단점

① 처리비용이 많이 소요됨(굴착, 이송, 처리시설 설치)
② 주변환경에 오염물질 노출 가능성이 있음
③ 굴착으로 인한 토양지중환경에 영향을 줌

056 오염토양의 처리기술에 따른 구분

1. 물리·화학적 처리기술

① 토양세정법(Soil Flushing)
② 토양증기추출법(Soil Vapor Extraction)
③ 토양세척법(Soil Washing)
④ 용매추출법(Solvent Extraction)
⑤ 고형화·안정화 처리법(Solidification·Stabilization)
⑥ 동전기정화법(Electrokinetic Separation)
⑦ 공기분사법(Air Sparging)
⑧ 할로겐분리법(Glycolate Dehalogenation)

2. 생물학적 처리기술

① 생물학적 분해법(생분해법, Biodegradation)
② 바이오벤팅법(Bioventing)
③ 토양경작법(Landfarming)
④ 식물정화법(Phytoremediation)
⑤ 퇴비화법(Composting)
⑥ 자연저감법(Natural Attenuation)
⑦ 진균이용처리법(백색부후균, White Rot Fungus)

3. 열적 처리기술

① 열탈착법(Thermal Desorption)
② 소각법(Incineration)
③ 유리화법(Vitrification)
④ 열분해법(Pyrolysis)

SECTION 057 토양오염 방지 및 복원기술

1. 지하매장시설(주유소)

① 저장탱크 및 배관 부식산화 방지기술
② 모니터링 기술
③ 생물활성대에 의한 처리기술
④ 토양증기추출(SVE) 기술
⑤ 바이오벤팅(Bioventing) 기술

2. 폐기물 매립지

① 수직차단벽
② 생물활성대에 의한 처리기술
③ 고형화·안정화 처리기술

3. 휴·폐광산

① 중화약품을 이용한 화학적 처리기술
② 고형화·안정화 처리기술
③ 갱내수 처리기술

4. 폐광산·산성광산의 배수처리를 위한 기술

① SAPS(Successive Alkalinity Producing System)
  ㉠ A층 충전물질 역할
    유기물로 황산염환원균이 황산염을 황화물로 침전시켜 금속이 황화물로 침전되도록 유도하는 역할
  ㉡ B층 충전물질 역할
    석회로 산성광산폐수의 pH를 증가시켜 중금속을 제거하는 역할

② 인공소택지법(호기성·혐기성)
③ DW(Diversion Well)

5. 산성광산 배수처리에 가장 많은 영향을 주는 미생물

① Thiobacillus
② Ferrooxidans

058 토양오염 복원 및 정화단계

- 토양오염 복원방법은 오염 부지에 대해 수집된 모든 데이터와 정보를 바탕으로 가장 적절하게 효율적으로 오염물질을 제거하는 데 있다.
- 오염 부지 정화를 위한 복원계획에 필요한 주요 설계인자 평가를 위한 사전 시험방법은 Bench Test, Pilot Test가 있다.

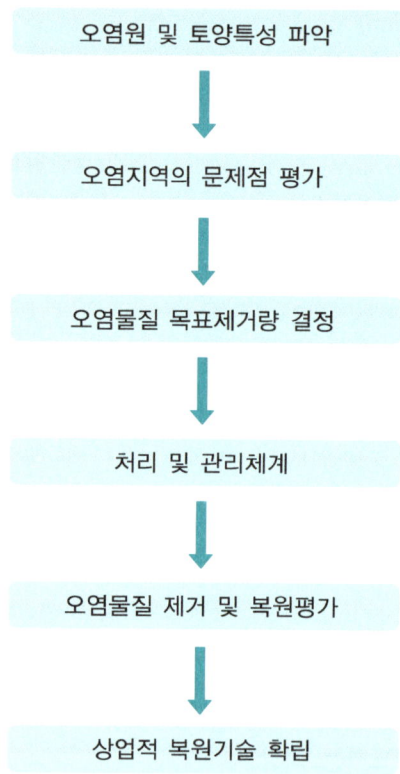

SECTION 059 토양증기추출법(SVE)

1. 개요

① 토양의 지하수 상부에 있는 불포화토양층을 Vodose Zone이라고 한다. 이 불포화토양층이 유기오염물질로 오염되었을 때 현장(In-Situ)에서 처리하는 물리·화학적 공법이다.
② 토양증기추출법(SVE ; Soil Vapor Extraction)은 불포화 대수층 위에 추출정을 설치하여 강제진공흡입으로 토양을 진공상태로 만들어 줌으로써 토양으로부터 휘발성·준휘발성 오염물질을 제거하는 기술이다.
③ 오염지역 외부에서 공기가 주입되고 내부에서 오염물질이 추출되는 방법이며, 토양으로부터 제거되는 가스는 지상에서 처리해야 한다.
④ 불포화 대수층 내 존재하는 휘발성 유기화합물을 제거하는 가장 효과적이고 경제적인 방법으로, 토양 내의 생물학적 처리효율을 높이며 지하수 펌핑 처리조작 및 공기분사(Air Sparging) 기술과 함께 병행하여 사용할 수 있다.
⑤ 토양 내 오염물질의 기체 헨리법칙(Henry's Law)과 관계되고 증기압은 라울트법칙(Raoult's Law)에 관계된다.

2. 처리효율 향상방법

① 토양을 가열하여 오염물질의 증기압을 높여야 한다. 즉, 미세토양이나 수분함량이 높은 토양은 공기의 통과성을 저해하므로 증기압을 높여야 한다.
② 불포화 대수층 내에 존재하는 오염물질을 처리하기 때문에 추출정은 지하수면 상부에 설치한다.
③ 공기주입정에 의한 공기주입유량을 증가시킨다.
④ 지하수 펌핑처리조작 및 Air Sparging 기술을 병행하여 처리한다.

3. 적용범위 및 오염물질

① 투수성이고 균질한 지반에 효과적이다.(자갈·모래에 효과적, 점토에는 비효과적)
② 헨리상수가 0.01 이상인 휘발성 오염물질에 적용하는 것이 효과적이다.
③ 증기압이 100mmHg 이상인 물질에 적용하는 것이 효과적이다.
④ 주유소, 유류저장시설, 군사기지, 산업기지 등에 적용한다.
⑤ 오염토양이 매우 많고 생물학적 처리속도가 빠르게 요구되는 지역에 효과적이다.
⑥ 주변의 건물로 인하여 토양굴착이 불가능한 곳에 효과적이다.
⑦ 적합 오염물질
   ㉠ 휘발성/준휘발성 유기화합물
   ㉡ 유류오염물질
⑧ 부적합 오염물질
   ㉠ 중금속, PCB, 다이옥신, PAH
   ㉡ 중유

4. 토양증기추출시스템의 구성장치(구성요소)

(1) 추출정 및 공기유입정

① 추출정은 1개 이상으로 하며 일부 개방되어 있는 파이프를 이용하여 침투성이 좋은 굵은 모래나 자갈 위에 설치한다.
② 공기유입정은 SVE에 필요한 유량을 보장하기 위해 설치하며 일반적으로 송풍기로 사용한다.
③ 추출정 및 공기주입정 영향 반경이란 추출정 또는 주입정에서 공기를 추출 또는 주입 시 공기흐름이 가능한 최대거리, 즉 산소전달 반경을 말하며 영향 반경은 토양 조건에 따라 6m에서 45m 정도이며 심도 7m까지 토양 조건에 적용할 수 있다.

(2) 진공장치(송풍기 및 진공펌프)

① 진공펌프는 진공도가 760~25torr, 유량이 10~100ft^3/min의 범위를 사용한다.
② 송풍기는 토양 재생용량이 큰 경우 효율을 높이기 위해 사용한다.

(3) 격리층(저투수성 덮개)

지하수가 표면으로 나오는 것을 방지하고 오염물질의 제거효율을 높이기 위해 사용한다.

(4) 기액 분리기

진공펌프와 송풍기를 보호하고 배기가스 처리효율을 높이는 데 사용한다.

(5) 배기가스 처리장치

열적처리방법, 활성탄흡착법, 응축법, Wet Scrubbing, 생물학적 처리방법 등이 있다.

5. 활성탄 흡착탑

(1) 개요

가장 일반적인 배기가스 처리장치이며, 활성탄 흡착은 배기가스 중의 휘발성 오염물질을 흡착하는 원리이다.

(2) 활성탄 흡착법 적용 시 특징

① 일반적으로 오염농도가 1,000ppm 이하일 때 효과적임
② 최적 조건에서는 98% 이상의 제거효율을 나타냄
③ 흡착탑에 유입되는 배기가스의 습도가 상대습도로 50% 이상일 때는 사전에 습도를 낮추어야 함
④ 활성탄 흡착탑 유입가스의 온도가 54℃(130°F) 이상일 때는 열교환기를 설치하여 냉각시킬 필요가 있음
⑤ 오염물질이 고분자일 경우 제거효율이 증가함

6. 장단점

(1) 장점

① 기계 및 장치요소가 간단하다.
② 유지 및 관리비용이 저렴하다.
③ 일반적으로 널리 사용되는 장치 및 재료로도 충분히 가능하다.
④ 단기간 내에 설치 가능하다.
⑤ 즉시 복원효율에 대한 결과를 얻을 수 있다.
⑥ 다른 시약이 필요 없다.
⑦ 영구적인 재생이 가능하다.
⑧ 굴착이 필요 없어 오염되지 않은 토양과 혼합될 우려가 없다.
⑨ 처리시간이 짧다.
⑩ 빌딩이나 다른 구조물 밑의 토양도 재생할 수 있으며, 생물학적 처리효율을 높여주는 역할을 한다.
⑪ 지하수의 깊이에 제한을 받지 않는다.

(2) 단점

① 증기압이 낮은 오염물질은 제거효율이 낮다.
② 토양층이 치밀하여 기체흐름이 어려운 곳에서는 사용이 곤란하다. 즉, 투과성이 낮은 토양에서는 효과가 낮다.
③ 추출된 기체의 처리를 위한 대기오염 방지시설이 필요하다.
④ 오염물질의 독성은 변화가 없다.(독성이 잔존함)
⑤ 불포화 대수층에만 적용 가능, 즉 지역이 제한되어 있다.
⑥ 지반구조가 복잡하므로 총 처리시간을 예측하기가 어렵다.
⑦ 방출된 공기를 처리하기 위한 공정과 방출가스 처리에 사용된 물질의 처리부담이 있다.

7. 적용 제약조건

① 미세토양이나 수분함량이 50% 이상 높은 토양의 경우 통기성을 저해하여 증기압을 높이기 위한 추가비용 부담이 증가된다.
② 유기물의 함량이 높은 토양 및 건조한 토양은 VOC(휘발성 유기물질)의 흡착능력이 높아 제거율이 낮아진다.
③ 방출·추출된 증기는 인간이나 주변환경에 해가 되지 않도록 처리해야 한다.
④ 추출가스 처리에 사용된 활성탄 및 용액을 안전하게 처리해야 한다.
⑤ 포화지역에는 효과가 없으나 대수층을 낮추면 적용범위가 많아진다.
⑥ 투수성 지반 내에 렌즈 모양의 불투수성 부분이 존재하는 경우 휘발성 오염물질의 제거효율이 저하된다.
⑦ 휘발성이 다양한 오염물질이 함유된 지역에서는 추가로 다른 복원의 도입이 필요하다.

8. 효율에 영향을 미치는 인자

(1) 토양의 특성과 성분

① 통기성(공기투과계수)
② 수분함량
③ 공극률

(2) 오염물질 물리화학적 특성인자

① 용해도
② 헨리상수(0.01 이상)
③ 증기압(100mmHg 이상)
④ 흡착계수(유기탄소 분배계수)

9. Stoke's 법칙에 의한 부유속도

$$V(cm/sec) = \frac{g \cdot d^2 (\rho_1 - \rho)}{18\mu}$$

여기서, V : 부유속도(cm/sec)
 g : 중력가속도($980 cm/sec^2$)
 d : 기름 직경(cm)
 ρ_1 : 물의 비중(밀도)(g/cm^3)
 ρ : 기름 비중(밀도)(g/cm^3)
 μ : 물의 점성도($g/cm \cdot sec$)

> **Reference** 가열 토양증기 추출법(Thermally Enhanced SVE) ; In-Situ
>
> 1. 증기, 뜨거운 공기 주입, 전기, 무선주파수를 이용하여 준휘발성 물질의 유동을 증가시켜 오염물질을 추출하는 방법이다.
> 2. 휘발성 물질 및 준휘발성 물질(유류오염물질, 살충제) 처리에 효율적이다.
> 3. 효율에 영향을 미치는 인자로는 오염물질 분포 깊이 및 넓이, 오염물질 농도, 대수층 깊이, 토양 형태 특성이 있다.
> 4. 미세토양(점토) 및 수분함량이 높은 토양은 통기성이 감소되어 처리 효율이 낮아진다.
> 5. 유기물 함량이 많아도 처리 효율이 낮아진다.
> 6. 자갈·모래에 적용이 효과적이다.

> **Reference** Steam Injection 공법
>
> 1. 오염지반 지중 내에 스팀을 주입하여 오염부지 내의 온도를 상승시켜 오염물질의 휘발성을 증대시킨다.
> 2. 처리시간은 오염물질의 범위나 양에 따라 다르지만 일반적으로 몇 시간 정도로 단시간이다.
> 3. 지중의 온도가 증가하므로 지반의 성질 개선에는 나쁜 영향을 미친다.
> 4. 알칸과 알칸기저 알코올 추출에 효과적이다.

기출 必수문제

01 기름으로 오염된 지하수를 처리하기 위하여 유수분리기를 설계하고자 한다. 기름의 입경은 0.15mm, 기름의 밀도는 $0.92g/cm^3$, 물의 밀도는 $1g/cm^3$, 물의 점성도는 $0.01g/cm \cdot sec$일 때 기름의 부상속도(cm/min)를 Stoke's의 법칙을 이용하여 구하시오.

풀이

부상속도(cm/min)

$$= \frac{g \cdot d^2(\rho_1 - \rho)}{18\mu}$$

$$= \frac{980 cm/sec^2 \times (1-0.92)g/cm^3 \times (0.015cm)^2}{18 \times 0.01 g/cm \cdot sec}$$

$$= 0.098 cm/sec \times 60 sec/min = 5.88 \, cm/min$$

기출 必수문제

02 기름으로 오염된 지하수를 $1,000 m^3/day$의 유량으로 추출하여 처리하고자 한다. 기름 분리를 위한 중력부상식 유수분리조의 최소 표면적(m^2)은?(단, 기름의 입경 0.2mm, 기름의 비중 $0.92g/cm^3$, 물의 비중 $1g/cm^3$, 물의 점성도 $0.01g/cm \cdot sec$로 하며 Stoke's의 법칙 이용)

풀이

부유속도(cm/sec) $= \dfrac{g \cdot d^2(\rho_1 - \rho)}{18\mu}$

$$= \frac{980 cm/sec^2 \times 0.02^2 cm^2 \times (1-0.92)g/cm^3}{18 \times 0.01 g/cm \cdot sec}$$

$$= 0.174 cm/sec$$

유량(Q) = A(단면적) × V(속도)

$$A(m^2) = \frac{Q}{V} = \frac{1,000 m^3/day}{0.174 cm/sec \times m/100cm \times 86,400 sec/day} = 6.65 m^2$$

기출必수문제

03 기름의 입경 0.2mm, 밀도 $0.92g/cm^3$, 물의 밀도 $1g/cm^3$, 물의 점성도 $0.01g/cm \cdot sec$인 지하수를 처리하는 수심 3m인 중력식 유수분리조가 있다. 기름이 수표면까지 부상하는 데 몇 분이 소요되는가?(단, Stoke's의 법칙 이용)

풀이

$$부유속도(cm/sec) = \frac{g \cdot d^2(\rho_1 - \rho)}{18\mu}$$

$$= \frac{980cm/sec^2 \times 0.02^2 cm^2 \times (1-0.92)g/cm^3}{18 \times 0.01 g/cm \cdot sec}$$

$$= 0.174 cm/sec$$

$$부상시간(min) = \frac{처리수심}{부유속도} = \frac{3m \times 100cm/m}{0.174cm/sec \times 60sec/min} = 28.70 min$$

10. 헨리법칙(Henry's Law)

(1) 정의

기체의 용해도와 압력의 관계, 즉 일정온도에서 기체 중에 있는 특정 성분의 분압과 이와 접한 액체상 중 액농도와의 평형관계를 나타내는 법칙이다.

(2) 관련식

$$P = H \times C = H \times \frac{S}{MW}$$

여기서, P : 부분압력(기상분압 : atm)
H : 헨리상수(atm · m³/mol)

$$H = \frac{P \times MW}{S}$$

C : 액체성분 몰분율(kmol/m³)
MW : 분자량(g/mol)
S : 용해도(mg/L)

(3) 헨리상수와 SVE의 관계

① 헨리상수는 물질의 기상과 액상에서의 평형농도분포를 나타내는 값
② 휘발성 물질일수록 헨리상수는 높은 값을 나타냄
③ 보통 헨리상수가 0.01 이상일 때 휘발성 물질로 구분함
④ 높은 헨리상수값을 가진 물질일수록 SVE에 의한 처리가 용이함
⑤ 온도가 10℃ 오를 때마다 헨리상수는 약 1.6배 증가함

기출 必 수문제

01 벤젠으로 오염된 지하수의 벤젠농도는 200mg/L이고 벤젠 몰분자량 78.12g/mol, 헨리상수 4.7×10^{-3} atm · m³/mol일 때 부분압력(atm)은?

풀이

$$P = H \times C = \frac{H \times S}{MW}$$

$$= \frac{4.7 \times 10^{-3} \text{atm} \cdot \text{m}^3/\text{mol} \times 200\text{mg/L} \times 1{,}000\text{L/m}^3 \times \text{g}/1{,}000\text{mg}}{78.12\text{g/mol}} = 0.01\text{atm}$$

SECTION 060 공기스파징(공기분사기법, Air Sparging)

1. 개요

① 오염된 지하수를 정화하기 위해 포화대(포화대수층) 내에 공기를 강제 주입하여 지하수를 폭기시킴으로써 휘발성 유기화합물(VOC)을 휘발시켜 제거하는 원위치 기술이다. 즉, 비포화대에서 사용하는 SVE와 매우 유사하며 다량의 지하수 정화가 가능하다.
② 공기펌프나 송풍기가 연결된 주입정으로 공기가 주입되어 대수층을 따라 수평, 수직으로 이동한 후 진공펌프에 의해 압력이 낮은 추출정으로 VOC를 배출한다.
③ 증기추출법은 가스상의 오염물질을 제거하기 위해 공기분사기법을 결합시킨 방법이다.
④ 운전속도를 증가시켜 지하수와 토양 사이의 접촉을 도와 효율 향상을 도모하며, 오염물질이 분포된 깊이와 현장의 특수한 지질학적인 특성을 고려해야 한다.

2. 적용범위 및 오염물질

① 휘발성이 강하거나 호기성 생분해의 가능성이 높은 오염물질
② 휘발성 유기물질
③ 유류오염물질

3. 장단점

(1) 장점

① 타 지상처리 시스템보다 저렴하다.(지하수의 제거, 처리 및 저장, 방류가 필요 없음)
② 제거효율이 높다.(SVE와 결합 시 제거효율 더욱 향상)
③ 많은 지역에서 사용해 본 결과 우수성을 인정받고 있다.
④ 장치의 설치가 용이하고 장치 작동에 대해 방해되는 요소가 적다.
⑤ 정상적인 조건에서 처리기간이 1~3년 이내로 짧다.

⑥ SVE에 비하여 모세관대와 지하수면 아래의 오염물질도 처리 가능하다.
⑦ 많은 양의 지하수 처리시 저비용이며 효과적이다.

(2) 단점

① 피압대수층에는 적용하지 못하며 성층토양일 경우에는 효율이 저감된다.
② 자유상태의 유류가 존재 시 처리상 곤란하여 전처리장치를 이용·제거해야 한다.
③ 오염물질이 다른 지역으로 이동할 가능성이 있다.
④ Free Product 존재 시 처리가 곤란하다.
⑤ 화학물질과 물리적·생물학적 처리과정에 대한 상호이해관계가 부족하고 장치 설계 시 현장 및 실험실 자료가 부족하다.
⑥ 주입공기 제어와 이동의 한계를 설정하기 위해 파일럿 테스트와 모니터링을 실시하여야 한다.
⑦ 토양과 결합된 오염물질은 휘발되기 어려우며 미세하고 저투수성 토양은 지하수와 포화대에서의 공기흐름을 저하시킨다.
⑧ 대수층 상부에 저투수성 토양이 위치한 구조에서는 휘발증기를 추출정에서 효과적으로 포집할 수 없다.
⑨ 불규칙한 토양에서는 채널링을 유발하거나 복잡한 공기흐름조건으로 흐름의 예측과 제어가 어렵다.
⑩ SVE에 비하여 에너지소비량이 많고 오염물의 확산이나 Dead Zone(불균질한 공기분포)의 우려가 크다.

4. 적용 제약조건

① 불균질 매질에서는 오염물의 확산이나 Dead Zone의 우려가 커서 적용이 어렵다.
② 오염확산의 위험이 있는 피압대수층에서는 적용할 수 없다.
③ 저휘발성 및 생분해성이 낮은 오염물질은 처리효율이 낮다.
④ 매질의 투수성이 낮은 경우($K < 10^{-3} cm/sec$)에는 공기 이동경로 생성이 방해되어 적용이 어렵다.
⑤ 공기 주입으로 인한 매질의 변화로 주변구조물의 안정성에 영향을 줄 수 있다.
⑥ 1ft 두께의 LNAPL층 및 자유상 DNAPL의 제거효율은 낮다.

5. 효율에 영향을 미치는 인자(제한 및 영향인자)

영향인자	유리한 조건	불리한 조건
대수층 종류	자유면대수층(비피압대수층) 단열이 매우 많은 기반암	피압대수층 단열이 없는 기반암
토양 종류	사질토, 균질토	미사점토, 불균질토
지하수면까지의 깊이	1.5m 이상	1.2m 이하
토양의 Foc 값(%) (유기탄소 함량)	2% 이하	2% 이상
대수층의 투수도	10^{-3} cm/sec 이상	10^{-3} cm/sec 이하
헨리 상수	10^{-5} atm·m³/mol 이상	10^{-5} atm·m³/mol 이하
용해도	낮음	높음
증기압	1mmHg 이상	1mmHg 이하
오염물질의 생분해 능력	높음	낮음
LNAPL의 존재 형태	얇은 층으로 존재 경우	두꺼운 층으로 존재 경우

(1) 수리지질학적 특성 영향인자

① 대수층 종류
② 토양 종류
③ 지하수면까지의 깊이
④ 토양의 Foc 값(%)
⑤ 대수층의 투수도
⑥ LNAPL의 존재 형태

(2) 오염물질, 특성 영향인자

① 헨리상수
② 용해도
③ 증기압
④ 오염물질의 호기성 생분해 능력

토양세척공법(Soil Washing)

1. 개요

① 토양 내 오염물질을 세척수와 기계적 마찰력을 이용하여 처리하는 공법, 즉 적절한 세척제를 이용하여 유기오염물질(표면장력약화)과 중금속(토양으로부터 분리)을 처리하는 방법으로 오염물질의 제거가 아닌 오염토양의 부피 감소가 목적이다.
② 중금속으로 오염된 토양에 pH가 낮은 산용액을 이용하여 중금속을 토양으로부터 분리시켜 처리하는 토양복원방식이다.
③ 오염물질의 물리·화학적 특징 중 세척효율을 높일 수 있는 요인으로는 수용성과 휘발성이 있다.(휘발성이 높은 오염물질의 처리효율이 높다.)
④ 토양세척공정의 효과는 오염물질의 종류에 따른 영향보다 토양의 성상에 따른 차이가 매우 크다.
⑤ 토양세척용 첨가제로 표면장력을 크게 낮출 수 있는 계면활성제를 선택하는 것이 바람직하다. 그 이유는 토양과 계면활성제 용액의 혼합물 중에서 중력에 의한 고액 분리가 용이하기 때문이다.

2. 첨가제 종류

오염물질의 탈착이 잘 이루어지지 않아 미생물의 활성이 저하되었을 때 미생물의 활성을 증진시키는 역할을 하는 것이 첨가제이다.

① 계면활성제
② pH조절제
③ 착화제
④ 산화제
⑤ 응집제

3. 효율적인 토양세척용 계면활성제 선택 시 고려사항

① 용해도
② 흡착성
③ 생분해성
④ 생물학적 특성
⑤ 비용

4. 계면활성제의 역할

① 중금속을 토양으로부터 분리하는 역할
　　중금속으로 오염된 토양을 pH가 낮은 산용액을 이용하여 분리

② 표면장력을 약화시켜 용해시키는 역할
　　토양입자 표면에 흡착되어 계면의 활성을 크게 함 → 표면장력 약화 → 안정한 상태로 용해

5. 토양세척장치의 종류

(1) 교반세척방식에 해당하는 장치의 형태

① 스크루형
② 교반기형
③ 경사축형

(2) 교반세척방식에 해당하는 진동 형태

① 진동체
② 진동 세척기
③ 초음파 세척기

6. 적용범위 및 오염물질

(1) 최종처리공정으로는 적용되지 않으며 오염토양의 양을 단기간에 현저히 줄이고자 할 때 이용된다.

(2) 토양 세척기법 적용에 가장 효과적인 토양 종류는 모래와 자갈이 고루 섞인 토양이며 미사(점토)에는 효과가 없다.

(3) **적용오염물질**

① 휘발성 유기화합물(단순 물세척으로 90~99%의 제거효율)
② 다양한 유기·무기 오염물질
③ 유류계 오염물질
④ 중금속, 일부 살충제

7. 토양세척장치의 구성장치

① 파쇄기
② 선별기
③ 분리장치
④ 혼합 및 추출장치
⑤ 세척액 처리장치
⑥ 대기오염 방지장치
⑦ 미세토양의 2차 처리장치

8. 처리공정 순서

토양세척공정의 구성은 파쇄기, 선별기, 분리장치, 혼합 및 추출장치, 세척액 처리장치, 대기오염 방지장치, 미세토양의 2차 처리장치 등이다.

(1) 전처리

오염토양을 주 세척장치에 투입하기 전에 분쇄, 분리, 선별, 혼합 등의 과정으로 불순물 및 큰 고형물 제거, 함수율 조절, 금속물질 제거, 토양입도를 균등히 하여 토양세척에 적합한 토양조건으로 하는 공정이다.

(2) 분리(토사입자 분리)

① 굵은 입자와 미세입자를 63~74 μm 사이 기준으로 보다 더 정밀한 토양분리를 실시하는 공정이다.
② 굵은 입자는 보통 수중 사이클론 등을 이용하여 분류하고, 미세입자는 침전에 의해 분류한다.

(3) 굵은 토양 처리(조립자 처리)

입경 63~74 μm 이상에 해당하는 굵은 토양은 표면세척, 산-염기 용제추출에 의해 표면에 흡착된 오염물질을 제거하는 공정이다.

(4) 미세토양 처리(세립자 처리)

① 입경 63~74 μm 이하에 해당하는 미세토양은 표면세척에 의한 오염물질 제거에 한계가 있어 다른 처리공정으로 보내기 위해 분립·수집하는 공정이다.
② 미세토양 함량이 높은 경우 현탁액의 이동성 저하로 에너지 소비 증가 및 재오염 우려가 있다.

(5) 세척수 처리(오염수 처리)

배출오염 세척수를 기존의 폐수처리시설에서 토양 세척도에 영향을 미치지 않는 정도로 정화처리하여 재순환시키는 공정이다.

(6) 처리 잔류물 관리(최종 처리방법)

최종적으로 미처리된 잔류미세토양은 매립, 소각, 열분해, 화학적 처리(추출), 생물학적 처리, 고정화/안정화 등의 방법으로 최종 처분하는 공정이다.

9. 장단점

(1) 장점

① 외부환경의 조건 변화에 대한 영향이 적고 자체적인 조건 조절이 가능한 폐쇄형 공정이다.
② 부지 내에서 유해오염물의 이송 없이 바로 처리 가능하다.
③ 적용 가능한 오염물질 종류의 범위가 넓다. 또한, 무기물과 유기물을 동시에 처리할 수 있다.
④ 단시간 내 오염토양 부피의 효율적인 급감으로 2차 처리비용이 절감된다. (매립 시 경량화에 기여)
⑤ 비교적 다양한 오염토양 농도에 적용 가능하며, 오염토양의 부피를 급격히 줄일 수 있다.

(2) 단점

① 점토와 같은 미세입자에 흡착된 유기오염물질은 제거가 어렵다.
② 세척 후 발생하는 처리수의 처리를 고려해야 한다. 즉, 세척유출수로부터 미세토양입자(Silt, Clay)를 분리해 내기 위해서는 응집제를 첨가해 주어야 할 경우가 있다.
③ 토양 내에 휴믹질이 고농도로 존재할 경우 전처리가 필요하다.
④ 복합오염물질(유기물질을 포함한 중금속)에 적용 시 세척제를 선별·제조하기가 어렵다.
⑤ 일반적으로 고비용이다.
⑥ 선별된 미세오염토양 및 오염유출수는 부가적인 처리가 필요하다.
⑦ 토양유기물 함량이 높을수록 토양세척효율이 낮아진다.

10. 효율에 영향을 미치는 인자

(1) 입경분포

① 적정 입경범위는 0.24~2mm이다.
② 입경이 클수록(모래·자갈류 > 점토) 효과적인 세척이 이루어진다.

(2) 토양의 종류

① 모래·자갈(점착성 없는 토양)이 고루 섞인 토양이 토양세척에 적합하다.
② 유기성 부식물질은 토양세척에 부적합하다.
③ 토양세척의 적용 정도는 미세토양과 부식물질의 함량에 따라 결정된다.

∥ 토양의 입도분포에 따른 처리 정도 ∥

토양입경 정도	적합	부분적 적합	부적합
자갈	○		
중간 모래	○		
가는 모래	○		
미사		○	
토사			○
슬러지			○
재			○

(3) pH

① 토양의 pH는 오염물질 제거와 밀접한 관계가 있다.
② 가장 적정한 pH 값은 6~8 정도이다.
③ 토양세척에 있어서 pH 값이 중요한 이유는 pH 값이 오염물질의 용출에 크게 작용하기 때문이다.
④ 산성일 경우 보통금속들이 표면에 흡착되지 않고 이동성이 증가해서 분리가 가능하다.
⑤ 알칼리성일 경우 비소, 몰리브덴 셀레늄 금속은 알칼리성에서 음이온이 되어 토양에 흡착되지 않고 이동성이 증가해서 분리가 가능하며 수산화물이나 복합체 형태로 용출된다.

(4) 유기물

① 토양 내 유기물함량이 적을수록 처리효율이 높다.
② 유기성 부식물질은 토양세척에는 부적합하다.

(5) CEC(양이온 교환용량)

토양의 CEC가 클 경우 처리효율이 높다.

(6) 오염물질의 종류 및 농도

(7) 완충용량

(8) 수분함량

(9) 토양의 구조

11. 적용 제약 조건

① 세척수로부터 미세토양입자를 분리해 내기 위해서 응집제를 첨가해 주어야 하는 경우도 있다.
② 복합오염물질의 경우 적용하고자 하는 세척제를 선별·제조하기가 어렵다.
③ 토양 내 휴믹질이 고농도로 존재 시 선처리가 요구된다.

> **Reference** 토양세척법의 탈착원리
>
> ① 전단력　　② 마찰력　　③ 탈착력
> ④ 충돌력　　⑤ 용해력

062 토양세정방법(Soil Flushing)

1. 개요

① 순수한 물 또는 오염물질 용해도를 증대시키기 위해 첨가제가 함유된 물을 토양에 주입함으로써 오염물질의 이동성을 향상시켜 추출하여 제거하는 기술이다.
② 순수한 물이나 화학적 첨가제(세정제 : 계면활성제, 산·염기, 착염물질 등)를 첨가하여 용해도를 증가시킨다. 즉, 처리과정에서 계면활성제를 첨가하여 용해도를 증가시킬 수 있다.
③ 화학적 첨가제, 즉 세정액의 재생을 위한 처리비용은 공정의 경제성을 좌우하며 양수된 물은 지상에서 후처리 과정을 거친다.

2. 계면활성제의 특성

① 계면활성제는 공기-물, 기름-물 등 다른 물질 사이에 끼어 들어가 두 물질 사이의 자유에너지를 낮추는 역할을 한다.
② 계면활성제는 친수성체의 성질에 따라 양이온성, 음이온성, 중성 및 양성으로 구분한다.
③ 계면활성제는 농도가 어느 이상이면 더 이상 표면장력을 낮추지 않고 마이셀을 형성하기 시작한다.
④ 마이셀이 형성됨에 따라 계면활성제 용액에 대한 오염물질의 용해도는 증가하게 된다.
⑤ 대부분 소수성 유기오염물질을 토양으로부터 제거 가능하며 미생물의 활성도를 증가시켜 부가적인 생분해 효과를 얻을 수 있는 첨가물질이다.

3. 적용 오염물질

① 중금속
② 방사능 오염물질, 무기물질
③ 휘발성·준휘발성 유기화합물질 처리 시에는 경제성이 떨어지고, 2차 오염물질이 유발되며 투수성이 낮은 토양에서는 적용하기가 어렵다.

4. 적용 제약조건

① 투수성이 낮은 토양에서는 처리하기가 어렵다.
② 세정용액에 의해 2차 오염이 유발될 수 있다.
③ 계면활성제가 토양의 공극을 감소시킬 수 있다.
④ 추출액은 후처리가 필요하며 불균일한 토양은 처리하기가 어렵다.
⑤ 오염물질이 휘발성 유기물질인 경우에는 배출가스 처리가 필요하다.
⑥ 토양세정 공정의 경제성을 좌우하는 것은 세정액 재생처리비용이다.

5. 효율에 영향을 미치는 인자

(1) 토양 특성인자

① 투수성, 공극률
② 지반구조
③ 수분함량, 완충능력
④ pH, CEC

(2) 오염물질 특성인자

① 용해도
② 농도
③ 분배계수
④ 복합체의 안정성

SECTION 063 동전기 정화방법(Electrokinetic Remediation (Separation))(전기동력학적 오염토양 복원기술)

1. 개요

① 전기동력학적 오염토양 복원기술이라고도 한다.
② 지층 속에 전극을 설치하고 전류를 가하여 지층의 물리·화학적 및 수리학적 변화를 유도한 후 전도현상을 일으켜 오염물질을 이동, 추출·제거하는 기술이다.
③ 토양 내에 전기를 가하게 되면 동전기의 현상에 의하여 토양 내의 오염수, 오염물질, 오염입자가 이동하게 되는데, 이때 전기삼투·전기이동·전기영동 현상이 발생한다.

2. 동전기현상의 구분

(1) 전기삼투이론

① 전기경사에 의한 공극수(간극수)의 이동으로 정의된다.
② 포화토양 내에 전류가 가해지면 양이온이 음극을 향하여 이동하면서 공극수를 함께 이동시킴으로써 물이 흐르는 현상이다.
③ 낮은 수리전도도(예 점토)를 가진 토양오염물질 처리에 효과적이다.

(2) 전기이동이론

① 전기경사에 의한 전하를 띤 화학물질의 이동으로 정의된다.
② 이온상태 오염물질이나 입자표면에 전하를 띤 오염물질 처리에 효과적이다.
③ 극성을 가지고 전기이동현상을 일으킬 수 있는 입자로는 점토슬러지, 콜로이드, 유기복합물, 작은 물방울, 마이셀 등이 있다.

(3) 전기영동이론

① 전기경사에 의한 전하를 띤 입자의 이동으로 정의된다.
② 주어진 전기장에 의하여 대전된 입자가 자신이 가지고 있는 전하와 반대방향으로 이동하는 현상이다.(토양-액체 혼합물 내 전하를 띤 콜로이드의 이동)
③ 전기영동의 이동성은 매체의 점성계수에 반비례하고 전기경사와 평균전하에 정비례하며 치밀한 매질(고체상태) 내에서는 전기영동에 의한 이동에 한계가 있다.

3. 포화지층 내 오염물질의 이동·제거 메커니즘

① 전기분해
② pH 변화
③ 흡착반응
④ 침전용해
⑤ 오염물질의 이동·포획·제거

4. 적용 오염물질 및 토양

(1) 적용 오염물질

① 중금속, 핵종(방사성 물질)
② 페놀, TCE, 톨루엔
③ 유기·무기 오염물질
④ 독성 음이온, DNAPL
⑤ 유류탄화수소, 폭발성 물질

(2) 적용 토양

① 저투수성 토양(점토질 토양), 실트
② 토양입자 표면의 전하가 음전하를 띠는 점토에 효율적이다.
③ 사토질 지층뿐만 아니라 점성토 지층에도 매우 효과적이다.

5. 장단점

(1) 장점

① 다양한 종류의 오염물질에 적용 가능하다.(특히 금속으로 오염된 지역에 효과적)
② 이질토양에서도 균일하게 오염물질의 제거가 가능하다.
③ 토양의 포화도에 무관하게 적용이 가능하다.
④ 오염물질 이동방향 조절이 가능하다.
⑤ 상대적으로 에너지가 적으므로 경제적이다.
⑥ 굴착 등이 필요하지 않기 때문에 현재의 현장상태를 유지하면서 복원할 수 있다.
⑦ 집수정으로부터 오염된 지중용액의 추출이 용이하다.
⑧ 처리된 토양은 재생이 가능하다.

(2) 단점

① 물의 전기분해반응에 의해 전극에서 생성되는 산소가스(양극)와 수소가스(음극)가 전극을 둘러싸게 됨에 따라 전기전도도의 감소로 전기효율의 저하가 발생한다.
② 염이나 2차 광물의 침전에 의하여 효율이 저하된다.
③ 최적조건의 pH 조절이 곤란하다.
④ 토양산성화가 발생하며 침전물에 의한 제거효율이 감소한다.
⑤ 폭발성 수소가스나 염소가스 등의 발생으로 안전상 문제가 발생할 수 있다.
⑥ 지반 매트릭스 자체에 미치는 영향이 정확하게 규명되어 있지 않다.
⑦ 금속성 물체 및 다량의 불필요한 오염물질 존재 시 문제점이 발생한다.

6. 적용 제약조건

① 토양의 수분함량이 10% 이하이면 효율이 감소한다.(최대효과 수분함량 : 14~18%)
② 비활성 전극(탄소, 흑연, 백금)을 사용하여 토양 중으로 잔류물이 유입되지 못하도록 하여야 한다.(금속전극은 전기분해에 의해 분해되어 부식물질이 토양 중으로 유입됨)
③ pH 변화에 의한 오염물질의 침전은 이동성이 감소되어 제거·추출이 어렵다.
④ 전기장의 급격한 집중은 전극 주위의 열이 발생하여 잠재적인 손실이 된다.
⑤ 지중에 금속성 또는 절연성 물체가 존재 시 토양 전기전도성을 쉽게 변화시켜 효율성을 저하시킨다.
⑥ 산성조건에서 중금속은 제거하기가 용이하나 극단적인 pH 조건 및 산화환원전위의 변화는 효율성을 저하시킨다.
⑦ 산화환원반응은 효율성에 나쁜 영향을 미치는 부산물(염소가스)을 생성할 수 있다.

SECTION 064 유리화 방법(Vitrification)(전기용융방법)

1. 개요

① 오염토양을 전기적으로 용융시켜 용출 특성이 낮은 결정구조로 만드는 기술, 즉 지반이 본래 함유하고 있는 Si를 이용하여 유리고화를 형성한다.
② 지중 유리화 기법(Vitrification, In-Situ)과 지상 유리화 기법(Vitrifi-Cation, Ex-Situ)이 있다.

2. 종류

(1) 지중 유리화 기법(Vitrification, In-Situ)

① 원위치 유리화 기법을 의미하며 전기흐름을 이용하여 토양이나 슬러지를 고온(1,600~2,000℃)에서 용융시켜 무기물질을 고정화하고 열분해에 의해 유기물질을 분해한다.
② 오염토양을 전기적으로 용융시킴으로써 용출 특성이 매우 적은 결정구조를 만드는 기법이다.
③ 무기물을 고정하고 유기오염물질을 분해하는 기법이다.

(2) 지상 유리화 기법(Vitrification, Ex-Situ)

① 오염물질의 농도를 감소시키는 원리가 아니고 무기물질을 사방으로 둘러싸는 기법이다.
② 일반적 처리 원리는 지중 유리화 기법과 비슷하나 다른 점은 굴착토양을 챔버(Chamber)에 투입하여 처리한다는 것이다.
③ 토양 내에 존재하는 오염물질의 유동성을 감소시키는 데 효과적이다.

3. 적용 오염물질

① 유기오염물질(분해)
② 무기오염물질(유동성 감소)
③ 휘발성 유기물질(VOC), 준휘발성 유기물질(SVOC)
④ 다이옥신, PCB
⑤ 방사능 오염물질

4. 장단점

① 다양한 형태의 오염물질에 대해 광범위하게 적용할 수 있다.(가장 큰 장점)
② 거의 대부분 오염물질에 대해 분해와 고정화가 확실하다.
③ 고가의 폐기물 처리장치가 필요하지 않고 용융된 유리화 결정체는 환경 중으로 노출될 가능성이 적다.
④ 결정체는 환경 중에서 파괴 및 분해되지 않는다.
⑤ 특수한 경우를 제외하고는 다른 약제 등의 첨가물을 주입할 필요가 없다.
⑥ 지하수 증발, 지반함몰, 분해가스 발생 등이 문제점이다.

5. 적용 제약조건

(1) 지중 유리화 기법

① 정화된 토양에 유리화된 물질이 포함되어 있기 때문에 분리하지 않으면 다시 토양을 사용하는 데 많은 제약이 따른다.
② 대수면 아래에 분포하고 있는 오염물질을 처리하는 경우에는 재오염 방지기술이 필요하다.
③ 자갈의 함량이 중량비로 20%를 넘는 경우 적용이 곤란하다.
④ 토양에 열을 가하므로 오염물질이 주변의 오염되지 않은 지역으로 이동할 가능성이 있다.
⑤ 토양이나 슬러지에 연소성 물질이 중량비로 5~10%를 초과하는 경우 적용이 곤란하다.

(2) 지상 유리화 기법

① 공정에서 발생하는 배출가스를 처리해야 한다.
② 유리화된 슬래그를 처분해야 한다.
③ 휘발성 중금속과 방사능 오염물질은 휘발되는 성질 때문에 배출가스 처리장치에서 처리해야 한다.

6. 효율에 영향을 미치는 인자

① 오염물질의 농도 및 종류
② 토양의 수분함량
③ 유기물 함량
④ 입자직경

065 자연저감법(Natural Attenuation)

1. 개요

① 자연적인 지중 공정(희석, 생분해, 휘발, 흡착, 지중물질과 화학반응 등)에 의해 오염물질 농도가 허용 가능한 농도 수준으로 저감되도록 유도하는 기법이다.
② 공정선택을 위한 모델링, 처리방식에 대한 평가가 필요하다.
③ 오염물질을 제어할 수 있다면 처리시간이 오래 소요되더라도 비용을 최소화하고자 하는 목적으로는 자연저감법이 대표적 방법이다.

2. 오염물질 감소 메커니즘

① 희석
② 생분해
③ 휘발
④ 흡착
⑤ 지중물질과 화학반응

3. 적용범위 및 오염물질

① 농도가 상대적으로 낮고 오염범위가 넓은 경우
② 오염지역과 거주지역 간의 거리가 멀어 잠재적 위해성이 낮은 경우
③ 비할로겐 휘발성 유기물질
④ 비할로겐 준휘발성 유기물질
⑤ 유류계 탄화수소, PCB

4. 효율이 낮은 적용오염물질

① 할로겐 휘발성 유기물질
② 할로겐 준휘발성 유기물질
③ 살충제

5. 장단점

(1) 장점

① 타 공정에 비해 상대적으로 친환경적이다.
② 자연공정을 이용하므로 처리비용이 적게 소요된다.
③ 에너지 사용 감소 및 공정으로부터 배출물질이 감소된다.
④ 타 매체로의 오염확산이 적고 타 정화공법과 연계가 가능하다.

(2) 단점

① 목표효율을 달성하기 위해서 장기간 소요된다.
② 장기간의 관측이 요구된다.
③ 치환산물의 독성이 위해성을 증가시킬 수 있다.
④ 부지접근방지 및 부지사용금지 등의 조치가 필요하다.

6. 적용 제약조건

① 수은과 같은 무기물질은 비유동성이며 잘 분해되지 않는다.
② 지중에 존재하는 오염원을 제거하여야 한다.
③ 본래 물질보다 중간 분해산물이 유동성과 독성이 강하다.
④ 오염물질이 분해되기 전에 이동시키는 것이 바람직하다.
⑤ 오염현장을 차단하고 오염물질의 농도가 감소될 때까지는 재사용할 수 없다.
⑥ 장기간의 모니터링으로 인하여 타 정화공법보다 비용이 많이 소요된다.
⑦ 강우 시 오염된 침출수가 발생하여 주변으로 확산됨에 따라 더 큰 위험이 발생할 수 있다.
⑧ 오염물질이 분해되기 전에 휘발 등으로 인한 2차 오염을 유발할 수 있다.

7. 효율에 영향을 미치는 인자

(1) 수질·지질학적 인자

① 지하수의 동수구배(수리경사)
② 토양입경의 분포
③ 지표수와 지하수의 관계
④ 대수층의 수리전도도
⑤ 선택적인 흐름경로

(2) 토양 및 지하수 인자

① 오염물질의 농도(형태)
② 온도, 수분
③ 영양분
④ 전자수용체

8. 설계 및 운전 시 고려사항

① 대상부지에 대한 정밀조사를 한다.
② 지중에 존재하는 오염원을 제거한다.
③ 중간분해물질의 유동성 및 독성을 관찰한다.
④ 넓은 대상부지 및 오랜 기간이 소요되는 경우 비용 측면을 고려한다.

SECTION 066 화학적 산화/환원법 (Chemical Reduction/Oxidation)

1. 개요

① 산화/환원반응은 오염물질을 화학적으로는 더 안정하게 하고, 유동성이 없게 하며, 비활성 물질로 변화시키는 반응이다.
② 본 방법의 적용은 처리 주 오염물질에 대한 적절한 산화제의 선택, 원위치 주입장치에 따라 확실하게 처리될 수 있으며, 오염부지의 특성이 정화목표를 달성하는 데 있어서 중요한 사항이다.

2. 화학적 산화제의 종류

① 오존
② 과산화수소수
③ 차아염소산염
④ 염소
⑤ 이산화염소

3. 적용 메커니즘

(1) 가수분해

① 수소-산소결합이 파괴되어 오염물질을 유해도가 낮은 새로운 물질로 형성하며 대표적 Ex-Situ 처리 과정이다.
② 화학적으로 유기오염물질의 독성이 높은 구조를 독성이 낮은 구조로 변화시켜 오염물질을 분해한다.
③ 영향 인자
  ㉠ 오염물질 형태
  ㉡ 토양입자 직경
  ㉢ 용매의 용해력

(2) 탈염소

① 염소화된 분자에서 염소원자를 제거, 오염물질을 분해하는 반응이며, 오염물질의 독성을 낮추고 물에 잘 용해되도록 한다.

② 영향 인자
　㉠ 오염물질의 종류
　㉡ 토양의 기울기(구배)
　㉢ 사용 약품

(3) 화학적 산화

① 음용수와 폐수의 처리를 위해 사용되는 Full-Scale 기술이다.
② 시안으로 인한 오염토양 처리 시 적용되는 가장 일반적인 기술이다.
③ 오염물질을 원위치에 정화할 수 있다.
④ 토양 중의 구성물질과 반응하여 산화제의 소요량이 증가할 수 있다.
⑤ 투수성이 낮은 토양에서는 오염물질과 산화제의 접촉이 쉽지 않다.
⑥ 타 기술에 비하여 유류오염물질을 빠른 시간 내에 분해하여 처리할 수 있다.
⑦ 펜톤산화 시에는 철염을 이용하므로 수산화철의 슬러지가 다량 발생한다.

4. 적용 오염물질

① 주 적용 오염물질은 무기물질이다.(유기오염물질 오염토양에 적용 불가능)
② 비할로겐 물질(휘발성 유기물질, 반휘발성 오염물질, 유류탄화수소)에는 효과가 낮다.

5. 장단점

(1) 장점

① 오염물질은 지중(In-Situ, 원위치)에서 처리 가능하고 오염물질의 분해가 빠르다.
② 반응에서 특별한 부산물이 생성되지 않고(Fenton 반응은 제외) 일부 산화제는 MTBE를 완전하게 산화시킬 수 있다.

③ 자연정화기법(Natural Attenuation)과 병행처리가 가능하며, 잔류탄화수소류에 대한 호기성 및 혐기성 생분해를 도모할 수 있다.
④ 운전 및 모니터링 비용이 절감된다.

(2) 단점

① 초기비용이 타 방법보다 상대적으로 높고 저투수성 토양에서는 산화제와 오염물질 간의 접촉과 분해가 느리다.
② Fenton 반응은 폭발성 가스를 발생시킬 수 있고 적용되는 산화제와 관련하여 안전문제를 고려해야 한다.
③ 용존오염물질의 농도는 기술 적용 후 수일(수개월) 후 다시 증가될 수 있다.
④ 매우 낮은 농도는 기술적·경제적으로 적용이 곤란하고 대수층 공극 내 침전에 의한 막힘현상(Clogging)이 일어날 수 있다.
⑤ 투수성이 낮은 토양에서는 오염물질과 산화제의 접촉이 쉽지 않다.

6. 적용 제약조건

① 오염물질과 사용된 약품(산화제)에 따라 불완전 산화물질 또는 중간오염물질이 형성될 수 있다.
② 오염물질의 농도가 높을 경우 약품량이 많이 소요되므로 경제적으로는 좋지 않다.
③ 오염토양 내에는 기름 및 그리스 성분이 적어야 반응에 영향을 미치지 않는다.
④ 일부 유기화학물질은 산화가 어려우며 기술 운영 시 예상하지 못한 부정적 효과가 발생될 우려가 있다.

7. 효율에 영향을 미치는 인자

① 토양 내에 포함되어 있는 물
② 금속(알칼리)
③ 부식토 함량
④ 총 유기할로겐 화합물

8. 유기탄소-물 분배계수(K_{oc})와 처리효율의 관계

$$K_{oc} = \frac{\text{토양 유기탄소 내 화학물질 농도}}{\text{물층의 화학물질 농도}}$$

$$= \frac{\text{유기탄소에 흡착된 오염물질량}}{\text{용해된 오염물질량}}$$

$$K_{oc} = \frac{K_{sw}(\text{토양}-\text{물 분배계수})}{f_{oc}(\text{토양 내 유기탄소의 함량})} = \frac{K_d(\text{흡착 계수})}{\text{유기물함량비}}$$

① K_{sw}, K_{oc}는 온도, pH, 입자 크기 분포, 용해된 유기물질 등의 영향을 받는다.
② 오염물질의 토양흡착은 주로 토양유기물부분에서 주로 발생하므로 흡착계수는 유기물함량과 밀접하다.
③ K_{oc}가 높다는 의미는 K_d 값이 유기물함량에 비해 상대적으로 크다는 것이므로 오염유기물질의 처리효율이 높다.
④ 옥탄올-물분배계수(K_{ow})와 K_{oc}는 비례한다.

$$K_{oc} = 0.63 \times K_{ow}$$

Reference 생분해 중 지구화학적 인자의 특징

지화학적 인자	생분해과정 중(역할, 상태)	생분해 지표
산소	호기성·혐기성·산소 결핍 상태 결정 ; 소비	배경값보다 낮음
질산염	소비	배경값보다 낮음
황산염	소비	배경값보다 높음
2가철	생성	배경값보다 높음
망간	생성	배경값보다 높음
메탄	생성	배경값보다 높음
염소	생성	배경값보다 높음

SECTION 067 화학적 불용화처리

1. 시안화합물(CN)

(1) 시안착염을 형성하는 경우

① 착염법 또는 감청법이라고도 함

② 첨가물

제1철염(감청분)

③ Fe, N

Cu 등의 시안착화합물의 침전·제거에 용이함

④ 침전물 다량 발생, 일정 농도 이하만 제거 가능, 시안 농도가 낮은 경우에 효과적임

(2) 시안착염을 포함하지 않는 경우

① 알칼리염소법이라고도 함

② 첨가물

㉠ 차아염소산 나트륨($NaOCl$)
㉡ 표백분[$Ca(OCl)_2$]

2. 수은(Hg), 카드뮴(Cd), 납(Pb) 화합물

(1) 첨가물

① 황화나트륨(Na_2S)
② pH를 저하시키지 않도록 조치한 후 황화나트륨을 토양 중의 카드뮴 화합물에 첨가하여 황화카드뮴(CdS)을 생성
③ 카드뮴화합을 불용화하기 위해서는 금속황화물을 형성시키거나 인산염을 주입하여 난용화하여야 함
④ 오염토양에 존재하는 수용성 수은화합물에 황화나트륨을 첨가하여 황화수은(HgS)을 생성
⑤ 수용성 납화합물이 존재하는 오염토양에 황화나트륨을 첨가하여 황화납(PbS)을 생성

3. 6가 크롬 화합물(Cr^{6+})

(1) 첨가제

① 황산철($FeSO_4$) : 속효성 환원제
② 아탄(Lignite) : 지효성 환원제
③ 미분해성 유기물(계분)
④ 6가 크롬화합물은 황산철과 같은 환원제를 첨가하여 3가 크롬(Cr^{3+})을 생성(환원)

4. 비소(As) 화합물

(1) 첨가제

① 염화제1철($FeCl_2$)
② 비소화합물에 염화철을 첨가하여 비산철(비소산)을 생성

용매추출방법 (Solvent Extraction, Chemical Extraction)

1. 개요

① 용매추출방법은 오염물질을 분해하는 반응이 아니라 토양, 슬러지, 퇴적물로부터 오염물질을 분리시켜 부피를 감소시키는 기술이다.
② 물이나 계면활성제를 이용하는 토양세척과는 다르다. 즉, 용매추출방법은 용매로써 유기화학물질을 이용한다.
③ 다른 제어기술(토양세척, 고형화·안정화, 소각)과 병행하여 사용한다.
④ 오염물질이 혼합된 용매는 상분리에 의해 토양으로부터 분리한다.

2. 처리효율(추출공정 효율) 향상방법

① 오염토양과 용매 접촉을 극대화시켜야 한다.

② 추출용매
  ㉠ 트리에틸아민(Triethylamine)
  ㉡ Kerosene
  ㉢ 탄화수소

③ 접촉장치
  회전교반기

3. 적용범위 및 오염물질

① 오염된 토양(오염원 : 페인트 찌꺼기, 인조고무 오염토양, 타르오염토양, 살충제 오염토양, 유리정제 폐기물)의 유기오염물질을 분리하는 데 적용할 수 있다.

② 적합 오염물질(유기오염물질)
   ㉠ PCB, 휘발성 유기물질
   ㉡ 할로겐 용매, 유류

③ 부적합 오염물질
   ㉠ 무기물질
      ⓐ 산, 염기, 염, 중금속
      ⓑ 유기오염물질 추출에는 영향을 미치지 않음
   ㉡ 중금속
      화학물질을 고형화시킴

4. 적용 제약조건

① 유기물질과 결합된 중금속은 유기물질과 함께 추출될 수 있다.
② 추출반응 중에 청정제나 유화제가 존재 시 효율에 나쁘게 작용한다.
③ 추출용매가 토양에 잔류할 경우가 있으므로 용매 자체의 독성을 고려해야 한다.
④ 고분자 유기물질과 친수성 물질의 처리에는 효과적이지 못하다.
⑤ 수분함량이 높으면 처리효율에 나쁜 영향을 미친다.

5. 효율에 영향을 미치는 인자

① 토양 입자의 직경 및 pH
② 수분 및 유기물 함유량
③ 토양분배계수 및 CEC(양이온 교환능력)
④ 금속
⑤ 휘발성 물질
⑥ 점토(Clays) 및 복합오염물질 유무

SECTION 069 고형화 · 안정화 방법 (Solidification · Stabilization)

1. 개요

① 고형화 · 안정화 방법은 물리 · 화학적 방법을 통해 일차적으로 폐기물 유해성분의 유동성을 감소시키는 것을 목적으로 한다.
② 고형화와 안정화 방법은 토양오염 확산 방지기술이다. 즉, 오염물이 용출되어 나올 수 있는 폐기물의 표면적이 감소한다.
③ 고형화는 비고형화 상태의 폐기물을 고형화 상태의 물질로 바꾸어 폐기물의 물리적 상태를 변화시키는 기술이다.
④ 안정화는 폐기물의 용해성, 유동성 또는 독성형태를 최소화하기 위해 폐기물을 변형시키는 기술이다.

2. 고형화 · 안정화 형태 구분

(1) 시멘트 기초 고형화 · 안정화

① 시멘트를 기초로 한 고형화 · 안정화에 일반적으로 포클랜드 시멘트를 사용한다. 즉, 포클랜드 시멘트가 결합재 역할을 한다.
② 금속으로 오염된 토양의 제어에 광범위하게 이용되나 용해성 화합물(망간, 주석, 구리, 납)은 고화시간을 연장시키고 물리적 강도를 감소시킨다.
③ 폐기물과 포클랜드 시멘트는 양생과정을 거쳐 모노리스(Monolith)로 굳어지게 된다.

(2) 포졸라닉 고형화 · 안정화

① 포졸란(Pozzolan)은 시멘트 자체는 아니며, 일반적으로 상온에서 '석회(CaO)'와 물이 결합하였을 때 시멘트 화합물이 된다.
② (폐기물+물+포클랜드 시멘트)의 고형화 덩어리를 의미한다.
③ 물과 규산염의 수화반응 시 겔이 형성되어 수화반응 생성물과 규소섬유 상태의 시멘트 매트릭스를 형성하여 매트릭스 내 유해물질이 화학적으로 고정된다.

④ 두 가지 폐기물(폐기물, 소각재)을 동시에 처리할 수 있다.
⑤ 석회-포졸란 화학반응이 간단하고 기술이 잘 발달되어 있다.
⑥ 포졸란 반응은 석회를 소비하며 포클랜드 시멘트의 수화반응보다 느리다.
⑦ 오일슬러지, 도금슬러지(중금속 함유), 폐산 등을 포졸란과 반응시켜 안정화시킨다.

(3) 열가소성 고형화·안정화

① 열가소성 플라스틱 방법(Thermoplastic Techniques)이라고도 한다.
② 열을 가했을 때 액체 상태로 변화하는 열가소성 플라스틱을 이러한 상태에서 폐기물과 혼합한 후 냉각하여 고형화하는 방법이다.
③ 폐기물과 토양입자 사이의 공극을 열가소성 플라스틱으로 채우는 미세캡슐화 작용이 원리이다.
④ 열가소성 플라스틱(열가소성 물질)으로는 아스팔트, 역청(Bitumen), 폴리에틸렌 등이 있다.

(4) 조대캡슐화

① 폐기물을 포장물질 또는 용기로 둘러싸 밀폐하는 방법이다.
② 다이옥신, PCB, 소각재 등의 처리에 이용된다.

3. 지상 고형화·안정화 방법의 장단점

① 부피 감소가 가능하여 폐기물 취급이 용이하다.
② 오염물이 용출되어 나올 수 있는 폐기물의 표면적이 감소한다.
③ 안정화는 폐기물의 용해성, 유동성 또는 독성 형태를 최소화하는 것이다.
④ 폐기물 내 오염물질이 독성 형태에서 비독성 형태로 변형된다.
⑤ 부수적인 희석을 제외하고 금속의 총 함량 감소는 없다.
⑥ 평균입자크기를 증가시켜 입자의 확산을 감소시킨다.
⑦ 폐석이나 암석들은 공정 전에 제거되어야 한다.
⑧ 결합제의 수화반응으로 휘발성 물질의 제어가 곤란하다.

4. 접합제(Binding Agent)

(1) 무기접합제

① 화학적 · 물리적 반응이 수반된다.
② 비용이 저렴하고 다양한 폐기물에 적용 가능하며 장기적인 안정성이 있다.
③ 상온 · 상압에서 처리가 용이하며 수용성이 작고, 수밀성도 양호하다.
④ 고화재료의 확보가 용이하고 독성이 적다.
⑤ 종류
시멘트, 석회, 포졸란, 소각재, 점토, 규산, 지올라이트

(2) 유기접합제

① 물리적 반응이 수반되며 핵폐기물이나 독성이 강한 산업폐기물 등의 처리에 국한되어 사용한다.
② 용해도가 높은 폐기물이나 유기성 오염물질을 화학적으로 접합시켜 안정화시키는 능력이 크다.
③ 처리비용이 고가이며 최종 고화재의 체적 증가가 다양하다.
④ 수밀성이 매우 크고 미생물, 자외선에 대한 안정성이 낮다.
⑤ 고도기술이 필요하며 촉매 등 유해물질이 사용된다.
⑥ 종류
아스팔트, 역청, PE, 요소수지

5. 용출능(력) 평가시험

오염토양을 고형화 · 안정화 방법으로 처리한 이후 위해성을 평가하기 위한 용출능력 평가실험 방법은 다음과 같다.

(1) TCLP(Toxicity Characteristic Leaching Procedure) 시험법

① 시료를 최대입경 9.5mm로 분쇄한 후 회분 형태로 실험이 이루어진다.

② 실험 전에 액체 물질을 고상에서 분리시킨 후 액상 : 고상비가 20 : 1인 제로헤드 스페이스 추출기에 담긴 폐기물에 용출액을 가하여 이 시료를 회전진탕기에서 18시간 동안 30rpm으로 진탕 후 여과하여 얻은 액으로 오염물질을 측정한다.
③ TCLP 시험법은 일반적으로 폐기물을 분류하는 데 이용된다.

(2) EP TOX(Extration Procedure Toxicity) 시험법

주기적으로 용출액의 pH를 특정 최대산첨가량까지 맞춘다는 점을 제외하고는 TCLP법과 유사한 시험법이다.

TCLP시험법과 EP TOX 시험법의 비교

구분	TCLP	EP TOX
여과지 크기(직경)	0.6 ~ 0.8μm	0.45μm
여과압력	50psi	75psi
용출액	아세트산 완충용액(pH 3 또는 5)	아세트산(pH 5)
추출시간	18hr	24hr
폐기물 : 용매(고액비)	1 : 20	1 : 16

(3) MWEP(Monofill Waste Extraction Procedure) 시험법

① 고형 폐기물 용출법이라고도 하며 증류수 또는 이온수를 이용하여 모노리스(Monolith) 또는 분쇄폐기물로부터의 침출수를 복합적으로 추출하는 시험법이다.
② 용출조건은 고상 : 액상 비율 1 : 10이며 비산성 용출액으로 매회 18시간 용출한다.

(4) MEP(Multiple Extraction Procedure) 시험법

① 인조 산성강우액을 이용하여 물체로부터 연속적으로 오염물을 추출하여 pH 변화에 영향을 나타낼 수 있는 시험법이다.
② 일반적 아세트산용액은 처음 추출 때 사용하고 다음으로 H_2SO_4/HNO_3(60%/40% ; 무게비)을 pH 3.0($\pm$0.2)으로 희석해서 실험하며 각 실험당 총 9번의 용출시험을 실행한다.

(5) MCC-IP(Material Characterization Center Staic Leach) 시험법

① 고준위 방사성 폐기물 모노리스(Monolith)에 대한 용출시험법이다.
② 모노리스(Monolith)를 이용하는 이유는 시료를 분쇄하여 이용할 경우 함유되어 있는 방사성 물질이 TLV(노출위험수준)보다 더 높게 나타나기 때문이다.

(6) CLT(Column Leaching Tests) 시험법

① 입자상 물질을 이용하여 시험하고 실험물질은 원통형 컬럼에 충전되며 용출액은 주로 컬럼 바닥으로부터 주입한다.
② 바닥으로 주입하는 이유는 상부로 주입 시 편류가 발생하기 때문이다.

6. 적용범위 및 오염물질

① Ex-Situ 고형화·안정화의 주된 처리대상 오염물질은 방사성 물질을 포함하는 무기물질이다.
② 준휘발성 유기물질 및 살충제에 대해서는 비효과적이다.

7. 적용 제약조건

① 휘발성 유기물질은 고정화되기 어렵다.
② 여러 가지의 오염물질이 혼합되면 처리시간이 길어진다.
③ 점토토양인 경우 처리효과가 높지 않다.
④ 처리 후 유기물의 부피를 2배까지 증가시킬 수 있다.
⑤ 장기간의 효용성 문제도 있다.
⑥ 지중(In-Situ)공정에는 오염물질이 분포하고 있는 깊이에 따라 특정 장치를 설치해야 한다.
⑦ 지상공정보다 지중공정에서 시약의 주입과 효과적인 혼합이 어렵다.
⑧ 지중공정은 모든 지중처리와 마찬가지로 처리효율 확인이 어렵다.

8. 효율에 영향을 미치는 인자

① 토양의 입자직경, 수분함량
② 황 함유량, 중금속 농도, 압축강도
③ 유기물질 특성(농도, 밀도, 투수성, 물리·화학적 특성)

9. 장점

① 부피감소가 가능하여 폐기물의 취급이 용이해진다.
② 폐기물의 용해성이 감소한다.
③ 오염물이 용출되어 나올 수 있는 폐기물의 표면적이 감소한다.
④ 폐기물 내 오염물질이 독성에서 비독성으로 변형된다.

SECTION 070 수직차단벽(Vertical Cut Off Walls)

1. 개요

① 수직방어벽 및 수직방벽이라고도 하며 지하수와 오염물질들의 수평이동을 제어하기 위해서 지중에 설치한다.
② 차단벽(Containment Barrier)은 슬러리 월(Slurry Wall), 그라우팅(Grout Curtain), 투과성 반응벽(Permeable Reactive Wall), 복도층 설계(De-Signed Cover)에서 가장 중요한 요소 중 하나이다.
③ 주변지하 매질과 수직차단벽의 수리전도도 차이가 클수록 차단효과가 높다.

2. 차단벽 시스템에서 차단층(Barrier Layer)의 기능

① 오염물질의 차단(침출수 등과 같은 수분침투를 최소화함)
② 오염물질을 외부환경으로 재용출될 가능성이 적은 물리적 형태로 전환함
③ 수리학적 흐름을 최소화하기 위해 차단층을 형성함
④ 오염물질의 자체처리를 도모할 수 있도록 용해된 오염물질 또는 반응물의 이동에 수직으로 차단층을 형성함

3. 적용범위 및 오염물질

① 금속류(일부 방사능 물질)
② NAPL
③ 유기물과 무기물이 혼합되어 있는 물질

4. 적용 제약조건

① 벽체에 미생물의 성장과 침적에 의해 추출정이 막힐 수 있다.
② 용해도가 낮고 농도가 높은 오염원은 독성이 강해 생물학적 분해가 불가능하다.
③ 비교적 저투수성 대수층에서는 적용이 어려워(고투수성 토양에 적용 시 유리함) 지속적인 유지와 관리가 필요하다.

5. 효율에 영향을 미치는 인자

① 토양 투수계수 및 토양구조
② 미생물
③ 전자수용체
④ 영양물질
⑤ 오염원의 농도 및 특성

6. 종류

(1) 슬러리 월(Slurry Walls)

① 낮은 수리전도도를 가진 슬러리(흙 또는 기타 첨가제)를 이용하여 지중 트렌치(Trench)에 채워 오염된 지하수를 상수원 또는 비오염 지하수와 단절시키는 방법이다.
② 오염된 지하수를 제거하거나, 취수정에서 오염된 지하수를 정화하고 깨끗한 지하수의 흐름을 변경시켜 혼합되는 것을 방지한다.
③ 일반적으로 토양 및 지하수 확산 방지 시스템에 사용된다.
④ 슬러리 월의 역할
  ㉠ 지하수의 흐름을 다른 곳으로 우회시켜 오염되지 않은 지하수를 오염된 지역으로부터 격리시킨다.
  ㉡ 지하로의 침출수 흐름을 제어한다.
  ㉢ 오염원으로부터 집수정까지의 흐름경로를 길게 하여 오염물질의 분해 또는 지체효과를 증진시킨다.
⑤ 투수계수가 높은 지역에 유용하게 적용한다.
⑥ 수평적 배열
  ㉠ 상방향
    ⓐ 지하수 흐름방향에 대하여 오염원 전단에 설치하여 유입지하수를 우회시켜 침출수에 의한 영향을 최소화함
    ⓑ 침출수 발생을 매우 느리게 하며 완전히 중단시키는 것은 아님

ⓛ 하방향

지하수 흐름방향에 대하여 오염원 후단에 설치하여 오염물질의 이동을 감소시키면서 분해를 촉진함

ⓒ 전방향

오염원을 지하수에서 완전 차단할 수 있도록 둘러싸는 일반적인 슬러리 월 형태임

⑦ 수직적 설치방법

㉠ 키드인 슬러리 월(Keyed-In Slurry Wall)

ⓐ 지하 불투수층까지 설치하는 방법으로 완전관통식 수직차단벽이라 함
ⓑ 점토층이나 기반암 등의 저투수층까지 차수벽을 완전삽입(Keyed-In)하는 방식, 즉 암반 또는 저수층에 묻혀 있는 형태임
ⓒ 적용 오염물질
- DNAPL(PCB, TCE 등)
- 액상물질

ⓓ 적용 사유

물보다 비중이 큰 DNAPL은 지하수면을 통과하여 하수로 이동하는 동안 대수층 전체를 오염시키고 포화영역 내 바닥층까지 도달하게 되고, 액상오염물질도 대수층 전체를 오염시키므로 차단벽을 지하 불투수층까지 설치하여 오염물질의 이동을 차단할 수 있음

ⓔ 장점

액상 물질을 완전히 격리시키는 효과가 있음

㉡ 행잉 슬러리 월(Hanging-In Slurry Wall)

ⓐ 지하수면 직하부까지 설치하는 방법으로 부분관통식 수직차단벽이라 함
ⓑ 저투수성의 토양층이나 기반암의 심도가 깊을 경우 또는 슬러리 월 외부의 지하수위가 내부에 비하여 상대적으로 높아 오염물질의 흐름이 외부로 발생하지 않을 때 사용되는 슬러리 월 형태
ⓒ 불투수층 깊이까지 설치하지 않고 투수층 내에 일정한 깊이까지 차폐시설을 현수식(Hanging)으로 설치하는 방식, 즉 암반에 묻혀 있지 않은 형태임

ⓓ 적용 오염물질
- LNAPL(알코올, BTEX 등)
- 이동성 가스

ⓔ 적용사유

물보다 비중이 작은 LNAPL은 지하수면을 따라 이동하며, 이동성 가스 또한 지하수면 상부에서 이동하므로 차단벽을 지하수면 직하부까지만 설치하여 오염물질의 이동을 차단할 수 있음

ⓕ 장점

불투수층이 상당히 깊은 곳에 위치하여 불투수층까지 설치하는 것이 용이하지 않는 지역에서 기름이나 이동성 가스의 제어에 효과가 있음

| 키드인 슬러리 월의 수평적 도식(배열)에 따른 장단점 |

형태		장단점
전체봉합 (완전 차단)		• 오염물로부터 지하수 흐름을 완전하게 우회시킬 수 있음(완전 격리) • 오염물질 누출의 최소화(오염저장시설로부터 주변지역으로 오염물질 용출 최소화) • 적용 가능한 폐기물의 범위가 넓음 • 비용이 많이 소요될 가능성이 있음(폐기물 구역이 넓은 경우)
부분봉쇄 (부분 차단)	상방향	• 폐기물이 위치한 곳보다 높은 수위에 설치되며, 폐기물을 부분적으로 격리함 • 오염물 주위로 지하수 흐름을 부분적으로 우회시킬 수 있음(동수경사가 대체로 높은 지역) • 지하수 흐름방향에 대한 정확한 예측(조사)이 요구됨 • 전체봉합방법보다 비용이 적게 소요됨 • 침출액 발생은 최소화할 수 있으나 오염부지로부터의 직접적 침출액 발생의 조절은 비효과적임
	하방향	• 침출수를 가두고 외부로 인출함으로써 복구할 수 있음 • 침출수 흐름경로를 길게 하여 특정 장소로의 이동이 가능함 • 전체봉합방법(완전차단)보다 설치비가 저렴함 • 침출수 이동을 최소화시킬 수 있으나 침출수 발생 방지(침출수 방지량 제어)에는 비효과적임 • 지하수 흐름방향에 대한 정확한 예측(조사)이 요구됨

⑧ 슬러리 월의 장단점

　㉠ 장점

　　ⓐ 시공방법이 간단함
　　ⓑ 지하수위 하강에 따른 주변지역의 영향이 적음
　　ⓒ 시간경과에 따른 광물(벤토나이트) 특성이 저하되지 않음
　　ⓓ 침출수에 대한 저항이 강한 광물(벤토나이트)의 사용이 가능함
　　ⓔ 유지관리 비용이 적게 소요됨

　㉡ 단점

　　ⓐ 유해성이 큰 침출수에 노출될 경우 광물(벤토나이트)의 특성이 저하됨
　　ⓑ 암석층의 경우 자갈로 인하여 과도굴착이 필요함
　　ⓒ 광물(벤토나이트)의 운반비용이 소요됨

⑨ 슬러리 월의 종류

　㉠ 벤토나이트 슬러리 트렌치 차단벽(토양)
　㉡ 벤토나이트 슬러리 트렌치 차단벽(시멘트)
　㉢ 소성 콘크리트
　㉣ 칸막이벽

(2) 그라우트 커튼(Grout Curtains, Grouting)

① 지중의 공극을 채울 수 있는 물질들을 저수층까지 양수(삽입)시켜 유체의 흐름속도를 감소시키는 차단벽이다.
② 액상 물질을 지반이나 암반 내에 주입·고화시키는 방법으로 지반의 강도를 증진시키고 지하수 흐름을 감소시킨다.
③ 오염지역의 암반간극이나 절리로 오염물질이 흐르는 것을 차단하는 데 유용하게 사용할 수 있다.
④ 일반적으로 슬러리 월보다 비용이 고가이고 벽체의 투수성이 크다.
⑤ 그라우트 혼합물은 토양이나 암반층을 통과하는 파이프를 통하여 압력으로 주입되며 주입지점은 인접주입지점 사이에 틈이 생기지 않도록 선정해야 한다.
⑥ 그라우트 유동액이 통과할 수 있는 입상토에 주로 효과적이며 지반 종류에 따른 다양한 그라우트재를 선정할 수 있다.

⑦ 벽체 내의 모든 공극이 효과적으로 주입되었는지 확인하는 방법이 어렵다.
⑧ 다층토의 경우에는 균질한 그라우트 주입현상이 형성되기 곤란하다.

(3) 진동빔 차단벽(Vibrating Beam Cut Off Walls)

① 이 공법은 기술적으로 슬러지 트렌치 공법이 아니다. 그 이유는 트렌치의 안정성을 유지하기 위해 사용되는 슬러지를 채우기 위한 트렌치를 굴착하지 않기 때문이다.
② 진동빔 차단벽의 공법은 그라우트 접합 노즐이 부착된 빔이 진동파일 드라이버와 연결되어 지중을 진동시켜 구멍을 만든 후에 빔을 제거하고 그라우트 노즐을 통해 그라우트가 주입됨으로써 연속적인 차단벽이 건설된다.
③ 장점

굴착 후 굴착된 물질을 별도 처리할 필요가 없다.

④ 단점

차단벽 유지에 대한 완전한 보장을 할 수 없다.(차단벽이 지중 깊은 곳이나 기타 여러 조건하에서 건설 시 차단벽의 지속성에 대한 확실성을 기대하기 어려움)

(4) 스틸시트 파일링(Steel Sheet Piling)

① 강재로 제작된 강널말뚝을 진동해머로 지반에 타입하고 연속벽체를 형성하여 지중의 물 흐름을 감소시키는 차단공법이다.
② 지중의 물 흐름을 감소시키기 위하여 널리 사용되었으나 스틸시트 파일링의 연결부분을 통해 누출이 발생할 수 있어 거의 적용되지 않는다.(오염확산방지를 위하여 Steel Sheet Piling을 단독으로 사용할 경우 Steel Sheet Piling의 연결부분을 통해 누출이 일어날 수 있는 문제점이 있으며 이 누출은 차단시설의 허용기준치보다 일반적으로 더 높음)
③ 지반굴착이 필요하지 않고 강재의 화학적 침해 가능성이 있다.
④ 내구연한을 연장하고 부식 방지를 위하여 코팅이 가능하다.
⑤ 팽창지수재 사용 시 불투수 가능성이 있다.

(5) 심층 토양혼합 수직차단벽(Deep Soil Mixed Cut Off Walls)

① 일렬로 배열된 Auger Shagts Series를 이용하여 토양-벤토나이트가 혼합된 차단벽이 연속적으로 벽을 만드는 공법이다.

② 장점

안전하고, 보건 위험이 감소함(현장에서 혼합되기 때문)

③ 단점

설계·시공자들의 기술적 적용의 미숙성으로 인한 부실건설이 우려됨

SECTION 071 투수성 반응벽체(PRB)

1. 개요

① 투수성 반응벽은 오염된 지하수를 복원하기 위해 반응기질로 채워진 다공정의 지중벽체로, 용존성의 오염물질은 주변 지하수 흐름에 의해 PRB(Permeable Reactive Barrier, Permeable Cut Off Walls)로 이동되며 반응물질이 충진된 벽체를 통과하면서 처리된다. 즉, 지중의 반응존(Readive Zone)으로 오염물을 이동시키는 자연적인 지하수 흐름에 의존한다.
② 반응물질과 오염물질의 화학반응을 유도하여 오염물질을 제거하는 기술이다.
③ 원위치(In-Situ) 오염 방지 구조물이며 오염된 지하수의 흐름은 유지하면서 오염물질만 이동을 방지·제거한다(차단벽, 즉 Barrier Wall System의 방지기술과는 다름). 즉, 오염지역 밖으로 지하수의 이동을 막는 것이 아니라 오염물질만의 이동을 막는다.

2. 반응물질(Reactive Material)

오염물질과 반응하여 오염물질을 무해화하거나 흡착하는 역할을 한다.

① 영가철(Fe^0)
② 제올라이트
③ 활성탄
④ 미생물 복합체

3. 반응벽체의 두께에 영향을 미치는 요인

① 지하수 이동속도
② 벽체 내에서의 체류시간

4. 종류

(1) 부분 반응벽 시스템(Funnel and Gate System)

① 안내벽체(Guide Barrier)가 오염물질의 흐름을 반응벽체 방향으로 유도하는 방법이며, 가장 적합한 투수성 벽체 재료는 굴껍데기이다.

② 부분 반응벽 시스템의 벽체 재료
  ㉠ 자갈(공기분사의 경우)
  ㉡ 굴껍데기(미생물 분해의 경우)
  ㉢ 활성탄, 영가철(화학반응의 경우)

(2) 연속 반응벽 시스템

오염물질의 흐름방향에 대하여 교차되도록 반응벽체를 설치하는 방법이다.

5. 적용범위 및 오염물질

① 산성 광산폐수에 포함된 방사성 동위원소(산성 광산폐수에서 방사성 동위원소까지 오염지하수에 포괄적 적용)

② 염화에틸렌화합물
  ㉠ TCE(트리클로로에틸렌)
  ㉡ PCE(페트라클로로에틸렌)
  ㉢ DCE(디클로로에탄)
  ㉣ VC(염화비닐)

③ 중금속
④ 휘발성·준휘발성 유기물질

6. 장단점

(1) 장점

① 오염물을 처리지대로 이동시키는 자연유하에 의존하여 운영·유지비가 대부분의 저감기법들보다 경제적이다.
② 혼합반응물질을 사용하면 여러 가지 오염물질을 처리할 수 있다.
③ 설치비가 저렴하고 시공도 간단하며 타 정화기술과 병용하여 사용이 가능하다.
④ 영가철(Fe^0)은 가장 대표적인 PRB의 반응매체로 철을 포화하는 PRB의 장점은 지하수 내 염화에틸렌(Chlorinated Ethylene) 화합물의 농도를 대폭 낮출 수 있다.
⑤ 금속철은 경제적이고 수년간 반응성이 지속되어 할로겐화합물을 환원시키는 데 이상적인 반응기질이다.

(2) 단점

① 자연유하에 의존하기 때문에 깊은 수층과 오염원(오염운)을 가진 부지에는 부적합하다.
② 오염물질이 복합적으로 존재하는 침출수의 경우는 하나의 반응물질만으로 처리하기에는 효율이 높지 않다.
③ 지하수 흐름, 기질 반응성, 벽체의 수리전도도가 불확실하기 쉽다.
④ 미생물의 과대증식으로 인한 막힘 현상이 있다.
⑤ 시간이 경과함에 따라 정기적으로 반응물질의 교체 및 활성화가 필요하다.
⑥ 중간생성물 및 부산물로 독성을 나타낼 수 있다.
⑦ 반응벽체 내에서 오염물질의 체류시간이 너무 적을 경우 불완전환원이 일어난다.

7. 적용 제약조건

① 기질은 경제적이고 지하수오염이 지속되는 동안 계속적으로 반응성이 유지되어야 한다.
② 반응 및 기질 자체 생성물이 독성을 포함한 방류수를 생성하면 안 된다.
③ 반응벽체에서 오염물질의 체류시간이 속도제한적으로 반응을 하기에 적절해야 한다.
④ 과도한 깊이와 빠른 지하수유속은 효율적이지 못하다.

8. 반응기작(메커니즘)

(1) 침전
① 고정화 기작이며 지하수로부터 중금속을 제거하는 데 유용하다.
② 반응벽체(용해염류를 포함하는 기질로 구성)로부터 생성되는 염은 지하수에 용해되어 수용액 상태의 중금속과 결합, 환원되어 PRB 내에서 지하수로부터 침전된다.

(2) 휘발 및 생분해
① 휘발은 제거기작이며 미생물에 의한 생분해는 BTEX 및 부식성 폐기물을 제거하는 데 사용되는 변화기작이다.
② 반응벽체는 공기의 이동이 원활한 매체나 산소발생화합물을 가진 투수성 매체들로 구성된다.
③ 복원 후에 기질의 굴착 및 처리가 필요 없는 것이 휘발과 생분해에 의한 PRB의 장점이다.

(3) 흡착
① 지하수 내 유기화합물 및 금속의 이동성을 늦출 때 사용되는 물리·화학적 제거기작이다.
② 기질(활성탄, 밀짚, 제지슬러지, Coal 등)로 채워진 PRB에 유입되는 유기화합물 및 금속이 반응기질에 흡착되면서 감소된다.

(4) 산화·환원
① 지하수 내 무기오염물 및 할로겐화 유기화합물의 제거에 사용되는 기작이다.
② 영가철(Fe^0)의 염화유기화합물(TCE, PCE 등) 제거 반응기작(탈염소화 반응)

$$Fe^0 \rightarrow Fe^{2+} + 2e^- \text{[호기성 조건에서 } Fe^{2+}\text{로 산화되어 전자방출]}$$

$$R-Cl + 2e^- + H^+ \rightarrow R-H + Cl^- \text{[전자수용체로서 전자를 받은 염소계 화합물의 탈염소화 과정]}$$

$$Fe^0 + RCl + H^+ \rightarrow Fe^{2+} + RH + Cl^-$$

③ 영가철은 2가철로 산화되면서 염소계화합물의 탈염소반응을 일으킨다.

Direction Wells

1. 개요

① 수직 굴착으로 오염물질에 대한 접근이 어려운 지반구조이거나 오염물질이 수평으로 퍼져 있는 경우에 적용하는 기술이다.
② 주입정과 추출정을 수평 또는 일정 각도를 가지도록 배치하여 처리하는 기술이며, 타 지중기법보다 향상된 기술이다.
③ 생분해, 토양증기추출방법(SVE), 토양세정방법(Soil Flushing), 공기분산방법(Air Sparging)은 Direction Wells의 원리를 이용한 것이다.

2. 적용범위 및 오염물질

① 불특정한 여러 종류의 오염물질을 완벽하게 처리하는 데 적용한다.
② 수직배관의 설치를 방해하는 물체의 존재시 적용하는 것이 유용하다.

3. 적용 제약조건

① 장치 설치 시 배관이 파손될 수 있다.
② 특별한 장치가 필요하다.
③ 정확한 배관 위치를 설정하기 어렵고 수평배관 설치 시 비용이 많이 소요된다.
④ 15m 이상의 배관을 사용하기에는 부적절하다.

SECTION 073 Dual Phase Extraction

1. 개요

① 투수계수가 낮거나, 불균일한 지반 내의 액상 및 가스상 오염물질을 동시에 제거하기 위하여 진공을 이용하며, 추출된 증기와 지하수를 분리하여 처리하는 Full-Scale 기술이다.
② 진공상태를 유지함으로써 토양증기가 추출되고 지하수에서 추출된 증기가 배출되며 고압진공장치는 투수성이 낮거나 불균일한 토양으로부터 액체나 가스를 동시에 제거할 수 있으며 진공추출배관의 입구가 막히지 않도록 배관의 입구에 거름장치를 설치한다.

2. 적용범위 및 오염물질

① 오염토양 및 지하수를 정화하는 데 적용한다.
② 휘발성 유기물질과 유류오염물에 적용한다.
③ 불균일한 Clay와 미세한 입자가 많이 포함되어 있는 토양은 토양증기추출법을 적용하는 것보다 Dual Phase Extraction 방법으로 적용 시 효과가 더 좋다.

3. 적용 제약조건

① 토양의 수리지질학적 요소와 오염물질의 특징 및 분포에 따라 처리효율의 차이가 있으며, 수처리설비와 증기처리설비를 필요로 한다.
② 대수층으로부터 지하수를 재생하기 위해서는 Pump-And-Treat 방법과 상호 보완이 필요하다.

4. 효율에 영향을 미치는 인자

① 오염물질의 특성과 분포
② 오염토양의 수리·지질학적인 요소
③ 토양 성분

SECTION 074 수압 및 공기 파쇄추출법 (Hydraulic and Pneumatic Fracturing)

1. 개요

① 지반파쇄 기술이라고도 한다.
② Fracturing 기술은 지반 내에 물 또는 공기를 고압으로 분사하여 기존의 간극을 확장시키거나 새로운 파쇄간극을 생성시켜줌으로써 토양의 투과성을 향상시켜 오염물질의 추출 및 처리를 용이하게 하는 토양오염 복원기술이다.
③ 수리전도도(통기성)가 불량하고 과잉압밀된 오염지반에 물 또는 압축공기를 주입하여 여타 지중정화기술(SVE, 양수처리법, 생분해법 등) 적용 시 오염물 처리 및 추출효율을 증대시키기 위한 보조적 기술이다. 즉, 직접 특정 오염물질을 처리하는 것이 아니고 점성토와 같은 세립토 및 지반의 균열을 증가시켜 통기성을 높이고 오염정화효율을 향상시킨다.

2. 종류

① 수압파쇄기술(Hydraulic Fracturing)
  고압수 또는 슬러리를 주입
② 압축공기파쇄기술(Pneumatic Fracturing)

3. 적용 오염물질

① Hydraulic and Pneumatic Fracturing은 특정 오염물질에 적용하는 것이 아니라 In-Situ 처리기술 적용 시 균열을 증가시켜 통기성을 증가시키기 위해 적용한다.
② Fractuing 기술은 In-Situ 공정의 효율을 증가시키기 위해 적용되며, Silts, Clays, Shale, Bedrock에 균열을 증가시켜 통기성을 증가시키기 위해 지표 아래로 압축 공기 및 고압수, 슬러지 등을 주입한다.
③ 오염된 불투수 대수층에 일정구간마다 미세 구멍을 뚫어, 이 구멍으로 일정압력을 가진 공기를 분사시켜 균열을 확장시키거나 새로운 균열을 형성한다.

4. 적용 제약조건

① 지진의 전조현상이 있는 지역에서는 적용할 수 없다.
② 비점토질 토양에 적용 시에는 균열부분이 막히게 된다.
③ 균열된 부분이 오염물질의 이동통로 역할을 하여 확산을 유발할 수 있다.
④ 기술을 효과적으로 적용하기 위해서는 오염물질이 분포되어 있는 깊이, 넓이, 농도, 토양의 형태와 특성 등에 대한 조사가 사전에 이루어져야 한다.

5. 효율에 영향을 미치는 인자

① 오염물질의 분포 깊이, 넓이
② 오염물질 농도
③ 토양의 형태와 특성인자
  ㉠ 구조 및 구성(토양 입경, 점성 등)
  ㉡ 유기물함량
  ㉢ 투수성 및 수분 보유력, 수분함량
  ㉣ 토양 점착력 및 인장 강도
④ 압축공기 주입유량(균열 확대속도)
  약 2m/sec 전후

> **Reference 기타 공법**
>
> **1 탈할로겐화법(Dehalogenation)**
>
> (1) Dehalogenation BCD 공정
>   ① 유기염소화합물로 오염된 토양을 굴착하여 체로 거르거나 부순 다음 $NaHCO_3$, NaOH와 같은 촉매제와 혼합 로터리 반응기 내에서 330℃ 이상으로 가열하여 탈할로겐화하거나 부분적으로 휘발시킨다.
>   ② 탈할로겐화는 탄소-수소 고리를 분해하여 할로겐 방향족 오염물질을 처리하는 산화·환원 반응을 이용한다.
>   ㉠ BCD(Base-Catalyzed Decomposition) 공정은 Biphenyl, 물에 녹지 않고 독성이 낮으며 끓는점이 낮은 Olefins, NaCl를 생성한다.

ⓒ 염소계 화합물질(BCD, PCD), 다이옥신(PCDD), 퓨란(PCDF) 물질로 오염된 토양에 적용한다.
ⓒ Slit, Clay 함량이 많은 토양은 처리비용이 고가이다.

(2) Dehalogenation Glycolate 공정
① 탈할로겐화(Glycolate)는 할로겐 방향족물질을 탈염소화시키기 위해 APEG(Alkaline Polythylene Glycol)을 혼합, 처리용기 내에서 가열하여 탈할로겐화로 독성을 제거하는 Full-Scale 기술이다.
② Glycolate를 이용한 탈할로겐화 공정의 경우 잔류하는 APEG에 포함되어 있는 염소나 수산기는 오염물질을 수용성의 저독성 물질로 변화시킨다.
③ APEG의 가장 일반적인 시약은 KPEG(Potassium Polyethylene Glycol)이다.
④ 할로겐 준휘발성 유기물질(SVOC)과 PCB 살충제로 오염된 토양에 적용한다.
⑤ 부지가 넓은 오염토양에 대해서는 비경제적이며 토양의 수분함량이 20% 이상인 경우 및 염소계 유기물질의 농도가 5% 이상 경우 많은 시약이 필요하다.

2 자외선 광분해법
(1) 자외선에 의해 화학결합을 분해하는 방법이다.
(2) 다이옥신, PCB 오염물질에 적용한다.

3 Hot Gas Decontamination
(1) 오염물질의 온도를 상승시켜 발생하는 휘발성 오염물질을 후연소장치에서 연소시키는 처리기술이다.
(2) 이 방법은 구조물을 봉입하고 격리시키며, 정해진 시간 동안 고온의 가스로 260℃까지 열을 가하고, 폭발성 오염물질을 휘발시켜 후연소버너에서 분해시킨다.
(3) 폭발성 오염물질 및 오염된 장비를 정화하는 데 적용한다.
(4) 정화속도는 개방식 소각보다 늦으며 비용은 개방식 소각보다 고가이다.

4 Open Burn/Open Detonation(OB/OD)
(1) OB(개방식 소각)와 OD(개방식 폭발)는 폭발성 오염물질을 분해하여 폐화약 및 폭약류에 적용한다.
(2) OB 공정에서 폭발성 물질이나 화학류는 불꽃이나 열에 의해서 점화되고 오염물질이 연소된다.
(3) OD 공정에서 폭발성 물질이나 화학류는 폭발에 의해서 분해된다.
(4) OB 기술은 안정성이 보장되지 않는다면 OB 지역에서 발생할 수 있는 사고를 방지할 수 있는 보호시설이 설치되어야 한다.

SECTION 075 지하수오염 처리 기술

1. 지하수 복원기술의 광의적 분류

(1) 차단

오염지하수에 노출되어 있는 어떤 지역으로 이동하는 것을 방지하기 위하여 차단 및 저류하는 방법이다.

(2) 추출

오염지하수를 현장 외(Ex-Situ) 처리 또는 수리적 조절을 통하여 지반으로부터 배출하는 방법이다.

(3) 처리

오염 지하수를 현장 내(In-Situ) 처리 또는 현장 외에서 다양한 물리적·화학적 및 생물학적 기법을 이용하여 처리하는 방법이다.

2. 지하수 복원기술의 종류

(1) 현장 처리기술(In-Situ)

① 생물학적 처리기술

㉠ CO-Metabolic Process
㉡ Nitrate Enhancement
㉢ Air Sparing을 이용한 Enhancement
㉣ Hydrogen Peroxide을 이용한 Oxygen Enhancement

② 물리 · 화학적 처리기술

　㉠ Air Sparing

　㉡ Directional Well

　㉢ Dual Phase Extraction

　㉣ Free Product Recovery

　㉤ Hot Water/Steam Flushing/Stripping

　㉥ Hydro Fracturing

　㉦ Passive Treatment Wall

　㉧ Slurry Wall

　㉨ Vacuum Vapor Extraction

(2) 양수 후 처리기술(Ex – Situ)

① 생물학적 처리기술

Bioreactor

② 물리 · 화학적 처리기술

　㉠ Air Stripping

　㉡ Filtration

　㉢ Ion Exchange

　㉣ Liquid Phase Carbon Adsorption

　㉤ Precipitation

　㉥ UV Oxidation

3. 각 처리기술 요약

(1) CO-Metabolic Process

지하수 내로 메탄과 산소가 용해된 물을 주입하여 난분해성 오염물질(TCE 등)을 처리하는 기술로 메탄산화균이 난분해성 유기용매의 분해에 필요한 효소를 생산한다.

(2) Nitrate Enchancement

대체수용체인 Nitrate를 물과 함께 오염된 대수층으로 주입하여 토착미생물의 분해활동을 증진시키는 기술로 산소가 부족한 대수층 내에 전자수용체(수소)를 보충하기 위해 대체수용체로 Nitrate를 사용한다.

(3) Air Sparing을 이용한 Enchancement

지하수의 용존산소 농도를 높이고, 미생물에 의한 유기오염물질의 생물학적 분해율을 향상시키기 위해 지중으로 압축공기를 주입하여 포화지역에서 오염물질과 미생물의 접촉기회를 향상시키는 기술이다.

(4) Hydrogen Peroxide을 이용한 Oxygen Enhancement

희석된 과산화수소 용액을 오염된 대수층 내로 통과시켜 지하수 내 용존산소 농도를 증대시킴에 따라 미생물에 의한 유기오염물질의 호기성 생분해 속도를 증진시키는 기술이다.

(5) Air Sparing

포화대 내에 공기를 강제 주입하여 지하수와 대수층 토양 중의 휘발성 오염물질을 휘발시킴으로써 제거하는 기술로 지상에 증기추출 및 처리장치를 설치한다.

(6) Directional Well

① 수직굴착으로 오염물질에 대한 접근이 용이하지 않은 지반구조이거나 오염물질이 수평으로 퍼져 있는 경우에 주입정과 추출정을 수평 또는 일정 각도를 가지도록 배치하여 처리하는 기술이다.
② 생분해, SVE, 토양 세정, 공기분산 기법은 부분적으로 Directional Well의 개념을 이용하며 다른 지중기법보다 향상된 기술이다.

(7) Dual Phase Extraction

투수계수가 낮거나 불균일한 지반 내에 고도차에 의해 진공을 걸어 액상 및 가스상 오염물질을 추출하는 기술로 지상에서 액체와 가스를 분리시켜 처리한다.

(8) Free Product Recovery

양수 또는 집수 시스템에 의해 대수층 내의 불용성 액상 유기오염물질을 회수하는 기술이다.

(9) Hot Water/Steam Flushing/Stripping

VOC 및 SVOC을 기체화하기 위하여 주입정을 이용하여 대수층 내로 스팀을 강제 주입하는 기술로, 대수층 상부의 불토화 토양으로 이동되어 증기화된 오염물질은 증기추출법으로 제거·처리한다.

(10) Passive Treatment Wall

미생물, 흡착제, Chelator 등을 다층성 매체 내에 포함하고 있는 반응성 벽을 부지 내에 수직으로 설치하여 지하수 내 오염물질을 차단하는 기술이다.

(11) Slurry Wall

슬러리로 채워진 수직차수벽을 설치하여 오염된 지하수를 비오염지하수와 단절시키는 기술이다.

(12) Vacuum Vapor Extraction

공기를 주입하여 추출정 내의 오염지하수를 부상시키고 연속적으로 오염된 지하수가 유입될 수 있도록 하여 추출정 내부로 유입된 오염 지하수 내의 VOC는 공기방울로 이동되어 증기추출법에 의해 상부에서 수집 처리하는 기술이다.

(13) Bioreactor

양수된 오염지하수를 생물반응기 내에서 미생물과 접촉시켜 제거하는 기술이다.

(14) Filtration

양수된 오염지하수를 다공성 매체를 통과시켜 고형물을 분리하는 기술이다.

(15) Ion Exchange

오염물질과 교환매체 간의 양이온 및 음이온을 교환시켜 지하수 내 이온물질을 제거하는 기술이다.

(16) Liquid Phase Carbon Adsorption

양수된 오염지하수를 활성탄 내로 통과시켜 용존 유기오염을 흡착·제거하는 기술이다.

(17) Precipitation

용존 오염물질을 불용성 고형물로 변형·침전시킨 후 여과 등의 고액 분리공정에 의해 제거하는 기술이다.

(18) UV Oxidation

양수된 오염지하수에 자외선을 조사함으로써 지하수 내 유기물 및 폭발성 물질을 제거하는 기술이다.

SECTION 076 생물학적 복원기술(Bioremediation)

1. 개요

지하 환경 내에서 생존하고 있는 토착 미생물의 성장과 활동을 촉진시켜 미생물의 신진대사를 통해 특정 성분의 유기오염물질을 분해하는 기술을 생물학적 복원기술(처리기술)이라고 하며, 일반적으로 물리·화학적 방법보다 처리비용이 저렴하고 부산물의 생성도 적다.

2. 생물학적 처리의 기본이론

(1) 미생물의 종류별 탄소원과 에너지원

미생물은 크게 탄소원과 에너지원으로 분류하며 미생물의 증식 및 생존에 필요한 탄소원과 에너지원은 효과적인 처리가 될 수 있도록 인위적으로 조절한다.

① 종속영양미생물

㉠ 화학합성 종속영양
ⓐ 탄소원 : 유기탄소
ⓑ 에너지원 : 유기물의 산화·환원반응

㉡ 광합성 종속영양
ⓐ 탄소원 : 유기탄소
ⓑ 에너지원 : 빛

② 독립영양미생물

㉠ 화학합성 자가영양
ⓐ 탄소원 : 이산화탄소(CO_2)
ⓑ 에너지원 : 무기물의 산화·환원반응

ⓒ 광합성 자가영양
  ⓐ 탄소원 : 이산화탄소(CO_2)
  ⓑ 에너지원 : 빛

(2) 호기성 생분해 반응기작(반응기전)

① 반응기작

$$\text{유기오염물질(OC)} + O_2 + \text{영양소} \rightarrow CO_2 + H_2O + \text{에너지}$$

② 생분해 과정

㉠ 미생물이 산소를 최종전자수용체로 이용하여 유기오염물질을 CO_2, H_2O 등과 같은 무해한 물질로 분해하고 필요한 에너지를 얻는 과정

㉡ 생분해 순서
호기성 산화 → 탈질화 → 질산화 → 황산염산화 → 메탄 생성

(3) 효소

① 미생물에 의한 유기오염물질의 기질(Substrate, 미생물 증식에 이용되는 유기오염물질)의 분해에는 생물학적 촉매 역할을 하는 효소가 필요하다.

② $P\varepsilon^0$의 값이 클수록 산화·환원반응에 의해 얻는 에너지가 커서 호기성 호흡이 가장 유리하고, 혐기성 메탄 발효반응에 의한 에너지 크기(에너지 효율)가 가장 작다.

미생물 반응계의 산화·환원 반응식과 $P\varepsilon^0$값

반응계 종류	$P\varepsilon^0$	반응식
호기성 호흡	+20.8	$O_2(gas) + 4H^+ + 4e^- \rightarrow 2H_2O$
혐기성 질산화	+21.0	$2NO_3^- + 12H^+ + 10e^- \rightarrow N_2(gas) + 6H_2O$
혐기성 질산염 환원	+14.9	$NO_3^- + 10H^+ + 8e^- \rightarrow NH_4^+ + 3H_2O$
혐기성 발효	+3.99	$CH_2O + 2H^+ + 2e^- \rightarrow CH_3OH$
혐기성 황산염 환원	+4.13	$SO_4^{2-} + 9H^+ + 8e^- \rightarrow HS^- + 4H_2O$
혐기성 메탄 발효	+2.87	$CO_2(gas) + 8H^+ + 8e^- \rightarrow CH_4(gas) + 2H_2O$

(4) 생분해능

① 개요

㉠ 생분해능이란 유기합성물질이 생물학적으로 기질을 분해할 수 있는 능력이며, 유기화학물질의 생분해는 물질의 분자구조에 따라 다르게 나타난다.

㉡ 생분해지속도(Persistence)가 크다는 것은 생분해가 잘 안 된다는 의미이며, 할로겐화합물의 할로겐원소 수가 커질수록 생분해지속도는 증가한다.

② 유기화학물질의 난분해성 조건(생분해가 어려운 물질의 일반적인 특성)

㉠ 할로겐화된 화합물
㉡ 분자 내에 많은 수의 할로겐원소(Cl, Br 등)를 함유하는 화합물
㉢ 가지구조가 많은 화합물
㉣ 물에 대하여 용해도가 낮은 화합물
㉤ 원자의 전하차가 큰 화합물

(5) 특성 작용

① 유기독성물질 농도가 높게 되면 미생물 성장이 어렵고 더욱더 높게 되면 독성으로 작용한다.

② NAPL(비수용액체상)에서 고농도 존재 시 Log kow 값이 그보다 작은 경우 미생물 활성에 영향을 미치고 Log kow 값이 4보다 큰 경우 미생물의 이용가능성이 낮아진다.

(6) 미생물의 순응시간(Acclimation Period)

① 지연시간이라고도 하며 미생물이 오염물질 분해시 분해가 시작될 때까지 소요되는 시간이다.

② 순응시간은 오염물질의 종류, 농도 및 반응조건(온도, 산소 등)에 따라 크게 다르며 시간도 큰 차이가 있다.

③ 순응시간이 길 경우에는 미리 순응된 미생물을 접종시킴으로써 순응시간을 단축시켜야 한다.

(7) 공동대사(Co – Metabolism)

① 오염물질이 미생물의 탄소원이나 에너지원으로 이용되지 않으면서 미생물이 갖고 있는 효소에 의하여 다른 화합물질로 전환, 즉 2차 기질(Secondary Substrate)로서 분해되는 현상이다.(1차 기질 : 오염물질이 미생물의 탄소원이나 에너지원이 되는 기질)

② 공동대사는 미생물이 특정 오염물질을 직접적으로 분해할 수 없지만 제2의 물질을 분해과정에서 형성된 효소를 이용하여 분해하는 프로세스이다.

③ 1차 기질로 이용되기에 너무 낮은 농도로 존재하고 인체에 위해성이 큰 오염물질에 적용(대표적 : TCE, 트리클로로에틸렌)한다.

(8) 유기독성물질의 미생물반응

유기독성물질은 미생물반응에 의해 분해되며, 주요 생분해반응은 다음과 같다.

① 가수분해반응

$$RX + H_2O \rightarrow ROH + H^+ + X^-$$

여기서, X^- : 할로겐 원소

물의 가수분해 반응 시 발생된 수산이온(OH)이 유기화합물질과 반응하고 할로겐 이온이 떨어져나오는 반응이다.

② 탈염소반응

$$CCl_4 \rightarrow HCCl_3 \rightarrow H_2CCl_2$$

염소 치환 유기화합물이 전자수용체로 이용되어 수소원자 한 개와 반응하면서 염소원자가 떨어져나오는 반응이다.

③ 분할

$$R - COOH \rightarrow RH + CO_2$$

유기화합물 내의 탄소-탄소 사이의 결합이 분할되거나 탄소사슬의 끝단에 있는 탄소가 떨어져나오는 반응이다.

④ 산화반응

$$RCH_3 \rightarrow RCH_2OH \rightarrow RCHO \rightarrow RCOOH$$

㉠ 친전자성인 산소를 이용하여 유기화합물을 분해하는 반응 또는 전자를 잃어버리는 반응이다.
㉡ 예를 들어, 방향족화합물인 경우 고리 한쪽 끝에서의 수산화반응에 의해 산화반응이 시작된다.

$$CH_3CHCl_2 + H_2O \rightarrow CH_3CCl_2OH + 2H^+ + 2e^-$$

㉢ 미생물반응 중에서 산화·환원반응으로 얻게 되는 에너지 크기가 가장 큰 것은 호기성 호흡이고, 가장 작은 것은 혐기성 메탄 발효이다.

⑤ 환원반응

$$CCl_4 + H^+ + 3e^- \rightarrow CHCl_3 + Cl^-$$

㉠ 친핵성인 수소를 이용하여 유기화합물을 분해하는 반응 또는 전자를 얻는 반응이다.
㉡ 지방족화합물에서 염소이온의 수를 줄여주는 역할을 한다.

⑥ 탈수소할로겐화 반응

$$CCl_3CH_3 \rightarrow CCl_2CH_2 + HCl$$

㉠ 유기화합물로부터 수소이온과 염소이온이 떨어져나오는 반응이다.
㉡ 탈염소반응과 유사하다.

(9) 생물학적 복원방법의 장단점

① 장점
  ㉠ 많은 에너지가 필요하지 않음(자연조건을 이용하기 때문)
  ㉡ 2차 오염이 적음(약품을 사용하지 않기 때문)
  ㉢ 원위치에서 오염정화가 가능함
  ㉣ 타 처리방법에 비해 처리비용이 적게 소요됨
  ㉤ 저농도의 오염 및 광범위 분포 시에도 적용 가능

② 단점
  ㉠ 복원시간이 길게 소요됨
  ㉡ 오염물질이 다양한 경우 신기술 개발이 요구됨
  ㉢ 생분해 가능한 물질에만 적용함
  ㉣ 유해한 중간물질이 발생할 수 있음

(10) 미생물 생장

① 미생물의 생장 단계

  적응기 → 대수기 → 제한기 → 정체기 → 사멸기

② 일정시간 후의 미생물 수(N_t)

$$\log N_t = \log N_0 + \frac{\log 2 \times t}{t_d}$$

여기서, N_t : 일정시간(t) 경과 후 미생물 수(Cell)
N_0 : 초기 미생물 수
t : 미생물의 생장시간
t_d : 배가시간(미생물 수가 2배 되는 시간=세대시간)
n : 세대 수
$\dfrac{\log 2}{t_d}$: 생장률 상수

③ 미생물의 비증식(비성장)속도(μ) : Monod 식

$$\mu = \mu\max \frac{S}{K_s + S}$$

여기서, μ : 비성장(비증식)속도(hr^{-1})
$\mu\max$: 최대비성장속도(hr^{-1})
S : 제한기질농도
K_s : 반포화농도(반속도상수), 즉 $\mu = 1/2\mu\max$일 때 제한기질의 농도

기출 必 수문제

01 미생물의 배가시간이 1.5hr이라면 24hr 후의 단위부피당 개체 수(Cell)를 구하시오.(단, 초기 미생물 수 1, 상용로그 이용)

풀이

$$\log N_t = \log N_o + \frac{\log 2 \times t}{t_d} = \log 1 + \left(\frac{\log 2 \times 24}{1.5}\right) = 4.816$$

$$N_t = 10^{4.816} = 65,463 \text{cell}$$

기출 必 수문제

02 초기 미생물의 수가 10^5cells/mL, 48hr 후 10^9cells/mL이었다면 이 미생물의 배가시간(hr)은?

풀이

$$\log N_t = \log N_o + \frac{\log 2 \times t}{t_d}$$

$$\log 10^9 - \log 10^5 = \frac{\log 2 \times 48}{t_d}$$

$$4 = \frac{\log 2 \times 48}{t_d}$$

$$t_d(배가시간) = 3.61 \text{hr}$$

기출필수문제

03 미생물의 비증식속도가 최대비증식속도의 90%일 때와 기질농도의 40%일 때 기질농도의 비를 구하시오. (단, Monod 식 이용)

풀이

μ가 μmax의 90%일 때 기질농도

$$0.9 = 1 \times \frac{S_{90\%}}{K_s + S_{90\%}}$$

$$S_{90\%} = 0.9(K_s + S_{90\%})$$

$$0.1 S_{90\%} = 0.9 K_s$$

$$S_{90\%} = 9 K_s$$

μ가 μmax의 40%일 때 기질농도

$$0.4 = 1 \times \frac{S_{40\%}}{K_s + S_{40\%}}$$

$$S_{40\%} = 0.4(K_s + S_{40\%})$$

$$0.6 S_{40\%} = 0.4 K_s$$

$$S_{40\%} = 0.667 K_s$$

기질농도의 비 $= \dfrac{S_{90\%}}{S_{40\%}} = \dfrac{9 K_s}{0.667 K_s} = 13.49$

기출필수문제

04 미생물의 최대비증식속도가 $0.8 hr^{-1}$, 제한기질농도가 150mg/L, 반포화농도가 60mg/L일 때 세포의 비증식속도(hr^{-1})는? (단, Monod 식 적용)

풀이

$$\mu = \mu\text{max} \frac{S}{K_s + S} = 0.8 \times \left(\frac{150}{60 + 150}\right) = 0.57 hr^{-1}$$

3. 생물학적 처리에 필요한 환경조절인자

(1) 전자 수용체

① 미생물의 호기성 호흡에서는 미생물이 산소를 전자의 최종수용체로 이용하기 때문에 산소의 공급이 필요하다.
② 생물학적 복원기법에서 호기성 조건을 위하여 산소를 주입하게 되는데 적정한 산소주입방법에는 대기 중의 공기주입, 압축산소주입, 과산화수소(H_2O_2)주입 등이 있으며, 이 중 미생물에 의한 호흡과정에서 같은 양이 사용되는 경우 전자수용체로서 가장 효율이 높은 물질은 과산화수소이다.
③ 지하수의 오염물질 처리의 경우 주입정으로 지하수를 주입하기 전에 소량의 과산화수소를 첨가하는 경우가 있는데 그 이유는 지하수의 용존산소농도를 증가시키기 위함이다.
④ 산소 공급이 불가할 경우 전자수용체로서 산소를 대신하여 질산이온(NO_3^-), 황산이온(SO_4^{2-})을 공급하여 미생물의 분해를 촉진시키나 산소를 공급하는 경우보다 생분해율이 낮아 처리시간이 길어지는 단점이 있다.

(2) pH(수소이온농도)

생물학적 처리에 있어서 최적반응 pH 범위는 pH 6~8이다.

(3) 영양물질

생물학적 처리에 있어서 탄소 이외에 다른 영양염류를 필요로 한다. 즉, 질소(N)와 인(P)을 필요로 하나 부족하면 암모늄이온과 인산염을 통하여 공급한다.

(4) 미생물

① 유기화합물의 분해에 관여하는 미생물은 종속영양미생물이며 균류(Fungi) 등도 오염물질을 분해한다.
② 미생물 중 석탄광의 개발로 인해 형성된 산성 광산 배수처리에 가장 많은 영향을 미치는 것은 티오바실러스 페로옥시던스(Thiobacillus Ferrooxidans)이다.

(5) 온도

① 미생물의 최적성장온도는 저온미생물 0~15℃, 중온미생물 15~45℃, 고온미생물 45℃ 이상이다.
② 최적온도 범위 외에서는 3차원 구조의 효소와 세포막에 대한 온도의 영향으로 활성이 감소된다.

(6) 토양수분

생물학적 처리에 있어서 미생물활성에 적정한 토양수분량은 포장용수량의 25~85% 범위이며, 최적조건의 토양수분량은 포장용수량의 75% 정도이다.

(7) 산화 · 환원전위(Eh)

호기성 토양은 산화환경(+값)이고, 혐기성 토양은 환원환경(-값)이다.

(8) 독성물질

독성물질은 생분해반응에 나쁜 영향을 미치므로 사전에 저감시켜야 한다.

Reference

1 Biostimulation
서식하는 토착미생물의 활성을 촉진시키기 위해 영양물질, 전자 수용체, pH, 온도 등을 조절하는 방법

2 Bioaugmentation
자연계에서 분리한 오염물에 분해능이 우수한 미생물이나 유전공학적으로 변형된 미생물을 첨가하는 방법

4. 생물학적 처리방법의 구분

(1) 원위치 생물학적 복원(처리)방법(In – Situ Treatment)

① 불포화 토양층

㉠ 처리방법 : Bioventing
㉡ 처리대상 오염물질 : BTEX

② 포화 토양층

㉠ 원위치 생물학적 복원 : 생분해 가능한 유기오염물질
㉡ Biosparing : BTEX
㉢ 침투성 생물반응벽 : 분해 가능한 유기오염물질
㉣ 자연정화법 : 유류, 염소계 유기화합물

(2) 지상 생물학적 복원(처리)방법(On – Situ Treatment)

① 불포화 토양층

㉠ Biopile, 토지경작 : BTEX, PAHs
㉡ 퇴비화 : PAHs
㉢ 생물슬러지 반응조 : BTEX, PAHs
㉣ Biofilter : 추출된 VOC, Gas

② 포화 토양층

㉠ 처리방법 : 비생물적 처리를 수반한 생물반응조
㉡ 처리대상 오염물질 : 생분해 가능한 유기오염물질

(3) 유기화합물의 완전산화 반응식

$$C_aH_bO_cN_d + \left(\frac{4a+b-2c}{4}\right)O_2 \rightarrow aCO_2 + \frac{b}{2}H_2O + \frac{d}{2}N_2$$

> **Reference** 유기물질의 혐기성 완전분해 방정식(반응식)
>
> $$C_aH_bO_cN_dS_e + \left(\frac{4a-b-2c+3d+2e}{4}\right)H_2O$$
> $$\Rightarrow \left(\frac{4a+b-2c-3d-2e}{8}\right)CH_4$$
> $$+ \left(\frac{4a-b+2c+3d+2e}{8}\right)$$
> $$CO_2 + dNH_3 + eH_2S$$

기출 必 수문제

01 분자식이 $C_6H_{12}O_6$인 포도당 100g이 완전산화 시 소모되는 이론산소량(g)은?

> **풀이**
>
> 완전산화반응식
>
> $$C_6H_{12}O_6 + \left[\frac{(4\times 6)+12-(2\times 6)}{4}\right]O_2 \to 6CO_2 + \frac{12}{2}H_2O$$
>
> $$C_6H_{12}O_6 + 6O_2 \to 6CO_2 + 6H_2O$$
>
> 180g : 6×32g
> 100g : $O_0(g)$
>
> $$O_0(\text{이론산소량, g}) = \frac{100g \times (6\times 32)g}{180g} = 106.67g$$

기출 必 수문제

02 탄소(C) 10kg을 완전연소시킨다면 산소는 몇 Nm^3 필요한가?

> **풀이**
>
> 연소반응식
>
> C + O_2 → CO_2
>
> 12kg : 22.4Nm^3
> 10kg : $O_2(Nm^3)$
>
> $$O_2(Nm^3) = \frac{10kg \times 22.4Nm^3}{12kg} = 16.67Nm^3$$

기출 必 수문제

03 어느 화학공장의 오염된 지하수를 $700m^3/day$ 규모로 펌핑하여 호기성 생물처리법으로 처리하고자 한다. 지하수의 수질을 분석한 결과 다음과 같을 때, 1일 필요한 요소의 주입량(kg/day)은?(단, 미생물활성을 위한 영양비는 BOD : N : P = 100 : 5 : 1로 가정한다. 지하수의 수질은 pH 7.5, 인산 50mg/L, BOD 1,000mg/L, 총 질소 0, 요소분자식$[(NH_2)_2CO]$)

> **풀이**
>
> BOD : N : P = 100 : 5 : 1
> 질소필요량을 구하면
> BOD : N ⇒ $100 : 5(1kg/m^3 \times 700m^3/day)$: N
>
> $$N = \frac{3,500kg/day}{100} = 35kg/day$$
>
> 요소반응식
> $(NH_2)_2CO \rightarrow 2NH_2CO_2$
>   60kg   : 2×14kg
> $(NH_2)_2CO$: 35kg/day
>
> 요소주입량(kg/day) $= \dfrac{60g \times 35kg/day}{2 \times 14g} = 75kg/day$
>
> [다른 풀이 방법]
> BOD : N : P = 100 : 5 : 1
> 보충해야 할 질소농도
> $100 : 5 = 1,000 : x \quad x = 50mg/L$
> 요소 중의 질소함량비
>
> $$\frac{2N}{(NH_2)_2CO} = \frac{2 \times 14}{[(14+2) \times 2] + 28} = 0.467$$
>
> 요소소요량(kg/day)
> $= 50mgN/L \times 700m^3/day \times 10^3 L/m^3 \times 10^{-6} kg/mg \times \dfrac{(NH_2)_2CO}{0.467N}$
> $= 74.95(\fallingdotseq 75kg)$

기출 필수문제

04 이론적으로 순수한 탄소 5kg을 완전연소시키는 데 필요한 산소의 양(kg)은?

풀이

연소반응식

$$C + O_2 \rightarrow CO_2$$

12kg : 32kg

5kg : O_2(kg)

$$O_2(kg) = \frac{5kg \times 32kg}{12kg} = 13.33kg$$

기출 필수문제

05 탄소 3kg을 완전연소할 경우 발생되는 CO_2의 가스양(m^3)은?

풀이

연소반응식

$$C + O_2 \rightarrow CO_2$$

12kg : 22.4m^3

5kg : CO_2(m^3)

$$CO_2(m^3) = \frac{3kg \times 22.4m^3}{12kg} = 5.6m^3$$

(4) 호기성 상태에서 탄화수소류의 생분해 반응식

$$C_xH_y + \left(x + \frac{y}{4}\right)O_2 \rightarrow xCO_2 + \frac{y}{2}H_2O$$

기출 必 수문제

01 다음 화학 반응식을 완결하시오.

① C_6H_{14} + (㉮)O_2 → (㉯)CO_2 + (㉰)H_2O
② $2C_6H_{14}$ + (㉮)O_2 → (㉯)CO_2 + (㉰)H_2O

풀이

① $C_xH_y + (x + \frac{y}{4})O_2 \rightarrow xCO_2 + \frac{y}{2}H_2O$

x=6, y=14 적용하여 식을 완성하면

$C_6H_{14} + \left(6 + \frac{14}{4}\right)O_2 \rightarrow 6CO_2 + \left(\frac{14}{2}\right)H_2O$

$C_6H_{14} + 9.5O_2 \rightarrow 6CO_2 + 7H_2O$

② x=12, y=28 적용하여 식을 완성하면

$2C_6H_{14} + 19O_2 \rightarrow 12CO_2 + 14H_2O$

기출 必 수문제

02 호기성 상태에서 벤젠의 생물학적 분해를 표현한 화학양론식을 쓰시오.

풀이

$C_xH_y + \left(x + \frac{y}{4}\right)O_2 \rightarrow xCO_2 + \frac{y}{2}H_2O$

$C_6H_6 + \left(6 + \frac{6}{4}\right)O_2 \rightarrow 6CO_2 + \frac{6}{2}H_2O$

$C_6H_6 + 7.5O_2 \rightarrow 6CO_2 + 3H_2O$

기출 필수문제

03 호기성 생분해기술을 적용한다면 1mg/L의 벤젠을 생분해하는 데 필요한 이론산소의 양(농도, mg/L)은?(단, 벤젠 화학식 C_6H_6)

풀이

$$C_6H_6 + 7.5O_2 \rightarrow 6CO_2 + 3H_2O$$

78g : 7.5×32g

1mg/L : O_0(mg/L)

$$O_0(\text{이론산소량, mg/L}) = \frac{1\text{mg/L} \times (7.5 \times 32)\text{g}}{78\text{g}} = 3.08\text{mg/L}$$

기출 필수문제

04 벤젠 20kg으로 오염된 토양을 원위치 생물학적 복원기술에 의해 정화하고자 한다. 다음의 조건에 의해 벤젠이 완전분해되는 데 필요한 산소를 과산화수소로 공급하고자 할 때 필요한 과산화수소의 양(kg)은?

풀이

호기성 생분해 반응식

$$C_6H_6 + 7.5O_2 \rightarrow 6CO_2 + 3H_2O$$

78kg : (7.5×32)kg

20kg : O_2(kg)

$$O_2(\text{kg}) = \frac{20\text{kg} \times 240\text{kg}}{78\text{kg}} = 61.54\text{kg}$$

과산화수소의 양

$$2H_2O_2 \rightarrow 2H_2O + O_2$$

68kg : 32kg

$2H_2O_2$(kg) : 61.54kg

$$2H_2O_2(\text{kg}) = \frac{68\text{kg} \times 61.54\text{kg}}{32\text{kg}} = 130.77\text{kg}$$

기출 必 수문제

05 벤젠(C_6H_6)이 호기성 반응으로 완전생분해될 때 산소 2.0mg/L이 몇 mg/L의 벤젠을 생분해할 수 있는가?

풀이

$C_6H_6 + 7.5O_2 \rightarrow 6CO_2 + 3H_2O$

$78g : 7.5 \times 32g$

$C_6H_6(mg/L) : 2.0mg/L$

$C_6H_6(mg/L) = \dfrac{78g \times 2.0mg/L}{7.5 \times 32g} = 0.65mg/L$

SECTION 077 바이오벤팅(Bioventing)방법 : 생물학적 통기법

1. 개요

① 오염토양(불포화토양층)에 인위적으로 산소를 공급하여 토양 내에 존재하는 토착 미생물의 활성을 촉진시켜 생분해도를 극대화하여 오염토양을 정화하는 기법이다.
② SVE(토양증기 추출법)의 기술과 거의 유사하나 바이오벤팅 방법은 토양 내에서 미생물의 분해에 의해 직접 처리된다.(SVE는 휘발성이 강한 유기화합물을 물리적으로 추출, 지상에서 배기가스를 처리하는 기술)
③ 기체상 휘발성 유기물질을 추출해 내는 동시에 기존의 토착미생물에 산소 및 영양분을 공급하고, 토양 내 증기흐름속도를 조절함으로써 미생물의 지중 생분해를 극대화하는 기술이다.
④ SVE와 지중생물학적 처리(In-Situ Bioremediation)방법을 결합한 형태이다.

2. SVE와 Bioventing의 비교

① SVE와 Bioventing의 운전상 가장 큰 차이점은 공기의 주입량 및 추출량이다.
② Bioventing의 토양 공기 추출량은 SVE에 비해 약 $\frac{1}{10}$ 정도이다.
③ Bioventing의 공기주입정 및 추출정은 주변부에 설치하여 생물학적 활성대를 조성하나 SVE 경우에는 오염이 심한 지역에 공기주입정과 추출정을 설치한다.
④ SVE와 Bioventing은 상호보완적인 성격을 갖는 오염물질 제거방법이다.

설계 인자		SVE	Bioventing
오염 물질의 특징	대상 오염물질의 종류	휘발성 유기물질 (상온상태)	생분해 가능한 유기물질
	증기압	100mmHg 이상	—
	헨리상수	0.01 이상	—
	물에 대한 용해도	100mg/L 이하	—
	토양 내 농도	1mg/kg 이상	1% 이하

설계 인자		SVE	Bioventing
오염 부지의 특성	지하 수면까지 깊이	6m 이상	–
	공기투과계수	1×10^{-4}cm/sec 이상	1.0×10^{-5}cm/sec 이상
설계 및 운전인자	추출정의 위치	오염지역 내부	오염지역 외부(외곽)
	운전 Mode	토양가스 교환율을 최대로 운전 (Mass Flux의 최대화)	토양 내의 체류시간 최대화 및 호기성 상태에서 운전을 시행함
	공기공급량	46~500L/sec(상대적으로 많은 양의 공기 공급)	4.6~23L/sec
	토양공극 대비 공기공급량 (공극체적/day)	1~15	0.1~0.5
	최적 토양 수분	포장용수량의 25%	포장용수량의 75%
	영양물질	–	C : N : P = 100 : 10 : 1
	토양공기의 산소농도	–	2vol% 이상

3. 공정설계인자

(1) 산소 소모율

① Bioventing 방법의 적용 시 대상부지에 관한 정확한 산소소모율 계산이 중요하며 산소 소모율의 측정은 오염대상 부지와의 비교를 위해 오염되지 않은 지역의 배경부지에 대한 토양가스 중의 산소 및 이산화탄소의 조성 분석을 한다.

② 평균산소 소모율(R_0)

$$R_0 = \frac{Q(C_0 - C_f)}{VP}$$

여기서, R_0 : 산소 소모율(%, O_2/day)
Q : 주입공기유량(m^3/day)
C_0 : 초기산소농도(20.9%)
C_f : 배기가스 중의 산소농도(%)
V : 토양 부피(m^3)
P : 토양의 공극률

③ 생분해율(R_B)

$$R_B = \frac{\dfrac{R_0}{100}\theta_a \dfrac{1L}{1,000\text{cm}^3}\rho O_2 C}{\rho_k\left(\dfrac{1\text{kg}}{1,000\text{g}}\right)} = \frac{R_0 \theta_a \rho O_2 C(0.01)}{\rho_k}$$

여기서, R_B : 생분해율(mg/kg · day)
 R_0 : 산소 소모율(% O_2/day)
 θ_a : 토양부피 중 공기가 차지하는 부피분율(0.1~0.4)
 ρO_2 : 산소의 밀도(mg/L, 20℃에서 1,331mg/L)
 C : 단위중량의 탄화수소 산화에 필요한 산소요구량의 중량비(3.5)
 ρ_k : 토양의 겉보기 비중(g/m³)

(2) 산소 전달 반경

① 공기 주입 및 추출정의 간격을 결정짓는 중요한 인자이다.
② 토양 내 기체압력, 산소농도, 기체흐름 형태를 고려하여 예비산정되고, 현장에서 공기투과성 시험을 통해 최종 결정된다.

(3) 주입정 및 추출정

공기 주입정 및 증기 추출정은 지하수면 상부까지 굴착된 보어 홀 내에 직경 5~10cm인 PVC 재질의 관이 관입되도록 설계한다.

(4) 소요공기량

① 소요공기량이 너무 클 경우 오염물질에 과도한 휘발 및 불필요한 에너지를 공급하게 된다.
② 정확한 산소공기량을 산정하기 위해서는 산소전달량이 필요하다.

기출필수문제

01 휘발성 유기물질의 처리를 위해 Bioventing의 적용성 시험을 하였다. 다음의 자료를 활용할 때 평균산소 소모율(% O_2/day)은?(주입공기유량 30L/min, 초기산소농도 21%, 배기가스의 산소농도 5%, 시험용 토양부피 100m^3, 토양공극률 50%)

풀이

평균산소 소모율(% O_2/day)

$$= \frac{Q(C_0 - C_f)}{V \times P}$$

$$= \frac{30 \text{L/min} \times 1 m^3/1{,}000\text{L} \times 1{,}440 \text{min/day} \times (21-5)\% O_2}{100 m^3 \times 0.5}$$

$$= 13.82\% \ O_2/\text{day}$$

기출필수문제

02 Bioventing 기술을 적용하여 오염지역을 처리하고자 한다. 우선 대상부지의 산소 소모율을 계산하기 위하여 평균공극률이 0.4인 토양 100m^3를 대상으로 조사를 실시하였다. 주입공기의 유량은 50m^3/day로 조절하였으며 초기의 산소농도 21%가 배기가스로 배출될 때 11%로 떨어졌다. 이때의 산소 소모율(% O_2/day)은?

풀이

산소 소모율(% O_2/day) $= \dfrac{Q(C_0 - C_f)}{V \times P}$

$$= \frac{50 m^3/\text{day} \times (21-11)\% \ O_2}{100 m^3 \times 0.4}$$

$$= 12.5\% \ O_2/\text{day}$$

기출 必수문제

03 Bioventing법을 실험하기 위하여 40%의 공극률을 가진 토양 $1,000m^3$에 $2,000m^3/day$의 공기를 주입하였다. 주입공기의 산소농도는 21%이며, 배기가스의 산소농도는 12%였다면 평균산소 소모율(% O_2/day)은?

풀이

$$평균산소 \ 소모율(\% \ O_2/day) = \frac{2,000m^3/day \times (21-12)\% \ O_2}{1,000m^3 \times 0.4}$$
$$= 45\% \ O_2/day$$

기출 必수문제

04 Bioventing 공법을 적용하여 석유화학물질인 헥산(C_6H_{14})을 생물학적으로 분해하고자 한다. 산소의 주입량이 1.2mole O_2/day일 경우 이 오염물질의 생물학적 분해속도(g 오염물질/day)는?

풀이

$$1mole \ C_6H_{14} : 9.5mole \ O_2 = x : 1.2mole \ O_2/day$$

$$x = \frac{1mole \ C_6H_4 \times 1.2mole \ O_2/day}{9.5mole \ O_2}$$

$$= 0.126mole \ C_6H_{14}/day$$

$$= 0.126mole \ C_6H_{14}/day \times \frac{86g}{mole} = 10.86g \ C_6H_{14}/day$$

4. 적용 오염물질

① 유류탄화수소, 비염소계 용매, 살충제, 유기화학물질, 즉 대부분의 휘발성 유기화합물의 처리에 적합하다.
② 무기화합물의 분해는 불가능하나 세균이나 미생물에 의한 농축은 가능하다.
③ 휘발성이 강한 유기물질 이외에도 중간 정도의 휘발성을 가지는 분자량이 다소 큰 유기물질도 처리할 수 있다.

5. Bioventing과 SVE의 장단점 비교

	Bioventing	SVE
장점	• 장치 간단, 설치 용이함 • 적용부지의 범위가 넓음(휘발성 물질 이외의 준휘발성 물질도 처리되므로 보다 광범위한 종류의 오염물질을 제거함) • 처리시간이 짧음(최적조건에서 6개월~2년) • 처리비용이 적게 소요됨 • 공기분사, 지하수 추출법 등 타 처리장치와의 결합이 용이함 • 추출증기에 대한 후처리공정의 처리에 추가비용 없음 • 유기화합물의 추출 및 생분해가 동시 가능	• 필요한 기계장치가 단순, 간단함 • 유지 및 관리비가 적게 소요됨 • 일반적으로 많이 사용되는 장치 및 재료 충분함 • 단시간 내에 설치 가능함 • 결과를 바로 알 수 있음 • 다른 시약이 필요 없음 • 영구적 재생이 가능함 • 굴착이 필요 없음
단점	• 높은 초기 고오염농도에 의하여 미생물의 활동에 독성을 미침 • 특정 현장조건(저투수성 및 점성토양)에 적용하기 어려움 • 항상 높은 제거효율을 얻기 어려움 • 추가적인 영양염류의 공급이 필요함 • 불포화층에만 적용이 가능함 • 오염물질 주변의 공기 및 물의 이동에 의해 오염물질이 확산될 수 있음	• 저증기압 오염물질은 제거효율이 낮음 • 토양층이 치밀하여 기체흐름이 어려운 곳에서는 적용하기 어려움 • 추출된 증기(기체)는 후처리 장치인 대기오염 방지시설이 필요함 • 오염물질의 독성은 변화가 없음(잔존) • 지반구조의 복잡성으로 인하여 총 복원시간을 예측하기 어려움

6. 적용 제약조건

① 진공압이 높을수록 영향반경이 크고, 시간이 단축되며, 저투수성 토양에서의 처리효율이 증대된다.
② 진공압(진공 정도)이 낮을수록 시설 및 유지 비용이 낮아지고 보다 균일한 처리가 가능하게 된다.
③ 대상부지의 토양투수성이 10^{-5}cm/sec 이상 되어야 한다.
④ 오염물질 확산의 잠재적인 위험을 막기 위해 오염부지 주변에 대한 면밀한 모니터링이 요구된다.
⑤ 현장 지반구조 및 오염물 분포에 따른 처리기간의 변동이 심하다.
⑥ 토양가스의 통기성을 알아보기 위해 Pilot-Scale의 In-Situ(현장) 실험을 실시해야 한다.
⑦ 지표 아래 2~2.5m 내에 지하수가 분포하거나 토양렌즈(Lenses)가 포화되어 있는 경우, 통기성이 낮은 토양에는 효율이 낮다.
⑧ 수분함량이 낮으면 생분해 및 생물학적 통풍의 효율은 감소한다.
⑨ 많은 염소계 화합물은 공동대사체가 없거나(상호대사를 이용하지 않는 경우) 혐기성 상태일 경우 호기성 생분해의 효과가 없다.

7. 효율에 영향을 미치는 인자

(1) 오염물질 특성

① 적용되는 오염물질은 휘발성 및 생분해성을 가지고 있어야 한다.
② 용해도가 큰 오염물질은 많은 양이 토양수분 내에 용해상태로 존재하여 처리효율이 저감된다.
③ 탄화수소류의 경우 포함된 성분 중 저밀도 부분은 휘발, 고밀도 부분은 생분해에 의해 처리된다.

(2) 오염부지의 지표면적 및 깊이

공정의 비용을 평가함에 있어 중요한 요소이다.
① 오염물 제거 깊이 : 3~10m 범위
② 부지면적 : 20~75,000m²

(3) 토양의 투수성

공기를 토양 내로 강제순환시킬 때 매우 중요한 영향인자이다.(10^{-5}cm/sec 이상)

(4) 지반구조의 비균질성

일반적으로 사토질일 경우에 가장 적절히 적용된다.

(5) 토양 함수율(40~85%)

① 공기흐름속도는 공기가 채워진 토양 공극률에 비례한다.
② 매우 중요한 영향인자이며 함수율이 낮은 경우 생분해도가 저하되고 처리효율이 감소하며, 함수율이 너무 높으면 통기성이 감소되어 산소전달능력이 감소된다.

(6) 온도

동결깊이(약 2m 깊이)까지 중대한 영향을 미친다.(10~45℃)

(7) pH

미생물의 활동에 필요한 최적 pH 범위는 6~8 정도이다.

(8) 미생물수

1,000CFU/g - 건조토양

(9) 탄소 : 질소 : 인

100 : 10 : 1~100 : 1 : 0.5

078 원위치 생물학적 복원(지중 생물학적 복원, In-Situ Bioremediation)

1. 개요

① 포화토양층에 대한 호기성 공정을 이용하며 오염된 부지의 미생물 활성도를 높이기 위하여 미생물 증식 시 부족한 환경인자인 용존산소와 각종 영양염류의 공급 등을 공학적으로 처리함으로써 짧은 시간 안에 유기독성 물질의 생물학적 처리를 도모하는 방법이다.
② 미생물에 대한 호기성 상태를 유지하기 위해서 인위적 산소공급은 공기, 순산소, 과산화수소(H_2O_2) 등을 이용한다.
③ 지하수계와 비포화대를 오염시킨 탄화수소화합물을 감소·제거하는 방법 중에서 가장 효과적·경제적인 방법이다.
④ 비포화대 내에서 비보유율이 50~80%에 해당하는 함수비, pH는 7~8 정도이고, 온도 3~40℃ 조건하에서 호기성 미생물이 가장 활발하다.

2. 적용범위 및 오염물질

① 유류오염지역 및 산소가 잘 통과하는 투과성이 양호한 특성을 갖춘 지역에 적용한다.
② 대부분 휘발성 유기화합물에 효과적이다.(준휘발성 유기화합물에는 부분적 효과)
③ 무기화합물 및 폭발물 등에는 적용이 부적합하다.

3. 장단점

(1) 장점

① 적용이 광범위하고 설치가 간단하다.
② 타 기술보다 처리비용이 적게 소요되고, 양수처리에 비해 처리기간이 짧다.
③ 타 기술과 병행하여 처리효과를 향상시킬 수 있다.
④ 처리 폐기물이 다량 발생하지 않는다.
⑤ 저농도로 오염되어 있거나 광범위하게 분포되어 있어도 정화가 가능하다.

(2) 단점

① 미생물의 성장이나 영양물질의 침전으로 공극률과 수리전도도를 저감시킴으로써 효과적 처리가 방해된다.
② 용해도가 낮고, 고농도 오염물질은 독성을 나타내어 미생물의 생물학적 분해가 불가능하다.
③ 수리전도도 1×10^{-4} cm/sec 이하 지층(대수층)에서는 기술의 적용이 바람직하지 않다.
④ 공정 특성상 지속적인 유지 및 관리가 필요하다.
⑤ 긴 정화기간이 요구된다.
⑥ 유해한 중간물질을 생성하는 경우가 있기 때문에 분해 생성물의 유무를 조사할 필요가 있다.

4. 적용 제약조건

① 용존산소량이 적은 포화대 내에서는 미생물 활동이 활발하지 못하다.
② 용해도가 낮고 기질의 농도가 너무 높으면 미생물군에 독성을 미치고 너무 낮으면 탄화수소화합물은 미생물에 의해 대사가 되지 않을 수도 있다.
③ 방향족 화합물질(4개 이상 링 구조)이나 Cycle Paraffin계 화합물질은 미생물 분해작용에 내성이 강하다.
④ 미생물의 성장과 침적에 의해 추출정이 막힐 수 있고 저투수성 대수층에서는 적용하기 어렵다.
⑤ 공정 특성상 지속적인 유지와 관리가 필요하다.

5. 효율에 영향을 미치는 인자

(1) 수리전도도

10^{-4}cm/sec($10^{-4} \sim 10^{-6}$cm/sec) 이상인 대수층에서 처리가 효과적이다.

(2) 산소공급용 과산화수소

자체 농도가 1,000mg/L 이상일 때 미생물에 독성을 나타낸다.

(3) 미생물 및 영양물질

미생물의 성장이나 영양물질의 침전은 효과적인 처리를 방해한다.

(4) 소수성 강한 유기오염물질

토양에 흡착되어 미생물이 이용하기 어렵다.

(5) 오염원 농도 및 독성

고농도일 경우 호기성 미생물에 독성으로 작용한다.

> **Reference** 생물학적 정화방법
>
> **1 바이오오그먼테이션(bioaugmentation)**
> 오염물질을 분해하는 능력이 높은 외래 미생물을 첨가함으로써 정화하는 방법
>
> **2 바이오스티뮬레이션(biostimulation)**
> 오염현장에서 생식하는 미생물에 질소 등의 영양소나 공기를 공급하여 현장에 있는 미생물의 증식력, 또는 오염물질의 대사력을 높임으로써 정화하는 방법

SECTION 079 토양경작방법(Landfarming)

1. 개요

① 오염된 토양을 수거하여 처리하는 탈위치(Ex-Situ) 처리방식으로서 오염토양을 굴착하여 지표면에 깔아 놓고 정기적으로 뒤집어줌으로써 공기를 공급하여 미생물과 산소의 접촉을 증가시켜 오염물질을 분해하는 호기성 생분해공정을 말한다.
② 넓은 부지에 굴착된 오염토양을 고루 펴서 공기와 접촉표면적을 넓혀 정화하기 위해 생분해가 촉진되도록 영양분을 뿌려주고, 수분 또는 산소를 공급해 준다.
③ 토양경작은 바이오파일과 오염물질 제거기작이 동일하다.

2. 적용 오염물질

① 유류탄화수소(유류오염)
② 살충제
③ 분자가 무거울수록, 토양이 염소화 및 질산화되면 분해율이 저감

3. 오염물질 분해율을 최적화하기 위한 토양 특성 조절인자

① 수분함유량
② 산소함유량
③ 영양분(N, S)
④ pH
⑤ 토양부피

4. 장단점

(1) 장점

① 초기 투자비가 적게 들고 설치가 간단하며 처리비용도 저렴하다.
② 처리기간이 짧다.(최적조건에서 6개월~2년)
③ 설계와 운영이 용이하다.
④ 일반적으로 지중처리보다 처리효율이 높다.

(2) 단점

① 넓은 부지가 요구된다.
② 먼지와 배출가스의 발생으로 인한 대기오염을 유발한다.
③ 휘발성 오염물질은 생분해반응보다는 휘발에 의해 제거된다.
④ TPH(유류탄화수소) 및 고농도 중금속의 처리에는 비효율적이다.

5. 적용 제한조건

① 많은 공간이 필요하다.
② 휘발성 유기물질의 농도는 생분해보다 휘발에 의해 감소된다.
③ 입자상 물질은 먼지가 될 수 있으므로 지속적으로 측정해야 한다.
④ 무기물질은 생물학적으로 분해되지 않는다.
⑤ 중금속 이온은 미생물에 독성으로 작용할 수 있고 오염되지 않은 오염토양으로 확산될 수 있다.
⑥ 오염토양의 굴착비용이 더 많이 소요되는 경우가 있다.
⑦ 대기오염물질(유기용매)이 발생하므로 최종방출 전에 처리하여야 한다.
⑧ 유출수 포집장치를 반드시 설치하여야 한다.
⑨ 분해가 어려운 물질을 완전하게 제거하기 위해서는 많은 시간이 필요하다.

6. 효율에 영향을 미치는 인자

① 오염물질의 형태와 농도
② 오염물질의 분포깊이와 분산
③ 독성 오염물질의 존재 여부
④ 휘발성 유기물질의 존재 여부
⑤ 무기물질의 존재 여부

Reference

휘발유와 디젤에 의해 복합적으로 오염된 토양을 토양경작법으로 처리 시 처리기간 동안 조사해야 하는 유류성분은 TPH 및 BTEX이다.

SECTION 080 바이오파일(Biopile) 방법

1. 개요

오염된 토양을 굴착한 후 일정한 파일(Pile) 안에 오염토양을 1~3m 높이로 쌓은 다음 폭기, 영양물질, 수분함유량을 조절하여 호기성 미생물의 활성을 극대화시켜 굴착된 토양 중의 유기성 오염물질을 처리하는 탈 위치(Ex-Situ) 처리공법이며, 침출수 수집시스템과 공기주입 및 추출장치를 갖추고 있다.

2. 토양경작법(Landfarming)과의 비교

(1) 공통점

굴착된 오염토양에 공기를 주입하여 미생물의 활성을 증대시킴으로써 처리효율을 증가시킨다(호기성 상태 유지). 즉, 오염물질 제거기작이 동일하다.

(2) 차이점

공기주입방식에 차이가 있다. 즉, 바이오파일(Biopile)은 파일(Pile) 더미까지 통하는 관을 이용하여 강제적으로 공기를 주입하거나 추출하며, 토양경작법(Landfarming)은 토양을 경작(Plowing)하거나 이랑을 만들어 공기를 통기시켜줌으로써 공기를 주입한다. 즉, 시스템 구성에 있어서 차이는 토양높이, 공기 접촉방식에 있다.

3. 적용 오염물질

① 저분자 할로겐 휘발성 물질과 유류계 탄화수소류를 처리하는 데 가장 효과적이다.
② 분자량이 큰 비할로겐화합물이나 할로겐화합물, 디젤 등에도 적용할 수 있지만 효과는 제한적이다.

4. 적용 제한조건

① 오염물질을 95% 이상 제거하거나 잔류오염 농도를 0.1ppm 이하로 처리하기가 매우 어렵다.
② 유류오염원의 농도가 50,000ppm 이상 정도로 고농도인 경우에는 처리가 비효율적이다.
③ 중금속의 농도가 2,500ppm 이상 정도로 고농도 존재 시 미생물에 독성으로 작용하여 미생물 성장을 저해하고, 처리에 비효율적이다.
④ 휘발성 오염물질은 생분해되기보다 산기과정에서 휘발되기 쉽다. 따라서 오염물질의 전처리가 요구된다.
⑤ 토지경작법(Landfarming)보다는 적은 부지가 요구되나 다른 지상처리기술에 비해 넓은 부지가 요구된다.
⑥ 오염토양에 대한 굴착이 필요하고 회분식(Batch) 처리방법은 규모가 비슷한 슬러리상 공정보다 더 많은 처리시간이 소요된다.
⑦ 오염물질의 생분해성, 적절한 산소주입, 영양분 주입속도를 결정하기 위한 처리가능성 시험을 실시하여야 한다.
⑧ 정적 처리 공정이므로 혼합공정과 비교하여 처리결과의 균일성이 낮다.

5. 장단점

(1) 장점

① 타 기술에 비해 설계 및 장치가 간단하다.
② 처리시간이 짧다.(정상적 조건에서 6개월~2년)
③ 다양한 오염물질과 현장조건에 맞게 적용할 수 있다.
④ 처리단가가 낮다.
⑤ 토양경작법보다 소요부지 면적이 적다.
⑥ 폐쇄시스템이므로 배출가스를 효율적으로 제어할 수 있다.

(2) 단점

① 토양경작법보다 소요부지 면적은 적으나 다른 지상처리기술보다는 넓은 부지가 요구된다.

② 높은 오염농도(유류오염원, TPH > 50,000ppm)에서는 처리가 비효율적이다.
③ 높은 중금속(중금속 > 2,500ppm)에서는 미생물에 독성으로 작용하여 미생물의 성장을 저해하므로 처리가 비효율적이다.
④ 오염물질을 95% 이상 제거 및 잔류오염 농도를 0.1ppm 이하로 처리하기가 매우 어렵다.
⑤ 휘발성 오염물질은 생분해보다는 산기과정에서 휘발(증발)되기 쉽다.

6. 효율에 영향을 미치는 요인

(1) 미생물

오염토양 내 개체수가 약 $10^4 \sim 10^7$ CFU/g soil일 경우에 효과적으로 적용할 수 있으나 그 이하인 경우 추가적으로 미생물을 공급

(2) pH

최적조건 pH 범위 6~8 내에서 유지

(3) 함수율

① 토양 내 함수율은 약 40~85%(무게단위로 12~30%)의 범위를 유지할 때 효율적
② 40% 미만인 경우 미생물의 활성도가 낮아져 주기적으로 공급해 주어야 함

(4) 온도

최적조건 토양온도 범위인 10~45℃(최적 온도 30℃)로 유지

(5) 영양물질

C : N : P는 100 : 10 : 1~100 : 1 : 0.5 범위를 유지

(6) 토성

토성은 투수성, 함수율, 용적비 등에 영향을 미침(점토성분보다는 투수성이 좋은 토양과 적절히 혼합하여 문제점을 방지)

SECTION 081 슬러지상 생물반응조 (Slurry Phase Biological Treatment)

1. 개요

① 굴착된 오염토양을 생물반응기에 넣고 오염물질과 미생물 등이 일정 용기에서 접촉·반응함으로써 처리되는 탈 위치(Ex-Situ)방법이다.
② 미생물 분해의 최적환경을 조성하기 위해 사전에 영양물질 투여량, 온도 조절, 공기공급량 등을 충분히 검토하여야 한다.

2. 처리과정

(1) 스크린 단계

선별공정이며 굴착한 후 자갈이나 나뭇가지와 같이 큰 입경을 갖는 물질들을 제거한다.

(2) 전 혼합단계

소입경의 오염된 토양을 반응기에 투입하여 오염원 농도, 생분해속도, 토양의 물리적 특성에 따라 적절한 비율로 물과 혼합한다.

(3) 생물반응공정단계

pH 조절 및 토양 내 미생물 부족 시 추가 공급한다.

(4) 후처리공정단계

처리된 토양(생분해가 완전하게 이루어진 토양슬러리)을 탈수한다.

(5) 최종단계

처리된 슬러리는 탈수과정을 거쳐 토양으로 환원시키거나 재사용하게 된다.

3. 적용범위 및 오염물질

① 생물반응기는 이질성 토양, 투수성이 낮은 토양, 그리고 오염토양을 짧은 시간 내에 처리하고자 할 경우에 적용한다.
② 비할로겐 휘발성 물질과 유류계 탄화수소류를 제거하는 데 가장 효과적이다.
③ 무기오염물질의 제거에는 사용될 수 없다.

4. 적용 제약조건

① 오염된 토양을 굴착하여야 한다.
② 반응기에 넣기 전에 토양을 선별하여야 하므로 비용이 많이 소요된다.
③ 이질성 토양(비균일토양, 점토질토양)을 처리하는 데는 많은 어려움이 있다.
④ 처리 후 미세토양으로부터 수분을 제거하는 데 비용이 많이 소요된다.
⑤ 세척수의 처리를 필요로 한다.

5. 효율에 영향을 미치는 인자

① **pH**
최적 pH 범위는 6.5~7.5

② **고형물**
최적 고형물 함량비는 약 10~40% 정도

③ **산소**
산소 농도는 2.0mg/L 이상 유지

④ **교반**
최적 교반속도는 20~30rpm 수준을 유지

⑤ **영양 물질**
C : N : P는 100 : 10 : 1~100 : 1 : 0.5 범위를 유지

SECTION 082 퇴비화 공법(Composting)

1. 개요

① 토양미생물에 의하여 유기오염물질을 분해화·가스화하여 안정화시키는 방식을 말하며 잔유물은 토지개량제로 이용한다.
② 유기오염물질을 분해가 쉬운 유기성 물질(볏짚, 나무껍데기, 채소쓰레기 등)과 함께 혼합한 후 영양물질(N, P)을 보충하여 퇴비단을 쌓은 후 퇴비단 하단에서 공기를 불어 넣고 수분을 조절하면서 퇴비화를 진행시킨다.
③ 최대 분해효율은 수분함량, pH, 산소, 온도, C/N비가 적정할 경우 얻을 수 있다.

2. 적용범위 및 오염물질

① 저분자 비할로겐 휘발성 물질과 유류탄화수소를 처리하는 데 가장 효과적이다.
② 생분해가 가능한 물질로 오염된 토양에 적용할 수 있다.
③ 분자량이 큰 비할로겐/할로겐 화합물, 디젤 등에는 적용 가능하지만 효과는 미비하다.
④ 화학류와 같은 폭발성 물질로 오염된 토양의 처리에도 적합하다.

3. 적용 제약조건

① 퇴비화를 위한 넓은 공간이 필요하다.
② 오염토양을 굴착해야 하며 제어되지 않은 휘발성 유기물질이 대기 중으로 방출될 수 있다.
③ 팽화제 첨가 시 처리하여야 할 오염토양 전체 부피가 증가된다.
④ 중금속은 처리되지 못하며 미생물에 독성으로 작용한다.

4. 효율에 영향을 미치는 인자

(1) C/N비

① 이상적 C/N비는 25~30 : 1
② 적정 C/N비 이하인 경우는 심한 악취 발생
③ 적정 C/N비 이상인 경우는 미생물 성장에 필요한 질소원이 부족하게 되어 퇴비화 반응속도가 느려짐

(2) 팽화제(Bulking Agent, 수분조절제)

볏짚, 왕겨, 톱밥, 나무껍데기 등의 통기개량제, 즉 팽화제를 첨가

(3) 온도

최적 온도 50~60℃에서 유지

(4) 함수율

최적 함수율 40~60%에서 유지

(5) pH

최적 pH 범위 5.5~8.5에서 유지

SECTION 083 바이오스파징(Bio Sparging)

1. 개요

바이오벤팅(Bioventing)과 거의 유사한 제거방법이나, 공기를 지하수면 아래에서 공급한다는 것이 다르다. 즉, 공기를 지하수면 아래에서 주입하여 휘발성 유기오염물질을 불포화 토양층으로 이동시켜 생분해한다.

2. 공기주입의 목적

① 산소 공급
② 휘발성 유기오염물질의 불포화 토양층으로의 이동

3. 공기분사기법(Air Sparging)과의 차이점

① 바이오스파징(Bio Sparging)은 공기분사기법(Air Sparging)보다 적은 주입공기유량을 사용하여 체류시간을 증가시켜 오염물질의 휘발에 의한 제어보다는 미생물에 의한 생분해를 증가시켜 오염물질을 제거한다.
② 공기분사기법(Air Sparging)은 주로 휘발 및 탈기에 의해 오염물질을 제거한다.

4. 바이오벤팅과의 차이점

바이오스파징(Bio Sparging)은 지하수면 아래의 포화대로 공기가 주입되고 바이오벤팅(Bioventing)은 공기가 지하수면 상부의 불포화대로 주입된다.

5. 적용범위 및 오염물질

포화토양층의 유류화합물 처리에 효율적이다.

6. 적용 제약조건

① 대상부지의 지층이 균일해야 한다.
② 투수계수가 10^{-3}cm/sec 이하인 지역에 적용하는 것이 바람직하다. 즉, 수리전도도가 너무 크면 오염물질이 확산될 우려가 있다.
③ 불포화 토양층 내에서의 유량은 충분한 체류시간을 갖도록 해야 한다.
④ 층상구조가 발달된 지역에서는 오염물질이 확산될 우려가 있다.
⑤ 바이오스파징(Bio Sparging) 및 공기분사기법(Airsparging)은 공정 운영 시 지하수 내에 용존 Fe^{2+}이 존재할 경우 대수층의 공극 내에 침전하여 투수성을 저하시킨다.(Fe^{2+}농도가 10~20mg/L일 때 주입된 산소에 의해 산화철(Fe^{3+})이 생성되어 공기주입정 막힘현상을 발생시킬 수 있음)

SECTION 084 바이오슬러핑(Bio Slurping)

1. 개요

① 펌프를 이용하여 지중에 존재하는 오염된 지하수와 유류 및 탄화수소 증기화합물을 분리하는 원위치(In-Situ) 처리방법이다.
② 바이오슬러핑(Bio Slurping)은 SVE(토양증기 추출방법)와 양수처리방법 및 바이오벤팅(Bioventing) 방법이 조합된 처리방법이다.
③ 'Dual Phase Extraction'이라고도 하며 추출된 액체와 증기는 포집, 처분하거나 지중으로 재주입하는 과정을 거치게 된다.
④ 바이오슬러핑(Bio Slurping) 공정은 지중에 자유상으로 존재하는 오염물질의 제거에 효과적이며, 공정의 효율적인 운영을 위하여 추출속도를 극대화시키는 것이 중요하다.

2. 적용범위 및 오염물질

① 지하수면이 깊은 지역에도 적용 가능하다.
② 지하수면과 모세관대에 존재하는 연료유 및 LNAPL로 오염된 토양에 적용한다.
③ 휘발성 유기물질·준휘발성 유기물질 및 유류로 오염된 토양에도 적용 가능하다.
④ 포화토양 내 잔류오염물질은 처리가 불가능하다.

3. 적용 제약조건

① 지하수처리장치 및 오염증기처리장치를 필요로 한다.
② 오염물질의 특성 및 분포, 수리지질학적 조건에 따라 처리효율이 변화한다.
③ 다른 기술과의 병행이 필요하다(지하수 재생 : 양수 처리).
④ 치밀한 저투수성 토양층에는 효과가 적으며 온도가 낮은 경우에는 처리속도가 느리다.
⑤ 토양 내에 수분함량이 적은 경우 생분해(Biodegradation)와 바이오벤팅(Bioventing) 기술 적용에는 비효율적이다.

⑥ 추출가스에 대한 처리가 필요하며 추출된 물의 양이 많은 경우 오염물질을 처리하여 방류해야 한다.
⑦ 추출정(Bio Slurping Well)을 통한 공기 주입은 생물막에 의한 막힘 현상을 발생시킬 가능성이 있다.

4. 장점

① 바이오슬러핑 시스템(Bio Slurping System)은 자유상 유류 제거와 지하수 정화 후 바이오벤팅(Bioventing) 기술로 쉽게 전환이 가능하다.
② 대부분 장비가 지하에 설치되기 때문에 넓은 부지에 대해 적용 가능하다.
③ 수리제어를 통해 오염운이 이동하는 것을 제어할 수 있다.
④ 오염물질이 추출정을 향해 수평으로 이동하기 때문에 추출정이 오염되는 것을 최소화할 수 있다.

> **Reference** 공기 공급 주입정 및 추출정 위치에 따른 구분
>
> **1 지하수면 상부(불포화대)**
> ① 바이오벤팅(Bioventing)
> ② SVE
>
> **2 지하수면 하부**
> ① 공기분사기법(Air Sparging)
> ② 바이오슬러핑(Bio Slurping)
> ③ 바이오스파징(Bio Sparging)

SECTION 085 바이오필터(Biofilter)

1. 개요

① 증기상의 휘발성 유기오염물질을 생물상층을 통과시켜 생물학적으로 분해시키는 기술로서 물리·화학적 흡착처리기술에 생물학적 처리기술이 조합된 기술이다.
② 바이오필터에 사용되는 생물상(충전물질)은 흙, 나뭇조각(나무껍데기), 톱밥 등과 퇴비, Peat 등을 혼합하여 사용한다.

2. 적용범위 및 오염물질

① 저농도(수백 ppm 이하) 배기가스 처리에 효과적이다.
② 비할로겐 휘발성 유기물질, 유류탄화수소, 악취 등을 처리하는 데 효과적이다.

3. 장단점

(1) 장점

① 활성탄흡착기술과 같이 여재를 자주 교체할 필요가 없다.
② 별도의 포집가스 처리장치가 필요 없다.
③ 운전이 용이하고, 간헐적 운전에 효과적이다.

(2) 단점

① 곰팡이 등에 의해 문제를 야기시킬 수 있다.
② 바이오필터탑의 크기가 작게 설계될 경우 유입공기가 압축되어 압력손실이 증가한다.

4. 적용 제약조건(운전상 문제점 및 대책)

(1) 수분증발(수분함량)

① 생물상의 온도가 미생물의 활동에 의해 상승함에 따라 수분이 증발

② 대책
주기적인 수분 공급

(2) 충전층의 막힘 현상

① 제어시간이 경과함으로써 바이오필터를 통과하는 배기가스의 압력손실이 증가

② 대책
충전층의 정기적인 교체가 용이한 구조로 설계

(3) pH 저하

① 오염물질 분해에 의한 산의 생성으로 pH 저하

② 대책
완충능력이 큰 여재 사용 및 필요시 중화제(석회 등) 첨가

(4) 온도

낮은 온도인 경우에는 제거율이 낮아지거나 분해가 억제될 수 있다.

5. 효율에 영향을 미치는 인자

(1) 수분함량

① 충전재의 종류에 따라 다르지만 일반적으로 40~60% 범위의 수분함량이 필요하다.
② 충전재료가 퇴비인 경우 약 30~55% 범위의 수분함량이 되도록 조절한다.

(2) 온도

최적온도 조건은 37℃ 정도이다.

(3) pH

최적 pH 범위는 pH 6~8 정도이다.

(4) 체류시간

① 퇴비의 경우 체류시간은 30sec 이상이 되어야 한다.
② 체류시간 조절 인자
  ㉠ 통과유속 조절(가장 용이함)
  ㉡ 바이오필터 유효높이
  ㉢ 충전재 공극률
  ㉣ 배가스분배방식

(5) 압력손실

시간경과에 따라 압밀에 의한 압력손실의 증가가 불가피하므로 시설의 설계 당시에 충전재의 교체가 용이한 구조로 설계해야 한다.

SECTION 086 백색 부후균(White Rot Fungus)

1. 개요

① 리그닌을 분해하는 효소를 분비할 수 있는 능력이 있는 백색 부후균(White Rot Fungus)을 이용하여 다양한 유기오염물질을 분해시키는 기술이다.
② 리그닌을 분해하는 미생물의 생분해 최적온도는 30~38℃이고 생분해 반응에서 생성되는 열은 반응기 온도 유지에 이용된다.

2. 적용 오염물질

① 폭발성 유기오염물질(TNT, RDX, HMX)
② 난분해성 오염물질(DDT, PAH, PCB, PCP2-4)

3. 적용 제약조건

① 박테리아 수(토착 박테리아와의 경쟁)
② 토양, 침전물, 슬러지에 포함된 고농도의 TNT
③ 독성물질
④ 화학적 흡착

4. 효율에 영향을 미치는 요인

① 토양, 슬러지, 침전물의 오염물질 농도
② 오염물질 기준농도(법)
③ 타 오염물질 존재 여부
④ 토양 특성

SECTION 087 식물정화법(Phytoremediation)

1. 개요

① 토양 및 지하수로부터 유해한 오염물질을 식물을 이용하여 정화하는 원위치(In-Situ) 처리기술이다.
② 생물학적 및 물리·화학적인 제거 메커니즘이 모두 포함되며 오염물질 제거, 안정화·무독화시키는 자연친화적인 환경복원기술이다.
③ 식물정화는 뿌리가 접촉하는 부분에 한정되어 일어나므로 오염원의 깊이가 중요한 요인이다.

2. 식물정화법의 대표적 처리기작(메커니즘)

(1) 식물에 의한 추출(Phytoextraction)

① 식물의 필요한 무기영양분은 대부분 이온형태로 뿌리를 통해서 흡수되므로 뿌리의 깊이에 따라 제거효율이 결정된다.
② 식물조직이 무기오염물질을 체내에 흡수하여 축적(농축)함으로써 오염물질을 제거한다.
③ 주로 중금속이나 방사능물질의 제거에 사용된다.
④ 적합한 식물의 특징

   ㉠ 조직 내에 고농도의 금속을 축적할 수 있을 것
   ㉡ 고농도 금속에 대한 내성을 가질 것
   ㉢ 높은 성장률 및 높은 생체량을 생산하여 개체당 금속제거량이 많을 것

⑤ 단점

   중금속을 고농도로 축적 가능한 식물은 대부분 생장이 느리고 수확된 식물체는 고농도 오염물을 함유하고 있으므로 처리해야 한다.

(2) 식물에 의한 분해(Phytodegradation)

① 식물이 독성물질을 분해하는 효소를 분비하거나 또는 오염물질을 분해하는 데 중요한 역할을 하는 토양 미생물에 필요한 영양분을 제공하여 분해활동을 활성화시킴으로써 오염물질을 무독성의 물질로 전환시키는 원리이다.
② 일반적으로 오염깊이가 깊지 않은 광범위한 지역에 적용하며 토양, 지하수, 폐기물 등의 처리에 이용 가능하다.
③ 방향족탄화수소, 할로겐화방향족탄화수소, 유기인화합물 등의 오염물질은 식물에 의한 분해로 정화한다.

│ 식물 정화에 중요한 역할을 하는 효소와 분해되는 오염물질 │

효소	분해되는 오염물질
Dehalogenase	염소계 유기용매(TCE), 에틸렌 함유 화합물(Hexachloroethane)
Laccase	Aminotoluene, 탄약폐기물
Nitroreductase	TNT, RDX
Nitrilase	제초제(Atrazine)
Peroxidase	페놀
Phosphatase	살충제(유기인계)

(3) 식물에 의한 안정화(Phytostabilization)

① 오염물질이 식물 뿌리 주변에 비활성의 상태로 축적되거나 식물체에 의해 오염물질의 이동을 차단하는 원리를 이용하며 뿌리 주변 토양의 pH 변화 등에 의하여 중금속의 산화도가 바뀌어 불용성의 상태로 되는 원리에 기초한다. 즉, 적합한 식물은 대상오염에 대한 높은 내성이 있어야 한다.
② 식물의 뿌리가 오염물질의 이동을 위한 공간을 만들어 토양공기와의 반응성을 형성시켜 처리하는 방법이다.
③ 풍화 및 침식경로에 의한 오염원의 이동을 막아 인근의 지하수로 용출되는 것을 효과적으로 제어할 수 있다.
④ 금속과 같은 오염물질이 용존상태에서 침전되거나 식물 뿌리 또는 주변 토양에 흡착되어 안정화된다.

⑤ 장점

토양 및 식물체를 제거할 필요가 없고 저비용으로 처리 가능하며 생태계 복원이 용이하다.

⑥ 단점

오염물질이 대상지역에 그대로 남아 있어 장기간 관리를 필요로 한다.

(4) 근권에 의한 분해(Rhizodegradation)

① 식물 촉진(Phytostimulation)이라고도 한다.
② 식물 뿌리 근처에서 미생물의 군집이 식물체의 도움반응으로 유기오염물질을 분해하는 반응과정이다. 즉, 뿌리 자체가 미생물의 서식처가 된다.
③ 일반적으로 타 정화방법 후 최종처리법으로 이용된다.

(5) 근권에 의한 여과(Rhizofiltration)

① 수용성 오염물질이 식물 뿌리 주변에 축적되거나 식물체로 흡수반응되는 과정이다.
② 일반적인 토양보다는 수환경을 대상으로 하며 수생식물보다는 육상식물에 더 효과적이다.
③ 적용 오염물질은 중금속(납, 카드뮴), 방사성 원소(우라늄, 세슘) 등이다.

(6) 식물에 의한 휘발화(Phytovolatilization)

오염물질이 식물체에 의하여 흡수 및 대사에 의해 휘발성 물질로 전환되어 대기로 방출되는 과정이다.

(7) 수리에 의한 조절(Hydraulic Control)

① 식물을 이용하여 물을 제거함으로써 수용성 오염물질의 이동 및 확산을 차단하는 방법이다.
② 수분의 제거는 식물체에 의존하므로 다른 장비(펌프)를 필요로 하지 않는다.

(8) 완충수로에 의한 방법(Riporian Corridors)

충분히 넓은 지면을 필요로 하며 오염물질 농도 및 깊이 등을 고려해야 한다.

3. 식물정화법의 비교

처리기작	오염물질	대표적 식물	오염매체
식물 추출	중금속 방사성 물질	해바라기, 인도겨자 보리, 민들레	토양 슬러지, 퇴적층
식물 분해	방향족 탄화수소 할로겐화 방향족 탄화수소 유기인 화합물	포플러나무, 사시나무 버드나무, 볏과식물 앵무새털풀	토양, 퇴적층 슬러지 지하수·지표수
식물 안정화	중금속 방향족 탄화수소 할로겐 방향족 탄화수소	포플러나무, 사시나무 버드나무 뿌리가 발달된 초본류	토양 슬러지 퇴적층
근권 분해	유기화합물 (TPH, PAH, 살충제, PCB)	습지 식물, 뽕나무 잡종포플러, 벼 초본류	토양, 퇴적층 슬러지 지하수
근권 여과	중금속 방사성 물질	해바라기 인도겨자	지하수 지표수
식물 휘발화	염소계 용제 MTBE 무기오염물질	포플러나무, 인도겨자 자주개나리, 아까시나무 초본류	토양, 퇴적층 슬러지 지하수
수리적 조절	수용성 오염물질 무기오염물질	잡종포플러 버드나무	지하수 지표수
완충 수로	수용성 오염물질 무기오염물질 N, P, 살충제	포플러나무 습지식물 초본류	지하수 지표수 -

4. 적용 오염물질

① 중금속
② 방사성 물질
③ 염소계 용제를 포함한 유기물질
④ 농약
⑤ 폭발물

5. 장단점

(1) 장점

① 비용이 적게 소요된다.
② 다양한 오염물질에 적용 가능하다.
③ 넓은 부지의 오염지역에 적용이 가능하다.
④ 부하변동에 대한 적응성이 높고 현장 적용성이 좋다.
⑤ 친환경적이며, 2차 부산물이 적게 발생한다.

(2) 단점

① 다른 방법에 비해 효과가 느리다.
② 넓은 부지가 필요하고 지역에 따라 기후 및 계절의 영향을 받는다.
③ 식물 뿌리가 닿는 비교적 얕은 지역에만 적용할 수 있다.

6. 적용 제약조건

① 지하수, 수변, 낮은 깊이의 토양에 한정적으로 적용한다.
② 고농도 유기물질의 유해 독성으로 인하여 제어에 한계가 있다.
③ 물질전달 반응에 한계가 있다.
④ 물리·화학적 공정에 비하여 상대적으로 처리속도가 늦다.
⑤ 분해생성물의 유해독성 여부 및 생분해도의 규명이 부정확하다.

7. 식물정화능력이 높은 대표식물종

① 포플러나무
  ㉠ 오염물질의 독성에 대해 저항력이 강하다.
  ㉡ 타 식물에 비하여 상대적으로 고농도의 오염물질이 존재하는 경우에도 생존하는 특성이 있다.
  ㉢ 어떠한 환경조건에서도 쉽게 적응한다.

② 해바라기
③ 볏과식물
④ 버드나무
⑤ 미루나무
⑥ 초본류(Fescue)

8. 효율에 영향을 미치는 인자

(1) 오염물질 특성

① 유기오염물, 무기오염을 모두 광범위하게 적용 가능하나 고농도인 경우 독성으로 인하여 효율적이지 못하다.
② 유기물의 경우는 옥탄올-물 분배계수(Log Kow)가 1~3 정도의 소수성인 오염물질에 대해서만 효율적이다.

(2) 오염지역의 깊이

0.9~3m 범위가 적당하며 식물정화법의 적용성을 평가하는 데 중요한 요소이다.

(3) 식물 종류

오염원, 오염지역 면적에 따라 적용 가능한 식물 종류를 선택해야 한다.

(4) 근권

뿌리 표면에서 약 2mm 범위이며 활성이 높고, 미생물과 뿌리 사이에 복잡한 상호작용이 일어난다.

9. 설계인자

① 오염원 및 오염원으로 인한 문제점 파악
② 적합한 식물의 선정 및 선정된 식물의 각 오염원에 대한 처리공정도
③ 식물식종방법
④ 토양 및 지하수 내의 증산량 및 Capture Zone
⑤ 오염원 흡수율 및 정화처리기간

SECTION 088 소각

1. 개요

① 산소가 있는 조건에서 고온으로 온도를 높여 유기물질을 휘발시키고 동시에 소각시키는 기술이다.
② 오염토양의 유기물질을 보통 870~1,200℃의 고온으로 소각하여 유해성 폐기물 내의 이산화탄소, 수증기, 황화수소 그리고 할로겐화수소를 분해한다.

2. 제약조건

① 소각로에 투입되는 오염토양의 양에 따라 소각로의 크기가 커지고 처리비용이 증가한다.
② 중금속으로 오염된 토양을 소각하는 경우 재가 발생한다.
③ 납, 카드뮴, 수은, 비소 등의 휘발성 중금속은 연소 시 유해가스를 발생하므로 이를 처리하기 위한 가스정화장치가 필요하다.
④ 금속은 유기물질보다 독성이 강한 염소나 황과 반응하여 유해물질을 생성하는 경우가 있다.
⑤ 나트륨은 저온 조건에서 재를 형성하거나 점착성이 강한 입자를 형성하여 덕트를 막히게 한다.

3. 설계 시 고려사항

① 높은 열로 운전해야 하며 10배의 수용능력이 있어야 한다.
② 배가스 처리시설이 설치되어야 한다.(HCl, SO_x, NO_x)
③ 하나의 Off-Site 소각로에서 PCBs 및 다이옥신이 완전연소되도록 설계한다.

4. 장점

① 모든 유기물질을 처리할 수 있다.
② 자체 연소열에 의해 처리된다.
③ 열효율이 높고 에너지 요구량이 낮다.
④ 장치가 간단하고 고장 요인이 적다.

5. 단점

① 처리 후 토양의 고유성질을 잃기 쉽다.
② 대기오염물질의 배출량이 많다.
③ 세정장치로부터 슬러지, 폐수 등을 발생시킨다.

089 열탈착 기술(Thermal Desorpton)

1. 개요

① 산소 또는 무산소조건에서 대체로 500℃ 이하의 토양 온도조건에서 오염물질을 토양으로부터 제거하는 기술이다.
② 물리적인 공정으로 유기물질을 분해시키지 않으며 적절한 에너지와 장치비용이 소요된다.
③ 휘발성 및 준휘발성 유기물질에 대한 처리효율이 높고 처리기간이 짧은 장점이 있어 가장 일반적으로 사용된다.
④ 유기물로 오염된 토양은 오염물의 휘발성으로 인하여 오염물이 탈착되고 탈착된 오염물은 응축장치나 후연소처리장치에서 회수 또는 처리된다.

2. 열적 처리기술인 소각과 열탈착 기술의 차이점

(1) 소각

소각은 산소가 있는 조건에서 고온으로 온도를 높여 유기물을 휘발시키고 동시에 소각시키는 기술이다.

(2) 열탈착 기술

열탈착은 산소 또는 무산소의 500℃ 이하의 토양 온도조건에서 오염물질을 토양으로부터 제거하는 기술이다.

3. 열탈착 기술의 종류

(1) 고온열탈착공법(HTTD ; High Temperature Thermal Desorption)

① 개요
- ㉠ 오염토양에 포함되어 있는 물이나 유기오염물이 휘발 가능하도록 320~560℃로 가열함으로써 오염물질을 탈착시켜 제거하는 Full-Scale 기술이다.
- ㉡ 물리적인 분리공정이며 유기물질은 분해하지 못하고 반응기의 온도, 체류시간에 따라 오염물질은 휘발되나 산화하지는 않는다.
- ㉢ 소각, 고형화·안정화·탈염소화 등의 기술과 결합되어 이용된다.
- ㉣ 오염물질의 최종처리농도를 5mg/kg 이하까지 처리할 수 있다.

② 적용범위 및 오염물질
- ㉠ 준휘발성 유기물질(SVOC), 다환방향족탄화수소(PAH) PCB, 살충제에 적용 가능하나 휘발성 유기물질(VOC), 유류오염물질은 처리비용이 고가이기 때문에 비경제적이다.
- ㉡ 휘발성 금속도 처리가 가능하다.
- ㉢ 방사성 물질이나 독성 물질로 오염된 토양으로부터 오염물질을 분리하는 데 적용할 수 있다.

③ 적용 제약조건
- ㉠ 큰 입경의 토양을 장기적으로 운전하면 시설을 손상시킬 수 있다.
- ㉡ 점토, 휴믹산을 많이 함유한 토양은 오염물질과 단단히 결합되어 반응시간이 길어진다.
- ㉢ 토양 입경이 2inch 이상인 경우는 적용성이나 비용에 영향을 미친다.
- ㉣ 토양 가열 에너지를 저감하기 위해 탈수가 필요하다.

④ 적용 영향인자
- ㉠ 수분함유량
- ㉡ 오염물질의 끓는점
- ㉢ 열탈착의 효과
- ㉣ 분류(체분석은 필요하지 않음)

(2) 저온열탈착공법(LTTD ; Low Temperature Thermal Desorption)

① 개요

㉠ 오염토양의 수분과 유기물질이 휘발 가능하도록 90~320℃로 가열함으로써 오염물질을 탈착시켜 제거하는 Full-Scale 기술이다.

㉡ 물리적인 분리공정이며 유기물질은 분해하지 못하고 반응기의 온도, 체류시간에 따라 선택된 오염물질은 휘발되나 산화하지는 않는다.

㉢ 오염물질의 처리효율은 95% 이상으로 높고 단기간에 처리 가능하며, 오염토양의 유류계 탄화수소를 정화하는 데 더 효과적이다.

㉣ 난분해성 오염물질도 적용 가능하고 정화된 토양은 미생물 활성을 향상시킨다.

㉤ 모든 토양에 적용 가능하며 다른 정화기술에 비해 높은 에너지 비용이 소요되어 경제성이 낮다.

㉥ 수분함량이 높거나 점토 및 휴믹산 등을 높게 함유한 토양의 경우 반응시간이 길어지고 처리비용이 증가한다.

② 적용범위 및 오염물질

㉠ 무기물질(중금속) 및 방사성 물질을 제외한 대부분의 석유계 화합물의 처리에 유용하다.

㉡ 휘발성 유기물질 및 유류오염물질의 적용에 효율적이다.

㉢ SVOC는 처리 가능하나 효율은 낮다.

③ 적용 제약조건

㉠ 탈수공정으로 토양 가열 에너지를 감소시킬 수 있다.

㉡ 거친 모양의 입자는 공정의 손상을 유발할 수 있다.

㉢ 토양 내 함수율이 높으면 에너지 소모량이 많아져 전처리가 요구된다.

④ 적용 영향인자

㉠ 오염물질의 종류 및 농도

㉡ 토양 성분 및 토양의 수분함량

㉢ 수은함량

㉣ pH

4. 열탈착 기술에 사용되는 장치(열탈착 Process)

(1) 로터리 탈착장치(Rotary Desorber)

① 수평축을 중심으로 회전하고 수평축은 약간의 경사를 이루며 킬른(Kiln)이 회전함에 따라 킬른 내의 고형물이 가스열과 접촉한다.
② 주입물질이 실린더에서 아래 방향으로 이동하면서 승온되고, 오염물질과 수분은 분리 및 휘발된다.
③ 구성장치는 주입장치, 킬른회전장치, 탈착가스분석장치, 공기예열장치로 되어 있다.
④ 직접화염 로터리킬른 장치와 간접화염 로터리킬른 장치로 분류되며 직접화염 로터리킬른 장치는 소각로와 유사하고 유류오염토양을 정화하는 데 널리 사용된다.

(2) 열 스크류 장치(Heated Screw)

① 토양에 열을 공급하는 토양을 혼합하기 위하여 여러 개의 스크류를 가지고 있다.
② 장치용적에 비해 열전달표면적이 비교적 크다.
③ 같은 용량의 장치에 비해 장치 크기가 작고 열전달효율이 높다.
④ 열 스크류 공정은 고형물의 온도가 최대 허용 가능한 열전달유체의 온도에 의해 제한된다.
⑤ 열 스크류 공정의 열전달 유체는 직접연소 또는 전기적 장치에 의해서 가열된다.
⑥ 열전달 유체시스템은 저비중용제, 석유제품, 준휘발성 유기화합물 등을 제거하는 데 효과적이며 PCB는 온도 제한성 때문에 효과적이지 못하다.

(3) 유동상 탈착장치(Fluidized Bed Desorber)

① 수직방향 형태의 장치 내 뜨거운 가스가 바닥으로부터 상부까지 순환되며 토양은 장치 내로 주입되고 가스흐름에 의해서 유동된다.
② 가스흐름속도는 적절한 유동이 되도록 조절해야 한다.
③ 유동상 장치의 중요한 장점은 고형 매체층 내의 혼합조건에서 유동가스와 토양층 사이에 비교적 높은 열전달 및 물질전달이 이루어지는 것이다.

(4) 마이크로파 탈착장치(Microwave Heated Desorber)

① 마이크로파 또는 무선주파복사장치에 의하여 토양을 가열하며 전체 에너지가 유전체의 내부에서 열로 전환되는 원리를 이용한다.
② 내부가열방식이며 가열시간이 짧고 온도분포도 균일하다.
③ 대상물질만 가열하므로 열효율이 높아 오염물질 제거효율도 좋고 온도를 1,000℃까지 상승 가능하므로 증발, 확산에 의해 오염물을 토양으로부터 탈착, 포집할 수 있다.
④ 오염가스의 발생량이 적어 후처리 비용도 적다.

(5) 스팀주입 탈착장치(Steam Injection)

① 현장에서 실시하는 열처리 방법이며 스팀과 뜨거운 공기가 큰 수직공극을 통하여 토양으로 주입되고 오염물을 탈착시킨다.
② 탈착된 오염물질은 후드에서 모아져 가스처리장치에서 처리한다.

5. 적용범위 및 오염물질

① 토양으로부터 검출한계 이하까지 유기염소 및 유기인·살충제의 제거가 가능하다.
② 다양한 수분함량과 오염농도를 가진 여러 종류의 토양에 적용이 가능하다.
③ 토양으로부터 검출한계 이하로 휘발성 유기화합물의 제거가 가능하다.
④ VOC(휘발성 유기화합물)뿐만 아니라 SVOC(준휘발성 유기화합물)의 제거도 가능하다.

6. 장단점

(1) 장점

① 같은 용량의 소각공정에 비하여 가스양이 상대적으로 적게 발생한다.
② 유기염소 및 유기인 살충제 등 오염토양을 처리하는 동안 다이옥신과 퓨란이 생성되지 않는다.

③ 토양으로부터 검출한계 이하로 휘발성 유기화합물, 유기염소, 유기인 살충제의 제거가 가능하다.
④ 다양한 수분함량과 오염농도를 가진 여러 종류의 토양에 적용이 가능하며 고농도 Hot Spot 처리도 가능하다.
⑤ 소각공정에 비하여 먼지의 양이 적고, 유기물을 응축시켜 회수 가능하거나 후처리할 수 있다.
⑥ 처리 토양을 현장에서 재매립할 수 있고 일관성 있는 처리결과를 얻을 수 있다.
⑦ 부지 내·외 처리가 가능하며 비교적 많은 오염토양 처리 시 경제성이 있다.

(2) 단점

① 처리 토양 내 수분이 많으면 전처리를 통하여 수분함량을 낮추어야 한다.
② 토양 굴착이 필요하며 중금속 처리에는 부적합하다.
③ 현장처리 시 큰 부지가 필요하며 점토(Clay) 및 미사(Silt)의 토양은 반응시간과 처리비용이 증가된다.
④ 가소성이 높은 토양은 스크린 및 장비에 엉겨 붙어 운영에 지장을 초래할 수 있다.

7. 적용 제약조건

① 점토와 실트질 토양, 높은 유기물을 함유한 토양은 오염물질과의 결합으로 반응시간을 증가시킨다.
② 수분함량이 높거나 점토 및 휴믹산 등을 높게 함유한 토양의 경우 반응시간이 길어지고 처리비용이 증가한다.
③ 토양 입경이 5cm 이상이거나 거친 입자의 토양인 경우 적용성이나 비용에 영향을 미친다.(처리시설 손상 유발)
④ 토양 가열 에너지를 감소하기 위한 탈수공정이 필요하다.

8. 열탈착 기술에서 오염물질의 특성에 따른 탈착속도

① 유기물질의 분자량이 클수록 탈착속도가 느리다.
② 오염기간이 짧을수록 탈착속도가 빠르다.(오염기간이 긴 오염매체일수록 탈착이 어렵다.)
③ 유기물질의 휘발성이 낮을수록 탈착속도가 느리다.
④ 비공극성 입자의 경우 탈착속도는 초기에 크고 빠르게 일어난다.
⑤ 토양층이 깊어질수록 탈착속도는 감소한다.

9. 탈착의 영향인자

① 탈착속도
  ㉠ 분자량이 클수록 탈착속도가 느리다.
  ㉡ 휘발성이 작을수록 탈착속도가 느리다.

② 온도
  가장 지배적인 요소이다.

③ 체류시간

④ 공극
  비공극성 입자의 탈착속도는 초기에 크고 빠르게 진행한다.

⑤ 유기물함량
  분산계수 및 유기물 흡착에 밀접한 영향을 미친다.

⑥ 수분(가소성)
  ㉠ 수분이 대상유기물질보다 흡착효율이 좋을 경우 탈착이 잘 된다.
  ㉡ 대상 유기물질의 흡착효율이 좋을 경우 수분이 먼저 탈착된 후 유기오염물질을 탈착하므로 탈착속도가 느려진다.

> **Reference 가소성**
>
> 물체에 힘을 가할 경우 파괴되지 않고 모양만 변화되며, 힘이 제거된 후에도 원래대로 돌아가지 않는 성질

10. 소각 및 열탈착에서 생성되는 2차 오염원과 처리방법

① 먼지
집진장치(여과집진장치, 전기집진장치)

② 다이옥신, 퓨란류
활성탄 주입장치 + SCR + 여과집진장치

③ 산성증기
세정식 집진장치(벤츄리 스크러버)

11. 열처리 공정 선정 시 고려사항

① 처리효율
가장 낮은 수준까지 감소 가능한 공정을 선택한다.

② 법적 기준
토양오염물질의 법적인 기준 및 배출가스의 배출허용기준 이내로 처리 가능한 공정을 선택한다.

③ 전문수행능력
공정 적용 및 운전능력이 가능한 전문기술력을 소유한 운전자가 필요하다.

④ 단기·장기영향 정도

⑤ 경제성

토양오염도 조사

토양오염도 조사는 미국품질검사규격협회(ASTM)에 의해 제정된 부지환경평가방법(ESA)에 따라 수행한다.

1. 1단계 부지환경평가(Phase Ⅰ ESA)

① 표준화된 절차에 따라 특정부지의 오염상태 및 토지오염 개연성을 판단(확인)하는 단계

② 1단계 부지환경평가 단계
  ㉠ 서류검토(Pecord Review)
  ㉡ 관계자 면담(Interview)
  ㉢ 현장조사(Site Reconnaissance)

2. 2단계 부지환경평가(Phase Ⅱ ESA)

① 1단계 부지환경평가 절차에 따라 유해물질 또는 석유류 제품의 폐기나 노출에 의한 토양오염 개연성이 확인되면 확인된 오염 개연성에 대하여 시료의 채취 및 분석을 통해 추정되는 오염물질에 의한 오염 여부를 정확히 평가하는 단계

② 2단계 부지환경평가 단계
  ㉠ 작업형 계획 수립
    ⓐ 대상부지 특성 파악
    ⓑ 토지시료 채취계획
    ⓒ 오염물질 위해성 평가
    ⓓ 시료분석 설계

ⓒ 조사활동
  ⓐ 현장스크린 및 현장분석
  ⓑ 토양시료 채취
  ⓒ 시료취급

ⓒ 자료평가
  ⓐ 가정의 검증
  ⓑ 토양 및 지하수 시료분석
  ⓒ 자료검증

㉣ 결과해석
  ⓐ 측정자료의 분석 및 해석
  ⓑ 오염 개연성 항목 삭제
  ⓒ 오염 개연성 확정

SECTION 091 토양 정밀조사

토양 정밀조사는 기초조사, 개황조사, 상세조사 3단계로 실시한다.

1. 기초조사

(1) 자료조사

대상부지의 토양환경 관련 자료를 검토하여 토양오염 상태를 판단하는 과정으로 다음 사항에 대해 조사한다.

① 일반현황

　㉠ 위치 및 입지조건(대상부지 및 주변지역 지적도 및 지형도, 항공사진, 지하 장애물 등)
　㉡ 연혁 및 토지 이용 현황(토지대장, 건축물대장, 인허가 서류, 부지 이용 이력 등)
　㉢ 시설 운영 현황(설비 및 운전 등 생산공정, 취급한 원자재 및 생산품, 사용된 화학약품, 토양오염을 유발할 수 있는 폐수 · 폐기물 · 대기 · VOC · 잔류유해화학물질 · 오염가능물질의 배출자 신고필증 및 처리 · 발생현황 등)
　㉣ 대상부지의 소유권에 대한 기록, 감정서 등

② 환경관리

　㉠ 특정토양오염관리대상시설 설치신고서
　㉡ 토양오염도검사 또는 누출검사 자료
　㉢ 대상부지 및 주변지역 지하수 오염도 검사자료
　㉣ 환경오염사고 관련자료(언론보도, 민원발생기록 등)
　㉤ 부지의 굴토 및 복토 등에 관한 자료
　㉥ 오 · 폐수 및 우수 흐름도
　㉦ 기타 토양오염 상태의 확인에 필요한 자료

(2) 청취조사

대상부지의 소유자, 관리자, 장기 근무자, 지역 공무원 또는 주변지역 거주자 등과의 접촉을 통하여 토양오염 상태를 확인하는 과정으로 직접 방문하여 면담하거나 전화 또는 서면으로 조사할 수 있다. 청취조사 대상자로는 다음 사항에 대해 알고 있는 자를 선정한다.
① 대상부지의 주요 시설현황 및 폐쇄 또는 이전 사항
② 오염물질 관리상태
③ 외부로 알려지지 아니한 오염사고 사례
④ 기타 토양오염 상태를 확인할 수 있는 사항

(3) 현장조사

현장을 방문하여 대상부지의 오염상태를 확인하는 과정으로 다음 사항을 조사한다.
① 토양오염관리대상시설의 설치장소 확인 및 오염물질의 보관상태
② 대상부지와 주변지역의 지형·지질, 식물 생장상태, 토양오염관리대상시설 등
③ 오염 예상지역의 누출흔적 및 변색 등 토양오염 징후
④ 기타 토양오염 상태를 확인할 수 있는 사항

2. 개황조사

개황조사는 오염토양 정화 및 토양오염 방지를 위한 조치가 필요한 지역의 오염물질 종류, 오염면적 및 오염범위 등을 파악하기 위한 사전 개략조사이며, 이를 기준으로 상세조사를 실시한다.

3. 상세조사

상세조사는 개황조사 결과 우려기준을 초과하거나 오염이 우려되는 농도(중금속과 불소는 우려기준의 70%, 그 밖의 오염물질은 우려기준의 40%를 초과하는 농도를 말한다. 이하 같다.)에 해당하는 지역과 심도를 대상으로 상세조사를 실시한다.

> **Reference**
>
> 시료채취 등 조사지점선정에 대하여 개황조사 또는 정밀조사 방법에서 별도의 규정이 없는 경우에는 시료채취밀도를 고려하여 고정격자법이나 임의격자법에 준하여 선정하는 것을 원칙으로 한다.
>
>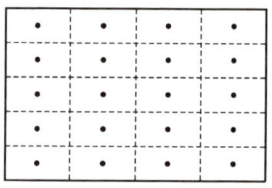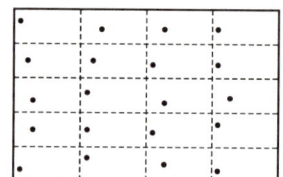
>
> 　　　　고정격자법　　　　　　　　　　　임의격자법

SECTION 092 오염지반의 조사방법

1. 공중원격탐사

항공기나 인공위성을 통해 얻은 사진이나 스펙트럼을 판독한다.

2. 지표물리탐사

항공기나 인공위성을 통해 얻은 사진이나 스펙트럼을 판독한다.

① 전기탐사
② 전자탐사
③ GPR 탐사

3. 시추조사

① 오염토양을 직접 시추하여 시료를 채취한다.

② Bore Hole Logging
지중의 공 내에 검층기기를 삽입하여 시추조사의 약점을 보완하는 시료 채취 방법이다.

4. 관입조사

관입콘덴서를 지중에 삽입하여 시료를 채취한다.

> **Reference** 오염지반조사

1 현장조사
① 추적자 시험
② 환경공학 관입시험(전기비저항, pH, 온도, 산화환원전위 등)

2 실내시험
① 토양성분 : 화학성분, 이온, 광물성분, 유기물
② 토양오염 : 유류, 비소, 수은, 납, 페놀, 구리 등
③ 수질분석 : 대장균, 염소이온, 수은 등 유해물질
④ 콘크리트 부식성분 : 황산염 등 부식 유발물질

> **Reference** 폐기물 매립지 및 오염지반 정화를 위한 지반조사 시 고려사항

1 차수시스템이 설치된 사용종료 폐기물 매립지에 대한 조사 시에는 차수층의 파손으로 인해 주변지반이 오염되지 않도록 주의하여야 한다.
2 폐기물 지반의 안정성을 확보하기 위하여 폐기물의 입도, 침출수위 등을 조사하여야 한다.
3 오염지반 정화를 위한 지반조사 시에는 불포화토층과 포화토층을 구분하여 실시하고, 필요시 흙, 지하수, 공기를 구분하여 채취한다.
4 오염 대책지역으로 지정된 지역은 지반정화를 위한 종합적 대책을 수립할 수 있는 지반조사를 시행한다.

SECTION 093 토양오염 평가

1. 토양오염에 대한 건강위해성 평가 과정

① 1단계 : 유해성 인식(Hazard Identification)
② 2단계 : 노출평가(Exposure Assessment)
③ 3단계 : 독성평가(Toxicity Assessment)
④ 4단계 : 위해의 특성화(위해도 결정, Risk Characterization)

2. 사전복원목표에 대한 위해성 평가 단계 : PRG

① 1단계 : 우려대상 매체 확인
② 2단계 : 우려대상 화학물질 확인
③ 3단계 : 미래 토지이용 여부 결정
④ 4단계 : 노출경로, 노출인자, 계산수식 확인
⑤ 5단계 : 독성정보
⑥ 6단계 : 목표 위해도 수준
⑦ 7단계 : PRG의 수정단계

3. 토양선별농도지침에 대한 위해성 평가 단계 : SSL

① 1단계 : 개념적인 지역모델 개발
② 2단계 : 개념적인 지역모델과 토양선별농도 시나리오의 비교
③ 3단계 : 수집이 필요한 자료 결정
④ 4단계 : 오염지역 토양의 채취와 분석
⑤ 5단계 : 부지특이적인 토양선별농도의 계산
⑥ 6단계 : 오염지역의 토양오염물질의 농도와 계산된 토양검사기준의 비교
⑦ 7단계 : 추가조사가 필요한 면적의 결정

4. 생태계 위해성 평가 4단계

① 1단계 : 문제의 구체화
② 2단계 : 노출평가
③ 3단계 : 유해인자-반응관계에 대한 생태학적 영향
④ 4단계 : 위해도 결정

SECTION 094 토양환경 평가방법 및 절차

토양환경평가는 기초조사, 개황조사, 정밀조사로 구분하여 단계별로 실시한다.

1. 1단계(기초조사)

대상부지의 토양오염 개연성 여부를 판단하기 위해 자료조사, 현장조사 및 청취조사 등을 실시한다. 오염 개연성이 있는 경우 오염 가능성이 있는 지역과 오염물질의 종류 등을 추정한다.

① 자료조사
② 현장조사
③ 청취조사
④ 평가 의견
⑤ 보고서 작성

2. 2단계(개황조사)

기초조사 결과 오염 개연성이 확인된 지역의 오염물질의 종류와 개략적인 오염범위 등을 확인하기 위해 시료채취 및 분석을 포함하는 개황조사를 실시한다. 필요한 경우 오염 가능 물질의 종류, 건물 등 지장물과 지질여건 등 객관적인 자료를 토대로 평과결과에 영향을 주지 아니하는 범위 내에서 토양환경평가기관의 책임하에 평가면적, 평가대상 오염물질의 종류, 시료채취 밀도 및 심도를 일부 조장하여 평가를 실시할 수 있다. 평가내용을 일부 조장하여 실시한 경우 토양환경평가기관은 조정사유를 결과보고서에 포함하여 작성하여야 한다.

① 시료채취 밀도 및 심도
② 평가의견
③ 보고서 작성

3. 3단계(정밀조사)

개황조사결과 토양오염우려기준을 초과하거나 오염이 우려되는 농도(중금속과 불소는 우려기준의 70%, 그 밖의 오염물질은 우려기준의 40%를 초과하는 농도)를 초과하는 등 오염이 확인된 부지에 대해 오염물질의 종류 및 농도, 오염면적 및 범위를 평가하여 오염특성과 현황을 파악할 수 있도록 충분한 정보를 제시하도록 한다. 토양환경평가기관은 대상부지 및 오염물질의 특성과 확산 등을 고려해 시료채취 밀도와 심도 및 방법을 조정할 수 있다. 필요한 경우 대상 부지 내의 지하수 오염도를 조사·분석할 수 있다.

① 기초조사 보고서 및 기존 자료의 검토
② 시료채취 및 분석방법 적용
③ 평가 및 조사결과 해석
④ 보고서 작성

SECTION 095 시료의 채취방법

토양시료 채취는 간단한 작업이지만 토양은 수직으로나 수평적으로 균일하지 않으므로, 채취한 시료가 대상지역의 토양을 대표해야 한다는 점에서 세심한 주의를 기울여야 한다. 시료채취오차는 분석측정오차보다 항상 크기 때문에 토양시료는 신중하고 정확하게 채취해야 한다.

1. 일반지역

(1) 시료채취지점 선정

① 농경지의 경우는 대상지역 내에서 지그재그형으로 5~10개 지점을 선정한다.
② 공장지역·매립지역·시가지지역 등 농경지가 아닌 기타 지역의 경우는 대상지역의 중심이 되는 1개 지점과 주변 4방위의 5~10m 거리에 있는 1개 지점씩 총 5개 지점을 선정하되, 대상지역에 시설물 등이 있어 각 지점 간의 간격이 불충분할 경우 간격을 적절히 조절할 수 있다.
③ 시안, 유기인화합물, 벤조(a)피렌, 석유계 총 탄화수소, 페놀류, 폴리클로리네이티드비페닐, 벤젠, 톨루엔, 에틸벤젠, 크실렌, 트리클로로에틸렌, 테트라클로로에틸렌 시험용 시료는 농경지 또는 기타 지역의 구분에 관계없이 대상지역을 대표할 수 있는 1개 지점 또는 오염의 개연성이 높은 1개 지점을 선정한다.

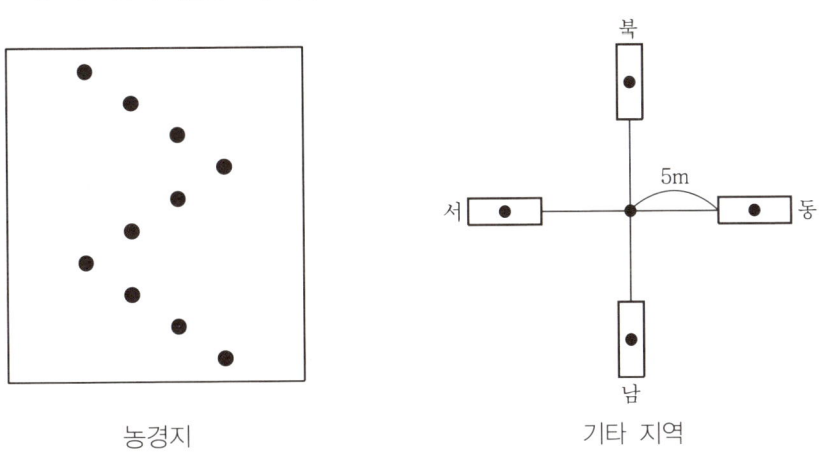

| 그림 1. 토양시료 채취지점도 |

(2) 시료의 채취 및 보관

① 토양오염도검사를 위해서는 표토층(0~15cm) 또는 필요에 따라 일정 깊이 이하의 토양시료를 채취할 수 있다.

② 토양시료 채취 시 토양표면의 잡초나 유기물 등 이물질층을 제거한 후 [그림 2]와 같은 토양시료채취기(Sampler)로 약 0.5kg을 채취한다. 다만, 토양시료채취기가 없을 때는 조사대상 물질의 특성을 고려하여 결정한다.

③ 유기물질을 조사할 때에는 스테인리스강 재질의 모종삽 또는 삽 등과 같은 기구를 사용한다.

④ 중금속류의 경우는 플라스틱 재질이 적합하며 [그림 3]과 같이 A부분의 흙을 제거한 다음 B부분의 흙을 채취한다.

⑤ 시료채취 시 토양에 직접 접촉하는 부분은 도색, 그리스 등의 화학약품이 처리되지 않은 기구를 사용한다.

⑥ 채취한 토양시료 중 약 300g을 분취하여 수소이온농도, 중금속 및 불소 시험용 시료는 폴리에틸렌 봉투에, 시안 및 유기물질 시험용 시료는 입구가 넓은 유리병에 넣어 보관한다.

⑦ 벤조(a)피렌, 석유계 총 탄화수소, 벤젠, 톨루엔, 에틸벤젠, 크실렌 및 트리클로로에틸렌, 테트라클로로에틸렌 시험용 시료의 분취는 시료의 채취 및 보관에 따른다.

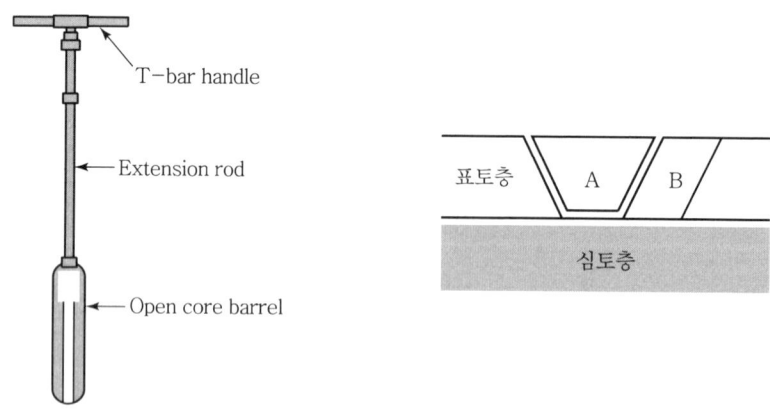

| 그림 2. 토양시료채취기 예시 |　　　| 그림 3. 토양시료채취법 예시 |

⑧ 채취한 토양시료 중 나머지는 입구가 넓은 200mL 이상 용량의 유리병에 가득 담고 마개로 막아 밀봉한 후 0~4℃의 냉장상태로 실험실로 운반하여 수분보정용 시료로 사용한다.
⑨ 시료용기에는 채취날짜, 위치, 시료명, 토양깊이, 채취자 등 시료내역을 기재한다.
⑩ 석유계 총 탄화수소 시험용 시료의 시료용기에는 저장시설에 보관된 유류의 종류 및 제조회사명을 기재한다.

2. 토양오염 관리대상 시설지역(토양오염 유발 시설지역)

(1) 시료채취지점 선정

① 부지 내

㉠ 지상저장시설

그림과 같이 토양오염물질(유류 등)의 누출이 인지되거나 토양오염의 개연성이 높은 3개 지점을 선정하되, 저장시설의 끝단으로부터 수평방향으로 1m 이상 떨어진 지점에서 이격거리의 1.5배 깊이까지로 한다. 다만, 방유조(Tank Dike) 외부에서 시료를 채취하고자 할 경우에는 방유조 끝단을 기준으로 한다.

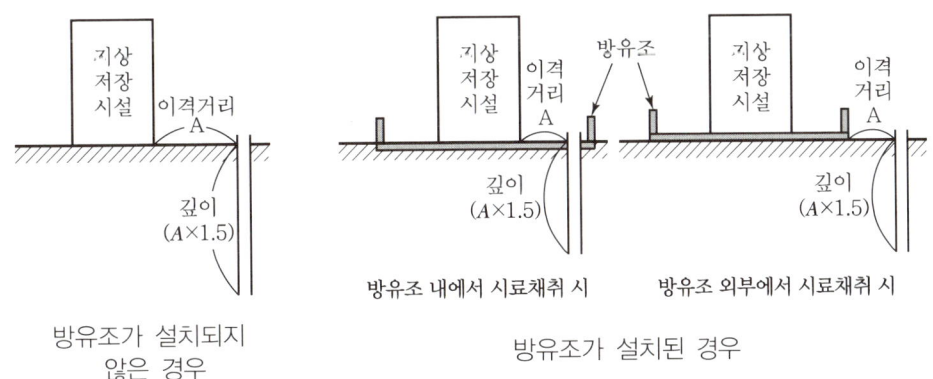

| 그림 4. 지상저장시설의 토양시료채취지점 깊이 예시 |

ⓒ 지하매설저장시설

[그림 5]와 같이 저장시설을 중심으로 각각 서로 반대방향에 있는 배관 부위와 저장시설 부위에서 누출 개연성이 높은 곳을 각각 1개 지점씩 2개 지점을 선정한다.

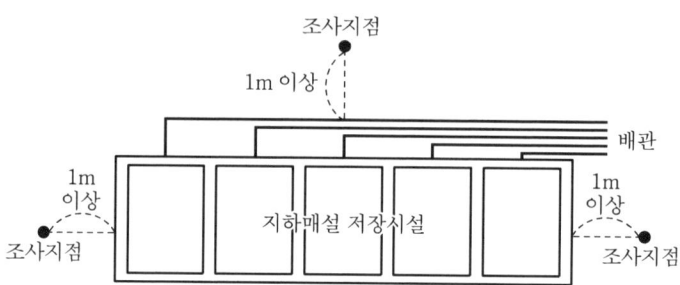

┃ 그림 5. 지하매설저장시설의 조사지점 위치도 예시 ┃

ⓒ [그림 6]과 같이 저장시설 부위에서 채취하는 1개 지점은 저장시설 아랫면의 끝단에서 수평방향으로 1m 이상 떨어진 지점(이격거리, A)에서부터 이격거리의 1.5배 깊이까지로 하며, 배관 부위에서 채취하는 1개 지점은 저장시설로부터 가장 멀리 떨어진 배관에서 수평방향으로 1m 이상 떨어진 지점(이격거리, A)에서부터 이격거리의 1.5배 깊이까지로 한다.

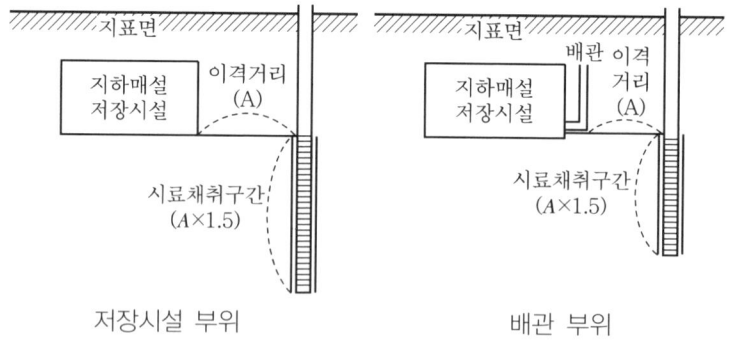

┃ 그림 6. 지하매설저장시설의 토양시료채취지점 깊이 예시 ┃

② 주변지역

　㉠ 토양오염관리대상시설 부지의 경계선으로부터 1m 이내의 지역 중, 당해 시설이 아닌 다른 오염원으로부터 오염되었을 개연성이 없다고 판단되는 1개 지점에서 부지 내의 시료채취지점 중 깊이가 가장 깊은 곳을 기준으로 하고, 그 깊이는 표토에서 해당 깊이까지로 한다. 단, 판매시설 등의 경우에는 부지의 경계선에서 부지 내 시료채취지점의 방향 등을 고려하여 선정한다.

　㉡ 시료채취지점의 토질이 암반 등으로 시료를 채취할 수 없는 경우에는 그 깊이를 조정할 수 있다.

(2) 시료의 채취 및 보관

① 토양시료는 직경 2.5cm 이상의 시료채취 봉이 들어 있는 타격식이나 나선 형식의 토양시추장비로 채취한다. 이때 사용하는 시추장비는 시추 중에 물이나 기름이 유입되지 않는 것이어야 한다.

② 시료채취 봉을 꺼내어 오염의 개연성이 가장 높다고 판단되는 부위 ±15cm를 시료부위로 한다. 다만, 오염의 개연성이 판단되지 않을 경우에는 가장 하부의 토양 30cm를 시료부위로 한다.

③ 벤젠, 톨루엔, 에틸벤젠, 크실렌, 트리클로로에틸렌, 테트라클로로에틸렌 시험용 시료의 경우, 시료부위의 토양을 즉시 한쪽이 터진 10mL 부피의 테플론, 스테인리스, 알루미늄 또는 유리 재질의 주사기 또는 코어샘플러를 사용하여 3곳에서 각각 약 2mL씩 채취한 5~10g의 토양을 미리 준비한 시험관에 넣고, 마개로 막아 밀봉한 후 0~4℃의 냉장상태로 실험실로 운반한다.

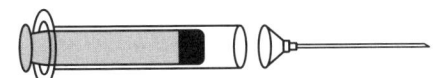

| 그림 7. 한쪽이 터진 주사기 예시 |

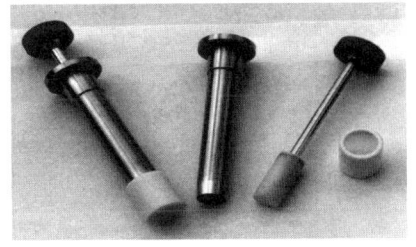

| 그림 8. 코어샘플러 예시 |

④ 수분보정용 시료는 입구가 넓은 200mL 이상의 유리병에 가득 담고 밀봉한 후 같은 방법으로 실험실로 운반하여 사용한다.

* [비고] 미리 준비한 시험관이란 마개가 있는 30mL 부피의 시험관에 벤젠, 톨루엔, 에틸벤젠, 크실렌, 트리클로로에틸렌, 테트라클로로에틸렌 시험용 메틸알코올 10mL를 넣고 미리 소수점 넷째 자리에서 반올림하여 소수점 셋째 자리까지 무게를 정확히 단 것을 말한다.

⑤ 벤조(a)피렌, 석유계 총 탄화수소 시험용 시료의 경우, 시료부위의 토양을 입구가 넓은 유리병에 공간이 없도록 가득 담고 마개로 막아 밀봉한 후 0~4℃의 냉장상태로 실험실로 운반하여 벤조(a)피렌, 석유계 총 탄화수소 시험용 및 수분보정용 시료로 사용한다.

⑥ 시료용기에는 의뢰자, 시료명, 검사항목, 채취일시 및 장소, 토성, 중량 및 채취자, 입회자 등을 지워지지 않도록 기재한다. 특히 석유계 총 탄화수소 시험용 시료의 시료용기에는 저장시설에 보관된 유류의 종류 및 제조회사명을 기재한다.

⑦ 벤조(a)피렌, 석유계 총 탄화수소, 트리클로로에틸렌, 테트라클로로에틸렌, 벤젠, 톨루엔, 에틸벤젠 및 크실렌 이외 토양오염물질을 저장하는 시설에 대한 시료채취 및 보관도 이와 동일하게 실시한다.

* [비고] 토양을 시추할 때는 토양오염관리대상시설 관계자의 의견을 들어 지하매설시설 등이 손상되지 않도록 주의하여 작업하여야 한다.

SECTION 096 시료의 조제방법

1. 수소이온농도, 불소 및 금속류 시험용 시료

① 각각의 채취지점에서 채취한 토양시료를 법랑제 또는 폴리에틸렌제 배트(Vat) 위에 균일한 두께로 하여 직사광선이 닿지 않는 장소에서 통풍이 잘 되도록 펼쳐 놓고 풍건시킨 다음, 나무망치 등으로 파쇄(토양 풍건 후 발생되는 토양 덩어리를 세립자로 분리하는 과정)한다.

② 수소이온농도 분석용 시료는 풍건·파쇄된 시료를 10메쉬 표준체(눈금간격 2mm)로 체거름하여 조제한다.

③ 6가 크롬을 제외한 금속류 함량 분석대상 물질 분석용 시료는 10메쉬 표준체(눈금간격 2mm)로 체거름한 시료를 100메쉬 표준체(눈금간격 0.15mm)로 체거름하여 조제한다.

④ 불소 분석용 시료는 10메쉬 표준체(눈금간격 2mm)로 체거름한 시료를 200메쉬 표준체(눈금간격 0.075mm)로 체거름하여 조제한다.

⑤ 해당 분석용 시료는 체거름하기 전 사분법 등에 의해 균일하게 혼합되도록 한 후 조제한다.

2. 시안, 6가 크롬 및 유기물질 시험용 시료

① 채취지점에서 채취한 토양시료에서 돌, 나무 등 협잡물을 제거한 후 분석용 시료로 한다.

② 벤조(a)피렌, 석유계 총 탄화수소, 벤젠, 톨루엔, 에틸벤젠, 크실렌, 트리클로로에틸렌 및 테트라클로로에틸렌 시험용 시료는 채취 및 보관방법을 따른다.

3. 분석용 시료의 함수율 보정

모든 분석용 시료는 분석결과에 대한 수분을 보정하기 위해 함수율을 측정한다.

SECTION 097 수분함량

1. 개요

(1) 목적

이 시험기준은 토양의 수분함량을 측정하는 방법으로 시료를 105~110℃에서 4시간 이상 건조하고 데시케이터에서 식힌 후 항량으로 하며 무게를 정확히 달아 수분함량(%)을 구한다.

(2) 적용범위

① 습윤 토양시료의 건조중량을 계산하기 위하여 적용한다.
② 토양 중 수분을 0.1%까지 측정한다.

(3) 간섭 물질

돌, 나무 등 눈에 보이는 협잡물 등은 제거한 후 시험해야 한다.

2. 분석절차

① 칭량병 또는 증발접시를 미리 105~110℃에서 1시간 건조시킨 다음 실리카겔 등 흡습제가 있는 데시케이터 안에서 식힌 후 사용하기 직전에 무게를 잰다.
② 시료 적당량을 취하여 칭량병 또는 증발접시와 시료의 무게를 정확히 단다.
③ 105~110℃의 건조기 안에서 4시간 이상 항량이 될 때까지 건조시킨 다음 실리카겔 등 흡습제가 있는 데시케이터 안에 넣어 식힌 후 무게를 정확히 단다.

3. 수분함량 계산

시료와 칭량병 또는 증발접시의 무게로부터 다음 식에 따라 시료의 수분함량(%)을 계산한다.

$$수분(\%) = \frac{(W_2 - W_3)}{(W_2 - W_1)} \times 100$$

여기서, W_1 : 칭량병 또는 증발접시의 무게(g)
W_2 : 건조 전의 칭량병 또는 증발접시와 시료의 무게(g)
W_3 : 건조 후의 칭량병 또는 증발접시와 시료의 무게(g)

기출 必 수문제

01 시료의 수분측정 결과 건조된 증발접시의 무게(W_1)는 20.25g, 증발접시와 시료의 무게(W_2)는 41.50g, 건조 후 증발접시와 시료의 무게(W_3)는 35.50g이었다. 시료의 수분함량(%)은?

> **풀이**
> $$수분(\%) = \frac{(W_2 - W_3)}{(W_2 - W_1)} \times 100 = \frac{(41.50 - 35.50)}{(41.50 - 20.25)} \times 100 = 28.24\%$$

SECTION 098 수소이온농도(유리전극법)

1. 개요

(1) 목적

이 시험기준은 토양의 pH를 측정하는 방법으로 토양시료의 무게에 5배의 정제수를 사용하여 혼합한 후 pH를 유리전극과 기준전극으로 구성된 pH 측정기를 사용하여 측정한다.

(2) 적용범위

① 토양 시료의 pH 측정에 적용한다.
② pH를 0.1까지 측정한다.

(3) 간섭 물질

① 토양을 오랫동안 방치하면 미생물의 작용으로 탄산가스가 발생하여 pH가 낮아질 수 있다.
② pH 11 이상의 시료는 오차가 크게 발생할 수 있으므로 오차가 적은 특수전극을 사용한다.
③ 유리전극은 일반적으로 용액의 색도, 탁도, 콜로이드성 물질들, 산화 및 환원성 물질들 그리고 염의 농도에 의해 간섭을 받지 않는다. 따라서 전극을 넣을 때 토양현탁을 만들어 주고 곧 넣어서 측정한다.
④ 올바른 수치가 나오지 않으면 표준전극의 미세구멍이 부분적으로 막혔을 가능성이 높다. 이는 토양입자로 인하여 미세구멍이 막혔거나 전극 주위에 염화칼륨 결정이 과다하게 발생하였거나 포화 염화칼륨의 흐름을 억제하는 전극의 공기구멍이 적절하게 조정되지 않았기 때문이다. 이들 문제는 주기적으로 공기구멍을 열어 주거나 정제수로 염화칼륨 결정을 세척하거나 포화 염화칼륨을 몇 차례 교환하거나 미세구멍이 있는 초자구가 약간 젖는 것같이 보일 때까지 고운 금강사로 전극하단을 주의하여 가는 것으로 해결될 수 있다.

⑤ 토양 중 염류의 농도가 높아지면 pH값이 낮아지는 경우가 있다.
⑥ 기름 층이나 작은 입자상이 전극을 피복하여 pH 측정을 방해할 수 있는데 이 피복물을 부드럽게 문질러 닦아내거나 세척제로 닦아낸 후 정제수로 세척하여 부드러운 천으로 제거하여 사용한다. 염산(1+9) 용액을 사용하여 피복물을 제거할 수 있다.
⑦ pH는 온도변화에 따라 영향을 받는다. 대부분의 pH 측정기는 자동으로 온도를 보정하나 표에 따라 할 수 있다.

2. 용어정의

(1) pH

pH는 보통 유리전극과 비교전극으로 된 pH 측정기를 사용하여 측정하는데 양 전극 간에 생성되는 기전력의 차를 이용하여 다음과 같은 식으로 정의된다.

$$pH_x = pH_s \pm \frac{F(E_X - E_S)}{2.303RT}$$

여기서, pH_x : 시료의 pH 측정값
pH_s : 표준용액의 pH($-\log[H^+]$)
E_X : 시료에서의 유리전극과 비교전극 간의 전위차(mV)
E_S : 표준용액에서의 유리전극과 비교전극 간의 전위차(mV)
F : 패러데이(Faraday) 상수(9.649×10^4 C/mol)
R : 기체상수{8.314 J/(K·mol)}
T : 절대온도(K)

(2) 기준전극

은-염화은의 칼로멜 전극 등으로 구성된 전극으로 pH 측정기에서 측정 전위값의 기준이 된다.

(3) 유리전극(작용전극)

pH 측정기의 유리전극으로서 수소이온의 농도가 감지되는 전극이다.

3. 분석기기 및 기구

(1) pH 측정기의 구조

① pH 측정기는 보통 유리전극 및 기준전극으로 된 검출부와 검출된 pH를 지시하는 지시부로 구성되어 있다.
② 지시부에는 비대칭 전위조절(영점조절) 기능 및 온도보정 기능이 있다.
③ 온도보정 기능이 없는 경우에는 온도보정용 감온부가 있다.

(2) 기준전극

① 은-염화은의 칼로멜 전극 등이 사용될 수 있다.
② 기준전극과 작용전극이 결합된 전극이 측정하기에 편리하다.
③ 자석 교반기 또는 테플론으로 피복된 자석 바를 사용한다.
④ pH 측정기는 다음 조작법에 따라 임의의 한 종류의 pH 표준액에 대하여 검출부를 물로 잘 씻은 다음 5회 되풀이하여 pH를 측정했을 때 그 값의 편차가 ±0.05 이내의 것을 쓴다.

4. 표준용액

조제한 pH 표준용액은 경질유리병 또는 폴리에틸렌병에 보관하며, 보통 산성 표준용액은 3개월, 염기성 표준용액은 산화칼슘(생석회) 흡수관을 부착하여 1개월 이내에 사용하고, 현재 국내외에 상품화되어 있는 표준용액을 사용할 수도 있다.

① 수산염 표준용액(0.05M)　② 프탈산염 표준용액(0.05M)
③ 인산염 표준용액(0.025M)　④ 붕산염 표준용액(0.05M)
⑤ 탄산염 표준용액(0.025M)　⑥ 수산화칼슘 표준용액(0.02M, 25℃ 포화용액)

5. 분석절차

① 시료의 채취 및 조제 방법에 따라 조제한 분석용 시료 5g을 무게를 달아 50mL 비커에 취하고 정제수 25mL를 넣어 가끔 유리막대로 저어주면서 1시간 방치한다.
② pH 측정기를 pH 표준용액으로 보정한 다음 깨끗하게 씻어 말린 유리전극 및 표준전극을 시료용액에 넣고 60초 이내에 읽는다.
　＊[주] 전극을 넣을 때 토양 현탁을 만들어 주고 곧 넣어서 측정한다.

SECTION 099 각 토양오염물질의 분석

1. 불소(F)

(1) 원리(자외선/가시선 분광법)

불소가 진홍색의 지르코늄(Zirconium) - 발색시약과의 반응으로 무색의 음이온복합체(ZrF_6^{2-})를 형성하는 과정을 이용하여 불소의 양이 많아질수록 색깔이 엷어지게 된다.

(2) 적용범위

① 토양 중 불소 분석에 적용
② 토양 중 정량한계는 10mg/kg
③ 정밀도 30% RSD 이내

(3) 간섭물질

① 불소이온과 지르코늄(Zirconium) 이온 사이의 반응속도는 반응혼합물의 산도에 따라 달라진다.
② 다량의 염소이온이 함유되어 있으면 과량의 Ag^+이온을 첨가하여 염소를 제거한다.
③ 시료에 잔류염소가 함유되어 있으면 잔류염소 0.1mg당 아비산나트륨 용액 한 방울을 가하고 혼합하여 제거한다.

(4) 방법검출한계 및 정량한계

① 표준편차에 3.14를 곱한 값을 방법검출한계로, 10을 곱한 값을 정량한계로 나타낸다.
② 측정한 정량한계는 10mg/kg 이하의 값이어야 한다.

(5) 검정곡선의 작성 및 검증

① 검정곡선의 작성에서 제시한 농도 범위 내에서 3개 이상의 농도(정량한계 이상)에 대해 검정곡선을 작성하고 얻어진 검정곡선의 결정계수(R^2)가 0.98 이상 또는 감응계수(RF)의 상대표준편차가 20% 이내이어야 한다.
② 결정계수나 감응계수의 상대표준편차가 허용범위를 벗어나면 재작성하도록 한다.

(6) 정밀도 및 정확도

① 정밀도는 측정값의 상대표준편차(% RSD)로 산출하며, 그 값이 30% 이내이어야 한다.
② 정확도는 첨가한 표준물질의 농도에 대한 측정 평균값의 상대 백분율로 나타내고 그 값이 70~130% 이내이어야 한다.

(7) 농도계산

검정곡선식에서 얻은 불소의 농도(mg/L)로부터 다음 식을 사용하여 토양 중 불소의 농도를 계산한다.

$$\text{토양 중 불소의 농도(mg/kg)} = \frac{(C_s - C_b)}{W_d} \times f \times V$$

여기서, C_s : 검정곡선에서 얻은 토양 중 불소의 농도(mg/L)
 C_b : 검정곡선에서 얻은 시약바탕시료 중 불소의 농도(mg/L)
 f : 희석배수(검정곡선의 범위를 벗어날 경우)
 V : 용액의 최종부피(여기서는 0.5L)
 W_d : 토양시료의 건조중량(여기서는 0.001kg)

정도관리 목표값

정도관리 항목	정도관리 목표
정량한계	10mg/kg
검정곡선	결정계수(R^2) > 0.98 또는 감응계수(RF)의 상대표준편차 < 20%
정밀도	상대표준편차가 30% 이내
정확도	70~130%

2. 시안(CN)

(1) 원리(자외선/가시선 분광법)

pH 2 이하의 산성에서 EDTA를 넣고 가열 증류하여 시안화물 및 시안착화합물을 시안화수소로 유출시키고 수산화나트륨용액에 포집한 다음 중화하고 클로라민 T와 피리딘·피라졸론 혼합액을 넣어 나타나는 청색을 620nm에서 측정하는 방법이다.

(2) 적용범위

① 토양 내 시안화물 및 시안착화합물 등의 총 시안 농도 분석에 적용한다.
② 각 시안화합물의 종류를 구분하여 정량할 수 없다.
③ 토양 중 시안의 정량한계는 0.2mg/kg이다.

(3) 간섭물질

① 시안화합물을 측정할 때 방해물질들은 증류로 대부분 제거된다. 그러나 다량의 지방성분, 잔류염소, 황화합물은 시안화합물을 분석할 때 간섭될 수 있다.
② 다량의 지방성분을 함유한 시료는 아세트산 또는 수산화나트륨 용액으로 pH를 6~7로 조절한 후 시료의 약 2%에 해당하는 부피의 노말헥산 또는 클로로포름을 넣어 추출하여 유기층은 버리고 수층을 분리하여 사용한다.
③ 잔류염소가 함유된 시료는 잔류염소 20mg당 L-아스코르빈산(10%) 0.6mL 또는 아비산나트륨 용액(10%) 0.7mL를 넣어 제거한다.
④ 황화합물이 함유된 시료는 아세트산 아연 용액(10%) 2mL를 넣어 제거한다. 이 용액 1mL는 황화물이온 약 14mg에 해당된다.

(4) 시안농도

$$\text{토양 중 시안의 농도(mg/kg)} = \frac{A_s \times f}{W_d}$$

여기서, A_s : 검정곡선에서 얻은 시안의 양(mg)
　　　　f : 희석배수(여기서는 5)
　　　　W_d : 토양시료의 건조중량(kg)

| 정도관리 목표값 |

정도관리 항목	정도관리 목표
정량한계	0.2mg/kg
검정곡선	결정계수(R^2) > 0.98 또는 감응계수(RF)의 상대표준편차 < 20%
정밀도	상대표준편차가 30% 이내
정확도	70~130%

3. 금속류(원자흡수분광광도법)

(1) 개요

토양을 왕수(염산과 질산)로 산분해하여 전처리한 시료 용액을 직접 불꽃으로 주입하여 원자화한 후 원자흡수분광광도법으로 분석한다.

(2) 적용범위

① 토양 중의 구리, 납, 니켈, 아연, 카드뮴 등의 금속류의 분석에 적용한다.
② 구리, 납, 니켈, 아연, 카드뮴 등의 금속류는 공기-아세틸렌 불꽃에 주입하여 분석한다.
③ 낮은 농도의 납은 암모늄 피롤리딘 다이티오카바메이트(APDC ; Ammonium Pyrrolidine Dithiocarbamate)와 착물을 생성시켜 메틸 아이소 부틸 케톤(MIBK ; Methyl Isobutyl Ketone)으로 추출하여 공기-아세틸렌 불꽃에 주입하여 분석한다.

(3) 간섭물질

① 화학물질이 공기-아세틸렌 불꽃에서 분자상태로 존재하여 낮은 흡광도를 보일 때가 있다. 이는 불꽃의 온도가 너무 낮아 원자화가 일어나지 않는 경우와 안정한 산화물질로 바뀌어 불꽃에서 원자화가 일어나지 않는 경우에 발생한다.
② 염이 많은 시료를 분석하면 버너 헤드 부분에 고체가 생성되어 불꽃이 자주 꺼지고 버너 헤드를 청소해야 하는데 이를 방지하기 위해서는 시료를 희석하여 분석하거나, MIBK 등을 사용하여 추출하여 분석한다.
③ 시료 중에 칼륨, 나트륨, 리튬, 세슘과 같이 쉽게 이온화되는 원소가 1,000 mg/L 이상의 농도로 존재할 때에는 금속측정을 간섭한다. 이때에는 검정곡선용 표준물질에 시료의 매질과 유사하게 첨가하여 보정한다.
④ 니켈, 아연, 카드뮴 분석 시 시료 중에 알칼리금속의 할로겐 화합물을 다량 함유하는 경우에는 분자 흡수나 광 산란에 의하여 오차가 발생하므로 추출법으로 카드뮴을 분리하여 시험한다.

(4) 분석기기 및 기구

① 원자흡수분광광도계(AAS ; Atomic Absorption Spectrophotometer)

㉠ 일반적으로 광원부, 시료원자화부, 파장선택부 및 측광부로 구성되어 있으며, 단광속형과 복광속형으로 구분된다.
㉡ 다원소 분석이나 내부표준물질법을 사용할 수 있는 복합 채널형(Multi-Channel)도 있다.

② 광원램프

원자흡수분광광도계에 사용하는 광원으로 좁은 선폭과 높은 휘도를 갖는 스펙트럼을 방사하는 중공(속 빈) 음극램프를 사용한다.

③ 가스

㉠ 원자흡수분광광도계에 불꽃을 만들기 위해 조연성 가스와 가연성 기체를 사용하는데, 일반적으로 가연성 가스로 아세틸렌을, 조연성 가스로 공기를 사용한다.
㉡ 수소-공기와 아세틸렌-공기는 거의 대부분의 원소 분석에 유효하게 사용할 수 있다.
㉢ 수소-공기는 원자 외 영역에서 불꽃 자체에 의한 흡수가 적기 때문에 이 파장영역에서 흡수선을 갖는 원소의 분석에 적당하다.
㉣ 어떠한 종류의 불꽃이라도 가연성 가스와 조연성 가스의 혼합비는 감도에 크게 영향을 주므로 금속의 종류에 따라 최적혼합비를 선택하여 사용한다.

(5) 농도계산

$$\text{토양 중 금속의 농도(mg/kg)} = \frac{(C_1 - C_0)}{W_d} \times f \times V$$

여기서, C_1 : 검정곡선에서 얻어진 분석시료의 금속 농도(mg/L)
C_0 : 검정곡선에서 얻어진 시약바탕시료의 금속 농도(mg/L)
f : 희석배수(검정곡선의 범위를 벗어날 경우)
V : 시험용액의 부피(여기서는 0.1L)
W_d : 토양시료의 건조중량(kg)

| 원자흡수분광광도법에 의한 금속별 측정파장 및 불꽃기체 |

금속 종류	측정파장(nm)	불꽃기체
구리	324.7	A-Ac*
납	283.3	A-Ac
니켈	232.0	A-Ac
아연	213.9	A-Ac
카드뮴	228.8	A-Ac

* A-Ac : 공기-아세틸렌

| 정도관리 목표값 |

정도관리 항목	정도관리 목표
정량한계	구리 1.0mg/kg, 납 4.0mg/kg, 니켈 4.0mg/kg, 아연 2.0mg/kg, 카드뮴 0.4mg/kg
검정곡선	결정계수(R^2) > 0.98 또는 감응계수(RF)의 상대표준편차 < 20%
정밀도	상대표준편차가 30% 이내
정확도	70~130%

4. 금속류(유도결합플라스마 – 원자발광분광법)

(1) 개요

① 토양 중의 금속류를 측정하는 방법이다.
② 시료를 고주파유도코일에 의하여 형성된 아르곤 플라스마에 주입하여 6,000~8,000K에서 들뜬 원자가 바닥상태로 이동할 때 방출하는 발광선 및 발광강도를 측정하여 원소의 정성 및 정량 분석을 수행한다.

(2) 적용범위

토양 중에 구리, 납, 니켈, 비소, 아연, 카드뮴 등의 금속류의 분석에 적용한다.

(3) 간섭물질

① 광학 간섭

㉠ 분석하는 금속원소 이외에서 발광하는 파장은 측정을 간섭한다.
㉡ 어떤 원소가 동일 파장에서 발광할 때, 파장의 스펙트럼선이 넓어질 때, 이온과 원자의 재결합으로 연속 발광할 때, 분자 띠 발광 시에 간섭이 발생한다.

② 물리적 간섭

㉠ 시료의 분무 또는 운반과정에서 물리적 특성, 즉 점도와 표면장력의 변화 등에 의해 발생한다.
㉡ 시료 중에 산의 농도가 10% 이상으로 높거나 용존 고형물질이 1,500 mg/L 이상으로 높은 반면, 검량용 표준용액의 산의 농도는 5% 이하로 낮을 때에 발생하며 이때 시료를 희석하거나 표준용액을 시료의 매질과 유사하게 하거나 표준물질 첨가법을 사용하면 간섭효과를 줄일 수 있다.

③ 화학적 간섭

㉠ 분자 생성, 이온화 효과, 열화학 효과 등이 시료 분무와 원자화 과정에서 방해요인으로 나타난다.
㉡ 화학적 간섭의 영향은 크지 않으며, 적절한 운전 조건의 선택으로 최소화할 수 있다.

(4) 분석기기 및 기구

① 유도결합플라스마-원자발광분광계(ICP-AES)

  ㉠ 유도결합플라스마-원자발광분광계(ICP-AES ; Inductively Coupled Plasma-Atomic Emission Spectrometer)는 시료도입부, 고주파전원부, 광원부, 분광부, 연산처리부 및 기록부로 구성되어 있다.
  ㉡ 분광부는 검출 및 측정에 따라 연속주사형 단원소 측정장치(Sequential Type, Monochromator)와 다원소 동시측정장치(Simultaneous Type, Polychromator)로 구분된다.

② 아르곤 가스

  액화 또는 압축 아르곤으로서 99.99% 이상의 순도를 갖는 것이어야 한다.

(5) 농도계산

$$\text{토양 중 금속의 농도(mg/kg)} = \frac{(C_1 - C_0)}{W_d} \times f \times V$$

여기서, C_1 : 검정곡선에서 얻어진 분석시료의 금속 농도(mg/L)
  C_0 : 검정곡선에서 얻어진 바탕시험용액의 금속 농도(mg/L)
  f : 희석배수(검정곡선의 범위를 벗어날 경우)
  V : 시료용기의 부피(여기서는 0.1L)
  W_d : 토양시료의 건조중량(kg)

유도결합플라스마-원자발광광도법에 의한 금속별 측정파장의 예시

금속 종류	측정파장(nm)
구리	324.754
납	220.353
니켈	231.604
비소	193.696
아연	213.856
카드뮴	226.502

정도관리 목표값

정도관리 항목	정도관리 목표
정량한계	구리 1.0mg/kg, 납 1.5mg/kg, 니켈 0.4mg/kg, 비소 1.5mg/kg, 아연 1.0mg/kg, 카드뮴 0.10mg/kg
검정곡선	결정계수(R^2) > 0.98 또는 감응계수(RF)의 상대표준편차 < 20%
정밀도	상대표준편차가 30% 이내
정확도	70~130%

5. 구리(Cu)

구리	정량한계 (mg/kg)	정밀도 (% RSD)
원자흡수분광광도법	1.0	30% 이내
유도결합플라스마-원자발광분광법	1.0	30% 이내

6. 납(Pb)

납	정량한계 (mg/kg)	정밀도 (% RSD)
원자흡수분광광도법	4.0	30% 이내
유도결합플라스마-원자발광분광법	1.5	30% 이내

7. 니켈(Ni)

니켈	정량한계 (mg/kg)	정밀도 (% RSD)
원자흡수분광광도법	4.0	30% 이내
유도결합플라스마-원자발광분광법	0.4	30% 이내

8. 비소(As)

비소	정량한계 (mg/kg)	정밀도 (% RSD)
수소화물생성 – 원자흡수분광도법	0.10	30% 이내
유도결합플라스마 – 원자발광분광법	1.50	30% 이내
수소화물 생성 – 유도결합플라스마 원자발광분광법	0.10	30% 이내

9. 비소(As)(수소화물 생성 – 원자흡수분광광도법)

(1) 원리

이 시험기준은 토양 중 비소의 측정방법으로, 토양에 염산과 질산으로 산분해하여 전처리한 시료 용액 중의 비소를 3가 비소로 예비 환원한 다음 수소화붕소나트륨 용액과 반응하여 생성된 비화수소를 원자화시켜 193.7nm에서 수소화물생성 – 원자흡수분광광도법에 따라 정량하는 방법이다.

(2) 적용범위

① 토양 중 비소의 분석에 적용한다.
② 토양 중 비소의 정량한계는 0.10mg/kg이다.

(3) 간섭물질

① 화학물질이 공기 – 아세틸렌 불꽃에서 분자상태로 존재하여 낮은 흡광도를 보일 때가 있다. 이는 불꽃의 온도가 너무 낮아 원자화가 일어나지 않는 경우와 안정한 산화물질로 바뀌어 불꽃에서 원자화가 일어나지 않는 경우에 발생한다.
② 염이 많은 시료를 분석하면 버너 헤드 부분에 고체가 생성되어 불꽃이 자주 꺼지기 때문에 버너 헤드를 청소해야 하는데 이를 방지하기 위해서는 시료를 묽혀 분석하거나 MIBK 등을 사용하여 추출하여 분석한다.

③ 시료 중에 칼륨, 나트륨, 리튬, 세슘과 같이 쉽게 이온화되는 원소가 1,000 mg/L 이상의 농도로 존재할 때에는 금속측정을 간섭한다. 이때에는 검정곡선용 표준물질에 시료의 매질과 유사하게 첨가하여 보정한다.
④ 시료 중에 알칼리금속의 할로겐 화합물을 다량 함유하는 경우에는 분자 흡수나 광 산란에 의하여 오차가 발생하므로 추출법으로 카드뮴을 분리하여 시험한다.

(4) 농도계산

$$\text{토양 중 비소의 농도(mg/kg)} = \frac{(C_1 - C_0)}{W_d} \times f \times V$$

여기서, C_1 : 검정곡선에서 얻어진 분석시료의 비소 농도(mg/L)
C_0 : 검정곡선에서 얻어진 시약바탕시료의 비소 농도(mg/L)
f : 시험용액의 희석배수(여기서는 25)
V : 시험용액의 부피(여기서는 0.1L)
W_d : 토양시료의 건조중량(kg)

수소화물 생성 – 원자흡수분광광도법에 의한 측정 조건

금속 종류	측정파장(nm)	불꽃기체	운반기체
비소	193.7	A-Ac	Ar

＊ A-Ac : 공기-아세틸렌, Ar : 아르곤

정도관리 목표값

정도관리 항목	정도관리 목표
정량한계	0.10mg/kg
검정곡선	결정계수(R^2) > 0.98 또는 감응계수(RF)의 상대표준편차 < 20%
정밀도	상대표준편차가 30% 이내
정확도	70~130%

10. 수은(Hg)

(1) 원리(수은 – 냉증기 원자흡수분광광도법)

시료 중의 수은을 염화제일주석용액에 의해 원자 상태로 환원시켜 발생되는 수은 증기를 253.7nm에서 냉증기 원자흡수분광광도법에 따라 정량하는 방법이다.

(2) 적용범위

① 토양 중 수은의 분석에 적용한다.
② 냉증기 원자흡수분광광도법을 이용하여 토양의 왕수 추출물에서 수은을 정량하기 위한 방법을 포함한다.(열적분해 아말감 원자흡수분광광도법 : 0.01mg/kg)
③ 정량한계는 0.05mg/kg이다.

(3) 농도계산

$$\text{토양 중 수은의 농도(mg/kg)} = \frac{(C_1 - C_0)}{W_d} \times f \times V$$

여기서, C_1 : 검정곡선에서 얻어진 분석시료의 수은 농도(mg/L)
　　　　C_0 : 검정곡선에서 얻어진 시약바탕시료의 수은 농도(mg/L)
　　　　f : 시험용액의 희석배수(여기서는 10)
　　　　V : 시험용액의 부피(여기시는 0.1L)
　　　　W_d : 토양시료의 건조중량(kg)

냉증기 원자흡수분광광도법에 의한 측정 조건

금속 종류	측정파장(nm)	불꽃기체	운반기체
수은	253.7	–	Ar

정도관리 목표값

정도관리 항목	정도관리 목표
정량한계	0.05mg/kg
검정곡선	결정계수(R^2) > 0.98 또는 감응계수(RF)의 상대표준편차 < 20%
정밀도	상대표준편차가 30% 이내
정확도	70~130%

11. 아연(Zn)

아연	정량한계 (mg/kg)	정밀도 (% RSD)
원자흡수분광광도법	2.0	30% 이내
유도결합플라스마-원자발광분광법	1.0	30% 이내

12. 카드뮴(Cd)

카드뮴	정량한계 (mg/kg)	정밀도 (% RSD)
원자흡수분광광도법	0.40	30% 이내
유도결합플라스마-원자발광분광법	0.10	30% 이내

13. 6가 크롬(Cr^{6+})

(1) 원리(자외선/가시선 분광법)

① 토양 중 6가 크롬을 자외선/가시선 분광법으로 측정하는 방법이다.
② 시료 중에 6가 크롬을 디페닐카르바지드와 반응시켜 생성하는 적자색의 착화합물의 흡광도를 540nm에서 측정하여 6가 크롬을 정량하는 방법이다.

(2) 적용범위

① 토양 중 6가 크롬의 측정에 적용된다.
② 토양 중 6가 크롬의 정량한계는 0.5mg/kg이다.

(3) 간섭물질

① 시료 중에 잔류염소가 공존하면 발색을 방해한다. 이때는 시료에 수산화나트륨 용액(20%)을 넣어 pH 12 정도로 조절한 다음 입상활성탄을 10% 정도 되게 넣고 자석교반기로 약 30분간 교반하여 여과한 액을 시료로 사용한다.
② 시료 중 철이 2.5mg 이하로 공존할 경우에는 디페닐카바지드 용액을 넣기 전에 5% 피로인산나트륨-10수화물 용액 2mL를 넣어 주면 영향이 없다.
③ 흡수셀이 더러우면 측정값에 오차가 발생하므로 다음과 같이 세척하여 사용한다. 또는 시판용 세척액을 사용하여 세척한다.
   ㉠ 탄산나트륨 용액(2%)에 소량의 음이온 계면활성제를 가한 용액에 흡수셀을 담가 놓고 필요하면 40~50℃로 약 10분간 가열한다.
   ㉡ 흡수셀을 꺼내 정제수로 씻은 후 질산(1+5)에 소량의 과산화수소를 가한 용액에 약 30분간 담가 놓았다가 꺼내어 정제수로 다시 잘 씻는다. 깨끗한 가제나 흡수지 위에 거꾸로 놓아 물기를 제거하고 실리카겔을 넣은 데시케이터 중에서 건조하여 보존한다.
   ㉢ 급히 사용하고자 할 때는 물기를 제거한 후 에틸알코올로 씻고 다시 에틸에테르로 씻은 다음 드라이어로 건조해서 사용한다.

(4) 자외선/가시선 분광광도계(UV/VIS ; Ultraviolet Visible Spectrometer)

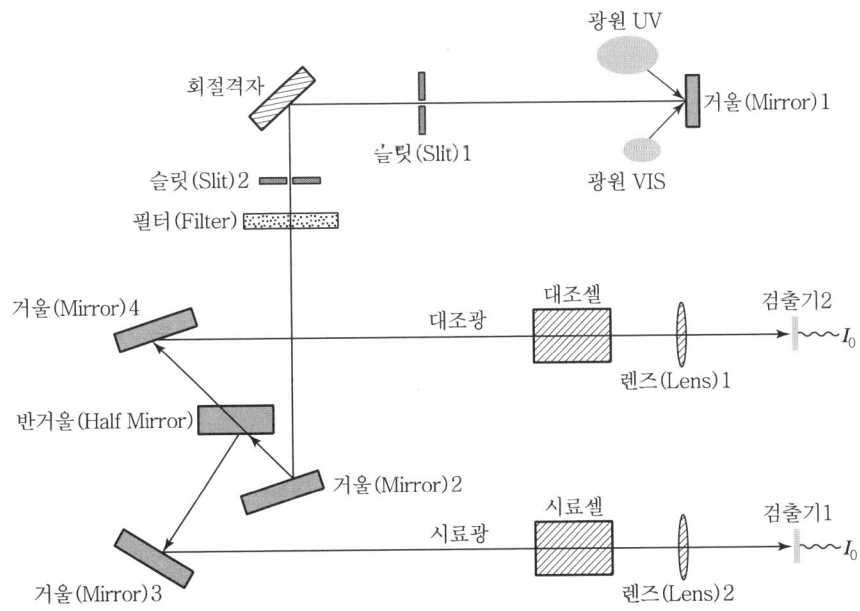

| 자외선/가시선 분광광도계 |

① 앞의 그림과 같이 광원부, 파장선택부, 시료부 및 측광부로 구성되고 광원부에서 측광부까지의 광학계에는 측정목적에 따라 여러 가지 형식이 있다.
② 광원부의 광원으로 가시부와 근적외부의 광원으로는 주로 텅스텐램프를 사용하고 자외부의 광원으로는 주로 중수소 방전관을 사용한다.

(5) 농도계산

$$\text{토양 중 6가 크롬의 농도(mg/kg)} = \frac{(C_1 - C_0)}{W_d} \times f \times V$$

여기서, C_1 : 검정곡선에서 얻어진 분석시료의 6가 크롬 농도(mg/L)
C_0 : 검정곡선에서 얻어진 시약바탕시료의 6가 크롬 농도(mg/L)
f : 희석배수(검정곡선의 범위를 벗어날 경우)
V : 시험용액의 부피(여기서는 0.1L)
W_d : 토양시료의 건조중량(kg)

❙ 정도관리 목표값 ❙

정도관리 항목	정도관리 목표
정량한계	0.5mg/kg
검정곡선	결정계수(R^2) > 0.98 또는 감응계수(RF)의 상대표준편차 < 20%
정밀도	상대표준편차가 30% 이내
정확도	70~130%

14. 유기인화합물(기체크로마토그래피)

(1) 원리

토양 중 유기인화합물(이피엔, 파라티온, 메틸디메톤, 다이아지논 및 펜토에이트)의 측정방법으로서, 유기인 화합물을 기체크로마토그래프로 분리한 다음 질소인검출기로 분석하는 방법이다.

(2) 적용범위

① 토양 중 유기인화합물(이피엔, 파라티온, 메틸디메톤, 다이아지논 및 펜토에이트)의 분석에 적용한다.
② 기체크로마토그래프로 분리한 다음 질소인검출기 또는 불꽃광도검출기로 측정하는 방법으로 정량한계는 각 항목별 0.05mg/kg이다.

(3) 간섭 물질

① 해당 매질 또는 추출 용매 안에 함유하고 있는 불순물이 분석을 방해할 수 있다. 이 경우 방법바탕시료나 시약바탕시료를 분석하여 확인할 수 있다. 방해물질이 존재하면 용매를 증류하거나 정제용 컬럼을 이용하여 제거한다. 고순도의 시약이나 용매를 사용하면 방해물질을 최소화할 수 있다.
② 초자류는 사용 전에 아세톤, 분석 용매 순으로 각각 3회 세정한 후 건조시킨 것을 사용하여 오염을 최소화할 수 있다.

(4) 분석기기 및 기구

① 기체크로마토그래프
  ㉠ 컬럼은 안지름 0.20~0.35mm, 필름두께 0.1~0.50μm, 길이 15~60m의 Cross-Linked Methylsilicon(DB-1, HP-1 등) 또는 Cross-Linked 5% Phenylmethylsilicon(DB-5, HP-5 등) 모세관이나 동등한 분리성능을 가진 모세관으로 분석 대상 물질의 분리가 양호한 것을 택하여 시험한다.
  ㉡ 운반기체는 부피백분율 99.999% 이상의 헬륨(또는 질소)을 사용하며 유량은 0.5~4mL/min, 시료도입부 온도는 200~250℃, 컬럼 온도는 40~300℃로 사용한다.

ⓒ 질소인검출기(NPD ; Nitrogen Phosphorus Detector) 또는 불꽃광도 검출기(FPD ; Flame Photometric Detector)

질소나 인이 불꽃 또는 열에서 생성된 이온의 루비듐 염과 반응하여 전자를 전달하여 이때 흐르는 전자가 포착되어 전류의 흐름으로 바꾸어 측정하는 방법으로 유기인화합물 및 유기질소화합물을 선택적으로 검출할 수 있다.

* [비고] 검출기는 불꽃광도검출기 대신에 불꽃열이온검출기(FTD ; Flame Thermionic Detector) 또는 전자포착검출기(ECD ; Electron Capture Detector)를 사용할 수 있다.

② 농축장치

구데르나다니쉬(KD) 농축기 또는 회전증발농축기를 사용한다.

③ 정제용 컬럼

ⓐ 실리카겔 컬럼
ⓑ 플로리실 컬럼
ⓒ 활성탄 컬럼

(5) 농도계산

$$\text{토양 중 유기인화합물의 농도(mg/kg)} = \sum \frac{C_1}{W_d} \times V$$

여기서, C_1 : 검정곡선에서 얻어진 분석시료의 각 항목별 농도(mg/L)
V : 시험용액의 부피(여기서는 0.01L)
W_d : 수분 보정한 토양시료의 건조중량(kg)

정도관리 목표값

정도관리 항목	정도관리 목표
정량한계	각 항목별 0.05mg/kg
검정곡선	결정계수(R^2) > 0.98 또는 감응계수(RF)의 상대표준편차 < 20%
정밀도	상대표준편차가 30% 이내
정확도	70~130%

15. 유기인화합물(기체크로마토그래피 – 질량분석법)

(1) 원리

① 토양 중 유기인화합물(이피엔, 파라티온, 메틸디메톤, 다이아지논 및 펜토에이트)의 측정방법이다.
② 유기인화합물을 기체크로마토그래프로 분리한 다음 질량검출기로 분석하는 방법이다.

(2) 적용범위

① 토양 중 유기인화합물(이피엔, 파라티온, 메틸디메톤, 다이아지논 및 펜토에이트)의 분석에 적용한다.
② 기체크로마토그래프로 분리한 다음 질량분석기로 측정하는 방법으로 정량한계는 각 항목별 0.05mg/kg이다.

(3) 간섭 물질

① 해당 매질 또는 추출 용매 안에 함유하고 있는 불순물이 분석을 방해할 수 있다. 이 경우 바탕시료나 시약바탕시료를 분석하여 확인할 수 있다. 방해물질이 존재하면 용매를 증류하거나 컬럼 크로마토그래피를 이용하여 제거한다. 고순도의 시약이나 용매를 사용하면 방해물질을 최소화할 수 있다.
② 초자류는 사용 전에 아세톤, 분석 용매 순으로 각각 3회 세정한 후 건조시킨 것을 사용하여 오염을 최소화할 수 있다.

(4) 분석기기 및 기구

① 기체크로마토그래프
  ㉠ 컬럼은 안지름 0.20~0.35mm, 필름두께 0.1~0.50μm, 길이 15~60m의 Cross-Linked Methylsilicon 또는 Cross-Linked 5% Phenylmethylsilicon 등의 모세관이나 동등한 분리성능을 가진 모세관으로 대상 분석 물질의 분리가 양호한 것을 택하여 시험한다.

ⓒ 운반기체는 부피백분율 99.999% 이상의 질소(또는 헬륨)를 사용하며 유량은 0.5~4mL/min, 시료도입부 온도는 200~250℃, 컬럼온도는 40~280℃로 사용한다.

② 질량분석기(Mass Spectrometer)

ⓐ 이온화방식은 전자충격법(EI ; Electron Impact)을 사용하며 이온화에너지는 35~70eV을 사용한다.
ⓑ 질량분석기는 자기장형(Magnetic Sector), 사중극자형(Quadrupole) 및 이온트랩형(Ion Trap) 등의 성능을 가진 것을 사용한다.
ⓒ 정량분석에는 선택이온검출법(SIM ; Selected Ion Monitoring)을 이용하는 것이 바람직하다.

③ 농축장치

구데르나다니쉬(K.D.) 농축기 또는 회전증발농축기를 사용한다.

④ 정제용 컬럼

실리카겔 컬럼이나 플로리실 컬럼 또는 활성탄 컬럼을 선택하여 사용한다.

(5) 농도계산

$$\text{토양 중 유기인화합물의 농도(mg/kg)} = \sum \frac{C_1}{W_d} \times V$$

여기서, C_1 : 검정곡선에서 얻어진 분석시료의 각 항목별 농도(mg/L)
V : 시험용액의 부피(여기서는 0.01L)
W_d : 수분 보정한 토양시료의 건조중량(kg)

정도관리 목표값

정도관리 항목	정도관리 목표
정량한계	각 항목별 0.05mg/kg
검정곡선	결정계수(R^2) > 0.98 또는 감응계수(RF)의 상대표준편차 < 20%
정밀도	상대표준편차가 30% 이내
정확도	70~130%

16. 벤조(a)피렌

(1) 원리(기체크로마토그래피 – 질량분석법)

① 토양 중 벤조(a)피렌을 분석하는 방법이다.
② 속슬렛 추출이나 초음파 추출방법으로 추출하여 실리카겔 또는 알루미나 컬럼을 통과시켜 정제한 다음, 농축하여 기체크로마토그래프–질량분석계(GC–MS ; Gas Chromatography–Mass Spectrometer)로 측정하는 방법이다.

(2) 적용범위

① 토양시료 중 벤조(a)피렌을 기체크로마토그래프–질량분석계로 분석하는 방법에 적용한다.
② 토양 중 벤조(a)피렌의 정량한계는 0.005mg/kg이다.

(3) 간섭물질

① 해당 매질 또는 추출 용매 안에 함유하고 있는 불순물이 분석을 방해할 수 있다. 이 경우 방법바탕시료나 시약바탕시료를 분석하여 확인할 수 있다.
② 방해물질이 존재하면 용매를 증류하거나 정제용 컬럼을 이용하여 제거한다. 고순도의 시약이나 용매를 사용하면 방해물질을 최소화할 수 있다.
③ 초자류는 사용 전에 아세톤, 분석 용매 순으로 각각 3회 세정한 후 건조시킨 것을 사용하여 오염을 최소화할 수 있다.
④ 높은 농도의 시료와 낮은 농도의 시료를 연속하여 측정할 때에는 오염의 가능성이 있으므로 용매를 사용하여 점검하는 것이 좋다.

(4) 분석기기 및 기구

① 농축장치
  ㉠ 회전증발 농축기
  ㉡ 질소농축기

② 추출장치
　㉠ 속슬렛 추출기(Soxhlet Extractor)
　㉡ 초음파추출기

③ 정제용 컬럼
　㉠ 4% 함수실리카겔 컬럼
　㉡ 알루미나 컬럼

(5) 농도계산

$$\text{토양 중 벤조(a)피렌의 농도(mg/kg)} = \frac{A_s \times V_f \times f}{W_d \times V_i}$$

여기서, A_s : 검정곡선에서 얻어진 검출량(mg)
　　　　V_f : 시료의 최종 농축량(mL)
　　　　f : 희석배수(검량곡선의 범위를 벗어날 경우)
　　　　W_d : 수분보정한 토양시료의 건조중량(kg)
　　　　V_i : 검액의 주입량(μL)

정도관리 목표값

정도관리 항목	정도관리 목표
정량한계	0.005mg/kg
검정곡선	결정계수(R^2) > 0.98 또는 감응계수(RF)의 상대표준편차 < 20%
정밀도	상대표준편차가 30% 이내
정확도	60~130%

17. 석유계 총 탄화수소(TPH)

(1) 원리(기체크로마토그래피)

① 토양 중에 끓는점이 높은(150~500℃) 유류에 속하는 제트유·등유·경유·벙커C유·윤활유·원유 등의 측정에 적용한다.
② 시료 중의 제트유·등유·경유·벙커C유·윤활유·원유 등을 디클로로메탄으로 추출하여 정제한 후 기체크로마토그래피에 따라 짝수의 노말알칸(C_8~C_{40}) 표준물질의 총 면적과 시료 봉우리의 총 면적을 비교하여 석유계 총 탄화수소를 정량한다.

(2) 적용범위

① 토양 중의 석유계 총 탄화수소의 분석에 적용한다.
② 정량한계는 석유계 총 탄화수소로 50mg/kg이다.

(3) 간섭물질

① 해당 매질 또는 추출 용매에는 분석성분의 머무름 시간에서 피크가 나타나는 간섭물질이 있을 수 있다. 간섭물질이 발견되면 증류하거나 정제 컬럼에 의해 제거한다.
② 비극성과 약한 극성 화합물(즉, 할로겐화 탄화수소), 극성 화합물의 함량이 많을 경우 분석을 간섭할 수 있다.

(4) 분석기기 및 기구

① 검출기

불꽃이온화 검출기(FID ; Flame Ionization Detector)

② 농축장치

구데르나다니쉬(KD) 농축기 또는 회전증발농축기를 사용한다.

(5) 농도계산

$$\text{토양 중 석유계 총 탄화수소의 농도(mg/kg)} = \frac{A_s \times V_f \times D}{W_d \times V_i}$$

여기서, A_s : 검정곡선에서 얻어진 석유계 총 탄화수소의 양(ng)
V_f : 최종액량(mL)
D : 희석배수
W_d : 수분 보정한 토양시료의 건조중량(g)
V_i : 검액의 주입량(μL)

| 정도관리 목표값 |

정도관리 항목	정도관리 목표
정량한계	50mg/kg
검정곡선	결정계수(R^2) > 0.98 또는 감응계수(RF)의 상대표준편차 < 20%
정밀도	상대표준편차가 30% 이내
정확도	70~130%

18. 페놀류

(1) 원리(기체크로마토그래피)

토양 중 페놀 및 펜타클로로페놀을 아세톤/노말헥산(1 : 1)으로 추출하여 기체크로마토그래프로 정량하는 방법이다.

(2) 적용범위

① 토양 중 페놀 및 펜타클로로페놀의 분석에 적용한다.
② 불꽃이온화검출기에 검출되는 정량한계는 페놀이 0.02mg/kg, 펜타클로로페놀이 0.1mg/kg이다.

(3) 간섭물질

① 해당 매질 또는 추출 용매에는 분석성분의 머무름 시간에서 봉우리가 나타나는 간섭물질이 있을 수 있다. 간섭물질이 발견되면 증류하거나 정제 컬럼에 의해 제거한다.
② 이 시험기준으로 끓는점이 높아지거나 극성 유기화합물들이 함께 추출되므로 이들 중에는 분석을 간섭하는 물질이 있을 수 있다.
③ 디클로로메탄과 같이 머무름 시간이 짧은 화합물은 용매의 봉우리와 겹쳐 분석을 방해할 수 있다.
④ 시료에 혼합표준액 일정량을 첨가하여 크로마토그램을 작성하고 미지의 다른 성분과 봉우리의 중복 여부를 확인한다. 만일 봉우리가 중복될 경우 극성이 다르고 분리가 양호한 컬럼을 선택하여 시험한다.

(4) 분석기기 및 기구

① 불꽃이온화검출기(FID ; Flame Ionization Detector)

수소연소노즐(Nozzle), 이온 수집기(Ion Collector)로 구성되는 본체와 이 전극 사이에 직류전압을 주어 흐르는 이온전류를 측정하기 위한 직류전압 변환회로, 감도조절부, 신호감쇄부 등으로 구성된다.

② 농축장치

구데르나다니쉬(KD) 농축기 또는 회전증발농축기를 사용한다.

(5) 농도계산

$$\text{토양 중 페놀류의 농도(mg/kg)} = \sum \frac{C_1}{W_d} \times V$$

여기서, C_1 : 검정곡선에서 얻어진 분석시료의 각 항목별 농도(mg/L)
V : 시험용액의 부피(여기서는 0.01L)
W_d : 수분 보정한 토양시료의 건조중량(kg)

| 정도관리 목표값 |

정도관리 항목	정도관리 목표
정량한계	0.02mg/L(페놀), 0.1mg/L(펜타클로로페놀)
검정곡선	결정계수(R^2) > 0.98 또는 감응계수(RF)의 상대표준편차 < 20%
정밀도	상대표준편차가 ±30% 이내
정확도	70~130%

19. 폴리클로리네이티드비페닐(PCBs)

(1) 원리(기체크로마토그래피)

① 토양 중 폴리클로리네이티드비페닐(PCBs ; Polychlorinated Biphenyls)을 분석하는 방법으로, 토양을 알칼리 분해한 다음 노말헥산으로 추출하여 실리카겔 또는 다층실리카겔을 통과시켜 정제한다.
② 이 액을 농축시킨 다음 기체크로마토그래프에 주입하여 크로마토그램에 나타난 봉우리 패턴에 따라 PCBs를 확인하고 정량하는 방법이다.

(2) 적용범위

① 토양 중의 PCBs의 분석에 적용한다.
② 나타난 봉우리의 패턴에 따라 PCBs를 확인하고 정량하는 방법으로, 정량한계는 0.05mg/kg이다.

(3) 간섭물질

① 초자류는 사용 전에 아세톤, 분석 용매순으로 각각 3회 세정한 후 건조시킨 것을 사용하여 오염을 최소화할 수 있다.
② 고순도의 시약이나 용매를 사용하여 방해물질을 최소화하여야 한다.
③ 전자포착검출기(ECD)를 사용하여 PCB를 측정할 때 프탈레이트가 방해할 수 있는데 이는 플라스틱 용기를 사용하지 않음으로써 최소화할 수 있다.
④ 실리카겔 컬럼 정제는 산, 염화페놀, 폴리클로로페녹시페놀 등의 극성화합물을 제거하기 위하여 수행하며, 사용 전에 정제하고 활성화시켜야 한다.

(4) 분석기기 및 기구

① 검출기

전자포착검출기(ECD ; Electron Capture Detector)

② 농축장치

구데르나다니쉬(KD) 농축기 또는 회전증발농축기

(5) 농도계산

$$\text{토양 중 PCBs의 농도(mg/kg)} = \frac{A_s D}{\overline{CF} V_i W_s}$$

여기서, A_s : 시료 중 PCBs 정량 봉우리의 총 면적(또는 높이)
D : 시료 최종 농축량(μL)
V_i : 주입 시료량(μL)
W_s : 사용된 시료량(g)
$\overline{CF}$: 표준물질 검정곡선에서 계산된 평균보정계수(As/μg)의 평균

| 정도관리 목표값 |

정도관리 항목	정도관리 목표
정량한계	0.05mg/kg
검정곡선	결정계수(R^2) > 0.98 또는 감응계수(RF)의 상대표준편차 < 20%
정밀도	상대표준편차가 30% 이내
정확도	60~130%

20. 휘발성 유기화합물

(1) 목적

토양 중 벤젠(Benzene), 톨루엔(Toluene), 에틸벤젠(Ethylbenzene), 크실렌(Xylene), 트리클로로에틸렌(TCE, Trichloroethylene), 테트라클로로에틸렌(PCE, Tetrachloroethylene) 등 휘발성 유기화합물의 분석을 위한 시료채취, 간섭물질, 전처리과정, 기기분석 및 내부정도관리에 대해 자세히 기술하고 있다.

(2) 적용 가능한 시험

토양 중 휘발성 유기화합물을 분석하기 위해 일반적으로 시료를 적절한 방법으로 전처리하여야 하고 그 후에 기기분석을 실시한다. 휘발성 유기화합물별로 사용되는 기기분석방법은 다음 표와 같으며, 벤젠, 톨루엔, 에틸벤젠, 크실렌, TCE 및 PCE는 퍼지-트랩/기체크로마토그래피-질량분석법을 주 시험법으로 한다.

토양 중 휘발성 유기화합물의 시험방법

측정 항목	퍼지-트랩 기체크로마토그래피-질량분석법	퍼지-트랩 기체크로마토그래피(검출기)
벤젠, 톨루엔, 에틸벤젠, 크실렌	○	○(FID)
TCE, PCE	○	○(ECD)
동시분석법	○	-

21. 휘발성 유기화합물(퍼지-트랩 기체크로마토그래피-질량분석법)

(1) 원리

① 토양 중 휘발성 유기화합물들을 동시 측정하는 방법이다.
② 시료 중에 휘발성 유기화합물을 불활성 기체로 퍼지시켜 기상으로 추출한 다음 트랩 관으로 흡착·농축하고, 가열·탈착시켜 모세관 컬럼을 사용한 기체크로마토그래프-질량분석기로 분석하는 방법이다.

(2) 적용범위

① 토양 중의 벤젠(Benzene), 톨루엔(Toluene), 에틸벤젠(Ethylbenzene), 크실렌(Xylene), 트리클로로에틸렌(TCE, Trichloroethylene), 테트라클로로에틸렌(PCE, Tetrachloroethylene) 등의 휘발성 유기화합물의 분석에 적용한다.
② 휘발성 유기화합물의 각 항목별 정량한계는 0.1mg/kg이다.
③ 분리되지 않는 m, p-크실렌 이성질체들은 합하여 정량한다.

(3) 간섭물질

① 퍼지 기체나 트랩 연결관 등의 오염이나 실험실 공기 속에 기화된 용매가 오염원이 될 수 있다. 따라서 바탕시료를 사용하여 이를 점검하여야 한다.
② 테프론 재질이 아닌 튜브, 봉합제 및 유속조절제의 사용을 피해야 한다.
③ 높은 농도의 시료와 낮은 농도의 시료를 연속하여 분석할 때에 오염이 될 수 있으므로 시료 분석 사이에 정제수로 세척하여야 한다. 높은 농도의 시료를 분석한 후에는 바탕시료를 분석하는 것이 좋다.
④ 많은 양의 수용성 물질, 부유물질, 고비점 또는 휘발성 물질을 함유하는 시료를 분석한 후에는 퍼지 장치들을 세척하여 105℃ 오븐 안에서 건조시킨 후 사용하는 것이 필요하다.

(4) 농도계산

$$\text{토양 중 휘발성 유기화합물의 농도(mg/kg)} = \frac{A_s \times V_f \times f}{W_d \times V_i}$$

여기서, A_s : 검정곡선에서 얻어진 검출량(ng)
　　　　V_f : 메틸알코올의 양(mL)
　　　　f : 희석배수(검량곡선의 범위를 벗어날 경우)
　　　　W_d : 수분 보정한 토양시료의 건조중량(g)
　　　　V_i : 검액의 주입량(μL)

정도관리 목표값

정도관리 항목	정도관리 목표
정량한계	각 항목별 0.1mg/kg
검정곡선	결정계수(R^2) > 0.98 또는 감응계수(RF)의 상대표준편차 < 20%
정밀도	상대표준편차가 30% 이내
정확도	70~130%

22. 벤젠, 톨루엔, 에틸벤젠, 크실렌

적용 가능한 시험방법

벤젠, 톨루엔, 에틸벤젠, 크실렌	정량한계 (mg/kg)	정밀도 (% RSD)
퍼지-트랩 기체크로마토그래피-질량분석법	각 항목별 0.1	30% 이내
퍼지-트랩 기체크로마토그래피(FID)	벤젠 0.2, 톨루엔 0.1 에틸벤젠 0.1, 크실렌 0.5	30% 이내

23. 벤젠, 톨루엔, 에틸벤젠, 크실렌(퍼지-트랩-기체크로마토그래피)

(1) 원리

① 토양 중 벤젠, 톨루엔, 에틸벤젠, 크실렌의 측정방법이다.
② 이 방법은 납사, 휘발유 등의 저비점 석유류 중에 다량 함유되어 있는 벤젠, 톨루엔, 에틸벤젠, 크실렌의 측정에 적용한다.
③ 시료 중의 벤젠, 톨루엔, 에틸벤젠, 크실렌을 메틸알코올로 추출하여 얻어진 시료용액을 기체크로마토그래프(불꽃이온화검출기)에 부착된 퍼지트랩에 주입하여 이들 물질을 각각 정량하는 방법이다.

(2) 적용범위

① 토양 중 벤젠, 톨루엔, 에틸벤젠, 크실렌의 분석에 적용한다.
② 벤젠, 톨루엔, 에틸벤젠, 크실렌의 정량한계는 각각 0.2mg/kg, 0.1mg/kg, 0.1mg/kg, 0.5mg/kg이다.

(3) 간섭 물질

① 해당 매질 또는 추출 용매에는 분석성분의 머무름 시간에서 봉우리가 나타나는 간섭물질이 있을 수 있다. 간섭물질이 발견되면 증류하거나 정제 컬럼에 의해 제거한다.
② 시료에 혼합표준액 일정량을 첨가하여 크로마토그램을 작성하고 미지의 다른 성분과 봉우리의 중복 여부를 확인한다. 만일 봉우리가 중복될 경우 극성이 다르고 분리가 양호한 컬럼을 선택하여 시험한다.

(4) 농도계산

$$\text{토양 중 각 성분의 농도(mg/kg)} = \frac{A_s \times V_f \times f}{W_d \times V_i}$$

여기서, A_s : 검정곡선에서 얻어진 검출량(ng)
　　　　V_f : 메틸알코올의 양(mL)
　　　　f : 희석배수(검량곡선의 범위를 벗어날 경우)
　　　　W_d : 수분 보정한 토양시료의 건조중량(g)
　　　　V_i : 검액의 주입량(μL)

정도관리 목표값

정도관리 항목	정도관리 목표
정량한계	벤젠 0.2mg/kg, 톨루엔 0.1mg/kg, 에틸벤젠 0.1mg/kg, 크실렌 0.5mg/kg
검정곡선	결정계수(R^2) > 0.98 또는 감응계수(RF)의 상대표준편차 < 20%
정밀도	상대표준편차가 30% 이내
정확도	70~130%

24. 트리클로로에틸렌, 테트라클로로에틸렌

적용 가능한 시험방법

TCE, PCE	정량한계 (mg/kg)	정밀도 (% RSD)
퍼지-트랩 기체크로마토그래피-질량분석법	각 항목별 0.1	30% 이내
퍼지-트랩 기체크로마토그래피(ECD)	각 항목별 0.1	30% 이내

25. 트리클로로에틸렌, 테트라클로로에틸렌(퍼지-트랩 기체크로마토그래피)

(1) 원리
① 토양 중 트리클로로에틸렌, 테트라클로로에틸렌의 측정방법이다.
② 시료 중의 트리클로로에틸렌, 테트라클로로에틸렌을 메틸알코올로 추출하여 얻어진 시료용액을 기체크로마토그래프(전자포착검출기)에 부착된 퍼지-트랩에 주입하여 이들 물질을 각각 정량하는 방법이다.

(2) 적용범위
① 토양 중 트리클로로에틸렌, 테트라클로로에틸렌의 분석에 적용한다.
② 트리클로로에틸렌, 테트라클로로에틸렌의 정량한계는 각 항목별로 0.1mg/kg 이다.

(3) 간섭물질
① 해당 매질 또는 추출 용매에는 분석성분의 머무름 시간에서 봉우리가 나타나는 간섭물질이 있을 수 있다. 간섭물질이 발견되면 증류하거나 정제 컬럼에 의해 제거한다.
② 시료에 혼합표준액 일정량을 첨가하여 크로마토그램을 작성하고 미지의 다른 성분과 봉우리의 중복 여부를 확인한다. 만일 봉우리가 중복될 경우 극성이 다르고 분리가 양호한 컬럼을 선택하여 시험한다.

(4) 농도계산

$$\text{토양 중 각 성분의 농도(mg/kg)} = \frac{A_s \times V_f \times f}{W_d \times V_i}$$

여기서, A_s : 검정곡선에서 얻어진 검출량(ng)
V_f : 메틸알코올의 양(mL)
f : 희석배수(검량곡선의 범위를 벗어날 경우)
W_d : 수분 보정한 토양시료의 건조중량(g)
V_i : 검액의 주입량(μL)

26. 저장물질이 없는 누출검사대상시설(비파괴검사법)

(1) 원리

① 비파괴시험법(Non-Destructive Testing)은 물리적 현상의 원리(빛, 열, 방사선, 음파, 전기, 전기에너지, 자기)를 이용하여 검사할 대상물을 손상시키지 아니하고, 그 대상물에 존재하는 불완전성을 조사하며 판단하는 기술적 행위이다.

② 일반적인 비파괴시험법으로는 방사선투과법(RT ; Radiographic Testing), 초음파탐사법(UT ; Ultrasonic Testing), 자분탐사법(MT ; Magnetic Particle Testing), 와전류탐사법(ECT ; Eddy Current Testing), 액체침투탐사법(PT ; Liquid Penetrant Testing), 음향방출탐사법(AET ; Acoustic Emission Testing), 누설검사법(LT ; Leak Testing), 육안검사(VT ; Visual Testing) 등이 있다.

(2) 적용범위

① 이 방법은 단일벽 또는 이중벽 구조의 저장시설의 누출 및 결함 유무를 판단하기 위하여 적용한다.

② 본 공정시험법에서 규정하지 아니한 사항은 한국산업규격 KS B 6225(강재 석유저장탱크의 구조) 부속서 3, KS D 0213(철강 재료의 자분탐상시험 방법 및 자분 모양의 분류), KS B 0816(침투탐상시험 방법 및 지시 모양의 종류)에 따른다.

(3) 용어정의

① 자분탐상시험(MT)

강자성체인 시험체를 자화시켰을 때 시험체 조직의 변화 또는 결함 등의 불연속이 존재하면 이 위치에서 자력선의 연속성이 깨져 누설자장(Magnetic Flux Leakage)이 형성되고 자속밀도(Flux Density)가 증가하게 되며, 이때 시험체의 표면에 자분(Magnetic Particle)을 살포하여 누설자장이 형성된 부위에 자분이 부착되어 시험체 조직의 변화 또는 결함 등의 존재 유무, 위치, 크기, 방향 등을 확인하는 시험방법이다.

② 침투탐상시험(PT)

시험체 표면에 침투액을 적용하면 열린(Open) 결함이 있는 경우 모세관 현상에 의하여 침투액이 열린 결함으로 침투하게 되며, 이때 현상액을 적용하여 표면결함 속에 침투된 침투액을 현상함으로써 육안으로 결함 유무를 식별하는 시험방법이다.

③ 초음파 두께측정(Ultrasonic Thickness Gauging)

시험체에 초음파를 전달시켜 시험체 내에 존재하는 불연속으로부터 반사한 초음파의 에너지양, 초음파의 진행시간 등을 분석하여 불연속의 위치 및 크기 등을 알아내는 시험방법이다.

④ 외관검사(Visual Inspection)

저장시설을 구성하는 시설 전반에 대하여 검사자의 육안으로 누설징후, 변형, 부식, 손상, 이탈 등의 유무를 확인하는 검사이다.

(4) 검사절차

저장시설의 비파괴검사는 검사를 실시하는 저장시설의 재료, 검사범위 등에 따라 자분탐상시험 또는 침투탐상시험 중 선택하여 실시하여야 한다. 비파괴검사의 실시범위는 지하매설저장시설의 경우에는 탱크의 전 용접선, 옥외저장시설에 있어서는 지면과 접촉되어 있어 외부에서 누출이 확인되지 않는 바닥판(애뉼러판을 포함한다.)의 전용접선으로 하고, 용접부(Weld Metal)와 모재(Base Metal)의 경계선에서 모재 쪽으로 모재 두께의 2분의 1 이상의 길이를 더한 범위로 한다.

① 자분탐상시험

㉠ 시험 실시 전에 시험범위에 있는 녹, 스케일, 스패터(Spatter), 기름 등 시험에 지장을 주는 부착물을 깨끗하게 제거하고, 검사부의 온도가 시험에 지장이 없는 범위로 유지되도록 한다.

㉡ 시험범위에 대한 자화장치의 배치는 용접선에 대하여 거의 직각이 되도록 하고 시험 면에 평행방향의 자장이 형성되도록 하며, 인접한 탐상 유효범위가 서로 중복되도록 하여야 한다.

ⓒ 자분적용에 대한 자화의 시기는 연속법으로 하여야 하며, 특별히 인정된 경우를 제외하고는 습식법을 사용하여야 한다.
ⓔ 검사액의 적용은 탐상 유효범위의 바깥쪽부터 탐상유효범위 전면을 적시도록 하여야 한다.
ⓜ 통전시간 중의 검사액의 적용시간은 1단위시험 조작당 3초 이상을 표준으로 하여야 하며 통전시간은 검사액의 적용 시작 때부터 그 탐상 유효범위 내의 검사액의 유동이 정지할 때까지로 한다.

② 침투탐상시험
  ㉠ 침투탐상시험은 염색침투탐상시험 또는 형광침투탐상시험 중 적절한 시험방법을 선택하여 실시한다.
  ㉡ 시험 실시 전에 시험범위에 있는 녹, 스케일, 스패터, 기름 등 검사에 지장을 주는 부착물은 완전히 제거하여 깨끗하게 한 후 시험면 및 결함 내에 잔류하는 용제, 수분 등을 충분히 건조시키고, 시험체의 온도는 섭씨 5℃ 내지 40℃의 범위 내에서 시험을 하여야 한다. 이 경우 온도가 시험 실시 범위를 벗어나는 경우에는 비교시험편을 이용하여 그 성능을 확인한 후 적절한 시험방법을 정하여야 한다.
  ㉢ 침투액은 시험제품의 시험부위 및 침투액의 종류에 따라 분무, 솔질 등의 방법을 적용하고 침투에 필요한 시간 동안 시험하는 부분의 표면을 침투액으로 적셔두어야 한다.
  ㉣ 침투 처리 후 표면에 부착되어 있는 침투액은 마른 천으로 닦은 후 용제 세정액을 소량 스며들게 한 천으로 완전히 닦아내야 한다. 이 경우에 결함 속에 침투되어 있는 침투액을 유출시킬 만큼 많은 세정액을 사용해서는 안 된다.
  ㉤ 잘 저어서 분산시킨 속건식 현상제를 분무상태로 시험 표면에 분무시켜 시험면 바탕의 소재가 희미하게 투시되어 보일 정도로 얇고 균일하게 도포하여야 한다. 이 경우 분무노즐과 시험면의 거리는 300mm 이상으로 한다.
  ㉥ 현상제를 도포하고 10분이 경과한 후에 관찰한다. 다만, 결함지시 모양의 등급분류 시 결함지시 모양이 지나치게 확대되어 실제의 결함과 크게 다른 경우에는 현상여건을 감안하여 그 시간을 단축시킬 수 있다.

③ 초음파 두께측정

㉠ 초음파 두께측정은 지하매설저장시설에 있어서는 동체(Shell) 각 플레이트(Plate)의 상하좌우 4방향과 경판(Head Plate)의 상하좌우 및 중앙부 등 5개 지점에 대하여, 옥외저장시설에 있어서는 측정지점에 대하여 초음파 두께측정기로 두께를 측정하여야 한다.

㉡ 옥외저장시설의 측정지점
   ⓐ 에뉼러판 : 옆판 내면으로부터 탱크 중심방향으로 0.5m 간격마다의 범위에서 원주방향으로 2m 이하의 간격마다 1개 지점
   ⓑ 밑판(구형 탱크는 본체 전부를 밑판으로 보며, 지중탱크의 옆판 중 지반면 하에 매설된 부분은 밑판으로 본다.) : 1매당 3개 지점
   ⓒ 보수 중 덧붙인 판 또는 교체한 판 : 1매당 1개 지점
   ⓓ 누설자장 등을 이용하여 점검을 실시한 밑판 및 에뉼러판 : 1매당 1개 지점

㉢ 두께측정 전에 시험범위에 있는 녹, 스케일, 스패터 등 검사에 지장을 주는 부착물은 완전히 제거하여 깨끗하게 한 후, 국부적으로 심한 부식이 진행되는 개소에 대하여는 그라인더 등을 써서 표면을 매끄럽게 갈아 낸 다음 잔존 두께를 측정하여야 한다.

(5) 결과보고

① 자분탐상시험 및 침투탐상시험 결과확인 및 보고서 작성

㉠ 균열이 있는지 확인하고 보고서를 작성한다.
㉡ 선상 및 원형 결함의 길이방향 크기가 4mm를 초과하는지 확인하고 보고서를 작성한다.
㉢ 2개 이상의 결함자분 모양이 동일 선상에 연속해서 존재하고 그 상호 간의 간격이 2mm 이하인 경우에는 상호 간의 간격을 포함하여 연속된 하나의 결함자분 모양으로 간주한다. 다만, 결함자분 모양 중 짧은 쪽의 길이가 2mm 이하이면서 결함자분 모양 상호 간의 간격 이하인 경우에는 독립된 결함자분 모양으로 한다.

㉣ 자분탐상시험 결과 결함자분 모양이 원형이어서 판정이 곤란할 경우에는 침투탐상시험에 의하여 판정하여야 한다.

② 초음파 두께측정 결과확인 및 보고서 작성

두께측정 시험결과 합격 여부의 판정은 과거의 부식률을 감안하여 차기 점검 시까지의 두께가 다음 식을 만족하는지 확인하고 보고서를 작성한다.

$$T - X \cdot Y \geqq 3.2$$

★ 300μm 이상의 두께로 코팅 처리된 탱크는 2.6으로 한다. 다만, 하부 부식으로 판정된 경우에는 그러하지 아니하다.

여기서, T : 측정 실측두께(mm)
X : 부식률(a/b)
a : 측정 개소의 부식두께(mm)
b : 탱크의 사용연수(년)
Y : 차기 정기점검 시까지의 연수(년)

27. 저장물질이 없는 누출검사대상시설(가압시험법)

(1) 원리

가압시험방법은 저장물이 없는 누출검사대상시설에 질소 등 불활성 가스를 주입하여 일정한 시험압력상태를 유지하고, 측정시간 동안의 압력 변동량을 측정함으로써 누출검사대상시설 및 (분리하여 폐쇄가 불가능한) 그 부속배관의 누출 여부를 판단하는 기밀시험방법이다.

(2) 적용범위

이 방법은 단일벽 또는 이중벽 구조의 누출검사대상시설 및 (분리하여 폐쇄가 불가능한) 그 부속배관의 누출 여부를 판단하기 위하여 적용한다.

(3) 용어정의

① 불활성 가스(비활성 기체)

다른 원소와 화학반응을 일으키기 어려운 기체원소, 좁은 뜻으로는 헬륨, 네온, 아르곤, 크립톤, 크세논, 라돈의 희유원소를 이르며, 넓은 뜻으로는 화학반응성이 낮은 질소 등을 포함하여 이른다.

② 기밀시험

용기나 함선 또는 건축물 등의 밀폐도나 내압강도를 확인하고 조사하는 시험을 말한다.

(4) 검사기기 및 기구

① 압력계(압력자기기록계)

최소눈금이 시험압력의 5% 이내이고, 이를 읽고 측정압력의 기록이 가능한 압력계이어야 한다.

② 온도계

시험압력에 충분히 견딜 수 있는 것으로서 최소눈금 1℃ 이하를 읽고 기록이 가능한 온도계이어야 한다.

③ 가압장치

불활성 가스 용기 및 압력조정장치를 말한다.

④ 사용가스

가압매체로 질소 등 불활성 가스를 사용한다.

⑤ 안전밸브

0.7kgf/cm^2 이하에서 작동되어야 한다.

⑥ 기타

시설물의 밀폐하기 위해 필요한 기기 및 기구 등이 있다.

(5) 검사절차

① 누출검사대상시설의 내용물을 완전히 비우고, 개구부를 밸브 또는 막음판 등을 사용하여 완전히 폐쇄한다.
② 누출검사대상시설 및 이와 연결된 지하매설배관은 질소 등 불활성 가스를 사용하여 0.2kgf/cm^2의 시험압력으로 가압한 후 10분 동안 유지시켜 안정된 시험압력을 확인하고, 그 후 1시간 동안의 압력변화를 측정한다.
('안정된 시험압력'이라 함은 가압 후 유지시간 동안 압력강하가 시험압력의 10% 이하인 압력을 말한다.)
③ 시험하는 동안 누출검사대상시설 내 온도 및 압력변화량을 관찰·기록한다.
④ 시험하는 동안 누출검사대상시설 내의 온도변화가 심할 경우에는 다음 식에 의하여 온도변화에 따른 압력을 보정하여 판정한다.

$$\Delta P = P_1 - P_2 \cdot T_1 / T_2$$

여기서, ΔP : 50분간 온도 보정을 한 압력강하
P_1 : 가압 후 10분일 때의 안정된 시험압력
P_2 : 가압 후 60분일 때의 압력
T_1 : 가압 후 10분일 때의 평균절대온도(K)
T_2 : 가압 후 60분일 때의 평균절대온도(K)

⑤ 누출 여부에 대한 추가확인을 위하여 비눗물, 마이크로폰 등 추가적인 도구를 사용할 수 있다.

(6) 결과의 보고

① 측정결과 및 보고서 작성

㉠ 가압 중 노출배관은 비눗물 등을 도포하여 누출 여부를 확인하고 보고서를 작성한다.
㉡ 안정된 압력 확인 후 50분 동안 측정된 압력변화를 확인하여 보고서를 작성한다.

② 판정기준

측정결과 비눗물 등으로 누출 여부가 확인되거나 압력강하가 시험압력의 10%를 초과하는 경우에는 불합격으로 한다.

28. 저장물질이 있는 누출검사대상시설(기상부의 시험법)

(1) 원리

① 저장물질이 있는 누출검사대상시설의 저장물질이 담겨져 있지 않은 부분에 대한 누출 여부를 검사하는 방법이다.

② 저장시설 내부로 가압매체를 주입하여 대기압보다 높은(가압) 압력을 작용시키거나 저장시설 내부로부터 가스를 배출하여 대기압보다 낮은(감압) 압력을 작용시켜 그 압력변화를 측정함으로써 누출 여부를 판단하는 방법이다.

(2) 적용범위

누출검사대상시설의 기상부 및 기상부에 접속되어 있고 저장시설과 분리하여 폐쇄할 수 없는 부속배관부의 누출 여부를 판단하는 기밀시험이다. 단, 미기압법은 10만 L 미만의 시설에 적용할 수 있다.

(3) 용어정의

① 기상부 검사

탱크와 같은 저장시설에 저장물질이 담겨져 있지 않은 부분(Ullage)에 대한 검사를 말한다.

② 미가압 시험

대기압보다 높은 압력($200mmH_2O$)을 사용하여 누출 여부를 판정하는 방법이다.

③ 미감압 시험

대기압보다 낮은 압력($-200mmH_2O$, $-400mmH_2O$, $-1,000mmH_2O$)을 사용하여 누출 여부를 판정하는 방법이다.

(4) 검사기기 및 기구

① 압력계(압력자기기록계)

최소눈금 1mmH$_2$O를 읽을 수 있는 정밀도를 가진 압력계를 말한다.

② 온도계

시험압력에 충분히 견딜 수 있는 것으로서 최소눈금이 1℃ 이하를 읽고 기록이 가능한 온도계를 말한다.

③ 가압장치

가압 시 최대압력 300mmH$_2$O 이하가 되도록 조정되는 것이어야 한다.

④ 감압장치

㉠ 가스를 배출하는 방법

ⓐ 이젝터 : 불활성 가스의 분출력을 이용한 것 또는 에어컴프레서의 분출력을 이용한 것
ⓑ 펌프 : 수동 및 동력에 의한 것

㉡ 액체를 뽑아내는 방식

ⓐ 고체 급유설비 : 계량기 펌프를 이용한 것
ⓑ 송유설비 : 누출검사대상시설 등에 송유하기 위해 개설된 펌프
ⓒ 가변식 펌프 : 그 외 가압에 적합한 펌프

⑤ 사용가스

불활성 가스를 가압매체로 사용한다.

⑥ 안전장치

⑦ 기타 검사대상시설의 밀폐를 위해 필요한 장치 및 도구

(5) 검사절차

① 미가압법 측정방법

㉠ 누출검사대상시설 내 기상부 높이가 400mm 이상인가를 확인하여 가압으로 인해 저장액이 탱크 외부로 배관을 통해 나오는 것을 방지한다.

㉡ 충분한 기상부의 높이가 확인되었다면 누출검사대상시설의 개구부를 밸브 또는 막음판 등을 사용하여 완전히 폐쇄하고 5분 이상 압력을 안정시킨다.

㉢ 질소가스 등으로 200mmH$_2$O의 압력이 될 때까지 공간용적 1m^{3}당 1분 이상의 시간을 두고 천천히 가압한다.

㉣ 가압속도는 누출검사대상시설 공간용적 1m^{3}당 1분 이상이 되도록 가압시간을 조정한다.

㉤ 가압 중에 노출되어 있는 배관접속부 등에 비눗물 등을 뿌려 누출 여부를 확인하여야 한다.

㉥ 가압 후 15분 이상 유지시간을 두어 안정시키고, 그 이후 15분 동안의 압력강하를 측정한다.

㉦ 시험하는 동안 누출검사대상시설 내의 온도변화를 측정하여 다음 식에 의하여 온도변화에 따른 압력보정을 하여 판정한다.

$$\Delta P = P_1 - P_2 \cdot T_1 / T_2$$

여기서, ΔP : 15분간 온도보정을 한 압력강하
P_1 : 안정화 이후 측정 개시시점의 압력
P_2 : 측정 개시 후 15분 경과시점의 압력
T_1 : 안정화 이후 압력 측정 개시시점의 평균절대온도(K)
T_2 : 압력 측정 개시 후 15분 경과시점의 평균절대온도(K)

이 방법에 의해 시험을 하는 경우 액체가 채워진 부분에 대해서는 액면레벨 측정법에 의한 누출시험을 별도로 실시하여야 한다.

② 미감압법 측정방법

　㉠ 증기압이 높은 내용물(가솔린류)을 저장하는 누출검사대상시설에 있어서는 기상부의 공간용적이 3,000L 이상인지를 확인한다.
　㉡ 시험압력은 누출검사대상시설의 설치연수, 노후 정도를 고려하여 이젝터 또는 진공펌프로 $-200mmH_2O$, $-400mmH_2O$ 및 $-1,000mmH_2O$ 중에서 선택하여 안전하게 감압시킨다.
　㉢ 시험을 위한 진공속도는 매분 $100mmH_2O$ 미만이 되도록 한다.
　㉣ 시험압력 설정치까지 서서히 감압시킨 후, 진공펌프를 정지하고 압력 안정화를 위하여 5분 동안 유지한다.
　㉤ 압력 안정화 유지시간 이후부터 매 5분마다 60분 또는 70분 동안의 압력변화를 측정한다.
　㉥ 매 5분마다 측정된 압력변화값은 자동으로 기록되도록 한다.
　㉦ 시험경과 시간별로 다음의 G, T, P값을 측정한다.
　　ⓐ G값 : 측정 개시 시점과 60분 경과시점의 압력차
　　ⓑ T값 : 측정 개시 후 60분 경과시점과 70분 경과 시점의 압력차
　　ⓒ P값 : 측정 개시 후 30분 경과시점과 60분 경과시점의 압력차
　㉧ 압력측정기간 동안 저장내용물의 온도는 0~30℃ 범위 이내에서만 측정한다.
　㉨ 이 방법에 의해 시험을 하는 경우 액체가 채워진 부분에 대하여는 액면 레벨측정법에 의한 누출시험을 별도로 실시하여야 한다.
　㉩ 누출 여부에 대한 추가확인을 위하여 마이크로폰 등 추가적인 도구를 사용할 수 있다.

(6) 판정기준

① 미가압 시험결과 누출검사대상시설 내의 압력강하량이 $6mmH_2O$를 초과하면 불합격으로 한다.
② 미감압 시험결과 판정표의 G, T, P의 값을 초과하면 불합격으로 한다.

29. 저장물질이 있는 누출검사대상시설(액상부의 시험법)

(1) 원리

이 방법은 일정 체적을 가진 누출검사대상시설에 일정량의 액체가 담겨 있을 때, 전자기파(Electromagnetic Wave), 초음파(Ultrasonic), 압력변화(Different Pressure), 부력(Mass Buoyancy), 자기변형(Magnetostrictive), 정전용량(Capacitance) 또는 이와 동등한 방식을 이용하여 누출검사 대상시설 내 액량 변화를 측정하여 누출량을 산정한다. 다만, 누출량 산정에 온도보정을 요하는 측정방식은 측정시간 동안 온도변화를 측정하여 보정한다.

(2) 적용범위

이 방법은 누출검사대상시설에 담겨 있는 액상부의 누출량을 측정하는 데 적용한다. 액상부의 누출검사는 누출검사대상시설의 액량이 검사업체에서 보유하고 있는 누출측정기기가 측정할 수 있는 저장시설 높이의 범위인 경우에 적용한다.

(3) 용어정의

① 액상부 검사

탱크와 같은 저장시설에 저장물질이 담겨져 있는 부분(Underfill)에 대한 검사

② 액면레벨

탱크 내 저장물질의 수위를 나타내며, 온도변화 등에 따라 보정된 수위의 변화를 측정하여 저장물질의 누출이나 외부물질의 유입 등을 판정하게 된다.

③ 누출판정기준

누출과 비누출을 판정하는 누출속도이며 검사대상시설의 용량에 따라 차등 적용된다.

④ 기기 고유 누출판정기준(Threshold Value)

액상부 검사에 사용되는 해당 누출측정기기가 가지고 있는 누출판정기준으로 해당 누출률 이상이면 누출의 가능성이 있다고 할 수 있다. 보통 누출판정기준보다 낮은 누출률을 가진다.

(4) 검사기기 및 기구

① 다양한 측정원리에 따라 누출량을 산정하여 시간당 일정 이상의 액량 변화를 판독할 수 있는 기구 및 기기

② 온도계

액온 변화를 0.5℃ 이하의 분해능으로 읽고 기록 가능한 것

③ Data 분석장치

온도 및 액량 변화를 분석하는 장치

(5) 판정기준

누출검사대상기기가 고유 누출판정기준 이상을 나타내면 불합격으로 한다.

탱크 용량	누출률(L/hr)
10만 리터 이하	0.4
10만 리터 초과 100만 리터 이하	0.8
100만 리터 초과 160만 리터 이하	1.2
160만 리터 초과 320만 리터 이하	1.6
320만 리터 초과 480만 리터 이하	2.4
480만 리터 초과	3.2

30. 배관시설

(1) 원리(가압 및 미감압시험법)

저장물을 이송하는 배관시설에 대한 누출검사방법으로 배관시설 내 내용물을 비운 상태로 압력을 작용시켜 그 압력변화를 측정함으로써 누출 여부를 판단하는 방법이다.

(2) 적용범위

누출검사대상시설로부터 분리하여 양단을 폐쇄할 수 있는 부속배관부의 누출 여부를 판단하는 시험이다.

(3) 용어정의

부속배관
→ 저장시설에 연결되어 저장물질의 이송에 이용되는 시설을 말한다.

(4) 검사기기 및 기구

① 압력계(압력자기기록계)

최소눈금 $1mmH_2O$를 읽을 수 있는 정밀도를 가진 압력계 또는 최소눈금이 시험압력의 5% 이내이고, 이를 읽고 측정압력이 기록이 가능한 압력계이어야 한다.

② 온도계

시험압력에 충분히 견딜 수 있는 것으로서 최소눈금이 1℃ 이하를 읽고 기록이 가능한 온도계이어야 한다.

③ 가압장치

가압 시 시험압력까지 이르도록 조정되는 것이어야 한다.

④ 사용가스

불활성 가스를 가압매체로 사용한다.

⑤ 안전장치

시험압력의 1.1배 부근에서 작동할 수 있는 안전밸브를 갖추어야 한다.

⑥ 기타 검사대상시설의 밀폐를 위해 필요한 장치 및 도구

(5) 미감압법 검사절차

① 시험압력은 누출검사대상시설의 설치연수, 노후 정도를 고려하여 이젝터 또는 진공펌프로 $-200mmH_2O$, $-400mmH_2O$ 및 $-1,000mmH_2O$ 중에서 선택하여 안전하게 감압시킨다.
② 시험을 위한 진공속도는 매분 $100mmH_2O$ 미만이 되도록 한다.
③ 시험압력 설정치까지 서서히 감압시킨 후, 진공펌프를 정지하고 압력 안정화를 위하여 5분 동안 유지한다.
④ 압력 안정화 유지시간 이후부터 매 5분마다 60분 또는 70분 동안의 압력변화를 측정한다.
⑤ 매 5분마다 측정된 압력변화값은 자동으로 기록되도록 한다.
⑥ 시험경과 시간별로 다음의 T, P값을 측정한다.
  ㉠ T값 : 측정 개시 후 60분 경과시점과 70분 경과 시점의 압력차
  ㉡ P값 : 측정 개시 후 30분 경과시점과 60분 경과 시점의 압력차
⑦ 압력 측정기간 동안 저장내용물의 온도는 0~30℃ 범위 이내에서만 측정한다.
⑧ 이 방법에 의해 시험을 하는 경우 액체가 채워진 부분에 대하여는 액면레벨 측정법에 의한 누출시험을 별도로 실시하여야 한다.
⑨ 누출 여부에 대한 추가확인을 위하여 누출검사자는 마이크로폰 등 추가적인 도구를 사용할 수 있다.

(6) 판정기준

① 가압법에 의한 시험결과, 시험압력의 10% 이상의 압력변화량이 있으면 불합격으로 한다.
② 미감압법에 의한 시험결과, 판정표의 T, P의 값을 초과하면 불합격으로 한다.

┃ 판정표 ┃

시험대상시설		지하매설배관		
감압치(mmH$_2$O)		200±5	400±10	1000±20
측정시간(분)		30 이상		
액체온도(℃)		0~30		
가솔린류	판정치	P 4 미만	8 미만	20 미만
		P 4~5 T 2 이하	8~16 4 이하	20~40 10 이하
용제류		P 4 미만	8 미만	20 미만
		P 4~8 T 2 이하	8~16 4 이하	20~40 10 이하
등경유류		4 이하	8 이하	20 이하

PART 02

ENGINEER SOIL ENVIRONMENT

핵심필수문제

SECTION 001 핵심필수문제

01 어느 오염 부지의 깊이별 토양 오염도를 조사한 결과가 다음과 같을 때 총 오염토양의 양(kg)은 얼마인가?(단, 오염토양밀도=1,800kg/m³)

깊이(m)	오염면적(m²)
0.0~1.0	0
1.0~1.5	308
1.5~2.0	428
2.0~2.5	590
2.5~3.0	600
3.0~3.5	0

풀이

오염토양의 부피(m³) = 깊이 × 면적
$$= 0.5m \times (308 + 428 + 590 + 600)m^2 = 963m^3$$

총 오염토양의 양(kg) = 부피 × 밀도
$$= 963m^3 \times 1,800kg/m^3 = 1,733,400kg$$

02 500L의 유류가 토양으로 유출되었다. 불포화토양 내 유류가 균일하게 존재하는 것으로 가정할 경우 다음 조건에 따른 토양 내 유류농도(mg/kg)를 예측하시오.

오염된 토양부피 : 100m³
토양밀도 : 1,600kg/m³
유류밀도 : 960kg/m³
(토양 내 유류의 양은 불변하며 건조토양으로 가정함)

풀이

$$\text{토양 내 유류의 농도(mg/kg)} = \frac{500L \times 960kg/m^3 \times m^3/1,000L \times 10^6 mg/kg}{100m^3 \times 1,600kg/m^3}$$
$$= 3,000mg/kg$$

03 100L의 유류가 토양으로 유출되었다. 불포화 토양 내 유류가 존재하는 것으로 가정할 경우 다음 조건에 따른 유류농도(mg/L)는?

> 오염된 토양부피 : 1,000m³
> 유류밀도 : 960kg/m³
> (토양 내 유류의 양은 불변하며 건조토양으로 가정함)

풀이

$$\text{토양 내 유류농도(mg/L)} = \frac{0.1\text{m}^3 \times 960\text{kg/m}^3}{1,000\text{m}^3 \times \text{kg}/10^6\text{mg} \times 1,000\text{L/m}^3}$$
$$= 96\text{mg/L}$$

04 지하 저장탱크로부터 유류 500L가 유출되었다. 불포화 토양층 내 유류의 농도가 3,000mg/kg으로 오염지역 내 균일하게 분포하고 있다. 다음 조건을 이용하여 유출된 유류가 불포화 토양 및 지하수에 모두 분포하고 있는지 또는 토양에만 분포하고 있는지 판단하고 만일 지하수에도 유류가 존재하는 것으로 판단될 경우 그 농도(mg/L)를 예측하시오.

> 오염된 불포화 토양 부피(면적×길이) : 100m³
> 토양밀도 : 1,600kg/m³
> 오염된 불포화 토양 아래 대수층 부피 : 500m³
> 대수층 공극률 : 0.5
> 유류밀도 : 960kg/m³

풀이

$$\text{토양층 내 유류의 양(L)} = \frac{3,000\text{mg/kg} \times 1,600\text{kg/m}^3 \times 100\text{m}^3}{960\text{kg/m}^3 \times 10^6\text{mg/kg} \times \text{m}^3/1,000\text{L}}$$
$$= 500\text{L}$$

∴ 유출된 유류 500L가 모두 토양층 내에 존재하므로 토양만 오염되었음

Note : 지하수 중에 존재하는 오염물질의 양을 계산할 경우는 지하수가 토양공극 사이에 존재하기 때문에 공극률을 곱하여 계산하며, 토양 내에 있는 오염물질 양을 계산할 경우 공극률을 적용하지 않는다.

05 어떤 유기용제 50L가 토양으로 유출되었다. 이로 인해 발생된 오염지하수의 부피는 100m³이었고 지하수 내 유기용제의 농도는 90mg/L였다. 유기용제의 밀도가 0.98g/mL일 때 토양 내 잔존하는 유기용제의 부피(L)는?(단, 유기용제의 분해는 고려하지 않음)

> **풀이**
>
> $$\text{잔존유기용제부피(L)} = 50\text{L} - \frac{100\text{m}^3 \times 90\text{mg/L} \times \text{L}/1{,}000\text{mL} \times 1{,}000\text{L/m}^3}{0.98\text{g/mL} \times 1{,}000\text{mg/g}}$$
> $$= 50 - 9.18 = 40.82\text{L}$$

06 4.5m³ 용량의 지하저장탱크를 제거하였다. 저장탱크가 제거된 탱크박스 규모는 4m×4m×5m(L×W×H)이며, 박스 내 오염토양을 시료 채취하여 농도를 분석한 결과 평균농도가 3,200mg/kg이 검출되었다. 이 오염토양 내 존재하는 TPH는 몇 L인가?(단, 오염토양밀도 1.6g/cm³, TPH 비중 0.85)

> **풀이**
>
> 오염된 토양부피 = 탱크박스부피 – 제거된 저장탱크부피
> $$= (4 \times 4 \times 5)\text{m}^3 - 4.5\text{m}^3 = 75.5\text{m}^3$$
> $$\text{TPH(L)} = \frac{3{,}200\text{mg/kg} \times 1{,}600\text{kg/m}^3 \times 75.5\text{m}^3}{850\text{kg/m}^3 \times 10^6\text{mg/kg} \times \text{m}^3/1{,}000\text{L}} = 454.78\text{L}$$
>
> Note : $1.6\text{g/cm}^3 \times \text{kg}/1{,}000\text{g} \times 10^6\text{cm}^3/\text{m}^3 = 1{,}600\text{kg/m}^3$

07 6m×6m×6m(L×W×H) 용량의 탱크박스 내에 25,000L 용량의 지하저장탱크 4기를 제거하였다. 박스 내 오염토양을 시료 채취하여 TPH 농도를 분석한 결과 1,500mg/kg, 2,000mg/kg, 2,200mg/kg이 검출되었다. 이 오염토양 내에 존재하는 TPH는 몇 L인가?(단, 오염토양 밀도 1.8g/cm³, TPH 비중 0.8)

> **풀이**
>
> 오염된 토양부피 = 탱크박스부피 – 저장탱크부피
> $$= (6 \times 6 \times 6)\text{m}^3 - (25\text{m}^3 \times 4) = 116\text{m}^3$$
> $$\text{TPH 평균농도} = \frac{(1{,}500 + 2{,}000 + 2{,}200)\text{mg/kg}}{3} = 1{,}900\text{mg/kg}$$
> $$\text{TPH(L)} = \frac{1{,}900\text{mg/kg} \times 1{,}800\text{kg/m}^3 \times 116\text{m}^3}{800\text{kg/m}^3 \times 10^6\text{mg/kg} \times \text{m}^3/1{,}000\text{L}} = 495.9\text{L}$$

08 100mm 직경의 지하수 관측정을 설치하기 위해 4군데 지점에 250mm 직경으로 심도 17m까지 보링하였다. 보링 후 관측정을 삽입하고 지표로부터 1.5m 깊이까지만 벤토나이트를 넣어 마감처리를 하였다면 소요되는 벤토나이트의 양(kg)은?(단, 벤토나이트 밀도 1.8g/cm², 안전율 1.2)

> **풀이**
>
> 보링부피 − 관측정부피 = $73{,}593.75\text{cm}^3 - 11{,}775.0\text{cm}^3 = 61{,}818.75\text{cm}^3$
>
> 보링부피 = $\dfrac{3.14 \times 25^2}{4}\text{cm}^2 \times 150\text{cm} = 73{,}593.75\text{cm}^3$
>
> 관측정부피 = $\dfrac{3.14 \times 10^2}{4}\text{cm}^2 \times 150\text{cm} = 11{,}775.0\text{cm}^3$
>
> 벤토나이트의 양(kg) = $61{,}818.75\text{cm}^3 \times 1.8\text{g/cm}^3$
> $\times 1\text{kg}/1{,}000\text{g} \times 1.2 \times 4$지점
> = 534.11kg

09 직경 15cm인 지하수 관측정을 설치하기 위해 4군데 지점에 25cm 직경으로 심도 15m까지 보링한 후 관측정을 삽입하였다. 지하수위 상부 1m에서 관측점 바닥까지 기초처리가 되어있는 부분에 벤토나이트를 주입하려고 할 때 소요되는 양(kg)은? (단, 지하수위는 지표로부터 10m, 벤토나이트 밀도 1.8g/cm³, 안전율 15%)

> **풀이**
>
> 보링부피 − 관측정부피 = $294{,}375 - 105{,}975 = 188{,}400\text{cm}^3$
>
> 보링부피 = $\dfrac{3.14 \times 25^2}{4}\text{cm}^2$
> $\times (1{,}500 + 100 - 1{,}000)\text{cm}$
> = $294{,}375\text{cm}^3$
>
> 관측정부피 = $\dfrac{3.14 \times 15^2}{4}\text{cm}^2$
> $\times (1{,}500 + 100 - 1{,}000)\text{cm}$
> = $105{,}975\text{cm}^3$
>
> 벤토나이트의 양(kg) = $188{,}400\text{cm}^3 \times 1.8\text{g/cm}^3$
> $\times 1\text{kg}/1{,}000\text{g} \times 1.15 \times 4$지점
> = $1{,}559.95\text{kg}$

10 공장 내 토양오염 정밀조사를 위해 토양시료를 깊이 3m 간격으로 채취하였다. 각 깊이별 오염면적은 지표로부터 3m 깊이까지 500m², 3m 깊이에서 6m 깊이까지 600m², 6m 깊이에서 9m 깊이까지 700m²로 조사되었다. 겉보기 비중이 1.65ton/m³인 오염토양의 총 무게(ton)는?

> **풀이**
> 채취 부피(m^3) = $(500m^2 \times 3m) + (600m^2 \times 3m) + (700m^2 \times 3m) = 5,400m^3$
> 총 무게(ton) = 부피 × 비중(밀도) = $5,400m^3 \times 1.65 ton/m^3 = 8,910 ton$

11 지하저장창고로부터 디젤이 유출되어 토양이 오염되었다. 오염부지 평가결과 오염누출지역토양의 밀도가 1.8g/cm³이며, 오염농도 범위가 10m×25m×3m이다. 토양세척으로 처리하고자 할 때 처리해야 할 토양의 양(kg)은?

> **풀이**
> 토양의 양(kg) = 부피 × 밀도
> $= (10 \times 25 \times 3)m^3 \times 1.8g/cm^3 \times 1kg/1,000g \times 10^6 cm^3/m^3$
> $= 1.35 \times 10^6 kg$

12 지하저장창고로부터 디젤이 유출되어 토양이 오염되었다. 오염부지 평가결과 오염노출지역 토양의 밀도가 1.8g/cm³, 오염농도가 4,000mg/kg, 오염범위가 10m×25m×3m이라면 오염된 토양 내 디젤의 양(kg)은?

> **풀이**
> 디젤의 양(kg) = 부피 × 밀도
> $= (10 \times 25 \times 3)m^3 \times 4,000mg/kg \times 1.8g/cm^3 \times cm^3/10^{-6}m^3$
> $\quad \times 1kg/1,000g \times 10^{-6} kg/mg$
> $= 5,400 kg$

13 지하저장창고로부터 유류가 누출되어 토양이 오염되었다. 유류의 오염면적이 20m ×40m(W×L)이며, 4개의 관측점에서 오염유류의 두께를 산출한 값이 각 55cm, 75cm, 58cm, 65cm이다. 오염면적에 존재하는 유류의 양(m^3)은?(단, 토양 공극률 0.40)

> **풀이**
> 유류 양(m^3) = 오염면적 × 평균두께 × 공극률
> 평균두께 $\frac{(55+75+58+65)cm}{4} = 63.25cm = 0.63m$
> $= (20 \times 40)m^2 \times 0.63m \times 0.40 = 202.4 m^3$

14 평균농도 20mg/kg의 자일렌(xylene)으로 오염된 토양의 부피가 1,200m^3라면 오염부지 내 존재하는 자일렌의 총 함량(kg)은?(단, 토양 Bulk Density 1.8g/cm^3)

> **풀이**
> 자일렌 양(kg) = 밀도(비중) × 부피 × 농도
> $= 20mg/kg \times 1,200m^3 \times 1.8g/cm^3$
> $\times 1cm^3/10^{-6}m^3 \times 10^{-3}kg/g \times 10^{-6}kg/mg$
> $= 43.2kg$

15 유류로 오염된 오염토양을 원위치(In-Situ) 생물학적 분해법으로 처리하려고 한다. 오염토양의 체적이 약 1,000m^3이고 토양매질의 평균공극률이 0.35, 토양수 내 오염물의 평균농도가 20ppm이라면, 토양수로 포화된 오염토양 내 수용액상으로 존재하는 오염물의 질량(kg)은?(단, 오염물은 토양수 내 수용액상으로만 존재한다.)

> **풀이**
> 오염물 질량(kg) = 부피 × 농도 × 공극률
> $= 1,000m^3 \times 20mg/L \times 0.35 \times 1kg/10^6 mg \times 10^3 L/m^3$
> $= 7kg$
>
> Note : 20ppm = 20mg/L

16 지하수면 아래 대수층이 TCE오염원에 의해 오염되었다. 오염대수층의 체적은 1,000m³이고 매질의 공극률이 0.3이며, 오염원 내 지하수의 평균 TCE 농도가 1.0mg/L이라면, 오염원의 지하수 내에 존재하는 TCE 총량(kg)은?

> **풀이**
>
> TCE총량(kg) = 부피 × 농도 × 공극률
> $= 1,000 \text{m}^3 \times 1.0 \text{mg/L} \times 0.3 \times 10^3 \text{L/m}^3 \times 1\text{kg}/10^6 \text{mg}$
> $= 0.3 \text{kg}$

17 지하저장탱크에서 벤젠이 유출되었다. 지하수의 벤젠 농도가 6.8mg/L일 경우 유출된 벤젠의 양(kg)은?(단, 대수층 부피 1,200m³, 공극률 0.45)

> **풀이**
>
> 벤젠 양(kg) = 부피 × 농도 × 공극률
> $= 1,200 \text{m}^3 \times 6.8 \text{mg/L} \times 0.45 \times 1\text{kg}/10^6 \text{mg} \times 10^3 \text{L/m}^3$
> $= 3.67 \text{kg}$

18 TPH(석유계 총 탄화수소)가 0.5g/kg으로 오염된 토양 100g과 1.0g/kg으로 오염된 토양 200g을 혼합하였다. 최종혼합농도(mg/kg)는?

> **풀이**
>
> $$\text{농도(mg/kg)} = \frac{(0.1\text{kg} \times 500\text{mg/kg}) + (0.2\text{kg} \times 1,000\text{mg/kg})}{0.1\text{kg} + 0.2\text{kg}}$$
> $= 833.33 \text{mg/kg}$

19 비위생 매립장에 위치한 폐기물을 수거한 후 토양조사를 실시하여 보니 크롬(Cr^{+6}) 농도가 12mg/kg이었고, 이 농도에 해당하는 토양의 물량은 1,000ton이었다. 처리해야 할 크롬(Cr^{+6})의 물량(kg)은?

> **풀이**
>
> 크롬 양(kg) = 1,000ton × 12mg/kg × 1,000kg/ton × 1kg/10^6mg
> = 12kg

20 지하저장 탱크에서 휘발유가 유출된 지역에 SVE 방법으로 정화처리하고자 한다. 오염지역의 토양밀도 1.85g/cm³, BTEX 오염농도 5,300mg/kg, 오염농도범위가 15m×30m×5m일 경우 오염토양 내 BTEX의 양(kg)은?

> **풀이**
>
> BTEX 양(kg) = 부피 × 농도 × 밀도
> = (15×30×5)m³ × 5,300mg/kg × 1.85g/cm³ × cm³/10^{-6}m³
> × 1kg/1,000g × 10^{-6}kg/mg
> = 22,061.25kg

21 지하저장 창고로부터 디젤이 유출되어 토양이 오염되었다. 오염부지 평가결과 오염누출지역의 토양밀도가 1.8g/cm³, 오염농도가 4,000mg/kg, 오염범위 5m×25m×3m이라면 오염된 토양 내 디젤의 양(kg)은?

> **풀이**
>
> 디젤의 양(kg) = 부피 × 농도 × 밀도
> = (5×25×3)m³ × 4,000mg/kg × 1.8g/cm³
> × cm³/10^{-6}m³ × 1kg/1,000g × 10^{-6}kg/mg
> = 2,700kg

22 유류로 오염된 오염지역의 토양밀도는 1.8g/cm³이고 BTEX의 오염농도 7,500mg/kg, 오염토양부피 1,800m³일 경우 제거해야 할 BTEX의 양(kg)은?(단, 목표기준은 80mg/kg으로 함)

> **풀이**
>
> 제거해야 할 BTEX 양(kg) = 농도 × 밀도 × 부피
> $$= (7,500-80)\text{mg/kg} \times 1.8\text{g/cm}^3 \times 1,800\text{m}^3$$
> $$\times 1\text{cm}^3/10^{-6}\text{m}^3 \times 1\text{kg}/1,000\text{g} \times 10^{-6}\text{kg/mg}$$
> $$= 24,040.8\text{kg}$$

23 유류로 오염된 토양에 대해 SVE 처리방법으로 처리 시 배기가스 중의 BTEX 농도는 150mg/m³, 추출유량은 0.9m³/min, 가동시간은 3개월일 경우 제거된 유류의 총량(kg)은?(단, 1개월은 30일 기준)

> **풀이**
>
> 제거유류 총량 (kg) = 농도 × 유량
> $$= 150\text{mg/m}^3 \times 0.9\text{m}^3/\text{min} \times 90\text{day}$$
> $$\times 24\text{hr/day} \times 60\text{min/hr} \times \text{kg}/10^6\text{mg}$$
> $$= 17.50\text{kg}$$

24 토양증기추출법으로 오염토양을 복원하는 경우, 단일 추출정으로부터 배출되는 가솔린의 평균농도가 추출공기 1.0L당 0.5mg이고, 하루에 100m³의 공기가 추출된다. 오염토양 내에 누출된 가솔린의 총량이 5kg이고, 누출된 가솔린이 모두 증기추출로만 제거된다고 가정한다고 하면 오염 가솔린을 모두 제거하는 데 걸리는 시간(day)은?

> **풀이**
>
> 제거시간(day) = $\dfrac{V}{Q}$
> $$= \dfrac{5\text{kg} \times 1\text{L}/0.5\text{mg} \times 10^6\text{mg/kg}}{100\text{m}^3/\text{day} \times 1,000\text{L/m}^3} = 100\text{day}$$

25 토양증기추출 시스템의 유량을 240m³/min으로 운전할 때 배출 가스를 처리하기 위하여 요구되는 활성탄 흡착탑의 단면적(m²)은?(단, 활성탄 흡착탑의 적정 통과속도는 1m/sec)

> **풀이**
> $Q = A \times V$
> $A = \dfrac{Q}{V} = \dfrac{240\text{m}^3/\text{min}}{1\text{m/sec} \times 60\sec/\text{min}} = 4\text{m}^2$

26 자일렌 100mg/L의 농도로 오염된 지하수 6,000m³을 처리하기 위해 필요한 활성탄의 양(ton)은?(단, 자일렌에 대한 활성탄의 흡착은 0.0789g−xylenes/g−carbon)

> **풀이**
> 활성탄의 양(ton) = $100\text{mg/L} \times 6,000\text{m}^3 \times 1,000\text{L/m}^3 \times 1\text{g}/1,000\text{mg}$
> $\qquad \times 1\text{ton}/10^6\text{g} \times \text{g}-\text{carbon}/0.0789\text{g}-\text{xylenes}$
> $= 7.6\text{ton}$

27 100ppmv의 자일렌으로 오염된 토양가스를 활성탄 흡착처리 후 배출하고 있다. 배출유량이 2m³/min이고 배출가스온도는 25℃일 때 24hr 동안 제거되는 자일렌의 총 양(kg)은?(단, 자일렌 MW=106)

> **풀이**
> 제거 자일렌 총량(kg) = $2\text{m}^3/\text{min} \times 100\text{mL/m}^3 \times 1,440\text{min}$
> $\qquad \times \dfrac{106\text{g} \times \text{kg}/1,000\text{g}}{22.4\text{L} \times 1,000\text{mL/L}} \times \dfrac{273}{273+25}$
> $= 1.25\text{kg}$
>
> Note : $100\text{ppmV} = 100\text{mL/m}^3$

28 다음의 자료를 활용하여 토양증기추출법에 의한 누적오염물질의 저감량(kg)을 구하면?

시스템 운영시간 : 100day
증기유출유속 : 10m³/hr
오염증기농도 : 1.2kg/m³

풀이
저감량(kg) = $10\text{m}^3/\text{hr} \times 1.2\text{kg/m}^3 \times 100\text{day} \times 24\text{hr/day} = 28,800\text{kg}$

29 총 1.0m³의 디젤이 지하에 누출되어서 주변지하수를 오염시켜 약 25,000m³ (100m × 50m × 5m)의 디젤 오염운이 지하에 형성되었다. 디젤의 밀도는 0.85g/cm³이고 오염운이 형성된 대수층의 공극률이 30%이었다. 오염운 내 지하수의 평균디젤농도가 10mg/L이었다면 오염운을 형성한 지하수 내 디젤양은 누출된 총 디젤량의 몇 %(무게 기준)인가?

풀이

$$(\%) = \frac{\text{오염운 형성 디젤양}}{\text{누출된 총 디젤양}} \times 100$$

누출된 총 디젤양(kg) = $1.0\text{m}^3 \times 0.85\text{g/cm}^3 \times \text{kg}/1,000\text{g}$
$\times \text{cm}^3/10^{-6}\text{m}^3$
= 850kg

오염운 형성 디젤양(kg) = $25,000\text{m}^3 \times 10\text{mg/L} \times \text{kg}/10^6\text{mg}$
$\times 1,000\text{L/m}^3 \times 0.3 = 75\text{kg}$

$= \frac{75\text{kg}}{850\text{kg}} \times 100 = 8.8\%$

30 토양공기유량 0.1m³/min 직경 25mm의 직관을 통해 추출할 때 배관 1m당 관 마찰손실수두(m)는?(단, Darcy-Weishach 공식 이용, 관 마찰계수 0.3, 비중 1.2)

> **풀이**
>
> 관 마찰손실수두(HL)
>
> $$HL = \lambda \times \frac{L}{D} \times \frac{rV^2}{2g}$$
>
> 여기서, λ : 마찰계수 0.3
> L : 관 길이 1m
> D : 관직경 0.025m
> V : 유속 $V = \frac{Q}{A} = \frac{0.1\text{m}^3/\text{min}}{\left(\frac{3.14 \times 0.025^2}{4}\right)\text{m}^2} = 203.8\text{m/min}$
> $\times \text{min}/60\text{sec} = 3.397\text{m/sec}$
> g : 중력가속도 9.8m/sec²
>
> $= 0.3 \times \frac{1\text{m}}{0.025\text{m}} \times \frac{1.2 \times 3.397^2 (\text{m/sec})^2}{(2 \times 9.8)\text{m/sec}^2} = 8.48\text{m}$

31 TCE로 오염된 지하수를 양수하여 폭기조 내에서 공기분산법을 이용하여 제거하는 경우 폭기조의 부피가 500m³인 처리장에 1일 2,000m³의 오염지하수가 유입한다면 폭기시간(hr)은?

> **풀이**
>
> 폭기시간(hr) $= \frac{V}{Q} = \frac{500\text{m}^3}{2,000\text{m}^3/\text{day} \times \text{day}/24\text{hr}} = 6\text{hr}$

32 TCE로 오염된 지하수를 양수하여 폭기조 내에서 공기분산법으로 제거하는 경우, 폭기조의 부피가 500m³인 처리장에서 1일 3,000m³의 오염지하수가 유입된다면 폭기시간(hr)은?

> **풀이**
>
> 폭기시간(hr)$= \dfrac{V}{Q} = \dfrac{500\text{m}^3}{3,000\text{m}^3/\text{day} \times \text{day}/24\text{hr}} = 4\text{hr}$

33 어느 지역의 토양 내 TCE가 300g 존재하고 있다. 주어진 조건에 따라 계면활성제 세정공정을 이용하여 모두 정화하고자 할 경우 필요한 계면 활성제의 양(kg)은?(단, 계면활성제 내 TCE 용해도 2,000mg/L, 계면활성제 밀도 1.2kg/L)

> **풀이**
>
> 계면활성제 양(kg) = 밀도 × 부피
>
> $= 1.2\text{kg/L} \times \dfrac{300\text{g} \times 10^3 \text{mg/g}}{2,000\text{mg/L}} = 180\text{kg}$

34 계면활성제를 이용한 토양세정공정으로 TCE로 오염된 토양 10m³을 처리하고자 한다. 오염된 토양 내 TCE 농도는 50mg/kg이었다. TCE를 모두 용해 처리하기 위한 계면활성제의 양(L)은?(단, 토양용적밀도 1,600kg/m³, 계면활성제 내 TCE 용해도 2,000mg/L)

> **풀이**
>
> 계면활성제 양(L) = 밀도 × 부피 $= 1,600\text{kg/m}^3 \times \dfrac{10\text{m}^3 \times 50\text{mg/kg}}{2,000\text{mg/L}} = 400\text{L}$

35 계면활성제를 이용한 토양세척공정을 사용하여 TCE로 오염된 토양을 처리하고자 한다. 오염된 토양 내 TCE 0.8kg을 모두 용해시키기 위해 필요한 계면활성제를 20L/hr 유량으로 공급할 경우 공급시간(hr)은?(단, TCE 용해도 2,000mg/L, 계면활성제의 비중 1.2, 기타 조건은 고려하지 않음)

> **풀이**
>
> $$공급시간(hr) = \frac{TCE양}{유량} = \frac{[(0.8kg \times 10^6 mg/kg)/2,000mg/L]}{20L/hr} = 20hr$$

36 페놀로 오염된 지하수를 과산화수소(H_2O_2)와 철촉매(Fe^{2+})를 사용하여 처리하고자 한다. 예비실험결과 99% 제거 시 각각 과산화수소와 철의 필요량이 2.5(g H_2O_2/g penol), 0.05(mg Fe^{2+}/mg H_2O_2)임을 알았다. 오염 현장의 페놀의 오염농도가 6,000mg/L이고 추출된 지하수의 유량이 10,000L/day일 때 필요한 과산화수소와 철촉매(Fe^{2+})의 양(kg/day)은?(단, 비중 1.0, 페놀 제거율 99% 기준임)

> **풀이**
>
> 유입 Penol의 양 = $6,000mg/L \times 10,000L/day \times 1kg/10^6mg = 60kg/day$
>
> 유출 Penol의 양 $99 = \left(1 - \frac{C}{60}\right) \times 100$
>
> C(유출 Penol의 양) = 0.6kg/day
>
> 제거 Penol의 양 = $60 - 0.6 = 59.4kg/day$
>
> H_2O_2의 양(kg/day) = $59.4kg/day \times 2.5g\ H_2O_2/g\ penol = 148.5kg/day$
>
> Fe^{2+}의 양(kg/day) = $59.4kg/day \times 2.5g\ H_2O_2/g\ penol$
> $\times 0.05mg Fe^+/mg\ H_2O_2$
> = 7.43kg/day

> (다른 풀이)
>
> H_2O_2의 양(kg/day) = $6,000mg/L \times 10,000L/day \times 2.5g\ H_2O_2/g\ penol$
> $\times 1g/10^3mg \times 1kg/10^3g \times 0.99$
> = 148.5kg/day
>
> Fe^{2+}(kg/day) = $150kg\ H_2O_2/day \times 0.05mg\ Fe/mg\ H_2O_2$
> $\times 10^6mg/kg \times 1kg/10^6mg \times 0.99$
> = 7.43kg/day

37 TCE로 오염된 지하수를 오존으로 처리하고자 한다. 처리대상 지하수로 예비실험한 결과 1.4mg/L·min의 오존으로 1시간 처리 시 환경기준에 적합한 제거율을 얻었다. 지하수 오염농도가 150mg/L이고 처리해야 할 지하수위의 유량이 760L/min일 경우 필요한 오존의 총량(kg/day)은?

> **풀이**
>
> 오존 총량(kg/day) = 1.4mg/L·min × 60min × 760L/min × 60min/hr
> $\qquad\qquad\qquad$ × 24hr/day × 10^{-6}kg/mg
> $\qquad\qquad$ = 91.93kg/day

38 벤젠 20kg으로 오염된 토양을 원위치 생물학적 복원기술에 의해 정화하고자 한다. 다음 조건에 의해 벤젠이 완전분해되는 데 필요한 산소를 과산화수소로 공급하고자 한다. 필요한 과산화수소의 양(kg)을 구하시오.

$C_6H_6 + 7.5O_2 \rightarrow 6CO_2 + 3H_2O$

$2H_2O_2 \rightarrow 2H_2O + O_2$

> **풀이**
>
> 이론 산소량(kg)
>
> $C_6H_6 + 7.5O_2 \rightarrow 6CO_2 + 3H_2O$
>
> 78kg $\qquad$: $\quad (7.5 \times 32)$kg
>
> 20kg $\qquad$: $\quad O_0$(kg)
>
> 이론산소량(kg) = $\dfrac{20\text{kg} \times (7.5 \times 32)\text{kg}}{78\text{kg}}$ = 61.54kg
>
> 과산화수소량(kg)
>
> $\quad 2H_2O_2 \rightarrow 2H_2O + O_2$
>
> $\quad$ 68kg $\quad$: $\quad$ 32kg
>
> $\quad H_2O_2$(kg) $\;$: $\;$ 61.54kg
>
> 과산화수소량(kg) = $\dfrac{(68 \times 61.54)\text{kg}}{32\text{kg}}$ = 130.77kg

39 오염지하수를 반응벽체공법으로 처리하고자 한다. 반응벽체의 두께가 2m이고 반응벽체 통과시간이 18hr으로 설계되었을 경우, 지하수 통과 선속도(m/day)는?

> **풀이**
>
> $$\text{지하수 통과 선속도(m/day)} = \frac{\text{반응벽체두께}}{\text{통과시간}}$$
> $$= \frac{2\text{m} \times 24\text{hr/day}}{18\text{hr}} = 2.67\text{m/day}$$

40 헥산 50kg으로 오염된 토양을 바이오벤팅 기술을 이용하여 처리하고자 한다. 헥산을 완전분해하기 위해 필요한 산소의 양(kg)을 구하고 공기주입량이 5m³/day일 경우, 헥산을 제거하는 데 소요되는 시간(day)을 예측하시오. (단, 기타 조건은 고려하지 않음)

$C_6H_{14} + 19/2 O_2 \rightarrow 6CO_2 + 7H_2O$

공기밀도 : 1.205kg/m^3

공기 중 산소함유율(무게기준) : 23.15%

> **풀이**
>
> 산소의 양(kg)
>
> $C_6H_{14} + 9.5O_2 \rightarrow 6CO_2 + 7H_2O$
>
> 86kg : 9.5×32kg
>
> 50kg : O_2(kg)
>
> $O_2(\text{산소의 양}) = \dfrac{50\text{kg} \times (9.5 \times 32)\text{kg}}{86\text{kg}} = 176.74\text{kg}$
>
> $\text{소요시간(day)} = \dfrac{\text{총 필요 주입 공기량}}{\text{1일 주입 공기량}}$
>
> $= \dfrac{(176.74/0.2315)\text{kg}}{5\text{m}^3/\text{day} \times 1.205\text{kg/m}^3} = 126.71\,(127\text{day})$

41 디젤로 오염된 부지(20m×10m×5m)의 토양평균 공극률이 0.3이다. 바이오벤팅법을 이용하여 오염부지를 정화하는 경우, 오염부지 공극체적(Pore Volume)의 100배의 공기가 필요한 것으로 조사되었다. 오염부지 내 주입하는 공기량이 500m³/day이라면 바이오벤팅법을 이용하여 복원하는 데 소요되는 운전시간(day)은?(단, 지속적인 주입으로 가정할 것)

> **풀이**
>
> $$\text{운전시간(day)} = \frac{\text{총 필요 주입 공기량}}{\text{1일 주입 공기량}}$$
> $$= \frac{(20 \times 10 \times 5)\text{m}^3 \times 0.3 \times 100}{500\text{m}^3/\text{day}} = 60\text{day}$$

42 유류오염지역의 토양 10,000m³를 수거하여 오염도를 조사한 결과 TPH 평균오염농도가 1,200mg/kg이었다. 이 토양을 Biopile 공법으로 처리 시 필요한 N(질소)와 P(인)의 양(kg)은?(단, 미생물활성을 위한 영양물질 비율은 C : N : P=100 : 10 : 1, 토양밀도 1.35g/cm³, 토양 중 N, P는 없음)

> **풀이**
>
> $$\text{THP의 양(kg)} = 1,200\text{mg/kg} \times 10,000\text{m}^3 \times 1.35\text{g/cm}^3$$
> $$\times 1\text{kg}/10^6\text{mg} \times 10^6\text{cm}^3/\text{m}^3$$
> $$= 16,200,000\text{g} \times 1\text{kg}/1,000\text{g} = 16,200\text{kg}$$
>
> N 필요량
> $\text{THP}[C] : N(100:10) = 16,200\text{kg} : N$
> $N(\text{kg}) = \dfrac{16,200\text{kg} \times 10}{100} = 1,620\text{kg}$
>
> P 필요량
> $\text{TPH}[C] : P(100:1) = 16,200\text{kg} : P$
> $P(\text{kg}) \dfrac{16,200\text{kg} \times 1}{100} = 162\text{kg}$

43 어느 화학공장의 오염된 지하수를 700m³/day 규모로 펌핑하여 호기성 생물처리법으로 처리하고자 한다. 지하수의 수질을 분석한 결과가 다음과 같을 때, 1일 필요한 요소의 주입량(kg/day)은?(단, 미생물활성을 위한 영양비는 BOD : N : P=100 : 5 : 1로 가정한다. 지하수의 수질은 pH 7.5, 인산 50mg/L, BOD 1,000mg/L, 총질소 0, 요소분자식 [$(NH_2)_2CO$])

> **풀이**
>
> BOD : N : P = 100 : 5 : 1
>
> 질소 필요량을 구하면
>
> BOD : N ⇒ 100 : 5 = (1kg/m³ × 700m³/day) : N
>
> $$N = \frac{5 \times 1kg/m^3 \times 700m^3/day}{100} = 35 kg/day$$
>
> 요소 반응식
>
> $$(NH_2)2CO \rightarrow 2NH_2 + CO_2$$
>
> $\qquad\qquad$ 60kg : 2×14kg
>
> $(NH_2)_2CO$ (kg/day) : 35kg/day
>
> $$(NH_4)_2CO (kg/day) = \frac{60g \times 35kg/day}{2 \times 14g} = 75 kg/day$$

> (다른 풀이)
>
> BOD : N : P = 100 : 5 : 1
>
> 보충해야 할 질소농도
>
> 100 : 5 = 1,000 : = 50mg/L
>
> 요소중의 질소함량 비
>
> $$\frac{2N}{(NH_2)_2CO} = \frac{2 \times 14}{[(14+2) \times 2] + 28} = 0.467$$
>
> 요소 소요량(kg/day) = 500mgN/L × 700m³/day × 10³L/m³ × 10⁻⁶kg/mg
> $\qquad\qquad\qquad \times \frac{(NH_2)_2CO}{0.467N}$
> $\qquad\qquad = 74.95 (≒ 75kg)$

44 TPH로 오염된 토양 1,000m³을 수거하여 오염도를 조사하였더니 오염농도가 4,500mg/kg이었다. 이 토양을 처리할 때 투입해야 할 유안[$(NH_4)_2SO_4$]의 양(kg)은?(단, 미생물 활성을 위한 영양비는 C : N : P=100 : 10 : 1, 토양밀도 1.75g/cm³, 토양 중 인의 농도 50mg/kg, 토양 중 질소 0, 유안분자량 132)

> **풀이**
>
> TPH 양(kg) = 4,500mg/kg × 1,000m³ × 1,750kg/m³ × kg/10⁶mg
> = 7,875kg
>
> C(TPH) : N ⇒ 100 : 10 = 7,875kg : N
>
> $$N = \frac{10 \times 7,875 kg}{100} = 787.5 kg$$
>
> 반응식에서 구하면
>
> $(NH_4)_2SO_4$ → N_2
> 132g : 28g
> $(NH_4)_2SO_4$(kg) : 787.5kg
>
> $$(NH_4)_2SO_4 (kg) = \frac{132g \times 787.5kg}{28g} = 3,712.5 kg$$

45 오염부지에 대해 Bio Slurping을 이용하여 처리하고자 한다. 추출정의 영향반경은 10.5m이고 오염된 부지의 전체면적이 1,000m²이라면 필요한 추출정의 수는?

> **풀이**
>
> 1개 추출정이 영향을 미치는 면적(A)
>
> $$A = \frac{\pi D^2}{4} = \frac{3.14 \times (21)^2 m^2}{4} = 346.19 m^2$$
>
> $$\text{추출정 개수} = \frac{\text{전체 오염 면적}}{\text{1개추출정 영향 면적}} = \frac{1,000 m^2}{346.19 m^2} = 2.29 (3개)$$

46 토양부피 800m³, 공극률이 0.35인 토양을 유량 2m³/min으로 추출할 경우 토양 내 전체 공극에 존재하는 증기를 1회 추출하는 데 소요되는 시간(hr)은?(단, Bio Slurping 기술을 적용함)

> **풀이**
>
> $$추출소요시간(hr) = \frac{V}{Q} = \frac{0.35 \times 800 m^3}{2 m^3/min}$$
> $$= 140 min \times 1hr/60min = 2.33 hr$$

47 토양 내의 잔류포화유류의 양(m³)은?(단, 유류잔류포화도 0.25, 공극률 0.35, 토양 양 800m³)

> **풀이**
>
> $$잔류포화유류의\ 양(m^3) = 잔류포화도 \times 공극률 \times 토양\ 양$$
> $$= 0.25 \times 0.35 \times 800 m^3 = 70 m^3$$

48 TCE로 오염된 지하수를 오존으로 처리하고자 한다. 처리대상 지하수로 예비실험한 결과 1.4mg/L−min의 오존으로 1시간 처리 시 환경기준에 적합한 제거율을 보였다. 지하수 오염농도가 150mg/L이고 처리해야 할 지하수의 유량이 760L/min일 경우 환경기준에 적합하도록 처리하기 위해 필요한 오존의 총량(kg/day)은?

> **풀이**
>
> $$오존의\ 양(kg) = 760L/min \times 1.4mg/L - min \times 1hr \times kg/10^6 mg$$
> $$\times 60min/hr \times 1,440min/day$$
> $$= 91.93 kg/day$$

49 지하수면 아래 대수층이 TCE에 오염되어 대수층 내 오염운이 형성되었다. 오염운의 체적은 10,000m³, 대수층 평균 공극률 0.3, 지하수의 평균 TCE 농도 1mg/L일 때 채수정 3개를 이용하여 각 채수정당 100m³/day로 오염지하수를 채수한다면, 오염지하수량을 모두 채수하는 데 걸리는 시간(day)과 그 기간 동안 채수에 의해 지하로부터 제거된 총 TCE 양(g)은?

> **풀이**
>
> 제거 총 TCE 양(g) = $10{,}000\text{m}^3 \times 1\text{mg/L} \times 0.3 \times 1{,}000\text{L/m}^3 \times \text{g}/1{,}000\text{mg}$
> $= 3{,}000\text{g}$
>
> 채수 시간(day) = $\dfrac{\text{TCE를 함유한 채수량}}{\text{하루 채수량}} = \dfrac{10{,}000\text{m}^3 \times 0.3}{100\text{m}^3/\text{day} \times 3} = 10\text{day}$

50 TCE가 고르게 분포하는 오염지역에 대하여 양수처리법과 계면활성제 양수법을 적용하였을 경우 TCE를 완전 제거하는 데 소요되는 기간(day)을 다음의 현장조건을 참조하여 각각 산정하시오.

> TCE 유출량 : 100L
> TCE 밀도 : 1.47kg/L
> TCE의 물에 대한 용해도 : 1,200mg/L
> TCE의 계면활성제에 대한 용해도 : 10,000mg/L
> 양수유량 : 2,000L/day(두 방법 모두 양수유량 동일)

> **풀이**
>
> 계면활성제법
>
> 제거시간(day) = $\dfrac{100\text{L} \times 1.47\text{kg/L} \times 10^6\text{mg/kg}}{2{,}000\text{L/day} \times 10{,}000\text{mg/L}} = 7.35\text{day}$
>
> 양수처리법
>
> 제거시간(day) = $\dfrac{100\text{L} \times 1.47\text{kg/L} \times 10^6\text{mg/kg}}{2{,}000\text{L/day} \times 1{,}200\text{mg/L}} = 61.25\text{day}$

51 2kg 유류(전량탄화수소로 가정)로 대수층 토양에서 유류가 자연적으로 생분해되는데 200일이 소요되었다. 생분해에 공급된 지하수 내 용존산소의 농도(mg/L)를 예측하시오.

> LNAPL 두께 : 0.4m LNAPL 폭 : 12m
> 지하수 Darcy속도 : 1.2m/day
> 산소 – 탄화수소 소모비율 : 2mg Oxygen/1mg Hydrocarbon

풀이

$$\text{산소농도(mg/L)} = \frac{\text{질량}}{\text{부피}}$$

$$\text{질량(산소)} = 2mg\, O_2/1mg HC \times 2kg HC = 4kg O_2$$

$$\text{부피} = \text{유량} \times \text{소요시간}$$
$$= 1.2m/day \times (0.4 \times 12)m^2 \times 200 day = 1{,}152 m^3$$

$$= \frac{4kg O_2 \times 10^6 mg/kg}{1{,}152 m^3 \times 1{,}000 L/m^3} = 3.47 mg/L\, O_2$$

52 디젤유 탱크의 균열로 디젤유의 유출이 발생되어 토양 및 지하수가 오염되었다. 토양 내 디젤유 농도 2,000mg/kg, 지하수 내 디젤유 농도 10mg/L "디젤유가 토양 및 지하수 내 균일하게 오염되어 있다."는 가정과 다음 조건에 따라 유출된 경유의 양(L)은?

> 오염토양 부피 : 300m³ 오염지하수층 부피 : 1,200m³
> 토양의 밀도 : 1,600kg/m³ 디젤유의 밀도 : 850kg/m³
> 지하수층 공극률 : 0.4

풀이

총 유출된 경유의 양(L) = 토양 내 유출된 경유 + 지하수 내 유출된 경유

$$\text{토양 내 유출된 경유(L)} = \frac{300 m^3 \times 2{,}000 mg/kg \times 1{,}600 kg/m^3}{850 kg/m^3 \times 10^6 mg/kg \times m^3/1{,}000 L}$$
$$= 1129.41 L$$

$$\text{지하수 내 유출된 경유(L)} = \frac{1{,}200 m^3 \times 10 mg/L \times 0.4 \times 1{,}000 L/m^3}{850 kg/m^3 \times 10^6 mg/kg \times m^3/1{,}000 L}$$
$$= 5.65 L$$
$$= 1{,}129.41 + 5.65 = 1{,}135.06 L$$

PART 03 복원기출문제

수험생의 기억을 토대로 복원한 것으로 실제 출제된 문제와 다를 수 있습니다.

SECTION 001 2012년 복원기출문제

01 토양증기추출법(SVE)의 적용 제한인자(제약조건)에 대해 기술하시오. (단, 4가지)

> **풀이**
>
> **토양증기추출법 제한인자(4가지만 기술)**
> ① 미세토양이나 수분함량이 50% 이상 높은 토양의 경우 통기성을 저해하여 증기압을 높이기 위한 추가비용 부담이 증가된다.
> ② 유기물의 함량이 높은 토양 및 건조한 토양은 VOC(휘발성 유기물질)의 흡착능력이 높아 제거율이 낮아진다.
> ③ 방출·추출된 증기는 인간이나 주변 환경에 해가 되지 않도록 처리해야 한다.
> ④ 추출가스 처리에 사용된 활성탄 및 용액을 안전하게 처리해야 한다.
> ⑤ 포화지역에는 효과가 없으나 대수층을 낮추면 적용범위가 많아진다.
> ⑥ 투수성 지반 내에 렌즈 모양의 불투수성 부분이 존재하는 경우 휘발성 오염물질의 제거효율이 저하된다.

02 물보다 비중이 큰 DNAPL의 이동 특성 2가지를 쓰시오.

> **풀이**
>
> **DNAPL 이동 특성**
> ① DNAPL은 물보다 비중이 크므로 지하수면 아래까지 침투하여 불투수층까지 도달함
> ② 대수층 바닥에 도달한 DNAPL은 지하수 이송방향과 관계없이 기반암의 기울기에 따라 이동방향이 결정됨

03 토양수분의 물리학적 분류 3가지를 쓰시오.

> **풀이**
>
> **토양수분의 물리학적 분류**
> ① 결합수
> ② 흡습수
> ③ 모세관수

04 투수계수 5.5×10^{-3}cm/sec, 공극률 0.45, 동수경사 0.0025 조건일 때 Darcy 법칙에 의한 지하수의 이동속도(m/year)는?

> **풀이**
>
> $$\overline{V} = \frac{k}{\eta_e}\left(\frac{dh}{dL}\right)$$
>
> $$= \frac{5.5 \times 10^{-3} \text{cm/sec} \times 86,400 \text{sec/day} \times 365 \text{day/year} \times \text{m}/100\text{cm}}{0.45}$$
>
> $$\times 0.0025 = 9.64 \text{m/year}$$

05 100m³의 오염토양을 처리하기 위하여 토양을 물로 포화시키려 한다. 토양의 함수비는 10Wt%이고 습윤단위 중량은 1.7g/cm³, 토양입자비중 2.7, 물의 단위중량 1g/cm³일 때 첨가해야 할 물의 양은 몇 ton인가?

> **풀이**
>
> 첨가해야 할 물(ton) = 공극의 부피 - 물의 무게
>
> $$공극률 = \frac{공극부피}{토양전체부피}$$
>
> 공극의 부피 = 공극률 × 토양전체부피
>
> $$공극률 = \left(1 - \frac{용적비중}{입자비중}\right)$$
>
> $$= 1 - \left(\frac{1.7}{2.7}\right) = 0.3704$$
>
> $$= 0.3704 \times 100\text{m}^3 = 37.04\text{m}^3 (37.04\text{ton})$$
>
> $$함수비 = \frac{물의 무게}{건조토양전체무게}$$
>
> 물의무게 = 함수비 × 건조토양전체무게
>
> $$습윤단위중량 = \frac{토양전체무게}{전체부피}$$
>
> 토양전체무게 = 습윤단위중량 × 전체부피
>
> $$= 1,700\text{kg/m}^3 \times 100\text{m}^3$$
>
> $$= 170\text{ton}$$
>
> $$= 0.1 \times 170\text{ton} = 17\text{ton}$$
>
> $$= 37.04 - 17 = 20.04\text{ton}$$

06 다공질매체 내 오염물질의 이동에 관계되는 주요 메커니즘 3가지를 기술하시오.

> **풀이**
>
> **다공질매체(지하수) 내 오염물질 이동 메커니즘**
> ① 이류(이송) : 지하수 환경으로 유입된 오염물질이나 용질이 지하수의 공극유속과 같은 속도로 움직이는 현상
> ② 확산 : 용액의 농도가 불균일할 때 농도가 높은 곳으로부터 낮은 곳으로 물질이 이동하는 현상
> ③ 분산 : 용질이 다공질매체를 통하여 이동하는 과정에서 희석되어 농도가 낮아지는 현상

07 전기동력학적 오염토양복원기술이 타 기술과 비교하여 갖는 장점 6가지를 기술하시오.

> **풀이**
>
> **전기동력학적 오염토양복원기술의 장점(6가지만 기술)**
> ① 다양한 종류의 오염물질에 적용 가능하다.(특히 금속으로 오염된 지역에 효과적)
> ② 이질토양에서도 균일하게 오염물질의 제거가 가능하다.
> ③ 토양의 포화도에 무관하게 적용이 가능하다.
> ④ 오염물질 이동방향 조절이 가능하다.
> ⑤ 상대적으로 에너지가 적으므로 경제적이다.
> ⑥ 굴착 등이 필요하지 않기 때문에 현재의 현장상태를 유지하면서 복원할 수 있다.
> ⑦ 집수정으로부터 오염된 지중용액의 추출이 용이하다.
> ⑧ 처리된 토양은 재생이 가능하다.

08 오염지역에 바이오스파징 기술을 적용하였다. 대상부지 지하수의 철(Ⅱ)이온 Fe^{2+} 농도가 10~20mg/L일 때 이로 인해 공기주입정에 발생할 수 있는 문제점에 대해 간략히 기술하시오.

> **풀이**
>
> 바이오스파징(Bio Sparging) 공정 운영 시 지하수 내에 용존 Fe^{2+}이 존재 시 대수층의 공극 내에 침전하여 투수성을 저하시킨다.(Fe^{2+} 농도가 10~20mg/L일 때 주입된 산소에 의해 산화철(Fe^{3+})이 생성되어 공기주입정 막힘 현상을 발생시킬 수 있음)

09 토양세척법의 공정순서를 기술하고 간단히 설명하시오.

> **풀이**
>
> **토양세척법 공정순서**
>
> ① 전처리
>   오염토양을 주 세척장치에 투입하기 전에 분쇄, 분리, 선별, 혼합 등의 과정으로 불순물 및 큰 고형물 제거, 함수율 조절, 금속물질 제거, 토양입도를 균등히 하여 토양세척에 적합한 토양조건으로 하는 공정
>
> ② 분리(토사입자 분리)
>   굵은 입자와 미세입자를 63~74 μm 사이를 기준으로 보다 더 정밀한 토양분리를 실시하는 공정
>
> ③ 굵은 토양 처리(조립자 처리)
>   입경 63~74 μm 이상에 해당하는 굵은 토양은 표면세척, 산 염기 용제추출에 의해 표면에 흡착된 오염물질을 제거하는 공정
>
> ④ 미세 토양 처리(세립자 처리)
>   입경 63~74 μm 이하에 해당하는 미세토양은 표면세척에 의한 오염물질 제거에 한계가 있어 다른 처리공정으로 보내기 위해 분립·수집하는 공정
>
> ⑤ 세척수 처리(오염수 처리)
>   배출오염 세척수는 기존의 폐수처리시설에서 토양 세척도에 영향을 미치지 않는 정도로 정화처리하여 재순환시키는 공정
>
> ⑥ 처리 잔류물 관리(최종처리방법)
>   최종적으로 미처리된 잔류미세토양은 매립, 소각, 열분해, 화학적 처리(추출), 생물학적 처리, 고정화·안정화 등의 방법으로 최종 처분하는 공정

10 수분을 함유한 TPH 시험용 시료에서 TPH가 2,800mg/kg 검출되었다. 본 시료는 20%의 수분을 함유하고 있다. 수분을 제외한 시료의 TPH 함량(mg/kg)은 얼마인가?

> **풀이**
>
> $$\text{TPH}(mg/kg) = 2,800 mg/kg \times \frac{100}{100-20} = 3,500 mg/kg$$

11 풍화와 용탈이 매우 심하게 일어나는 고온다습한 열대기후 지역에서 발달한 토양목을 쓰시오.

> **풀이**
> 옥시졸(Oxisols)

12 A와 B의 사이거리는 30m이다. 수리전도도는 각각 0.2m/sec, 0.008m/sec이고 A의 수위는 12m일 때 B의 수위(m)는?

> **풀이**
> $$시간 = \frac{거리}{속도} = \frac{30\text{m}}{0.2\text{m/sec}} = 150\text{sec}$$
> $$150\text{sec} = \frac{(12-B)}{0.008\text{m/sec}}$$
> $$B = 10.8\text{m}$$

13 다음 오염물질들이 유발하는 대표적 질병을 쓰시오.

Cd, Hg, PCB, 소아에게 발생되는 질산염에 의한 병

> **풀이**
> ① Cd : 이타이이타이병
> ② Hg : 미나마타병
> ③ PCBs : 카네미유증
> ④ 소아에게 발생되는 질산염에 의한 병 : 청색증

14 식물복원공정 오염물질 제거기작 3가지 원리와 적합한 식물 1가지를 쓰시오.

> **풀이**
> (1) 식물에 의한 추출
>   ① 원리
>   식물조직이 중금속이나 방사성 물질과 같은 무기오염물질을 체내에 흡수하여 축적(농축)함으로써 오염물질을 제거하는 원리
>   ② 적합한 식물
>   해바라기
> (2) 식물에 의한 분해
>   ① 원리
>   식물이 독성물질을 분해하는 효소를 분비하거나 또는 오염물질을 분해하는 데 중요한 역할을 하는 토양미생물에 필요한 영양분을 제공하여 분해활동을 활성화시킴으로써 오염물질을 무독성의 물질로 전환시키는 원리
>   ② 적합한 식물
>   포플러나무
> (3) 식물에 의한 안정화
>   ① 원리
>   오염물질이 식물 뿌리 주변에 비활성의 상태로 축적되거나 식물체에 의해 오염물질의 이동을 차단하는 원리를 이용하며, 뿌리 주변 토양의 pH 변화 등에 의하여 중금속의 산화도가 바뀌어 불용성의 상태로 되는 원리에 기초한다.
>   ② 적합한 식물
>   포플러나무

15 입자의 용적비중이 1.5이고 입자비중이 2.0일 때 토양의 공극률(%)을 구하시오.

> **풀이**
> $$공극률(\%) = \left(1 - \frac{용적비중}{입자비중}\right) \times 100$$
> $$= \left(1 - \frac{1.5}{2.0}\right) \times 100$$
> $$= 25\%$$

16 다음 조건의 벤젠 생분해 소요기간(day)을 구하시오.

> 벤젠농도 : 500mg/kg　　　공기 중 산소의 농도 : 23%
> 토양밀도 : 1.8g/cm³　　　오염층 부피 : 20,000m³
> 공기밀도 : 1.3kg/m³　　　유량 : 50m³/hr

풀이

$$\text{소요기간(day)} = \frac{\text{부피(V)}}{\text{유량(Q)}}$$

오염토양 내 벤젠양(kg) = 500mg/kg × 1,800kg/m³
　　　　　　　　　　× 20,000m³ = 18,000kg

$$C_6H_6 + 7.5O_2 \rightarrow 6CO_2 + 3H_2O$$

　　78kg　　:　7.5 × 32kg
　18,000kg　:　O_2(kg)

$$O_2(kg) = \frac{18,000kg \times (7.5 \times 32)kg}{78kg}$$

　　　　　　= 55,384.6kg

$$\text{부피}(m^3) = \frac{55,384.62kg}{0.23 \times 1.3kg/m^3} = 185,232.84m^3$$

$$= \frac{185,232.84m^3}{50m^3/hr} = 3,704.66hr \times day/24hr = 154.36day$$

---

17 50L의 유류가 토양으로 유출되었다. 불포화 토양 내 유류가 존재하는 것으로 가정할 경우 다음 조건에 따른 유류농도(mg/L)는?

> 오염된 토양부피 : 1,000m³　　　공극률 : 0.4
> 유류밀도 : 960kg/m³
> (토양 내 유류의 양은 불변하며 건조토양으로 가정함)

풀이

$$\text{토양 내 유류농도(mg/L)} = \frac{0.05m^3 \times 960kg/m^3}{1,000m^3 \times 0.4 \times kg/10^6mg \times 1,000L/m^3}$$

$$= 120mg/L$$

18 토양 내 오염물질(TPH)이 8,000ppm 있다. 이 오염물질이 2,000ppm으로 되는데 걸리는 시간(day)은?(단, 1차 반응속도상수는 $0.022day^{-1}$)

풀이

$$\ln \frac{C}{C_0} = -kt$$

$$\ln \frac{2,000}{8,000} = -0.022 day^{-1} \times t$$

$$t = -\frac{\ln \frac{2,000}{8,000}}{0.022 day^{-1}} = 63.01 day$$

19 다음 조건에서 '① 추출정 최소수'와 '② 추출 소요시간(hr)'을 구하시오.

오염원 면적 : $10,000m^2$
오염원 깊이 : 3m
공극률 : 0.4
추출정 영향 반경 : 10m
추출속도 : $50m^3/hr$

풀이

① 추출정 최소수

$$추출정\ 개수 = \frac{전체오염면적}{1개\ 추출정\ 영향면적}$$

$$= \frac{10,000m^2}{\frac{3.14 \times (20m)^2}{4}} = 31.85(32개)$$

② 추출 소요시간

$$추출\ 소요시간(hr) = \frac{V}{Q}$$

$$= \frac{10,000m^2 \times 3m \times 0.4}{50m^3/hr} = 240hr$$

20 토양정밀조사는 크게 3단계로 실시된다. 각 단계의 명칭을 쓰시오.

> **풀이**
>
> **토양정밀조사 단계**
> ① 1단계 : 기초조사
> ② 2단계 : 개황조사
> ③ 3단계 : 정밀조사

21 오염토양 중 평형상태에서의 벤젠농도가 200mg/L일 때 벤젠의 부분증기압(atm)을 구하시오.(단, 헨리상수는 4.7×10^{-3} atm · m³/mol, 벤젠분자량 72.12g/mol)

> **풀이**
>
> $$\text{헨리상수} = \frac{\text{부분압} \times \text{분자량}}{\text{용해도}}$$
>
> $$\text{부분압} = \frac{\text{헨리상수} \times \text{용해도}}{\text{분자량}}$$
>
> $$= \frac{4.7 \times 10^{-3} \text{atm} \cdot \text{m}^3/\text{mol} \times 200\text{mg/L} \times 1{,}000\text{L/m}^3}{72.12\text{g/mol} \times 1{,}000\text{mg/g}}$$
>
> $$= 0.01\text{atm}$$

22 토양입자의 이동을 뜻하는 말로 다음 설명에 해당하는 용어를 쓰시오.

> 대개 바람에 의하여 지름 0.1~0.5mm의 토양입자가 지표면에서 30cm 이하의 높이로 비교적 짧은 거리를 구르거나 뛰는 모양으로 이동하는 것

> **풀이**
>
> 약동(Saltation)

23 동전기 정화방법에 이용되는 동전기 현상 3가지를 쓰시오.

> **풀이**
>
> **동전기 현상**
> ① 전기삼투 이론
> ② 전기이동 이론
> ③ 전기영동 이론

24 기름으로 오염된 지하수를 처리하기 위하여 유수분리기를 설계하고자 한다. 기름의 입경은 0.15mm, 기름의 밀도는 0.92g/cm³, 물의 밀도는 1g/cm³, 물의 점성도는 0.01g/cm·sec일 때 기름의 부상속도(cm/min)를 Stoke's의 법칙을 이용하여 구하시오.

> **풀이**
>
> $$\text{부상속도(cm/min)} = \frac{g \cdot d^2(\rho_1 - \rho)}{18\mu}$$
>
> $$= \frac{980 \text{cm/sec}^2 \times (1-0.92)\text{g/cm}^3 \times (0.015\text{cm})^2}{18 \times 0.01 \text{g/cm} \cdot \text{sec}}$$
>
> $$= 0.098 \text{cm/sec} \times 60 \text{sec/min}$$
>
> $$= 5.88 \text{cm/min}$$

25 호기성 생분해기술을 적용한다면 1mg/L의 벤젠을 생분해하는 데 필요한 이론산소의 양(농도, mg/L)은?(벤젠 화학식 C_6H_6)

> **풀이**
>
> $$C_6H_6 + 7.5O_2 \rightarrow 6CO_2 + 3H_2O$$
>
> $\qquad\qquad 75\text{g} \quad : \quad 7.5 \times 32\text{g}$
>
> $\qquad\quad 1\text{mg/L} \quad : \quad O_2(\text{mg/L})$
>
> $$O_2(\text{mg/L}) = \frac{1\text{mg/L} \times (7.5 \times 32)\text{g}}{78\text{g}} = 3.08 \text{mg/L}$$

26 식물정화법의 적용 제약조건에 대해 기술하시오.(단, 3가지)

> **풀이**
>
> **적용 제약조건(3가지만 기술)**
> ① 지하수, 수변, 낮은 깊이의 토양에 한정적으로 적용한다.
> ② 고농도 유기물질의 유해 독성으로 인하여 제어에 한계가 있다.
> ③ 물질전달 반응에 한계가 있다.
> ④ 물리 · 화학적 공정에 비하여 상대적으로 처리속도가 늦다.
> ⑤ 분해생성물의 유해독성 여부 및 생분해도의 규명이 부정확하다.

27 공극비와 공극률의 관계를 관계식으로 설명하고 공극률이 0.3인 토양의 공극비(%)를 구하시오.

> **풀이**
>
> ① 관계식
> $$공극률 = \frac{공극비}{1 + 공극비}$$
> ② $공극비(\%) = \dfrac{공극률}{1 - 공극률} \times 100 = \dfrac{0.3}{1 - 0.3}$
> $\qquad\qquad\quad = 0.4285 \times 100$
> $\qquad\qquad\quad = 42.85\%$

28 투수성 반응벽체(PRB)에 적용되는 반응물질을 4가지 쓰시오.

> **풀이**
>
> **반응물질**
> ① 영가철(Fe^0)
> ② 제올라이트
> ③ 활성탄
> ④ 미생물 복합체

29 토양의 연경도 중에서 가소성을 나타내는 가장 중요한 요소 3가지를 쓰시오.

> **풀이**
>
> **가소성**
> ① 소성지수(가소성 지수)
> ② 액성한계
> ③ 소성한계

30 투수성 반응벽체에서 탈염소화 반응을 하는 투수성 반응물질을 쓰고 반응식을 쓰시오.

> **풀이**
>
> ① 반응물질
>   영가철(Fe^0)
>
> ② 반응식
> $Fe^0 \rightarrow Fe^{2+} + 2e^-$ (호기성 조건에서 Fe^{2+}로 산화되어 2개의 전자 방출)
> $R-Cl + 2e^- + H^+ \rightarrow R-H + Cl^-$ (전자수용체로서 전자를 받은 염소계화합물은 탈염소화 과정 후 염소이온 방출)

31 수리전도도 특성 측정(조사)방법 3가지를 쓰시오.

> **풀이**
>
> **수리전도도 특성 측정방법**
> ① 추적자 시험방법(Tracer Test)
> ② 양수시험방법(Pumping Test)
> ③ 순간충격시험(Slug Test)

32 A와 B 사이의 거리는 80m, B와 C 사이의 거리는 100m이고 수리전도도는 각각 0.04m/sec, 0.02m/sec이다. A, B의 수위가 각각 17m, 15m일 때 C의 수위(m)는?

> **풀이**
>
> A-B의 Darcy 속도(V) = $K\dfrac{dh}{dL}$
>
> $$dL = 80\text{m}$$
> $$dh = (17-15) = 2\text{m}$$
> $$= 0.04 \times \dfrac{2}{80} = 0.001\text{m/sec}$$
>
> 시간 $= \dfrac{100\text{m}}{0.02\text{m/sec}} = 5{,}000\text{sec}$
>
> $5{,}000\text{sec} = \dfrac{(15-\text{C})}{0.001\text{m/sec}}$
>
> C = 10m

33 초기 TPH 오염농도가 13,500ppm이고 1차 분해반응에 의해 6일 후의 농도가 8,400ppm이다. 오염농도가 2,000ppm으로 될 때의 시간(day)은?

> **풀이**
>
> $\ln\dfrac{\text{C}}{\text{C}_0} = -kt$
>
> $\ln\left(\dfrac{8{,}400}{13{,}500}\right) = -k \times 6\text{day}$
>
> $k = 0.0791\text{day}^{-1}$
>
> $\ln\left(\dfrac{2{,}000}{13{,}500}\right) = -0.0791\text{day}^{-1} \times t$
>
> $t = 24.14\text{day}$

34 토양의 용적비중이 1.6이고 공극률이 20%라면 이 토양의 입자비중은?

> **풀이**
>
> $$공극률 = \left(1 - \frac{용적비중}{입자비중}\right)$$
> $$0.2 = \left(1 - \frac{1.6}{입자비중}\right)$$
> 입자비중 $= 2.0$

35 지하저장창고로부터 디젤이 유출되어 토양이 오염되었다. 오염부지 평가결과 오염 노출지역 토양의 밀도가 1.8g/cm³, 오염농도가 4,000mg/kg, 오염범위가 10m×25m ×3m라면 오염된 토양 내 디젤의 양(kg)은?

> **풀이**
>
> 디젤의 양(kg) = 부피 × 밀도 = $(10 \times 25 \times 3) m^3 \times 4,000 mg/kg \times 1.8 g/cm^3$
> $\times cm/10^{-6} m^3 \times 1kg/1,000g \times 10^{-6} kg/mg$
> $= 5,400 kg$

SECTION 002 2013년 복원기출문제

01 초기 TPH 오염농도가 5,000ppm이고 1차 분해반응으로 4,000ppm이 되는 데 7일이 소요된다. 오염농도가 100ppm이 될 때까지 소요되는 시간(day)은?(단, day는 정수로 표시할 것)

풀이

$$\ln \frac{C}{C_0} = -kt$$

$$\ln\left(\frac{4,000}{5,000}\right) = -k \times 7\text{day}, \qquad k = 0.0318\text{day}^{-1}$$

$$\ln\left(\frac{100}{5,000}\right) = -0.0318\text{day}^{-1} \times t \qquad t = 123.02(124\text{day})$$

02 생물학적 복원방법의 장단점을 각각 3가지씩 쓰시오.

풀이

(1) 장점(3가지만 기술)
① 적용이 광범위하고 설치가 간단하다.
② 원위치에서도 정화가 가능하다.
③ 타 기술보다 처리비용이 적게 소요되며, 양수처리에 비해 처리기간이 짧다.
④ 타 기술과 병행하여 처리효과를 향상시킬 수 있다.
⑤ 처리 폐기물이 다량 발생하지 않는다.(2차 오염이 적다.)

(2) 단점(3가지만 기술)
① 긴 정화시간이 요구된다.
② 미생물의 성장이나 영양물질의 침전으로 공극률과 수리전도도를 저감시킴으로써 효과적 처리를 방해한다.
③ 용해도가 낮고 고농도 오염물질은 독성을 나타내어 미생물의 생물학적 분해가 불가능하다.
④ 유해한 중간물질을 생성하는 경우가 있기 때문에 분해생성물의 유무를 조사할 필요가 있다.
⑤ 수리전도도 1×10^{-4}cm/sec 이하 지층(대수층)에서는 기술의 적용이 바람직하지 않다.

03 바이오스파징(Bio Sparging)의 단점을 2가지 쓰시오.

> **풀이**
>
> **바이오스파징의 단점**
> ① 수리전도도가 너무 크면 오염물질이 확산될 우려가 있다.(10^{-3}cm/sec 이하인 지역에 적용하는 것이 바람직)
> ② 층상구조가 발달된 지역에서는 오염물질이 확산될 우려가 있다.(대상 부지의 지층이 균일해야 함)

04 다음 조건에서 추출정 개수를 구하시오.

> 오염토양 반경 : 30m
> 오염원 깊이 : 5m
> 추출정 영향 반경 : 5m
> 추출정 유량 : 30L/day

> **풀이**
>
> $$추출정개수 = \frac{전체오염면적}{1개\ 추출정\ 영향면적}$$
> $$= \frac{\left(\frac{3.14 \times 60^2}{4}\right)m^2}{\left(\frac{3.14 \times 10^2}{4}\right)m^2}$$
> $$= 36개$$

05 전도계수가 9m²/day이고 대수층의 두께가 3m일 경우 수리전도도(m/day)를 구하시오.

> **풀이**
>
> $$수리전도도 = \frac{투수량계수}{대수층\ 두께} = \frac{9m^2/day}{3m} = 3m/day$$

06 페놀로 오염된 지하수를 과산화수소(H_2O_2)와 철촉매(Fe^{2+})를 사용하여 처리하고자 한다. 예비실험결과 99% 제거 시 각각 과산화수소와 철의 필요량이 2.5(gH_2O_2/g penol), 0.05(mg Fe^{2+}/mg H_2O_2)임을 알았다. 오염 현장의 페놀의 오염농도가 6,000mg/L이고 추출된 지하수의 유량이 10,000L/day일 때 필요한 철촉매(Fe^{2+})의 양(kg/day)은?(단, 비중 1.0, 페놀제거율 99% 기준임)

> **풀이**
>
> 유입 Penol의 양 $= 6,000\text{mg/L} \times 10,000\text{L/day} \times 1\text{kg}/10^6\text{mg} = 60\text{kg/day}$
>
> 유출 Penol의 양 $99 = \left(1 - \dfrac{C}{60}\right) \times 100$
>
> C(유출 Penol의 양) $= 0.6\text{kg/day}$
>
> 제거 Penol의 양 $= 60 - 0.6 = 59.4\text{kg/day}$
>
> H_2O_2의 양(kg/day) $= 59.4\text{kg/day} \times 2.5\text{g } H_2O_2/\text{g penol} = 148.5\text{kg/day}$
>
> Fe^{2+}의 양(kg/day) $= 59.4\text{kg/day} \times 2.5\text{g } H_2O_2/\text{g penol}$
> $\qquad\qquad\qquad\quad \times 0.05\text{mg } Fe^+/\text{mg } H_2O_2$
> $\qquad\qquad\quad = 7.43\text{kg/day}$

07 500L의 유류가 토양으로 유출되었다. 불포화 토양 내 유류가 균일하게 존재하는 것으로 가정할 경우 다음 조건에 따른 토양 내 유류농도(mg/kg)를 예측하시오.

> 오염된 토양부피 : 100m^3
> 토양밀도 : $1,600\text{kg/m}^3$
> 유류밀도 : 960kg/m^3
> (토양 내 유류의 양은 불변하며 건조토양으로 가정함)

> **풀이**
>
> 토양 내 유류의 농도(mg/kg) $= \dfrac{500\text{L} \times 960\text{kg/m}^3 \times \text{m}^3/1,000\text{L} \times 10^6\text{mg/kg}}{100\text{m}^3 \times 1,600\text{kg/m}^3}$
> $\qquad\qquad\qquad\qquad\quad = 3,000\text{mg/kg}$

08 유기독성 물질의 미생물 분해반응의 종류 6가지 중 3가지의 반응식을 쓰고 간단히 설명하시오.

> **풀이**
>
> **유기독성 물질의 미생물 분해반응(3가지만 기술)**
>
> ① 가수분해반응
>
> $$RX + H_2O \rightarrow ROH + H^+ + X^-$$
>
> 여기서 X^- : 할로겐 원소
>
> 물이 가수분해 반응 시 발생된 수산이온(OH)이 유기화합물질과 반응하고 할로겐이온이 떨어져 나오는 반응이다.
>
> ② 탈염소반응
>
> $$CCl_4 \rightarrow HCCl_3 \rightarrow H_2CCl_2$$
>
> 염소 치환 유기화합물이 전자수용체로 이용되어 수소원자 한 개와 반응하면서 염소원자가 떨어져 나오는 반응이다.
>
> ③ 분할
>
> $$R-COOH \rightarrow RH + CO_2$$
>
> 유기화합물 내의 탄소-탄소 사이의 결합이 분할되거나 탄소사슬의 끝단에 있는 탄소가 떨어져 나오는 반응이다.
>
> ④ 산화반응
>
> $$RCH_3 \rightarrow RCH_2OH \rightarrow RCHO \rightarrow RCOOH$$
>
> 친전자성인 산소를 이용하여 유기화합물을 분해하는 반응 또는 전자를 잃어버리는 반응으로, 예를 들어 방향족화합물인 경우 고리의 한쪽 끝에서 수산화반응에 의해 산화반응이 시작된다.
>
> ⑤ 환원반응
>
> $$CCl_4 + H^+ + 3e^- \rightarrow CHCl_3 + Cl^-$$
>
> 친핵성인 수소를 이용하여 유기화합물을 분해하는 반응 또는 전자를 얻는 반응이며 지방족화합물에서 염소이온의 수를 줄여주는 역할을 한다.
>
> ⑥ 탈수소할로겐화 반응
>
> $$CCl_3CH_3 \rightarrow CCl_2CH_2 + HCl$$
>
> 유기화합물로부터 수소이온과 염소이온이 떨어져 나오는 반응으로 탈염소반응과 유사하다.

09 Rhizofiltration 방법에 대해 간단히 설명하시오. (단, 정화원리와 정화대상을 중심으로 설명)

> **[풀이]**
>
> **근권에 의한 여과(Rhizofiltration)**
>
> (1) 정화원리
>   수용해 오염물질을 식물의 뿌리로 통과시켜 뿌리 주변에 축적되거나 식물체로 흡수되어 처리하는 방법이다.
>
> (2) 정화대상
>   ① 일반적인 토양보다는 수환경을 대상으로 하며 수생식물보다는 육상식물에 더 효과적이다.
>   ② 적용오염물질은 중금속(납, 카드뮴), 방사성 원소(우라늄, 세슘 등)이다.

10 TCE가 고르게 분포하는 오염지역에 대하여 양수처리법과 계면활성제 양수법을 적용하였을 경우 TCE를 완전 제거하는 데 소요되는 기간(day)을 다음의 현장조건을 참조하여 각각 산정하시오.

> TCE 유출량 : 100L
> TCE 밀도 : 1.47kg/L
> TCE의 물에 대한 용해도 : 1,200mg/L
> TCE의 계면활성제에 대한 용해도 : 10,000mg/L
> 양수유량 : 2,000L/day(두 방법 모두 양수유량 동일)

> **[풀이]**
>
> (1) 계면활성제법 적용
>
> $$\text{제거시간(day)} = \frac{100\text{L} \times 1.47\text{kg/L} \times 10^6 \text{mg/kg}}{2{,}000\text{L/day} \times 10{,}000\text{mg/L}} = 7.35\text{day}$$
>
> (2) 양수처리법 적용
>
> $$\text{제거시간(day)} = \frac{100\text{L} \times 1.47\text{kg/L} \times 10^6 \text{mg/kg}}{2{,}000\text{L/day} \times 1{,}200\text{mg/L}} = 61.25\text{day}$$

11 오염토양의 입도분포를 분석하여 $D_{10}=0.08$mm, $D_{30}=0.17$mm, $D_{50}=0.51$mm, $D_{60}=0.57$mm, $D_{90}=2.00$mm와 같은 결과를 얻었다. 이 오염토양의 균등계수(C_u)와 곡률계수(C_z)는 각각 얼마인가?

> **풀이**
>
> 균등계수(C_u)
>
> $$C_u = \frac{D_{60}}{D_{10}} = \frac{0.57}{0.08} = 7.13$$
>
> 곡률계수(C_z)
>
> $$C_z = \frac{(D_{30})^2}{D_{60} \times D_{10}} = \frac{0.17^2}{0.57 \times 0.08} = 0.63$$

12 추출정 사이 간격 50m, Darcy 속도 0.2m/day, 수리전도도 1.0m/day일 경우 수두차(m)를 구하시오.

> **풀이**
>
> $$V = k \cdot \frac{dh}{dL}$$
>
> $$0.2\text{m/day} = 1.0\text{m/day} \times \frac{\text{수두차}}{50\text{m}}$$
>
> 수두차 $= 10$m

13 옥탄올-물 분배계수(Kow)의 정의와 오염물질과의 이동성 관계를 설명하시오.

> **풀이**
>
> (1) 정의
>   옥탄올-물 두 환경에서 옥탄올 층의 화학물질 농도와 물 층의 화학물질 농도의 비, 즉 혼합되지 않는 두 상인 옥탄올과 물에서의 용질의 분포를 나타내는 계수이다.
> (2) Kow와 이동성 관계
>   ① Kow가 작은 경우(Kow < 2)
>   친수성이며 고용해도를 가져 오염물질의 이동성이 커짐
>   ② Kow가 큰 경우(Kow > 4)
>   소수성이며 고축적성을 가져 오염물질의 이동성이 작아짐

14 오염토양 중 평형상태에서의 벤젠 농도가 200mg/L일 때 벤젠의 부분증기압(atm)을 구하시오. (단, 헨리상수 4.7×10^{-3} atm·m³/mol, 벤젠분자량 72.12g/mol)

> **풀이**
>
> 헨리상수 = $\dfrac{\text{부분압} \times \text{분자량}}{\text{용해도}}$
>
> 부분압 = $\dfrac{\text{헨리상수} \times \text{용해도}}{\text{분자량}}$
>
> $= \dfrac{4.7 \times 10^{-3} \text{atm·m}^3/\text{mol} \times 200\text{mg/L} \times 1{,}000\text{L/m}^3}{72.12\text{g/mol} \times 1{,}000\text{mg/g}}$
>
> $= 0.01\text{atm}$

15 지하수 1,000m³ 중에 페놀이 20mg/L의 농도로 함유되어 있다. 이를 활성탄으로 처리하여 1mg/L까지 낮추기 위해 소요되는 활성탄의 양(kg)을 구하시오. (단, Freundlich 흡착등온식을 이용하고 K는 0.5, n은 1을 적용)

> **풀이**
>
> Freundlich 흡착등온식
>
> $\dfrac{X}{M} = KC^{\frac{1}{n}}$
>
> $\dfrac{(20-1)}{M} = 0.5 \times 1^{\frac{1}{1}}$
>
> M(활성탄량) = 38mg/L × 1,000m³ × 1,000L/m³ × kg/10⁶mg
>
> $= 38\text{kg}$

16 200ppmv의 톨루엔으로 오염된 토양가스를 활성탄 흡착처리 후 배출하고 있다. 배출유량이 3m³/min이고, 배출가스 온도가 25℃일 때 24시간 동안 제거되는 톨루엔의 총량(kg)을 구하시오. (단, 톨루엔 MW=92)

> **풀이**
>
> 제거톨루엔 총량(kg) = 3m³/min × 200mL/m³ × 1,440min
>
> $\times \dfrac{92\text{g} \times \text{kg}/1{,}000\text{g}}{22.4\text{L} \times 1{,}000\text{mL/L}} \times \dfrac{273}{273+25}$
>
> $= 3.25\text{kg}$

17 $100m^3$의 오염토양을 처리하기 위하여 토양을 물로 포화시키려 한다. 토양의 함수비는 10Wt%이고 습윤단위 중량 $1.7g/cm^3$, 토양입자 비중 2.7, 물의 단위중량 $1g/cm^3$일 때 첨가해야 할 물의 양은 몇 ton인가?

> **풀이**
>
> 첨가해야 할 물(ton) = 공극의 부피 − 물의 무게
>
> $$공극률 = \frac{공극부피}{토양\ 전체부피}$$
>
> 공극의 부피 = 공극률 × 토양 전체부피
>
> $$공극률 = \left(1 - \frac{용적비중}{입자비중}\right)$$
>
> $$= 1 - \left(\frac{1.7}{2.7}\right) = 0.3704$$
>
> $= 0.3704 \times 100m^3 = 37.04m^3 (37.04ton)$
>
> $$함수비 = \frac{물의\ 무게}{건조토양\ 전체무게}$$
>
> 물의 무게 = 함수비 × 건조토양 전체무게
>
> $$습윤단위중량 = \frac{토양\ 전체무게}{전체부피}$$
>
> 토양 전체무게 = 습윤단위중량 × 전체부피
>
> $= 1,700 kg/m^3 \times 100m^3$
>
> $= 170 ton$
>
> $= 0.1 \times 170 ton = 17 ton$
>
> $= 37.04 - 17 = 20.04 ton$

18 폐광산 산성 광산폐수 처리기술 중 SAPS의 A, B층 충전물질의 역할을 기술하시오.

> **풀이**
>
> ① SAPS의 A층 충전물질 역할
>   유기물로 황산염환원균이 황산염을 황화물로 침전시켜 금속이 황화물로 침전되도록 유도하는 역할
> ② SAPS의 B층 충전물질 역할
>   석회로 산성 광산폐수의 pH를 증가시켜 중금속을 제거하는 역할

19 휘발성 유기물질의 처리를 위해 바이오벤팅(Bioventing)의 적용성 시험을 하였다. 다음의 자료를 활용하여 평균산소 소모율(%, O_2/day)을 구하면?

> 주입공기유량 : 30L/min
> 초기 산소농도 : 21%
> 배기가스의 산소농도 : 5%
> 시험용 토양부피 : 100m^3
> 토양공극률 : 50%

풀이

평균산소 소모율(%, O_2/day)

$$= \frac{Q(C_0 - C_f)}{V \cdot P}$$

$$= \frac{30\text{L/min} \times 1\text{m}^3/1{,}000\text{L} \times 1{,}440\text{min/day} \times (21-5)\%\,O_2}{100\text{m}^3 \times 0.5}$$

$$= 13.82\%,\ O_2/\text{day}$$

20 토양경작법(Land Farming)과 바이오파일(Biopile)의 공통점(유사점) 및 차이점을 기술하시오.

풀이

① 공통점(유사점)
굴착된 오염토양에 공기를 주입하여 미생물의 활성을 증대시킴으로써 처리효율을 증가시킨다.(호기성 상태 유지)

② 차이점
공기주입방식의 차이가 있다. 바이오파일(Biopile)은 파일(Pile) 더미까지 통하는 관을 이용하여 강제적으로 공기를 주입하거나 추출하며, 토양경작법(Land Farming)은 토양을 경작(Plowing) 및 정기적으로 뒤집어 공기를 통기시켜줌으로써 공기를 주입한다.

21 열탈착 기술에 사용되는 장치의 종류 4가지를 쓰시오.

> **풀이**
>
> **열탈착 기술에 사용되는 장치(4가지만 기술)**
> ① 로터리 탈착장치
> ② 열스크류 장치
> ③ 유동상 탈착장치
> ④ 마이크로파 탈착장치
> ⑤ 스팀 주입 탈착장치

22 식물복원공정 오염물질 제거기작 3가지의 원리와 각각에 적합한 식물 1가지씩을 쓰시오.

> **풀이**
>
> (1) 식물에 의한 추출
>   ① 원리
>   식물조직이 중금속이나 방사성 물질과 같은 무기오염물질을 체내에 흡수하여 축적(농축)함으로써 오염물질을 제거하는 원리
>   ② 적합한 식물
>   해바라기
> (2) 식물에 의한 분해
>   ① 원리
>   식물이 독성물질을 분해하는 효소를 분비하거나 또는 오염물질을 분해하는 데 중요한 역할을 하는 토양미생물에 필요한 영양분을 제공하여 분해활동을 활성화시킴으로써 오염물질을 무독성의 물질로 전환시키는 원리
>   ② 적합한 식물
>   포플러나무
> (3) 식물에 의한 안정화
>   ① 원리
>   오염물질이 식물 뿌리주변에 비활성의 상태로 축적되거나 식물체에 의해 오염물질의 이동을 차단하는 원리를 이용하며, 뿌리 주변 토양의 pH 변화 등에 의하여 중금속의 산화도가 바뀌어 불용성의 상태로 되는 원리에 기초한다.
>   ② 적합한 식물
>   포플러나무

23 화산재 토양이며 양이온 교환능력이 높고, 유기물 함량이 높으며 용적밀도가 낮은 토양목을 쓰시오.

> **풀이**
> 안디졸(Andisols)

24 산소 또는 무산소이고 대체로 500℃ 이하의 토양 온도 조건일 때 오염물질을 토양으로부터 제거하는 기술을 쓰시오.

> **풀이**
> 열탈착 기술(Thermal Desorption)

25 토양 중 비소의 이동성을 pH 관점에서 기술하시오.

> **풀이**
> ① 토양 내 비소의 이동성(비소고정)에 영향을 미치는 성분은 알칼리성, 즉 칼슘(Ca), 알루미늄(Al), 철(Fe) 등이다.
> ② 토양 중 비소의 이동성을 증가시키는 것은 산성 물질이며, 인산비료 사용 시 이동성이 증가된다.
> ③ 알칼리성은 용해도적이 아주 작아 점토함량이 많은 토층일수록 비소가 토양에 많이 축적된다.

26 토양의 용적비중이 1.5이고 공극률이 30%라면 이 토양의 입자비중은?

> **풀이**
> $$공극률(\%) = \left(1 - \frac{용적비중}{입자비중}\right) \times 100$$
> $$30\% = \left(1 - \frac{1.5}{입자비중}\right) \times 100$$
> 입자비중 $= 2.14$

27 토양 내 유기물의 농도가 50mg/kg이었다. 1시간 후의 유기물 농도가 40mg/kg이었다면, 유기물 농도가 10mg/kg이 될 때까지 소요되는 시간(hr)은?(단, 0차 반응 기준)

> **풀이**
> $C = -kt + C_0$
> $40 = -k + 50$
> $k = 10$
> $10 = (-10 \times t) + 50$
> $t = 4\,\text{hr}$

28 TCE로 오염된 지하수를 양수하여 폭기조 내에서 공기분산법을 이용하여 제거하는 경우 폭기조의 부피가 500m³인 처리장에 1일 2,000m³의 오염지하수가 유입된다면 폭기시간(hr)은?

> **풀이**
> $$\text{폭기시간(hr)} = \frac{V}{Q} = \frac{500\,\text{m}^3}{2{,}000\,\text{m}^3/\text{day} \times \text{day}/24\,\text{hr}} = 6\,\text{hr}$$

29 유류 550L가 유출되었다. 토양 중 유류의 농도가 3,000mg/kg일 때 토양층 내 유류의 양(L)과 지하수 내 오염농도(mg/L)를 구하시오.(단, 오염토양밀도=1,600kg/m³, 오염토양부피=100m³, 유류밀도=960kg/m³, 대수층의 부피=100m³, 공극률=0.5)

> **풀이**
> $$\text{토양층 내 유류의 양(L)} = \frac{3{,}000\,\text{mg/kg} \times 1{,}600\,\text{kg/m}^3 \times 100\,\text{m}^3}{960\,\text{kg/m}^3 \times 10^6\,\text{mg/kg} \times \text{m}^3/1{,}000\,\text{L}}$$
> $$= 500\,\text{L}$$
>
> 지하수 내 오염농도(mg/L)
> $$= \frac{(550 - 500)\text{L} \times 960\,\text{kg/m}^3 \times \text{m}^3/1{,}000\,\text{L} \times 10^6\,\text{mg/kg}}{100\,\text{m}^3 \times 0.5 \times 1{,}000\,\text{L/m}^3}$$
> $$= 960\,\text{mg/L}$$

30 유류오염지역의 토양 8,000m³을 수거하여 오염도를 조사한 결과 TPH 평균 오염농도가 1,200mg/kg이었다. 이 토양을 바이오파일(Biopile) 공법으로 처리 시 필요한 N(질소)와 P(인)의 양(kg)은?(단, 미생물 활성을 위한 영양물질 비율은 C : N : P = 100 : 10 : 1, 토양밀도 1.35g/cm³, 토양 중 N, P는 없음)

> **풀이**
>
> TPH의 양(kg) = 1,200mg/kg × 8,000m³ × 1.35g/cm³
> $\qquad\qquad$ × 1kg/10⁶mg × 10⁶cm³/m³
> $\qquad$ = 12,960,000g × 1kg/1,000g
> $\qquad$ = 12,960kg
>
> (1) N 필요량
> $\quad$ TPH[C] : N(100 : 10) = 12,960kg : N
> $\quad$ N = $\dfrac{10 \times 12,960}{100}$ = 1,296kg
>
> (2) P 필요량
> $\quad$ TPH[C] : P(100 : 1) = 12,960 : P
> $\quad$ P = $\dfrac{1 \times 12,960}{100}$ = 129.6kg

31 추출정 A, B, C가 있다. A와 B 사이의 거리는 40m, B와 C 사이의 거리는 50m이고 수리전도도는 각각 1.0m/day, 2m/day이다. A, C의 수두깊이는 각각 20m, 16m일 때 B의 수두(m)를 구하시오.

> **풀이**
>
> Darcy 속도(V) = k$\dfrac{dh}{dL}$
>
> 1m/day × $\dfrac{(20-B)m}{40m}$ = 2m/day × $\dfrac{(B-16)m}{50m}$
>
> B(m) = 17.54m

32 헥산 50kg으로 오염된 토양을 바이오벤팅 기술을 이용하여 처리하고자 한다. 헥산을 완전분해하기 위해 필요한 산소의 양(kg)을 구하고 공기주입량이 5m³/day일 경우, 헥산을 제거하는 데 소요되는 시간(day)을 예측하시오. (단, 기타조건은 고려하지 않음)

$C_6H_{14} + 19/2O_2 \rightarrow 6CO_2 + 7H_2O$
공기밀도 : $1.205 kg/m^3$
공기 중 산소함유율(무게기준) : 23.15%

풀이

산소의 양(kg)

$C_6H_{14} + 9.5O_2 \rightarrow 6CO_2 + 7H_2O$
86kg : 9.5×32kg
50kg : O_2(kg)

O_2(산소의 양) $= \dfrac{50kg \times (9.5 \times 32)kg}{86kg}$

$= 176.74 kg$

소요시간(day) $= \dfrac{총\,필요\,주입\,공기량}{1일\,주입\,공기량}$

$= \dfrac{(176.74/0.2315)kg}{5m^3/day \times 1.205 kg/m^3}$

$= 126.71 (127 day)$

33 오염물질의 수리전도도가 2×10^{-5} cm/sec인 토양층에서 3m 깊이에 도달하는 시간(year)을 구하시오.

풀이

시간(year) $= \dfrac{거리}{수리전도도}$

$= \dfrac{3m \times 100cm/m}{2 \times 10^{-5} cm/sec \times 86,400 sec/day \times 365 day/year}$

$= 0.48 year$

SECTION 003 2014년 복원기출문제

01 열탈착 기술에서 분자량과 휘발성에 따른 탈착속도에 대하여 쓰시오.

> **풀이**
> ① 분자량
>   유기물질의 분자량이 클수록 탈착속도가 느리다.
> ② 휘발성
>   유기물질의 휘발성이 낮을수록 탈착속도가 느리다.
>
> Note
> • 오염기간이 짧을수록 탈착속도가 빠르다.
> • 비공극성 입자의 경우 초기 탈착속도가 빠르다.

02 Bio Sparging 복원방법에서 Ferrous Iron(Fe^{2+})이 10mg/L 이상에서는 적합하지 않은 이유를 쓰시오.

> **풀이**
> 지하수 내에 용존 Fe^{2+}이 바이오스파징 중 산소와 접촉 시 Fe^{3+}로 산화되면서 불용상태로 존재하여 대수층의 공극 내에 침전, 투수성을 저하시킨다.

03 식물복원공정 중 오염물질 제거기작 3가지를 쓰시오.

> **풀이**
> **식물복원 제거기작**
> ① 식물에 의한 추출
> ② 식물에 의한 분해
> ③ 식물에 의한 안정화

04 열적 처리기술인 소각과 열탈착 기술의 차이점을 기술하시오.

> **풀이**
> ① 소각
>   산소가 있는 조건에서 고온으로 온도를 높여 유기물을 휘발시키고 소각시키는 기술
> ② 열탈착 기술
>   산소 또는 무산소이고, 대체로 500℃ 이하의 토양온도 조건일 때 오염물질을 토양으로부터 제거하는 기술

05 토양 층위를 지표면으로부터 지하의 순서대로 기호와 명칭을 쓰시오.

> **풀이**
> O층(유기물층) → A층(용탈층 : 표층) → B층(집적층) → C층(모재층) → R층(모암층)

06 미생물에 의한 오염토양 처리 시 탄소원과 에너지원을 구분하여 쓰시오.

> **풀이**
> ① 종속영양미생물
>   ㉠ 화학합성 종속영양
>   ⓐ 탄소원 : 유기탄소
>   ⓑ 에너지원 : 유기물의 산화 · 환원반응
>   ㉡ 광합성 종속영양
>   ⓐ 탄소원 : 유기탄소
>   ⓑ 에너지원 : 빛
> ② 독립영양미생물
>   ㉠ 화학합성 자가영양
>   ⓐ 탄소원 : 이산화탄소(CO_2)
>   ⓑ 에너지원 : 무기물의 산화 · 환원반응
>   ㉡ 광합성 자가영양
>   ⓐ 탄소원 : 이산화탄소(CO_2)
>   ⓑ 에너지원 : 빛

07 동전기 정화방법의 이동기작 2가지를 쓰고 간단히 설명하시오.

> **풀이**
> ① 전기삼투이론
>   전기경사에 의한 공극수(간극수)의 이동
> ② 전기이동이론
>   전기경사에 의한 전하를 띤 화학물질의 이동

08 바이오벤팅(Bio Venting)과 바이오스파징(Bio Sparging)의 차이점을 설명하시오. (단, 공기 주입 위치 중심으로 설명)

> **풀이**
> ① 바이오벤팅(Bio Venting)
>   지하수면 상부의 불포화대에 공기를 주입함으로써 미생물에 의한 유기물질을 분해한다.
> ② 바이오스파징(Bio Sparging)
>   지하수면 아래의 포화대에 공기를 주입함으로써 미생물에 의해 대수층 내의 유기물질을 분해하고 또한 휘발성 유기오염물질을 불포화 토양층으로 이동시켜 분해한다.

09 바이오스티뮬레이션(Bio Stimulation)과 바이오어그멘테이션(Bio Augmentation)을 간단히 설명하시오.

> **풀이**
> ① 바이오스티뮬레이션(Bio Stimulation)
>   서식하는 토착미생물의 활성을 촉진시키기 위해 영양물질, 전자수용체, pH, 온도 등을 조절하여 미생물의 분해를 촉진시키는 기술
> ② 바이오어그멘테이션(Bio Augmentation)
>   자연계에서 분리한 오염물에 분해능이 우수한 미생물이나 유전공학적으로 변형된 미생물을 공급함으로써 오염물질의 생분해도를 높여 제거하는 기술

10 토양의 공극률이 0.4이고, 입자밀도가 2.6(g/cm³)일 때 용적밀도(g/cm³)를 구하시오.

> **풀이**
>
> $$공극률 = \left(1 - \frac{용적밀도}{입자밀도}\right)$$
>
> $$0.4 = \left(1 - \frac{용적밀도}{2.6}\right)$$
>
> 용적밀도 $= 1.56\,g/cm^3$

11 오염물질이 지중에서 분해되며 반감기가 90일이다. 이 오염물질의 분해반응속도가 1차 반응이라고 가정할 때 '① 반응속도 상수(k)'와 '② 초기오염농도의 20%가 제거되는 데 소요되는 시간(day)'을 구하시오.

> **풀이**
>
> ① 반응속도 상수(k)
>
> $$\ln\frac{0.5\,C_0}{C_0} = -k \times 90$$
>
> $$k = 0.007702\,day^{-1}\,(7.702 \times 10^{-3}\,day^{-1})$$
>
> ② 20% 제거 소요시간(t)
>
> $$\ln\frac{(1-0.2)\,C_0}{C_0} = -0.007702\,day^{-1} \times t$$
>
> $$t = -\frac{\ln 0.8}{0.007702} = 28.97\,day$$

12 벤젠 20kg으로 오염된 토양을 원위치 생물학적 복원기술에 의해 정화하고자 한다. 다음 조건에 의해 벤젠이 완전분해되는 데 필요한 산소를 과산화수소로 공급하고자 한다. 필요한 과산화수소의 양(kg)을 구하시오.

$$C_6H_6 + 7.5O_2 \rightarrow 6CO_2 + 3H_2O$$
$$2H_2O_2 \rightarrow 2H_2O + O_2$$

> **풀이**
>
> 이론산소 양(O_2)
>
> $C_6H_6 + 7.5O_2 \rightarrow 6CO_2 + 3H_2O$
>
> 78kg : (7.5×32)kg
>
> 20kg : O_2(kg)
>
> $O_2(kg) = \dfrac{20kg \times (7.5 \times 32)kg}{78kg} = 61.54kg$
>
> 과산화수소 양(H_2O_2)
>
> $2H_2O_2 \rightarrow 2H_2O + O_2$
>
> 68kg : 32kg
>
> H_2O_2(kg) : 61.54kg
>
> $H_2O_2(kg) = \dfrac{(68 \times 61.54)kg}{32kg} = 130.77kg$

13 수직차단벽의 종류 6가지를 쓰시오.

> **풀이**
>
> **수직차단벽의 종류**
> ① 슬러리 월(Slurry Walls)
> ② 그라우트 커튼(Grout Curtains)
> ③ 진동빔차단벽(Vibrating Beam Cut Off Walls)
> ④ 스틸시트 파일링(Steel Sheet Piling)
> ⑤ 심층 토양혼합 수직차단벽(Deep Soil Mixed Cut Off Walls)
> ⑥ 얇은 막벽 차수공업(Thin Wall Barrier, HDPE)

14 디젤유 탱크의 균열로 디젤유 유출이 발생되어 토양 및 지하수가 오염되었다. 토양 내 디젤유 농도가 2,000mg/kg, 지하수 내 디젤유 농도가 10mg/L이고, '디젤유가 토양 및 지하수 내 균일하게 오염되어 있다.'는 가정과 다음 조건에 따라 유출된 경유의 양(L)은?

> 오염토양 부피 : 300m³
> 오염지하수층 부피 : 1,200m³
> 토양의 밀도 : 1,600kg/m³
> 디젤유의 밀도 : 850kg/m³
> 지하수층 공극률 : 0.4

풀이

총 유출된 경유의 양(L) = 토양 내 유출된 경유 + 지하수 내 유출된 경유

$$\text{토양 내 유출된 경유(L)} = \frac{300\text{m}^3 \times 2,000\text{mg/kg} \times 1,600\text{kg/m}^3}{850\text{kg/m}^3 \times 10^6 \text{mg/kg} \times \text{m}^3/1,000\text{L}}$$

$$= 1,129.41\text{L}$$

$$\text{지하수 내 유출된 경유(L)} = \frac{1,200\text{m}^3 \times 10\text{mg/L} \times 0.4 \times 1,000\text{L/m}^3}{850\text{kg/m}^3 \times 10^6 \text{mg/kg} \times \text{m}^3/1,000\text{L}}$$

$$= 5.65\text{L}$$

$$= 1,129.41 + 5.65 = 1,135.06\text{L}$$

15 토양세척기술의 제약조건 3가지를 쓰시오.

풀이

적용 제약조건
① 세척수로부터 미세토양입자를 분리해 내기 위해서 응집제를 첨가해 주어야 하는 경우도 있다.
② 복합오염물질의 경우 적용하고자 하는 세척제를 선별·제조하기가 어렵다.
③ 토양 내 휴믹질이 고농도로 존재 시 전처리가 요구된다.

16 대수층에서 지하수의 이동속도를 수리전도도를 이용하여 구하는 Darcy 법칙 및 각 변수를 설명하시오.

> **풀이**
>
> 이동속도($\overline{V}$)
>
> $$\overline{V} = \frac{k}{\eta_e} \times \left(\frac{dh}{dL} = I\right) = \frac{k \cdot I}{\eta_e}$$
>
> 여기서, $\overline{V}$: 실제 지하수 이동속도
> η_e : 유효공극률
> k : 수리전도도(투수계수)
>   지층에서 물의 이동속도를 표시하는 척도로 사용함
> I : 동수경사(수리경사)
>   유체가 다공성 매체를 통과 시 마찰 등으로 인한 에너지 손실을 의미함

17 오염된 지역의 조사에서 용존산소 배경농도가 6mg/L, 벤젠으로 오염된 지역 내의 용존산소량이 0.5mg/L일 때 호기성 생분해 과정을 통해 소모된 산소에 따른 생분해 분해능(mg/L)을 구하시오.

> **풀이**
>
> $C_6H_6 + 7.5O_2 \rightarrow 6CO_2 + 3H_2O$
> 78g : (7.5×32)g
> C_6H_6(mg/L) : $(6-0.5)$mg/L
>
> $C_6H_6(\text{mg/L}) = \dfrac{78\text{g} \times 5.5\text{mg/L}}{(7.5 \times 32)\text{g}} = 1.79\text{mg/L}$

18 우리나라에 분포하고 있는 토양목 3가지를 쓰시오.

> **풀이**
>
> **우리나라 분포 토양목(3가지만 기술)**
> ① 인셉티졸　　　　② 엔티졸
> ③ 몰리졸　　　　　④ 알피졸
> ⑤ 얼티졸　　　　　⑥ 히스토졸

19 토양증기 추출법의 현장 적용을 위해 오염물의 특성을 판단하기 위한 주요 물리·화학적 인자 4가지를 쓰시오.

> **풀이**
>
> **오염물질 특성인자**
> ① 용해도
> ② 헨리상수
> ③ 증기압
> ④ 흡착계수

20 지하수면 아래 대수층이 TCE에 오염되어 대수층 내 오염운이 형성되었다. 오염운의 체적 10,000m³, 대수층 평균 공극률 0.3, 지하수의 평균 TCE 농도는 1mg/L일 때 채수정 3개를 이용하여 각 채수정당 100m³/day로 오염지하수를 채수한다면 오염지하수량을 모두 채수하는 데 걸리는 시간(day)과 그 시간 동안 채수에 의해 지하로부터 제거된 총 TCE(g) 양을 구하시오.

> **풀이**
>
> 채수 소요시간(day)
>
> 총 채수량 $= 10,000\text{m}^3 \times 0.3 = 3,000\text{m}^3$
>
> 한 개의 채수정 채수량 $= \dfrac{3,000\text{m}^3}{3} = 1,000\text{m}^3$
>
> 채수 소요시간(day) $= \dfrac{V}{Q}$
>
> $= \dfrac{1,000\text{m}^3}{100\text{m}^3/\text{day}} = 10\text{day}$
>
> 총 제거된 TCE(g) 양 $= 10,000\text{m}^3 \times 1\text{mg/L} \times 0.3 \times 1,000\text{L/m}^3 \times \text{g}/1,000\text{mg}$
> $= 3,000\text{g}$

21 지하저장탱크로부터 550L의 유류가 유출되었으며 유출된 유류는 불포화 토양층 및 지하수층 내 지하수에 분포되어 있다. 불포화 토양 내 유류의 농도가 3,000mg/kg이었다면 다음의 현장조건을 이용하여 지하수 내 유류 농도(mg/L)를 구하시오.

> 오염불포화 토양층 부피 : 100m³
> 오염불포화 토양층 밀도 : 1,600kg/m³
> 오염불포화 토양 아래 지하수층 전체부피 : 500m³
> 지하수층 공극률 : 0.4
> 유류밀도 : 960kg/m³
> (지하수층 내 유류는 모두 지하수 내에만 존재)

풀이

$$\text{토양층 내 유류의 양(L)} = \frac{3,000\text{mg/kg} \times 1,600\text{kg/m}^3 \times 100\text{m}^3}{960\text{kg/m}^3 \times 10^6\text{mg/kg} \times \text{m}^3/1,000\text{L}} = 500\text{L}$$

$$\text{지하수 내 오염농도(mg/L)}$$
$$= \frac{(550-500)\text{L} \times 960\text{kg/m}^3 \times \text{m}^3/1,000\text{L} \times 10^6\text{mg/kg}}{500\text{m}^3 \times 0.4 \times 1,000\text{L/m}^3}$$
$$= 240\text{mg/L}$$

22 폐기물 매립 시 지하수위는 12m이고 300m 떨어진 곳에서의 지하수위는 1m이다. 수리전도도가 1.0×10^{-3}cm/sec이고 공극률이 0.34일 때 300m 떨어진 곳까지 이동하는 데 소요되는 시간(month)을 구하시오. (단, 1month=30day)

풀이

$$V = \frac{k}{\eta_e}\left(\frac{dh}{dL}\right)$$

$$= \frac{\begin{array}{c}1.0 \times 10^{-3}\text{cm/sec} \times (12-1)\text{m} \times 60\text{sec/min}\\ \times 60\text{min/1hr} \times 24\text{hr/1day} \times 30\text{day/month}\end{array}}{0.34 \times 300\text{m}}$$

$$= 279.53\text{cm/month}$$

$$\text{소요시간(month)} = \frac{\text{거리}}{\text{속도}} = \frac{300\text{m} \times 100\text{cm/m}}{279.53\text{cm/month}}$$
$$= 107.32\text{month}$$

23 유류로 오염된 지역을 정화하여 현재 유류의 농도가 50mg/kg이다. 잔류 유류성분에 대한 모니터링 계획 수립을 위하여 모니터링 기간을 선정하고자 한다. 정화 후 유류는 1차 반응감소계수 추세에 의해 저감된다면 10mg/kg까지 감소되는 데 소요되는 시간(day)을 구하시오. (단, 1차 반응감소계수 $0.006 day^{-1}$)

> **풀이**
>
> $\ln \dfrac{10}{50} = -0.006 \times t$
>
> $t = 268.24 \, day$

24 다음 화학 반응식을 완결하시오.

> ① $C_6H_{14} + (\text{㉠})O_2 \rightarrow (\text{㉡})CO_2 + (\text{㉢})H_2O$
>
> ② $2C_6H_{14} + (\text{㉠})O_2 \rightarrow (\text{㉡})CO_2 + (\text{㉢})H_2O$

> **풀이**
>
> ① $C_xH_y + \left(x + \dfrac{y}{4} \right) O_2 \rightarrow xCO_2 + \dfrac{y}{2} H_2O$ 에
>
> $x = 6$, $y = 14$를 적용하여 완성하면
>
> $C_6H_{14} + \left(6 + \dfrac{14}{4} \right) O_2 \rightarrow 6CO_2 + \left(\dfrac{14}{2} \right) H_2O$
>
> $C_6H_{14} + 9.5 O_2 \rightarrow 6CO_2 + 7H_2O$
>
> ② $x = 12$, $y = 28$을 적용하여 완성하면
>
> $2C_6H_{14} + 19 O_2 \rightarrow 12 CO_2 + 14 H_2O$

25 기름의 입경 0.2mm, 밀도 0.92g/cm³, 물의 밀도 1g/cm³, 물의 점성도 0.01g/cm·sec인 지하수를 처리하는 수심 3m인 중력식 유수분리조가 있다. 기름이 수표면까지 부상하는 데는 몇 분이 소요되는가?(단, Stoke's의 법칙 이용)

> **풀이**
>
> $$\text{부유속도(cm/sec)} = \frac{g \cdot d^2(\rho_1 - \rho)}{18\mu}$$
>
> $$= \frac{980\text{cm/sec}^2 \times 0.02^2\text{cm}^2 \times (1-0.92)\text{g/cm}^3}{18 \times 0.01\text{g/cm} \cdot \text{sec}}$$
>
> $$= 0.174\text{cm/sec}$$
>
> $$\text{부상시간(min)} = \frac{\text{처리수심}}{\text{부유속도}} = \frac{3\text{m} \times 100\text{cm/m}}{0.174\text{cm/sec} \times 60\text{sec/min}} = 28.70\text{min}$$

26 폭이 1m이고 두께가 50m인 대수층에 설치된 관측정 A의 수위는 50m이고 관측정 B의 수위는 30m이며 관측점 사이의 거리가 1,000m일 때 대수층에 흐르는 지하수의 양(m³/day)은?(단, 수두계수 0.3m/day)

> **풀이**
>
> $$Q = KA\frac{dh}{dL}$$
>
> $$= 0.3\text{m/day} \times (1 \times 50)\text{m}^2 \times \frac{(50-30)\text{m}}{1,000\text{m}} = 0.3\text{m}^3/\text{day}$$

27 다음 조건에서 제거해야 할 비소의 양(kg)을 구하시오.

비소로 오염된 오염지역의 토양 밀도 : 1.8g/cm³
비소의 오염농도 : 5,500mg/kg
오염토양 부피 : 1,800m³
목표오염농도 기준 : 80mg/kg

> **풀이**
>
> $$\text{제거해야 할 비소양(kg)} = (5,500-80)\text{mg/kg} \times 1.8\text{g/cm}^3 \times 1,800\text{m}^3$$
> $$\times \text{cm}^3/10^{-6}\text{m}^3 \times \text{kg}/1,000\text{g} \times 10^{-6}\text{kg/mg}$$
> $$= 17,560.8\text{kg}$$

28 계면활성제를 이용한 토양세정공정으로 TCE로 오염된 토양 100m³를 처리하고자 한다. 오염된 토양 내 TCE 농도는 100mg/kg이었다. TCE를 모두 용해처리하기 위한 계면활성제의 양(L)을 구하시오.(단, 계면활성제 내 TCE 용해도 2,000mg/L, 공극률 0.4, 토양입자밀도 2.65g/cm³)

> **풀이**
>
> 계면활성제 양(L) = 토양용적밀도 × 부피
>
> $$공극률 = \left(1 - \frac{토양용적밀도}{토양입자밀도}\right)$$
>
> $$0.4 = \left(1 - \frac{토양용적밀도}{2.65}\right)$$
>
> 토양용적밀도 = 1.59g/cm³
>
> $$= 1,590 \text{kg/m}^3 \times \frac{100\text{m}^3 \times 100\text{mg/kg}}{2,000\text{mg/L}}$$
>
> $$= 7,950 \text{L}$$

29 토양세척법의 장점 4가지를 쓰시오.

> **풀이**
>
> **토양세척법의 장점**
> ① 외부환경의 조건 변화에 대한 영향이 적고 자체적인 조건 조절이 가능한 폐쇄형 공정이다.
> ② 부지 내에서 유해오염물의 이송 없이 바로 처리 가능하다.
> ③ 적용 가능한 오염물질 종류의 범위가 넓다.
> ④ 오염토양 부피의 단시간 내의 효율적인 급감으로 2차 처리 비용이 절감된다.

30 원위치(In-Situ) 처리공법 종류를 5가지 쓰시오.

풀이

원위치 처리방법(5가지만 기술)
① 토양증기 추출법(SVE ; Soil Vapor Extraction)
② 생물학적 분해법(생분해법 : Bio Degration)
③ 바이오벤팅법(Bio Venting)
④ 바이오슬러핑법(Bio Slurping)
⑤ 바이오스파징법(Bio Sparging)
⑥ 진균이용 처리법(백색부후균, White Rot Fungus)
⑦ 고형화(Solidfication)·안정화(Stabilization) 처리법
⑧ 공기분사법(Air Sparging)
⑨ 수직차단법(Vertical Cut Off Walls)
⑩ 투수성 반응벽체(Permeable Cut Off Walls)
⑪ 유리화법(Vitrification)
⑫ 동전기정화법(Electrokinetic Separation)
⑬ 식물정화법(Phytoremediation)
⑭ 자연저감법(Natural Attenuation)
⑮ 토양수세법(Soil Flushing)
⑯ 압축공기파쇄추출법(Pneumatic Fracturing, Ground Fracturing)

31 식물정화법의 단점 2가지를 쓰시오.

풀이

식물정화법의 단점
① 다른 방법에 비해 효과가 느리다.
② 넓은 부지가 필요하고 지역에 따라 기후 및 계절의 영향을 받는다.

32. 미생물의 비증식 속도식(Monod 식)을 나타내고 각 변수를 설명하시오.

풀이

Monod 식

$$\mu = \mu_{max} \frac{S}{K_s + S}$$

여기서, μ : 비성장(비증식)속도 (hr^{-1})
μ_{max} : 최대 비성장속도 (hr^{-1})
S : 제한기질농도
K_s : 반포화농도(반속도상수), 즉 $\mu = \frac{1}{2}\mu_{max}$ 일 때 제한기질의 농도

33. 토양증기추출법의 장점 5가지를 쓰시오.

풀이

토양증기추출법의 장점
① 기계 및 장치가 간단하다.
② 유지 및 관리비용이 저렴하다.
③ 단기간 내에 설치 가능하다.
④ 즉시 복원 효율에 대한 결과를 얻을 수 있다.
⑤ 굴착이 필요 없어 오염되지 않은 토양과 혼합될 우려가 없다.

34. 양이온 교환용량(CEC)의 정의 및 단위에 대하여 기술하시오.

풀이

① 정의
건조토양 100g이 갖는 치환성 양이온의 함량을 밀리그램당량(meq)으로 표시한 것으로 일정량의 교질토양이 보유할 수 있는 교환성 양이온의 총량(meq/100g)을 말한다.
② 단위
건조토양 100g당 흡착된 교환 가능성 양이온의 밀리그램당량(meq)으로 나타낸다. (1meq/100g=1Cmolc/kg)

35 토양수분장력을 pF와 관련하여 설명하고, 토양수분 분류를 pF를 순서대로 나열하시오.

> **풀이**
>
> ① 토양수분장력(pF)
> $pF = \log[H]$
>   여기서, H : 물기둥(수주) 높이(cm)
>   pF : 토양수분장력은 토양이 수분을 보유하는 힘으로, 수주높이(cm)의 대수값을 pF로 표시하여 나타냄
>
> ② 토양수분의 pF 크기 순서
>   결합수 > 흡습수 > 모세관수 > 중력수

36 토양오염 사전복원목표에 대한 위해성 평가 7단계를 쓰시오.

> **풀이**
>
> **사전복원목표에 대한 위해성 평가 단계(PRG)**
> ① 1단계 : 우려대상 매체 확인
> ② 2단계 : 우려대상 화학물질 확인
> ③ 3단계 : 미래토지이용 여부 결정
> ④ 4단계 : 노출경로, 노출인자, 계산수식 확인
> ⑤ 5단계 : 독성정보
> ⑥ 6단계 : 목표 위해도 수준
> ⑦ 7단계 : PRG의 수정단계

37 토양유실량 예측공식을 쓰고 각 변수를 설명하시오.

> **풀이**
>
> **토양유실량 예측공식**
> $A = R \cdot K \cdot LS \cdot C \cdot P$
>   여기서, A : 토양유실량
>   R : 강우침식능인자
>   K : 토양침식성 인자
>   LS : 지형인자(경사장 및 경사도인자)
>   C : 작부인자
>   P : 토양관리인자

SECTION 004 2015년 1회 복원기출문제

01 다음은 수소이온농도(유리전극법)의 분석절차이다. ( ) 안에 알맞은 내용을 쓰시오.

> 시료의 채취 및 조제방법에 따라 조제한 분석용 시료 5g의 무게를 달아 50mL 비커에 취하고 정제수 (①)를 넣어 가끔 유리막대로 저어주면서 (②) 동안 방치한다.
> pH측정기를 pH표준용액으로 보정한 다음 깨끗하게 씻어 말린 유리전극 및 표준전극을 시료용액에 넣고 (③) 이내에 읽는다.

풀이
① 25mL
② 1시간
③ 60초

02 저장물질이 없는 누출검사대상시설을 비파괴검사할 때 필요한 장비 3가지를 쓰시오.

풀이
저장물질이 없는 누출검사대상시설(비파괴검사) 검사 시 필요장비
① 자분탐상 시험장비
② 침투탐상 시험장비
③ 초음파 두께 측정기

03 동전기 정화방법에 이용되는 동전기 현상 3가지를 쓰시오.

풀이
동전기 현상
① 전기삼투 이론
② 전기이동 이론
③ 전기영동 이론

04 다음 처리기술을 설명하고 처리장소 위치에 따른 구분을 쓰시오.

① 바이오벤팅
② 식물정화법
③ 자연저감법

풀이

(1) 바이오벤팅
  ① 정의
    오염토양에 인위적으로 산소를 공급하여 토양 내에 존재하는 토착미생물의 활성을 촉진시켜 생분해도를 극대화하여 오염토양을 정화하는 기술이다.
  ② 처리장소 위치구분
    원위치 처리방법(In-situ)

(2) 식물정화법
  ① 정의
    토양 및 지하수로부터 유해한 오염물질을 식물을 이용한 정화, 즉 생물학적 및 물리·화학적인 제거 메커니즘이 모두 포함되며 오염물질 제거, 안정화·무독화시키는 자연친화적인 환경복원 기술이다.
  ② 처리장소 위치구분
    원위치 처리방법(In-situ)

(3) 자연저감법
  ① 정의
    자연적인 지중공정(희석, 생분해, 휘발, 흡착, 지중물질과 화학반응 등)에 의해 오염물질농도가 허용가능한 농도수준으로 저감되도록 유도하는 기법이다.
  ② 처리장소 위치구분
    원위치 처리방법(In-situ)

05 토양세척법의 처리공정 순서를 쓰시오.

> **풀이**
>
> **처리공정 순서**
> 토양세척공정의 구성은 파쇄기, 선별기, 분리장치, 혼합 및 추출장치, 세척액 처리장치, 대기오염 방지장치, 미세토양의 2차 처리장치 등이다.
>
> 전처리 → 분리(토사입자 분리) → 굵은 토양 처리(조립자 처리) → 미세 토양 처리(세립자 처리) → 세척수 처리(오염수 처리) → 처리 잔류물 관리

06 오염토양 처리공법을 선택하기 위한 토양의 곡률계수(C_z)를 구하시오. (단, D_{10}은 0.0025mm, D_{30}은 0.025mm, D_{60}은 0.18mm이며 D_{10}, D_{30}, D_{60}은 각각 입도 분포곡선에서 통과백분율 10%, 30%, 60%에 해당하는 직경)

> **풀이**
>
> $$C_z = \frac{(D_{30})^2}{D_{10} \times D_{60}} = \frac{0.025^2}{0.0025 \times 0.18} = 1.39$$

07 토양오염물질의 이동특성에 영향을 주는 특성인자를 유기·무기오염물질로 구분하여 2가지씩 쓰시오.

> **풀이**
>
> **토양오염물질의 이동경로(특이성)에 영향을 주는 주요 특성인자**
> (1) 유기오염물질의 특성인자 (2가지만 서술)
>   ① 증기압
>   ② 헨리상수(공기/물 분배계수)
>   ③ 분해상수
>   ④ 옥탄올/분배계수(Kow)
>
> (2) 무기오염물질의 특성인자
>   ① 용해도적
>   ② 착염물질의 형성

08 지하수 내 오염물질의 거동(유동) 메커니즘 3가지를 쓰시오.

> **풀이**
>
> **지하수 내 오염물질 거동메커니즘 (3가지만 기술)**
> ① 이류(이송)
> ② 확산
> ③ 분산
> ④ 지연

09 $100m^3$의 오염토양을 처리하기 위하여 토양을 물로 포화시키려 한다. 토양의 함수비는 10Wt%이고 습윤단위 중량은 $1.7g/cm^3$, 토양입자비중 2.7, 물의 단위중량 $1g/cm^3$일 때 첨가해야 할 물의 양은 몇 ton인가?

> **풀이**
>
> 첨가해야 할 물(ton) = 공극의 부피 − 물의 무게
>
> $$공극률 = \frac{공극부피}{토양전체부피}$$
>
> 공극의 부피 = 공극률 × 토양전체부피
>
> $$공극률 = \left(1 - \frac{용적비중}{입자비중}\right)$$
>
> $$= 1 - \left(\frac{1.7}{2.7}\right) = 0.3704$$
>
> $$= 0.3704 \times 100m^3 = 37.04m^3 (37.04ton)$$
>
> $$함수비 = \frac{물의\ 무게}{건조토양전체무게}$$
>
> 물의 무게 = 함수비 × 건조토양전체무게
>
> $$습윤단위중량 = \frac{토양전체무게}{전체부피}$$
>
> 토양전체무게 = 습윤단위중량 × 전체부피
> $= 1,700kg/m^3 \times 100m^3$
> $= 170ton$
> $= 0.1 \times 170ton = 17ton$
>
> $= 37.04 - 17 = 20.04ton$

10 지하저장탱크 철거공사 시 발생한 오염토양의 양은 4,500m³이다. 오염토양의 공극률이 30%일 때 초기 수분포화도 25%를 생물학적 정화기술의 최적수분포화도인 65%로 조절하기 위해 필요한 수분의 초기 소요량은 몇 L인가?

> **풀이**
>
> 포화도 = $\dfrac{물의\ 부피}{공극의\ 부피}$
>
> 포화도 65%일 때 물의 양(L) = $0.65(4,500\text{m}^3 \times 0.3) = 877.5\text{m}^3 = 877,500\text{L}$
>
> 포화도 25%일 때 물의 양(L) = $0.25(4,500\text{m}^3 \times 0.3) = 337.5\text{m}^3 = 337,500\text{L}$
>
> 필요한 물의 양 = $877,500\text{L} - 337,500\text{L} = 540,000\text{L}$

11 생물학적 복원방법의 장점 4가지를 쓰시오. (예시 : 처리비용이 적게 소요됨)

> **풀이**
>
> **생물학적 복원방법의 장점**
> ① 많은 에너지가 필요하지 않음(자연조건을 이용하기 때문)
> ② 2차 오염이 적음(약품을 사용하지 않기 때문)
> ③ 원위치에서 오염정화가 가능함
> ④ 저농도의 오염 및 광범위 분포 시에도 적용 가능

12 수분을 함유한 TPH 시험용 시료에서 TPH가 2,800mg/kg 검출되었다. 본 시료는 20%의 수분을 함유하고 있다. 수분을 제외한 시료의 TPH 함량(mg/kg)은 얼마인가?

> **풀이**
>
> $\text{TPH(mg/kg)} = 2,800\text{mg/kg} \times \dfrac{100}{100-20} = 3,500\text{mg/kg}$

13 토양세척용 첨가제로 표면장력을 크게 낮출 수 있는 계면활성제를 선택하는 이유를 쓰시오.

> **풀이**
> 토양과 계면활성제 용액의 혼합물 중에서 중력에 의한 고액분리가 용이하기 때문에 계면활성제를 선택한다.

14 어느 지역 토양의 공극률 측정을 위해 토양 80cm³를 채취하여 고형입자부피와 수분부피를 측정하였더니 52cm³와 12cm³였다. 이 지역의 토양 공극률(%)은?

> **풀이**
> $$공극률(\%) = \left(1 - \frac{고상(입자)부피}{전체부피}\right) \times 100 = \left(1 - \frac{52}{80}\right) \times 100 = 35\%$$

15 토양증기추출시스템의 구성장치 중 추출정 및 공기유입정 설치 시 기준요소를 1가지씩 쓰시오.

> **풀이**
> ① 추출정
>   1개 이상으로 하여 일부 개방되어 있는 파이프를 이용하여, 침투성이 좋은 굵은 모래나 자갈 위에 설치
> ② 공기유입정
>   SVE에 필요한 유량을 보장하기 위해 설치하며, 일반적으로 송풍기로 사용

16 식물복원공정 오염물질 제거기작 원리 3가지와 적합한 식물 1가지를 쓰시오.

> **풀이**
>
> (1) 식물에 의한 추출
>   ① 원리
>   식물조직이 중금속이나 방사성 물질과 같은 무기오염물질을 체내에 흡수하여 축적(농축)함으로써 오염물질을 제거하는 원리
>   ② 적합한 식물
>   해바라기
>
> (2) 식물에 의한 분해
>   ① 원리
>   식물이 독성물질을 분해하는 효소를 분비하거나 또는 오염물질을 분해하는 데 중요한 역할을 하는 토양미생물에 필요한 영양분을 제공하여 분해활동을 활성화시킴으로써 오염물질을 무독성의 물질로 전환시키는 원리
>   ② 적합한 식물
>   포플러나무
>
> (3) 식물에 의한 안정화
>   ① 원리
>   오염물질이 식물 뿌리 주변에 비활성의 상태로 축적되거나 식물체에 의해 오염물질의 이동을 차단하는 원리를 이용하며, 뿌리 주변 토양의 pH 변화 등에 의하여 중금속의 산화도가 바뀌어 불용성의 상태로 되는 원리에 기초한다.
>   ② 적합한 식물
>   포플러나무

17 화학적 산화법 영향인자 중 유기탄소 분배계수(K_{oc})와 처리효율과의 관계를 쓰시오.

> **풀이**
>
> K_{oc}가 높다는 의미는 K_d(흡착계수) 값이 유기물 함량에 비해 상대적으로 크다는 것이므로 오염물질의 처리효율이 높다는 의미이다.

18 파쇄공법에 대하여 간단히 기술하고, 종류 2가지를 쓰시오.

> **풀이**
>
> (1) 정의
>
>   지반파쇄 기술이라고도 하며, 지반 내에 물 또는 공기를 고압으로 분사하여 기존의 간극을 확장시키거나 새로운 파쇄간극을 생성시켜줌으로써 토양의 투과성을 향상시켜 오염물질의 추출 및 처리를 용이하게 하는 토양오염 복원기술이다.
>
> (2) 종류
>   ① 수압파쇄기술(Hydraulic Fracturing)
>   고압수 또는 슬러리를 주입
>   ② 압축공기파쇄기술(Pneumatic Fracturing)

19 토양정밀조사 3단계를 쓰고 간단히 설명하시오.

> **풀이**
>
> **토양정밀조사 3단계**
>
> ① 기초조사
>   자료조사, 청취조사 및 현지조사 등을 통하여 토양오염가능성 유무를 판단하기 위한 조사
>
> ② 개황조사
>   개황조사는 오염토양 정화 및 토양오염 방지를 위한 조치가 필요한 지역의 오염물질 종류, 오염면적 및 오염범위 등을 파악하기 위한 사전 개략조사이며, 이를 기준으로 정밀조사를 실시한다.
>
> ③ 정밀조사(상세조사로 변경)
>   정밀조사(상세조사)는 개황조사 결과 우려기준을 초과하거나 오염이 우려되는 농도(중금속과 불소는 우려기준의 70%, 그 밖의 오염물질은 우려기준의 40%를 초과하는 농도를 말한다. 이하 같다.)에 해당하는 지역과 심도를 대상으로 정밀조사(상세조사)를 실시한다.

20 벤젠으로 오염된 오염부지 1,000m³의 토양가스 벤젠농도가 4mg/m³이다. SVE로 부지를 복원하고자 할 경우 정화기간(hr)을 예상하시오.

[조건]
1. 오염토양 – 수분 – 토양공기간 평형관계임을 고려하여야 함. 추출가스농도는 토양가스농도이며, 총추출공기 유량은 20m³/hr임
2. ρ_b=1,500kg/m³, K_{oc}=83L/kg, f_{oc}=0.02, θ_W=0.05, θ_g=0.5, H'=0.228

[풀이]

① 전체 토양오염물질농도는 $C_T = \left(\rho_b \dfrac{K_d}{H'} + \dfrac{\theta_w}{H'} + \theta_g\right)C_g$ 이용하여 예측

$K_d = K_{oc} f_{oc}$=(83L/유기물 kg)(0.02 유기물 kg/전체토양 kg)=1.66L/kg

ρ_b = 1,500kg/m³ = 1.50kg/L

$\therefore C_T = \left(1.5\text{kg/L} \times \dfrac{1.66\text{L/kg}}{0.228} + \dfrac{0.05}{0.228} + 0.5\right)4\text{mg/m}^3$

$\quad\quad = 46.56\text{mg/m}^3 - \text{soil}$

② M = 46.56mg/m³ × 1,000m³ = 46,561.4mg

③ t = M/CQ = 46,561.4mg/4mg/m³ × 20m³/hr) = 582.12hr

2015년 2회 복원기출문제

01 다음 조건의 지하수 이동속도(m/year)를 구하시오. (단, Darcy 법칙 적용)

> 투수계수 : 5.5×10^{-3}cm/sec
> 공극률 : 0.4
> 동수경사 : 0.0025

풀이

이동속도$(\overline{V}) = \dfrac{k}{\eta_e}\left(\dfrac{dh}{dL}\right)$

$= \dfrac{5.5 \times 10^{-3}\text{cm/sec} \times 86,400\text{sec/day} \times 365\text{day/year} \times \text{m}/100\text{cm} \times 0.0025}{0.4}$

$= 10.84 \text{m/year}$

02 추출정 사이 간격이 50m이고, Darcy 속도 0.3m/day, 수리전도도 1.0m/day일 경우 수두차(m)를 구하시오.

풀이

$V = k\dfrac{dh}{dL}$

$0.3\text{m/day} = 1.0\text{m/day} \times \dfrac{\text{수두차}}{50\text{m}}$

수두차 $= 15\text{m}$

03 추출정 A, B, C가 있다. A와 B 사이의 거리는 40m, B와 C 사이의 거리는 50m이고 수리전도도는 각각 1.0m/day, 2m/day이다. A, C의 수두깊이가 각각 20m, 16m일 때 B의 수두(m)를 구하시오.

> **풀이**
>
> Darcy 속도$(V) = k\dfrac{dh}{dL}$
>
> $1\text{m/day} \times \dfrac{(20-\text{B})\text{m}}{40\text{m}} = 2\text{m/day} \times \dfrac{(\text{B}-16)\text{m}}{50\text{m}}$
>
> $\text{B(m)} = 17.54\text{m}$

04 폐기물 매립 시 지하수위는 12m이고 500m 떨어진 곳에서의 지하수위는 1m이다. 수리전도도가 1.0×10^{-3}cm/sec이고 공극률이 0.34일 때 300m 떨어진 곳까지 이동하는 데 소요되는 시간(month)을 구하시오. (단, 1month = 30day)

> **풀이**
>
> $V = \dfrac{k}{\eta_e}\left(\dfrac{dh}{dL}\right)$
>
> $= \dfrac{\begin{array}{c}1.0\times 10^{-3}\text{cm/sec} \times (12-1)\text{m} \times 60\text{sec/min}\\ \times 60\text{min/1hr} \times 24\text{hr/1day} \times 30\text{day/month}\end{array}}{0.34 \times 500\text{m}}$
>
> $= 167.72\text{cm/month}$
>
> 소요시간(month) = $\dfrac{거리}{속도} = \dfrac{300\text{m} \times 100\text{cm/m}}{167.72\text{cm/month}} = 178.87\text{month}$

05 입도분포곡선으로부터 구한 통과백분율 10%, 30%, 60%에 해당하는 직경이 각각 0.05mm, 0.15mm, 0.45mm이다. 이때 균등계수(C_u)는?

> **풀이**
>
> $C_u = \dfrac{D_{60}}{D_{10}} = \dfrac{0.45\text{mm}}{0.05\text{mm}} = 9$

06 Air Sparging 효율에 영향을 미치는 오염물질 특성 영향인자 2가지를 쓰시오.

> **풀이**
>
> **오염물질 특성 영향인자(2가지만 기술)**
> ① 헨리상수
> ② 용해도
> ③ 증기압
> ④ 오염물질의 호기성 생분해 능력

07 자유면 대수층의 면적 5,000,000cm², 저류계수 0.25인 지하수의 수위가 가뭄으로 0.6m 하강하였다면 손실된 지하수량(L)은?

> **풀이**
>
> $$S = \frac{1}{A} \frac{\Delta V'}{\Delta h}$$
> $$\begin{aligned} \Delta V' &= S \times A \times \Delta h \\ &= 0.25 \times 5,000,000 \mathrm{cm}^2 \times 0.6\mathrm{m} \times \mathrm{m}^2/100^2 \mathrm{cm}^2 \times 1,000 \mathrm{L/m}^3 \\ &= 75,000 \mathrm{L} \end{aligned}$$

08 다음 토양시료 채취지점도 도식에 해당하는 지역을 쓰고 선정방법을 쓰시오.

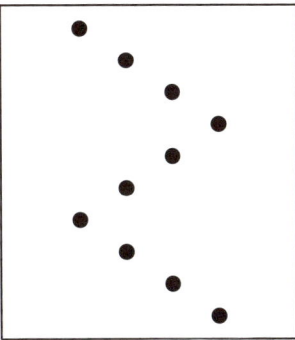

> **풀이**
>
> ① 지역 : 농경지
> ② 선정방법 : 대상지역 내에서 지그재그형으로 5~10개 지점을 선정한다.

09 토양세척방법의 장점 2가지를 기술하시오.

> **풀이**
>
> **토양세척방법의 장점(2가지만 기술)**
> ① 외부환경의 조건 변화에 대한 영향이 적고 자체적인 조건 조절이 가능한 폐쇄형 공정이다.
> ② 부지 내에서 유해오염물의 이송 없이 바로 처리 가능하다.
> ③ 적용 가능한 오염물질 종류의 범위가 넓다. 또한, 무기물과 유기물을 동시에 처리할 수 있다.
> ④ 단시간 내 오염토양 부피의 효율적인 급감으로 2차 처리비용이 절감된다.(매립 시 경량화에 기여)
> ⑤ 비교적 다양한 오염토양 농도에 적용 가능하며, 오염토양의 부피를 급격히 줄일 수 있다.

10 수직차단벽의 종류 3가지를 쓰고 간단히 기술하시오.

> **풀이**
>
> ① 슬러리 월(Slurry Walls)
>   낮은 수리전도도를 가진 슬러리(흙 또는 기타 첨가제)를 이용하여 지중 트렌치(Trench)에 채워 오염된 지하수를 상수원 또는 비오염 지하수와 단절시키는 방법이다.
> ② 그라우트 커튼(Grout Curtains, Grouting)
>   지중의 공극을 채울 수 있는 물질들을 저수층까지 양수(삽입)시켜 유체의 흐름 속도를 감소시키는 차단벽이다.
> ③ 진동빔 차단벽(Vibrating Beam Cut Off Walls)
>   그라우트 접합 노즐이 부착된 빔이 진동파일 드라이버와 연결되어 지중을 진동시켜 구멍을 만든 후에 빔을 제거하고 그라우트 노즐을 통해 그라우트가 주입됨으로써 연속적인 차단벽을 설치하는 공법이다.

11 100m³의 오염토양을 처리하기 위하여 토양을 물로 포화시키려 한다. 토양의 함수비는 10Wt%이고 습윤단위 중량 1.7g/cm³, 토양입자 비중 2.7, 물의 단위중량 1g/cm³일 때 첨가해야 할 물의 양은 몇 ton인가?

> **풀이**
>
> 첨가해야 할 물(ton) = 공극의 부피 - 물의 무게
>
> $$공극률 = \frac{공극부피}{토양\ 전체부피}$$
>
> 공극 부피 = 공극률 × 토양 전체부피
>
> $$공극률 = \left(1 - \frac{용적비중}{입자비중}\right)$$
>
> $$= 1 - \left(\frac{1.7}{2.7}\right) = 0.3704$$
>
> $$= 0.3704 \times 100m^3 = 37.04m^3\ (37.04ton)$$
>
> $$함수비 = \frac{물의\ 무게}{건조토양\ 전체무게}$$
>
> 물의 무게 = 함수비 × 건조토양 전체무게
>
> $$습윤단위중량 = \frac{토양\ 전체무게}{전체부피}$$
>
> 토양 전체무게 = 습윤단위중량 × 전체부피
>
> $$= 1,700kg/m^3 \times 100m^3$$
>
> $$= 170ton$$
>
> $$= 0.1 \times 170ton = 17ton$$
>
> $$= 37.04 - 17 = 20.04ton$$

12 포화대수층의 수리지질학적 요소 5가지를 쓰시오.

> **풀이**
>
> **포화대수층 수리지질학적 요소(5가지만 기술)**
> ① 수리전도도
> ② 투수량 계수
> ③ 공극률
> ④ 비저류계수 및 저류계수
> ⑤ 비산출률
> ⑥ 비보유율

13 다음 설명에 알맞은 용어를 쓰시오.

> 지하수 모니터링의 수질조사에 널리 이용되고 있는 삼각수질도식법으로 상단의 다이어몬드형과 하단의 두 삼각형으로 구성되며 epm 단위로 계산된 자료를 이용하여 도시한다.

> **풀이**
>
> **파이퍼 다이어그램**
>
> $$\text{epm}(\text{equivalent per million}) = \frac{\text{ppm으로 표시된 용질농도}}{\text{당량}}$$

14 토양의 가소성 특성이 토양오염물질 소각 처리 시 미치는 영향을 기술하시오.

> **풀이**
>
> 가소성은 토양에 응력(외력)을 가했을 때 파괴되지 않고 유연하게 견디어 그 본래의 형태를 유지하는 성질을 의미하며 소각처리 시 가소성 때문에 소각 후 재의 제거에 어려움이 있다.

15 동전기 정화방법의 이동기작 2가지를 쓰고 간단히 설명하시오.

> **풀이**
>
> ① 전기삼투이론
>   전기경사에 의한 공극수(간극수)의 이동
> ② 전기이동이론
>   전기경사에 의한 전하를 띤 화학물질의 이동
> ③ 전기영동이론
>   전기경사에 의한 전하를 띤 입자의 이동

16 토양정밀조사는 크게 3단계로 실시된다. 각 단계의 명칭을 쓰시오.

> **풀이**
>
> **토양정밀조사 단계**
> ① 1단계 : 기초조사
> ② 2단계 : 개황조사
> ③ 3단계 : 정밀조사(상세조사로 변경)

17 지하저장 탱크에서 휘발유가 유출된 지역에 SVE 방법으로 정화처리를 하고자 한다. 오염지역의 토양밀도 $1.85g/cm^3$, BTEX 오염농도 $5,300mg/kg$, 오염농도범위가 $15m \times 30m \times 5m$일 경우 오염토양 내 BTEX의 양(kg)은?

> **풀이**
>
> BTEX 양(kg) = 부피 × 농도 × 밀도
> $= (15 \times 30 \times 5)m^3 \times 5,300mg/kg \times 1.85g/cm^3 \times cm^3/10^{-6}m^3$
> $\times 1kg/1,000g \times 10^{-6}kg/mg$
> $= 22,061.25kg$

18 오염부지에 대해 Bio Slurping을 이용하여 처리하고자 한다. 추출정의 영향반경은 $10.5m$이고 오염된 부지의 전체면적이 $1,000m^2$이라면 필요한 추출정의 수는?

> **풀이**
>
> 1개 추출정이 영향을 미치는 면적(A)
> $A = \dfrac{\pi D^2}{4} = \dfrac{3.14 \times (21)^2 m^2}{4} = 346.19 m^2$
>
> 추출정 개수 $= \dfrac{\text{전체 오염 면적}}{\text{1개추출정 영향 면적}} = \dfrac{1,000m^2}{346.19m^2} = 2.29(3개)$

19 헥산 50kg으로 오염된 토양을 바이오벤팅 기술을 이용하여 처리하고자 한다. 헥산을 완전분해하기 위해 필요한 산소의 양(kg)을 구하고, 공기주입량이 5m³/day일 경우 헥산을 제거하는 데 소요되는 시간(day)을 예측하시오. (단, 기타 조건은 고려하지 않음)

$$C_6H_{14} + 19/2O_2 \rightarrow 6CO_2 + 7H_2O$$

공기밀도 : 1.205kg/m³

공기 중 산소함유율(무게기준) : 23.15%

풀이

산소의 양(kg)

$$C_6H_{14} + 9.5O_2 \rightarrow 6CO_2 + 7H_2O$$

86kg : 9.5×32kg

50kg : O_2(kg)

$$O_2(산소의\ 양) = \frac{50kg \times (9.5 \times 32)kg}{86kg} = 176.74kg$$

$$소요시간(day) = \frac{총\ 필요\ 주입공기량}{1일\ 주입\ 공기량}$$

$$= \frac{(176.74/0.2315)kg}{5m^3/day \times 1.205kg/m^3} = 126.71\,(127\,day)$$

SECTION 006 2015년 4회 복원기출문제

01 오염토양의 생물학적 복원방법 3가지를 쓰고 간략히 설명하시오.

> **풀이**
>
> **생물학적 복원방법**
>
> ① 바이오벤팅(Bioventing)
> 오염토양(불포화토양층)에 인위적으로 산소를 공급하여 토양 내에 존재하는 토착 미생물의 활성을 촉진시켜 생분해도를 극대화하여 오염토양을 정화하는 기법이다.
>
> ② 토양경작방법(Landfarming)
> 오염된 토양을 수거하여 처리하는 탈위치(Ex-Situ) 처리방식으로서 오염토양을 굴착하여 지표면에 깔아 놓고 정기적으로 뒤집어줌으로써 공기를 공급하여 미생물과 산소의 접촉을 증가시켜 오염물질을 분해하는 호기성 생분해공정을 말한다.
>
> ③ 바이오파일(Biopile)
> 오염된 토양을 굴착한 후 일정한 파일(Pile) 안에 오염토양을 쌓은 다음 폭기, 영양물질, 수분함유량을 조절하여 호기성 미생물의 활성을 극대화시켜 굴착된 토양 중의 유기성 오염물질을 처리하는 탈 위치(Ex-Situ) 처리공법이다.

02 토양오염 확산방지기술 3가지를 쓰시오.

> **풀이**
>
> **토양오염 확산방지기술**
> ① 고형화(Solidfication)
> ② 안정화(Stabilization)
> ② 수직차단법(Vertical Cut Off Walls)

03 토양시료의 채취방법 중 일반지역에서의 농경지가 아닌 기타 지역의 시료 채취지점 선정에 대하여 설명하시오.

> **풀이**
>
> 공장지역·매립지역·시가지지역 등 농경지가 아닌 기타 지역의 경우는 대상지역의 중심이 되는 1개 지점과 주변 4방위의 5~10m 거리에 있는 1개 지점씩 총 5개 지점을 선정하되, 대상지역에 시설물 등이 있어 각 지점 간의 간격이 불충분할 경우 간격을 적절히 조절할 수 있다.

04 다음 각 오염물질에 노출 시 발생되는 질병을 쓰시오.

① 카드뮴   ② 수은   ③ PCBs   ④ 질산성질소

> **풀이**
>
> ① 카드뮴 : 이따이이따이병(신장기능장애)
> ② 수은 : 미나마타병
> ③ PCBs : 카네미유증(만성중독)
> ④ 질산성질소 : 청색증

05 DNAPL을 설명하고 대표적인 오염물질 종류 2가지를 쓰시오.

> **풀이**
>
> **DNAPL(고밀도 비수용성 액체)**
>
> ① 정의
>   물에 쉽게 용해되지 않고 혼합되지 않아 자연상에서 물과 분리된 유체의 형태로 존재하는 NAPL 중 물보다 밀도가 큰 비수용성 액체로 밀도가 $1g/cm^3$ 이상이다.
>
> ② 대표적 오염물질(2가지만 기술)
>   ㉠ TCE(Trichloroethylene), PCE(Perchloroethylene)
>   ㉡ 페놀, PCB(Polychlorinated Biphenyl)
>   ㉢ 1,1,1-Trichloroethane(1,1,1-TCA), 2-Chlorophenol(클로로페놀)
>   ㉣ 클로로포름, 사염화탄소

06 토양수분의 물리학적 분류를 3가지 쓰시오.

> **풀이**
>
> **토양수분의 물리학적 분류(3가지만 기술)**
> ① 결합수　　　　② 흡습수
> ③ 모세관수　　　④ 중력수(자유수)

07 오염토양을 고형화·안정화 방법으로 처리한 이후 위해성을 평가하기 위한 용출능력 평가실험방법 중 외국에서 사용되는 방법 4가지를 쓰시오.

> **풀이**
>
> ① TCLP 시험법　　　② EP TOX 시험법
> ③ MWEP 시험법　　 ④ MEP 시험법
> ⑤ MCC-IP 시험법　 ⑥ CLT 시험법

08 어느 오염 부지의 깊이별 토양 오염도를 조사한 결과가 다음과 같을 때 총 오염토양의 양(kg)은 얼마인가?(단, 오염토양밀도=1,800kg/m³)

깊이(m)	오염면적(m²)
0.0~1.0	0
1.0~1.5	308
1.5~2.0	428
2.0~2.5	590
2.5~3.0	600
3.0~3.5	0

> **풀이**
>
> 오염토양의 부피(m^3) = 깊이 × 면적
> $$= 0.5m \times (308+428+590+600)m^2 = 963m^3$$
>
> 총 오염토양의 양(kg) = 부피 × 밀도
> $$= 963m^3 \times 1,800kg/m^3 = 1,733,400kg$$

09 각 지층의 투수계수가 각각 $K_1 : 5 \times 10^{-3}$cm/sec, $K_2 : 2 \times 10^{-4}$cm/sec, $K_3 : 3 \times 10^{-2}$cm/sec이고, 두께는 $H_1 : 5$m, $H_2 : 4$m, $H_3 : 4$m일 때 수직등가 투수계수와 수평등가 투수계수(cm/sec)를 구하시오.

> **풀이**
>
> 수직등가 투수계수
>
> $$= \frac{(500+400+400)\text{cm}}{\left(\dfrac{500}{5\times 10^{-3}\text{cm/sec}}\right)+\left(\dfrac{400}{2\times 10^{-4}\text{cm/sec}}\right)+\left(\dfrac{400}{3\times 10^{-2}\text{cm/sec}}\right)}$$
>
> $= 6.14 \times 10^{-4}$cm/sec
>
> 수평등가 투수계수
>
> $$= \frac{[(5\times 10^{-3}\text{cm/sec})\times(500\text{cm})]+[(2\times 10^{-4}\text{cm/sec})\times(400\text{cm})]+[(3\times 10^{-2}\text{cm/sec})\times(400\text{cm})]}{(500+400+400)\text{cm}}$$
>
> $= 1.12 \times 10^{-2}$cm/sec

10 토양세척공법에서 사용되는 세척장치의 종류(기능별) 3가지를 쓰시오. (예 : 회전형)

> **풀이**
>
> **세척장치의 기능별 종류**
> ① 교반형
> ② 진동형
> ③ 유동상형

11 벤젠으로 오염된 지하수의 벤젠농도는 200mg/L이고 벤젠 몰분자량 78.12g/mol, 헨리상수 4.7×10^{-3} atm · m³/mol일 때 부분압력(atm)은?

> **풀이**
>
> $$P = H \times C = \frac{H \times S}{MW}$$
>
> $$= \frac{4.7 \times 10^{-3} \text{atm} \cdot \text{m}^3/\text{mol} \times 200 \text{mg/L} \times 1,000 \text{L/m}^3 \times \text{g}/1,000 \text{mg}}{78.12 \text{g/mol}} = 0.01 \text{atm}$$

12 오염토양의 열처리기술인 열탈착기술이 소각공정과 비교하여 갖는 장점 2가지를 쓰시오.

> **풀이**
>
> **열탈착기술의 장점(소각공정과 비교) : 2가지만 기술**
> ① 같은 용량의 소각공정에 비하여 가스양이 상대적으로 적게 발생한다.
> ② 유기염소 및 유기인 살충제 등 오염토양을 처리하는 동안 다이옥신과 퓨란이 생성되지 않는다.
> ③ 토양으로부터 검출한계 이하로 휘발성 유기화합물, 유기염소, 유기인 살충제의 제거가 가능하다.
> ④ 다양한 수분함량과 오염농도를 가진 여러 종류의 토양에 적용이 가능하며 고농도 Hot Spot 처리도 가능하다.
> ⑤ 소각공정에 비하여 먼지의 양이 적고, 유기물을 응축시켜 회수 가능하거나 후처리할 수 있다.

13 열탈착 및 소각기술 적용 시 부산물로 발생되는 2차 오염원 3가지와 각각의 기본적인 제어장치 설비를 쓰시오.

> **풀이**
>
> **소각 및 열탈착에서 생성되는 2차 오염원과 처리방법**
> ① 먼지 : 집진장치(여과집진장치, 전기집진장치)
> ② 다이옥신, 퓨란류 : 활성탄 주입장치 + SCR + 여과집진장치
> ③ 산성증기 : 세정식 집진장치(벤투리 스크러버)

14 토양의 지하수 상부에 있는 불포화토양층을 Vodose Zone이라고 한다. 이 불포화토양층이 유기오염물질로 오염되었을 때 현장(In-Situ)에서 처리하는 물리·화학적 공법을 쓰고 개요를 기술하시오.

> **풀이**
>
> ① 공법
>   토양증기추출법(SVE)
>
> ② 개요
>   ㉠ 토양증기추출법(SVE ; Soil Vapor Extraction)은 불포화 대수층 위에 추출정을 설치하여 강제진공흡입으로 토양을 진공상태로 만들어 줌으로써 토양으로부터 휘발성·준휘발성 오염물질을 제거하는 기술이다.
>   ㉡ 오염지역 외부에서 공기가 주입되고 내부에서 오염물질이 추출되는 방법이며, 토양으로부터 제거되는 가스는 지상에서 처리해야 한다.
>   ㉢ 불포화 대수층 내 존재하는 휘발성 유기화합물을 제거하는 가장 효과적이고 경제적인 방법으로, 토양 내의 생물학적 처리효율을 높이며 지하수 펌핑 처리조작 및 공기분사(Air Sparging) 기술과 함께 병행하여 사용할 수 있다.
>   ㉣ 토양 내 오염물질의 기체 헨리법칙(Henry's Law)과 관계되고 증기압은 라울트 법칙(Raoult's Law)에 관계된다.

15 계면활성제를 이용한 토양세정공정으로 TCE로 오염된 토양 10m³을 처리하고자 한다. 오염된 토양 내 TCE 농도는 50mg/kg이었다. TCE를 모두 용해 처리하기 위한 계면활성제의 양(L)은?(단, 토양용적밀도 1,600kg/m³, 계면활성제 내 TCE 용해도 2,000mg/L)

> **풀이**
>
> 계면활성제 양(L) = 밀도 × 부피 = $1,600\text{kg/m}^3 \times \dfrac{10\text{m}^3 \times 50\text{mg/kg}}{2,000\text{mg/L}} = 400\text{L}$

16 어느 지역의 토양 공극률은 0.42이며 토양입자밀도는 2.65g/cm³이다. 이 지역의 토양단위 용적밀도(Bulk Density, g/cm³)는?

> **풀이**
>
> $$\text{공극률} = 1 - \left(\frac{\rho_b}{\rho_p}\right) = 1 - \left(\frac{\text{토양용적밀도}}{\text{토양입자밀도}}\right)$$
>
> $$0.42 = 1 - \left(\frac{\rho_b}{2.65}\right)$$
>
> $$\rho_b = 1.54 \text{g/cm}^3$$

17 A와 B 사이의 거리는 80m, B와 C 사이의 거리는 100m이고 수리전도도는 각각 0.04m/sec, 0.02m/sec이다. A, B의 수위가 각각 17m, 15m일 때 C의 수위(m)는?

> **풀이**
>
> $$\text{A-B의 Darcy 속도(V)} = K\frac{dh}{dL}$$
>
> $$dL = 80\text{m}$$
> $$dh = (17 - 15) = 2\text{m}$$
> $$= 0.04 \times \frac{2}{80} = 0.001\text{m/sec}$$
>
> $$\text{시간} = \frac{100\text{m}}{0.02\text{m/sec}} = 5{,}000\text{sec}$$
>
> $$5{,}000\text{sec} = \frac{(15 - C)}{0.001\text{m/sec}}$$
>
> $$C = 10\text{m}$$

18 지하저장탱크로부터 550L의 유류가 유출되었으며 유출된 유류는 불포화 토양층 및 지하수층 내 지하수에 분포되어 있다. 불포화 토양 내 유류의 농도가 3,000mg/kg이었다면 다음의 현장조건을 이용하여 지하수 내 유류 농도(mg/L)를 구하시오.

> 오염불포화 토양층 부피 : 100m³
> 오염불포화 토양층 밀도 : 1,600kg/m³
> 오염불포화 토양 아래 지하수층 전체부피 : 500m³
> 지하수층 공극률 : 0.4
> 유류밀도 : 960kg/m³
> (지하수층 내 유류는 모두 지하수 내에만 존재)

풀이

토양층 내 유류의 양(L) = $\dfrac{3{,}000\,\text{mg/kg} \times 1{,}600\,\text{kg/m}^3 \times 100\,\text{m}^3}{960\,\text{kg/m}^3 \times 10^6\,\text{mg/kg} \times \text{m}^3/1{,}000\text{L}}$ = 500L

지하수 내 오염농도(mg/L)
$$= \dfrac{(550-500)\text{L} \times 960\,\text{kg/m}^3 \times \text{m}^3/1{,}000\text{L} \times 10^6\,\text{mg/kg}}{500\,\text{m}^3 \times 0.4 \times 1{,}000\text{L/m}^3}$$
$$= 240\,\text{mg/L}$$

19 토양의 투수계수가 0.15m/day이고 공극률이 0.3, 수리경사가 0.033일 때 오염물질이 90cm 이동하는 데 걸리는 시간(day)은?(단, Darcy 법칙 적용)

풀이

$$\overline{V} = \dfrac{k}{\eta_e}\left(\dfrac{dh}{dL}\right) = \dfrac{L}{T}$$

$$T = \dfrac{L}{\dfrac{k}{\eta_e}\left(\dfrac{dh}{dL}\right)}$$

$$= \dfrac{0.9\,\text{m}}{\left(\dfrac{0.15\,\text{m/day}}{0.3}\right) \times 0.033} = 54.55\,\text{day}$$

20 벤젠 20kg으로 오염된 토양을 원위치 생물학적 복원기술에 의해 정화하고자 한다. 다음 조건에 의해 벤젠이 완전분해되는 데 필요한 산소를 과산화수소로 공급하고자 할 때 필요한 과산화수소의 양(kg)을 구하시오.

$$C_6H_6 + 7.5O_2 \rightarrow 6CO_2 + 3H_2O$$
$$2H_2O_2 \rightarrow 2H_2O + O_2$$

> **풀이**
>
> 이론 산소량(kg)
>
> $C_6H_6 + 7.5O_2 \rightarrow 6CO_2 + 3H_2O$
>
> 78kg : (7.5×32)kg
>
> 20kg : O_0(kg)
>
> 이론산소량(kg) $= \dfrac{20\text{kg} \times (7.5 \times 32)\text{kg}}{78\text{kg}} = 61.54\text{kg}$
>
> 과산화수소량(kg)
>
> $2H_2O_2 \rightarrow 2H_2O + O_2$
>
> 68kg : 32kg
>
> H_2O_2(kg) : 61.54kg
>
> 과산화수소량(kg) $= \dfrac{(68 \times 61.54)\text{kg}}{32\text{kg}} = 130.77\text{kg}$

007 2016년 1회 복원기출문제

01 탈위치 처리방법 4가지를 쓰시오.

> **풀이**
>
> **탈위치(굴착 후) 처리방법 : Ex-situ(4가지만 기술)**
> ① 토양증기추출법(SVE ; Soil Vapor Extraction)
> ② 퇴비화법(Composting)
> ③ 토양경작법(Landfarming)
> ④ 할로겐 분해법(Glyconate Dehalogenation)
> ⑤ 토양세척법(Soil Washing)
> ⑥ 고형화·안정화 처리법(Solidification·Stabilization)
> ⑦ 용매(용제)추출법(Solvent Extraction)
> ⑧ 고온가스추출법(Hot Gas Decontamination)
> ⑨ 소각법(Incineration)
> ⑩ 열분해법(Pyrolysis)

02 다음 그림과 같이 지하수의 차수와 정화를 동시에 하는 처리방법의 명칭 및 반응 메커니즘 4가지를 쓰시오.

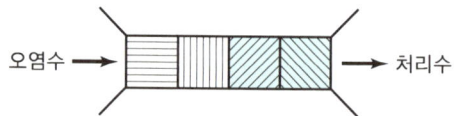

> **풀이**
>
> ① 명칭 : 투수성 반응벽체(PRB)
> ② 반응 메커니즘
>   ㉠ 침전
>   ㉡ 휘발 및 생분해
>   ㉢ 흡착
>   ㉣ 산화·환원

03 다음 화학 반응식을 완성하시오.

$$C_6H_{14} + ① O_2 \rightarrow ② CO_2 + ③ H_2O$$

풀이

$$C_xH_y + \left(x + \frac{y}{4}\right)O_2 \rightarrow xCO_2 + \frac{y}{2}H_2O$$

$$C_6H_{14} + \left(6 + \frac{14}{4}\right)O_2 \rightarrow 6CO_2 + \left(\frac{14}{3}\right)H_2O$$

$$C_6H_{14} + 9.5O_2 \rightarrow 6CO_2 + 7H_2O$$

04 다음을 이용하여 호기성 생분해 반응식을 쓰고 생분해 과정을 설명하시오.

$$OC, H_2O, 에너지, 영양물질, O_2$$

풀이

① 반응기작
   유기오염물질(OC) + O_2 + 영양소 → CO_2 + H_2O + 에너지

② 생분해 과정
   미생물이 산소를 최종 전자수용체로 이용하여 유기오염물질을 CO_2, H_2O 등과 같은 무해한 물질로 분해하고 필요한 에너지를 얻는 과정

05 요즘 철을 이용하여 오염물질을 처리하는 공법을 많이 사용한다. 이때 투수성 반응벽체에서 사용되는 반응 메커니즘과 처리오염물질을 쓰시오.

풀이

① 반응 메커니즘(탈염소화 반응)
   $Fe^0 \rightarrow Fe^{2+} + 2e^-$ [호기성 조건에서 Fe^{2+}로 산화되어 전자 방출]
   $R-Cl + 2e^- + H^+ \rightarrow R-H + Cl^-$ [전자수용체로서 전자를 받은 염소계 화합물의 탈염소화 과정]
   $Fe^0 + RCl + H^+ \rightarrow Fe^{2+} + RH + Cl^-$

② 처리오염물질
   염화유기화합물(TCE, PCE 등)

06 바이오 슬러핑 공법으로 처리 시 주요 장치 3가지를 쓰시오.

> **풀이**
>
> **주요장치**
> ① 공기공급 주입정
> ② 추출정
> ③ 추출가스 처리장치

07 토양증기추출법(SVE)의 적용 제한조건 4가지를 쓰시오.

> **풀이**
>
> **토양증기추출법 적용 제한인자(4가지만 기술)**
> ① 미세토양이나 수분함량이 50% 이상 높은 토양의 경우 통기성을 저해하여 증기압을 높이기 위한 추가비용 부담이 증가된다.
> ② 유기물의 함량이 높은 토양 및 건조한 토양은 VOC(휘발성 유기물질)의 흡착능력이 높아 제거율이 낮아진다.
> ③ 방출·추출된 증기는 인간이나 주변 환경에 해가 되지 않도록 처리해야 한다.
> ④ 추출가스 처리에 사용된 활성탄 및 용액을 안전하게 처리해야 한다.
> ⑤ 포화지역에는 효과가 없으나 대수층을 낮추면 적용범위가 많아진다.
> ⑥ 투수성 지반 내에 렌즈 모양의 불투수성 부분이 존재하는 경우 휘발성 오염물질의 제거효율이 저하된다.

08 초기농도가 6,500mg/kg이고 90일 후 농도가 4,000mg/kg일 때 1차 반응속도상수(hr^{-1})를 구하시오. (단, 소수점 5자리까지 표기)

> **풀이**
>
> $$\ln \frac{C}{C_o} = -kt$$
>
> $$\ln \frac{4,000}{6,500} = -k \times 90\,day \times 24\,hr/day$$
>
> $$k = 0.00022\,hr^{-1}$$

09 동전기 현상 중 다음 2가지의 이동기작을 쓰고 설명하시오.

① 전기삼투
② 전기영동

> **풀이**
>
> ① 전기삼투 이론
>   전기경사에 의한 공극수(간극수)의 이동
>
> ② 전기영동 이론
>   전기경사에 의한 전하를 띤 입자의 이동

10 토양이 수분을 보유하는 힘인 pF에 대해 설명하고 계산식을 쓰시오.

> **풀이**
>
> pF는 토양수분장력으로 토양이 수분을 보유하는 힘으로, 수주높이(cm)의 대수값을 pF로 표시하여 나타낸다.
>
> $pF = \log[H]$
>
> 여기서, H : 물기둥(수주) 높이(cm)

11 이동거리 20m를 10일에 걸쳐 이동한다. 수리전도도는 10m/day이며, 항상 Darcy 속도의 10배이다. 이때의 공극률은?

> **풀이**
>
> 지하수 이동속도($\overline{V}$) $= \dfrac{V}{\eta_e}$
>
> $V(\text{Darcian Velocity}) = \dfrac{1}{10} \times 10\text{m/day} = 1\text{m/day}$
>
> $\overline{V} = 20\text{m}/10\text{day} = 2\text{m/day}$
>
> $\eta_e = \dfrac{1\text{m/day}}{2\text{m/day}} = 0.5$

12 유출된 유류의 부피가 5,000L이고 오염토양의 부피는 200m³, 공극률 0.4, 토양입자 밀도는 2.65g/cm³이다. 유류의 비중이 0.94일 때 토양 내 유출 유류 농도(mg/kg)는?

> **풀이**
>
> 유류 농도(mg/kg) = $\dfrac{\text{유출 유류 부피} \times \text{유류 밀도}}{\text{오염토양 부피} \times \text{오염토양 용적밀도}}$
>
> 유출 유류 부피 = 5,000L = 5m³
> 유류 밀도 = 0.94 × 1,000kg/m³ = 940kg/m³
> 오염토양 부피 = 200m³
> 오염토양 용적밀도 = $(1-\eta_e) \times$ 토양입자밀도
> $\qquad = (1-0.4) \times 2.65\text{g/cm}^3 \times \text{kg}/10^3\text{g}$
> $\qquad\quad \times 10^6 \text{cm}^3/\text{m}^3$
> $\qquad = 1,590\text{kg/m}^3$
>
> $= \dfrac{5\text{m}^3 \times 940\text{kg/m}^3}{200\text{m}^3 \times 1,590\text{kg/m}^3} \times 10^6 \text{mg/kg} = 14,779.87\text{mg/kg}$

13 토양 내 유류 농도가 5,000mg/kg일 때 유출 유류 부피(L)는?(단, 유류 밀도 960kg/m³, 오염토양 밀도 1,600kg/m³, 토양 부피 200m³)

> **풀이**
>
> 유출 유류 부피(L) = $\dfrac{200\text{m}^3 \times 1,600\text{kg/m}^3 \times 5,000\text{mg/kg}}{960\text{kg/m}^3 \times \text{m}^3/1,000\text{L} \times 10^6 \text{mg/kg}}$
> $\qquad\qquad\quad = 1,666.67\text{L}$

14 미생물의 최대비증식속도가 0.8hr⁻¹, 제한기질 농도가 150mg/L, 반포화농도가 60mg/L일 때 세포의 비증식속도(hr⁻¹)를 구하시오.(단, Monod식 적용)

> **풀이**
>
> $\mu = \mu_{\max}\dfrac{S}{k_S+S} = 0.8 \times \left(\dfrac{150}{60+150}\right)$
> $\quad = 0.57\text{hr}^{-1}$

15 토양시료 100cm³을 채취하여 건조토양입자만 측정하였더니 60cm³이었다. 이것을 원통(직경 5cm)에 채워 물로 포화시킨 후 물은 유량 0.2cm³/sec로 보내었다. 다음을 구하시오. (단, 동수구배 0.2)

① 이때의 수리전도도(cm/sec)를 구하시오.
② 원통 길이가 1m일 때 통과시간(sec)을 구하시오.

풀이

① $V(\text{cm/sec}) = \dfrac{Q}{A} = KI$

$K = \dfrac{Q}{A \times I} = \dfrac{0.2\text{cm}^3/\sec}{\left(\dfrac{3.14 \times 5^2}{4}\right)\text{cm}^2 \times 0.2} = 0.05\,cm/\sec$

② 통과시간(sec) = $\dfrac{\text{이동길이}}{\text{이동속도}} = \dfrac{L}{\dfrac{K \cdot I}{\eta_e}}$

$= \dfrac{\eta_e L}{KI}$

$= \dfrac{\left(1 - \dfrac{60}{100}\right) \times 100\text{cm}}{0.05\text{cm/sec} \times 0.2} = 4,000\,\sec$

16 입자비중이 2.0이고 입자의 용적비중이 1.6일 때 공극률(%)을 구하시오.

풀이

공극률(%) $= \left(1 - \dfrac{\text{용적비중}}{\text{입자비중}}\right) \times 100$

$= \left(1 - \dfrac{1.6}{2.0}\right) \times 100$

$= 20\%$

17 수위차가 2m가 되도록 추출정을 1개 더 만들려고 한다. 수리전도도 0.8m/day, Darcy 속도 0.2m/day일 때 추출정 거리(m)는?

> **풀이**
>
> $$V = KI = K\frac{dh}{dL}$$
>
> $0.2\text{m/day} = 0.8\text{m/day} \times \dfrac{2\text{m}}{dL}$
>
> $dL(\text{추출정 거리}) = 8\text{m}$

18 대기의 공기조성과 토양의 공기조성의 차이점을 쓰시오.

> **풀이**
>
> 토양공기는 일반공기에 비해 산소(O_2)의 농도는 낮고 이산화탄소(CO_2) 및 수증기(H_2O)의 함량은 높다. 또한 토양공기 중 질소(N_2) 농도는 일반공기 중과 비슷하다.

19 2kg의 유류(전량 탄화수소로 가정)로 대수층 토양에서 자연적으로 생분해되는데 200일이 소요되었다. 생분해에 공급된 지하수 내 용존산소의 농도(mg/L)를 예측하시오.

- LNAPL 두께 : 0.4m
- LNAPL 폭 : 12m
- 지하수 Darcy 속도 : 1.2m/dary
- 산소-탄화수소 소모비율 : 2mg Oxygen/1mg Hydrocarbon

> **풀이**
>
> 산소농도(mg/L) = $\dfrac{\text{질량}}{\text{부피}}$
>
> 질량(산소) = 2mg O_2/1mgH C × 2kgH C = 4kgO_2
>
> 부피 = 유량 × 소요시간
>   = 1.2m/day × (0.4 × 12)m² × 200day = 1,152m³
>
> = $\dfrac{4\text{kgO}_2 \times 10^6 \text{mg/kg}}{1,152\text{m}^3 \times 1,000\text{L/m}^3}$ = 3.47mgO_2/L

2016년 2회 복원기출문제

01 토양공기를 유량 0.1m³/min으로 직경 25mm의 직관을 통해 추출할 때 배관 1m당 마찰손실수두(m)는?(단, 관마찰계수 0.03, 비중 1.2)

[풀이]

관 마찰손실수두(HL)

$$HL = \lambda \times \frac{L}{D} \times \frac{rV^2}{2g}$$

여기서, λ : 마찰계수 0.03
L : 관 길이 1m
D : 관직경 0.025m
V : 유속 $V = \frac{Q}{A} = \frac{0.1 \text{m}^3/\text{min}}{\left(\frac{3.14 \times 0.025^2}{4}\right)\text{m}^2} = 203.8 \,\text{m/min}$
$\times \text{min}/60\,\text{sec} = 3.397\,\text{m/sec}$
g : 중력가속도 9.8m/sec²

$$= 0.03 \times \frac{1\text{m}}{0.025\text{m}} \times \frac{1.2 \times 3.397^2 \,(\text{m/sec})^2}{(2 \times 9.8)\text{m/sec}^2} = 0.85\text{m}$$

02 토양세척공법에서 사용되는 계면활성제의 주 역할 2가지를 쓰시오.

[풀이]

계면활성제의 역할

① 중금속을 토양으로부터 분리하는 역할
　중금속으로 오염된 토양을 pH가 낮은 산성 용액을 이용하여 분리
② 표면장력을 약화시켜 용해시키는 역할
　토양입자 표면에 흡착되어 계면의 활성을 크게 함 → 표면장력 약화 → 안정한 상태로 용해

03 부피가 92cm³(V)인 플라스틱통을 이용하여 토양시료를 채취하였다. 현장에서 채취한 자연토양의 무게가 180.3g, 물속에서 완전히 포화시켜 측정한 토양 무게가 194.5g, 자연토양을 완전히 건조시켜 측정한 무게가 164.6g일 경우 다음을 구하시오. (단, 모든 실험은 20℃에서 수행하고 동일한 천칭을 사용하였음. 20℃에서 물의 밀도는 1g/cm³으로 가정)

① 공극률
② 자연상태에서의 무게기준 수분함량
③ 부피기준의 수분함량
④ 건조토양 단위용적 밀도
⑤ 토양입자 밀도

풀이

① 공극률(%) = $\dfrac{\text{포화된 수분부피}}{\text{부피}}$

포화된 수분부피 = $\dfrac{\text{포화수분 양}}{\text{수분밀도}}$ = $\dfrac{(194.5-164.6)\text{g}}{1\text{g/cm}^3}$ = 29.9cm³

② 자연상태에서의 무게기준 수분함량(%) = $\dfrac{\text{수분 무게}}{\text{건조토양 무게}} \times 100$

수분 무게 = (자연상태 토양 무게 − 건조토양 무게)
= 180.3g − 164.6g = 15.7g
= $\dfrac{15.7}{164.6} \times 100 = 9.54\%$

③ 부피기준 수분함량 = $\dfrac{\text{수분부피}}{\text{전체 부피}}$

수분부피 = $\dfrac{\text{수분 무게}}{\text{수분밀도}(1\text{g/cm}^3)}$ = $\dfrac{15.7\text{g}}{1\text{g/cm}^3}$ = 15.7cm³

= $\dfrac{15.7\text{cm}^3}{92.0\text{cm}^3} \times 100 = 17.1\%$

④ 건조토양 단위용적 밀도 = $\dfrac{\text{건조토양 질량}}{\text{전체 부피}}$ = $\dfrac{164.6\text{g}}{92.0\text{cm}^2}$ = 1.79g/cm³

⑤ 토양입자 밀도 = $\dfrac{\text{건조토양 무게}}{(\text{전체 부피} - \text{포화수분 부피})}$ = $\dfrac{164.6\text{g}}{(92.0-29.9)\text{cm}^3}$
= 2.65g/cm³

04 부지평가 결과 대수층의 투수량계수가 9m²/day이고 대수층 두께가 3m일 경우 수리전도도(m/day)는?(단, 기타 조건은 고려하지 않음)

> **풀이**
>
> $T = K \cdot b$
>
> $K = \dfrac{T}{b} = \dfrac{9\text{m}^2/\text{day}}{3\text{m}} = 3\text{m}/\text{day}$

05 토양시료 채취기 중 지중 토양의 교란되지 않은 시료를 채취할 수 있는 토양채취기 2가지를 쓰시오.

> **풀이**
>
> **지중토양 채취기(교란되지 않은 시료채취)**
> ① 박벽개방식 튜브
> ② 지오프로브 시스템

06 지하수가 오염되어 있는 피압대수층을 정화하기 위하여 대수층에 포함되어 있는 오염지하수를 한 개의 양수정을 이용하여 채수한 후, 화학적 처리법을 적용하려고 한다. 대수층의 수리전도도(K)가 15m/day, 두께(b)가 20m인 양수정으로부터 2,000m³/day의 속도로 채수하고 있다. 대수층의 저유계수(S)와 Theis 곡선을 이용하여 구한 우물함수($W(u)$; Well Function) 값이 8.0이었다면 양수 시작 1일 후 추출정으로부터 7m 떨어진 지점에서의 수두강하(m)는?

> **풀이**
>
> **Theis식(피압대수층)**
>
> $T = \dfrac{QW(u)}{4\pi s}$
>
> 여기서, T : 투수량계수(수리전도도×대수층 두께)
> Q : 양수량
> $W(u)$: 우물함수
> s : 수위강하
>
> $s = \dfrac{QW(u)}{T \times 4\pi} = \dfrac{2{,}000\text{m}^3/\text{day} \times 8.0}{(15\text{m}/\text{day} \times 20\text{m}) \times 4 \times 3.14} = 4.25\text{m}$

07 체분석에 의한 토양의 입도분포곡선의 통과백분율에 해당하는 입자직경이 D_{10}=0.0035mm, D_{20}=0.0075mm, D_{30}=0.045mm, D_{60}=0.15mm일 경우 곡률계수 및 균등계수는?

> **풀이**
>
> 곡률계수 $= \dfrac{(D_{30})^2}{D_{10} \times D_{60}} = \dfrac{0.045^2}{0.0035 \times 0.15} = 3.85$
>
> 균등계수 $= \dfrac{D_{60}}{D_{10}} = \dfrac{0.15}{0.0035} = 42.86$

08 지하 저장탱크로부터 유류 500L가 유출되었다. 불포화 토양층 내 유류의 농도가 3,000mg/kg으로 오염지역 내에 균일하게 분포하고 있다. 다음 조건을 이용하여 유출된 유류가 불포화 토양 및 지하수에 모두 분포하고 있는지 또는 토양에만 분포하고 있는지 판단하고 만일 지하수에도 유류가 존재하는 것으로 판단될 경우 그 농도(mg/L)를 예측하시오.

[조건]
- 오염된 불포화 토양의 부피(면적×길이) 100m³
- 토양밀도 1,600kg/m³
- 오염된 불포화 토양 아래 대수층의 부피 500m³
- 대수층의 공극률 0.5
- 유류밀도 960kg/m³

> **풀이**
>
> 토양층 내 유류의 양(L) $= \dfrac{3{,}000\text{mg/kg} \times 1{,}600\text{kg/m}^3 \times 100\text{m}^3}{960\text{kg/m}^3 \times 10^6 \text{mg/kg} \times \text{m}^3/1{,}000\text{L}}$
>
> $= 500\text{L}$
>
> ∴ 유출된 유류 500L가 모두 토양층 내에 존재하므로 토양만 오염되었음
>
> Note : 지하수 중에 존재하는 오염물질의 양을 계산할 경우에는 지하수가 토양공극 사이에 존재하기 때문에 공극률을 곱하여 계산하며, 토양 내에 있는 오염물질 양을 계산할 경우 공극률을 적용하지 않는다.

09 열처리를 이용한 오염토양 정화의 공정 개요별 정화기술명, 처리위치(In-situ, Ex-situ)를 쓰시오.

> **풀이**
>
> **열적 처리기술**
> ① 열탈착법(Ex-situ)
> ② 소각법(Ex-situ)
> ③ 유리화법(In-situ)
> ④ 열분해법(Ex-situ)

10 미생물에 의한 오염토양 처리 시 탄소원과 에너지원을 구분하여 쓰시오.

> **풀이**
>
> ① 종속영양미생물
>   ㉠ 화학합성 종속영양
>   ⓐ 탄소원 : 유기탄소
>   ⓑ 에너지원 : 유기물의 산화·환원반응
>   ㉡ 광합성 종속영양
>   ⓐ 탄소원 : 유기탄소
>   ⓑ 에너지원 : 빛
> ② 독립영양미생물
>   ㉠ 화학합성 자가영양
>   ⓐ 탄소원 : 이산화탄소(CO_2)
>   ⓑ 에너지원 : 무기물의 산화·환원반응
>   ㉡ 광합성 자가영양
>   ⓐ 탄소원 : 이산화탄소(CO_2)
>   ⓑ 에너지원 : 빛

11 바이오벤팅(Bioventing) 방법은 토양 내에서 중온조건 미생물의 분해에 의해 직접 처리된다. 최적의 환경조건 유지를 위한 pH 및 온도의 적절한 범위를 쓰시오.

> **풀이**
> ① pH : 6~8
> ② 온도 : 10~45℃

12 TCE로 오염된 지하수를 양수하여 폭기조 내에서 공기분산법으로 제거하는 경우, 폭기조의 부피가 500m³인 처리장에서 1일 3,000m³의 오염지하수가 유입된다면 폭기시간(hr)은?

> **풀이**
> $$폭기시간(hr) = \frac{V}{Q} = \frac{500 m^3}{3,000 m^3/day \times day/24hr} = 4hr$$

13 생물학적 처리의 기본이론 중 공동대사의 정의를 쓰시오.

> **풀이**
> 오염물질이 미생물의 탄소원이나 에너지원으로 이용되지 않으면서 미생물이 갖고 있는 효소에 의하여 다른 화합물질로 전환, 즉 2차 기질(Secondary Substrate)로서 분해되는 현상이다.(1차 기질 : 오염물질이 미생물의 탄소원이나 에너지원이 되는 기질)

14 C_6H_6의 호기성 생분해 반응식을 쓰시오.

> **풀이**
> $$C_6H_6 + \left(6 + \frac{6}{4}\right)O_2 \rightarrow 6CO_2 + \left(\frac{6}{2}\right)H_2O$$
> $$C_6H_6 + 7.5O_2 \rightarrow 6CO_2 + 3H_2O$$

15 식물복원기술의 적용 제약조건 3가지를 쓰시오.

> **풀이**
> **식물복원기술 적용 제약조건(3가지만 기술)**
> ① 지하수, 수변, 낮은 깊이의 토양에 한정적으로 적용한다.
> ② 고농도 유기물질의 유해 독성으로 인하여 제어에 한계가 있다.
> ③ 물질 전달 반응에 한계가 있다.
> ④ 물리 · 화학적 공정에 비하여 상대적으로 처리속도가 늦다.
> ⑤ 분해생성물의 유해독성 여부 및 생분해도의 규명이 부정확하다.

16 LNAPL의 대표적 오염물질 4가지를 쓰시오.

> **풀이**
> **LNAPL 오염물질**
> ① BTEX(벤젠, 톨루엔, 에틸벤젠, 크실렌)
> ② 원유, 휘발유, 디젤유
> ③ 헵탄, 헥산
> ④ 이소프로필알코올

17 토양오염복원기술의 중요한 선정기준 3가지를 쓰시오.

> **풀이**
> **토양오염복원기술의 주요 선정기준(3가지만 기술)**
> ① 오염부지의 특성 검토
>   • 현장 내 처리방법(On-site) : In-situ, Ex-situ
>   • 현장 외 처리방법(Off-site)
> ② 오염물질의 특성
>   오염물질의 화학적 구조, 농도 및 독성, 증기압, 끓는점, 헨리상수 등
> ③ 복원기준 및 복원기간
> ④ 경제성

18 폐광산 산성 광산폐수 처리기술 중 SAPS의 A, B층 충전물질의 역할을 기술하시오.

> **풀이**
>
> ① SAPS의 A층 충전물질의 역할
>   유기물로 황산염환원균이 황산염을 황화물로 침전시켜 금속이 황화물로 침전되도록 유도하는 역할
> ② SAPS의 B층 충전물질의 역할
>   석회로 산성 광산폐수의 pH를 증가시켜 중금속을 제거하는 역할

19 오염토양의 생물학적 복원기술의 장점을 3가지 쓰시오.

> **풀이**
>
> **생물학적 복원기술 장점(3가지만 기술)**
> ① 많은 에너지가 필요하지 않음(자연조건을 이용하기 때문)
> ② 2차 오염이 적음(약품을 사용하지 않기 때문)
> ③ 원위치에서 오염 정화가 가능함
> ④ 타처리방법에 비해 처리비용이 적게 소요됨
> ⑤ 저농도의 오염 및 광범위 분포 시에도 적용 가능

20 토양경작법에서 오염물질 분해율을 최적화하기 위한 토양특성인자 4가지를 쓰시오.

> **풀이**
>
> **토양특성조절인자(4가지만 기술)**
> ① 수분함유량
> ② 산소함유량
> ③ 영양분(N, S)
> ④ pH
> ⑤ 토양 부피

21 토양증기추출시스템의 구성장치 4가지를 쓰시오.(단, 추출정 및 공기유입정 제외)

> **풀이**
>
> **구성장치**
> ① 저투수성 덮개
> ② 기액분리기
> ③ 진공장치(송풍기 및 진공펌프)
> ④ 배기가스 처리장치

2016년 4회 복원기출문제

01 토양수분의 물리학적 분류 3가지를 쓰시오.

> **풀이**
>
> **토양수분의 물리학적 분류(3가지만 기술)**
> ① 결합수　　　　　② 흡습수
> ③ 모세관수　　　　④ 중력수(자유수)

02 토양세척법의 공정순서를 기술하고 간단히 설명하시오.

> **풀이**
>
> **토양세척법 공정순서**
> ① 전처리
> 　오염토양을 주 세척장치에 투입하기 전에 분쇄, 분리, 선별, 혼합 등의 과정으로 불순물 및 큰 고형물 제거, 함수율 조절, 금속물질 제거, 토양입도를 균등히 하여 토양세척에 적합한 토양조건으로 하는 공정
> ② 분리(토사입자 분리)
> 　굵은 입자와 미세입자를 $63 \sim 74 \mu m$ 사이를 기준으로 보다 더 정밀한 토양분리를 실시하는 공정
> ③ 굵은 토양 처리(조립자 처리)
> 　입경 $63 \sim 74 \mu m$ 이상에 해당하는 굵은 토양은 표면세척, 산 염기 용제추출에 의해 표면에 흡착된 오염물질을 제거하는 공정
> ④ 미세 토양 처리(세립자 처리)
> 　입경 $63 \sim 74 \mu m$ 이하에 해당하는 미세토양은 표면세척에 의한 오염물질 제거에 한계가 있어 다른 처리공정으로 보내기 위해 분립·수집하는 공정
> ⑤ 세척수 처리(오염수 처리)
> 　배출오염 세척수는 기존의 폐수처리시설에서 토양 세척도에 영향을 미치지 않는 정도로 정화처리하여 재순환시키는 공정
> ⑥ 처리 잔류물 관리(최종처리방법)
> 　최종적으로 미처리된 잔류미세토양은 매립, 소각, 열분해, 화학적 처리(추출), 생물학적 처리, 고정화·안정화 등의 방법으로 최종 처분하는 공정

03 자연저감법(Natural Attenuation)의 오염물질 감소 메커니즘 4가지를 쓰시오.

> **풀이**
> ① 희석
> ② 생분해
> ③ 휘발
> ④ 흡착
> ⑤ 지중물질과 화학반응

04 토양오염원 분류에서 비점오염원의 종류 5가지를 쓰시오.

> **풀이**
> **비점오염원의 종류(5가지만 기술)**
> ① 산성비
> ② 농약 및 화학비료
> ③ 도로제설제
> ④ 도로노면 배수
> ⑤ 쓰레기에서 유발된 질산성 질소
> ⑥ 휴·폐광산으로부터 유출되는 중금속
> ⑦ 방사성 물질

05 물에 의한 토양침식의 진행 3단계를 쓰시오.

> **풀이**
> **물에 의한 침식 진행 3단계**
> ① 면상침식
> ② 세류침식
> ③ 협곡침식

06 토양오염에 대한 건강위해성 평가과정을 4단계로 쓰시오.

> **풀이**
>
> **토양오염에 대한 건강위해성 평가과정 4단계**
> ① 1단계 : 유해성 인식(Hazard Identification)
> ② 2단계 : 노출평가(Exposure Assessment)
> ③ 3단계 : 독성평가(Toxicity Assessment)
> ④ 4단계 : 위해의 특성화(위해도 결정, Risk Characterization)

07 유기독성물질을 미생물반응에 의해 분해하는 생분해반응 3가지를 쓰시오.

> **풀이**
>
> **유기독성물질의 미생물반응(3가지만 기술)**
> ① 가수분해반응　　　　② 탈염소반응
> ③ 분할　　　　　　　　④ 산화반응
> ⑤ 환원반응　　　　　　⑥ 탈수소할로겐화 반응

08 오염토양의 처리장소 위치에 따른 구분, In-situ 및 Ex-situ 처리방법을 각각 4가지씩 쓰시오.

> **풀이**
>
> **(1) 원위치 처리방법(In-situ)**
> 　① 토양증기추출법
> 　② 생물학적 분해법
> 　③ 바이오벤팅법
> 　④ 동전기정화법
>
> **(2) 탈위치 처리방법(Ex-situ)**
> 　① 퇴비화법
> 　② 토양경작법
> 　③ 토양세척법
> 　④ 열탈착법

09 열탈착 기술에 사용되는 장치의 종류 4가지를 쓰시오.

> **풀이**
>
> **열탈착 기술에 사용되는 장치(4가지만 기술)**
> ① 로터리 탈착장치
> ② 열스크류 장치
> ③ 유동상 탈착장치
> ④ 마이크로파 탈착장치
> ⑤ 스팀 주입 탈착장치

10 토양경작법과 바이오파일 방법의 공통점과 차이점을 쓰시오.

> **풀이**
>
> (1) 공통점
>   굴착된 오염토양에 공기를 주입하여 미생물의 활성을 증대시킴으로써 처리효율을 증가시킨다(호기성 상태 유지). 즉, 오염물질 제거기작이 동일하다.
> (2) 차이점
>   공기주입방식에 차이가 있다. 즉, 바이오파일(Biopile)은 파일(Pile) 더미까지 통하는 관을 이용하여 강제적으로 공기를 주입하거나 추출하며, 토양경작법(Landfarming)은 토양을 경작(Plowing)하거나 이랑을 만들어 공기를 통기시킴으로써 공기를 주입한다. 즉, 시스템 구성에 있어서 차이는 토양높이, 공기접촉방식에 있다.

11 요오드화칼륨용액 20W/V%를 조제하는 방법을 쓰시오.

> **풀이**
>
> W/V%는 용액 100mL 중 성분 무게(g)를 의미하므로 요오드화칼륨 20g을 정제수로 용해하여 용액 100mL로 조제한다.

12 화학적 산화·환원법의 장단점을 2가지씩 쓰시오.

> **풀이**
> (1) 장점
>   ① 오염물질은 지중(In-Situ, 원위치)에서 처리 가능하고 오염물질의 분해가 빠르다.
>   ② 자연정화기법(Natural Attenuation)과 병행처리가 가능하며, 잔류 탄화수소류에 대한 호기성 및 혐기성 생분해를 도모할 수 있다.
> (2) 단점
>   ① 초기비용이 타 방법보다 상대적으로 높은 저투수성 토양에서는 산화제와 오염물질 간의 접촉과 분해가 느리다.
>   ② 용존오염물질의 농도는 기술 적용 후 수 일(수 개월) 후 다시 증가될 수 있다.

13 대수층의 두께가 10.5m, 우물 반지름이 0.1m, 양수량이 50L/min, 양수정 지하수위는 2.5m이다. 영향반경 30m 거리에서 측정한 지하수위가 1.2m일 때 이 자유수면 대수층의 수리전도도(cm/sec)를 구하시오. (단, 피압대수층으로 가정하고 소수점 4째 자리까지 답하시오.)

> **풀이**
> 피압대수층의 투수계수(K)
>
> $$K = \frac{2.3 Q \log \frac{r_2}{r_1}}{2\pi b (h_2 - h_1)}$$
>
> 여기서, K : 수리전도도
> Q : 양수량
> b : 대수층 두께
> r_2 : 영향반경(양수정 2)
> r_1 : 우물반경(양수정 1)
> h_2 : 양수정 수위
> h_1 : 측정 수위
>
> $$= \frac{2.3 \times 50 L/min \times \log \frac{30}{0.1} \times m^3/1{,}000L}{2 \times 3.14 \times 10.5m \times (9.3 - 8)m}$$
>
> $[10.5 - 1.2 = 9.3,\ 10.5 - 2.5 = 8]$
>
> $= 0.0033232 m/min \times min/60sec \times 100cm/m$
> $= 0.00554 cm/sec$

14 토양 내 오염물질(TPH)이 8,000ppm 있다. 이 오염물질이 2,000ppm으로 되는데 걸리는 시간(day)은?(단, 1차 반응속도상수는 $0.022 day^{-1}$)

> **풀이**
>
> $$\ln \frac{C}{C_0} = -kt$$
>
> $$\ln \frac{2,000}{8,000} = -0.022 day^{-1} \times t$$
>
> $$t = -\frac{\ln \frac{2,000}{8,000}}{0.022 day^{-1}} = 63.01 day$$

15 벤젠 20kg으로 오염된 토양을 원위치 생물학적 복원기술에 의해 정화하고자 한다. 다음의 조건에 의해 벤젠이 완전분해되는 데 필요한 산소를 과산화수소로 공급하고자 할 때 필요한 과산화수소의 양(kg)은?

> **풀이**
>
> 호기성 생분해 반응식
>
> $C_6H_6 + 7.5O_2 \rightarrow 6CO_2 + 3H_2O$
>
> $78kg : (7.5 \times 32)kg$
>
> $20kg : O_2(kg)$
>
> $$O_2(kg) = \frac{20kg \times 240kg}{78kg} = 61.54kg$$
>
> 과산화수소의 양
>
> $2H_2O_2 \rightarrow 2H_2O + O_2$
>
> $68kg : 32kg$
>
> $2H_2O_2(kg) : 61.54kg$
>
> $$2H_2O_2(kg) = \frac{68kg \times 61.54kg}{32kg} = 130.77kg$$

16 오염된 지역 조사에서 용존산소(DO)의 배경농도는 6mg/L이고, 벤젠으로 오염된 지역의 용존산소는 0.5mg/L일 경우 호기성 생분해 과정을 통해 벤젠을 생분해하는 데 필요한 이론산소양(mg/L)을 구하시오.

> **풀이**
>
> $C_6H_6 \;\; + \;\; 7.5O_2 \;\; \rightarrow \;\; 6CO_2 + 3H_2O$
>
> $78g \;\;\;\;\;\; : \;\; (7.5 \times 32)g$
>
> $5.5mg/L \;\; : \;\; O_0(mg/L)$
>
> $O_0(\text{이론산소량, mg/L}) = \dfrac{5.5mg/L \times (7.5 \times 32)g}{78g}$
>
> $\qquad\qquad\qquad\qquad\quad = 16.92mg/L$

17 200ppmv의 톨루엔으로 오염된 토양가스를 활성탄 흡착처리 후 배출하고 있다. 배출유량이 3m³/min이고, 배출가스 온도가 25℃일 때 24시간 동안 제거되는 톨루엔의 총량(kg)을 구하시오. (단, 톨루엔 MW=92)

> **풀이**
>
> 제거톨루엔 총량(kg) $= 3m^3/min \times 200mL/m^3 \times 1{,}440min$
>
> $\qquad\qquad\qquad\qquad\quad \times \dfrac{92g \times kg/1{,}000g}{22.4L \times 1{,}000mL/L} \times \dfrac{273}{273+25}$
>
> $\qquad\qquad\qquad\quad = 3.25kg$

18 오염물질이 수리전도도가 0.5×10^{-7}cm/sec인 토양층에서 0.8m 깊이에 도달하는 시간(year)은?

> **풀이**
>
> 시간(year)
>
> $= \dfrac{\text{거리}}{\text{수리전도도}} = \dfrac{0.8m \times 100cm/m}{0.5 \times 10^{-7}cm/sec \times 86{,}400sec/day \times 365day/year}$
>
> $= 50.74year$

19 투기된 매립지로부터 지하수로 침출수가 흘러들어 이동하고 있다. 매립지의 침출수 위가 12m이고 이로부터 300m 떨어진 하천의 평시수위는 1m라고 할 때 침출수가 유출된 직후 하천에 도달하는 데 걸리는 기간(월)은 얼마인가?(단, 이동구간의 투수 계수 1×10^{-3}cm/sec, 흙의 공극률 0.34, 한 달은 30일 기준)

풀이

$$\overline{V} = \frac{k}{\eta_e}\left(\frac{dh}{dL}\right)$$

$$= \frac{1 \times 10^{-3} \text{cm/sec}}{0.34} \times \frac{(12-1)\text{m}}{300\text{m}} \times \frac{1\text{m}}{100\text{cm}} \times 86,400 \sec/\text{day}$$

$$= 9.317 \times 10^{-2} \text{m/day}$$

$$\text{기간(월)} = \frac{\text{거리}}{\text{속도}} = \frac{300\text{m}}{9.317 \times 10^{-2} \text{m/day} \times 30\text{day}/1\text{month}}$$

$$= 107.33(108개월)$$

20 자일렌 100mg/L의 농도로 오염된 지하수 6,000m³을 처리하기 위해 필요한 활성탄의 양(ton)은?(단, 자일렌에 대한 활성탄의 흡착은 0.0789g-xylenes/g-carbon)

풀이

활성탄의 양(ton) = $100\text{mg/L} \times 6,000\text{m}^3 \times 1,000\text{L/m}^3 \times 1\text{g}/1,000\text{mg}$
$\times 1\text{ton}/10^6\text{g} \times \text{g-carbon}/0.0789\text{g-xylenes}$
= 7.6ton

2017년 1회 복원기출문제

01 식물정화법의 주요제거기작 3가지를 쓰시오.

> **풀이**
> ① 식물에 의한 추출
> ② 식물에 의한 분해
> ③ 식물에 의한 안정화

02 내재투수계수가 1.3darcy일 때, 물 온도 25℃의 수리전도도(cm/sec)를 구하시오. (단, 소수 6자리에서 반올림, $g = 980\,cm/sec^2$, 25℃에서 물의 점도 0.00890poise, 25℃에서 물의 밀도 $1g/cm^3$)

> **풀이**
> 수리전도도(K)
> $$K = K_i\left(\frac{\gamma}{\mu}\right) = K_i\left(\frac{\rho g}{\mu}\right)$$
> K_i(고유투수계수), $1darcy = 9.87 \times 10^{-9} cm^2$ 이므로
> $K_i = 9.87 \times 10^{-9} \times 1.3\,cm^2$
> $\rho = 1g/cm^3$
> $g = 980\,cm/sec^2$
> $\mu = 0.00890\,poise = 0.0089\,g/cm \cdot sec$
> $$= \frac{9.87 \times 10^{-9} \times 1.3\,cm^2 \times 980\,cm/sec^2 \times 1g/cm^3}{0.0089\,g/cm \cdot sec}$$
> $= 0.00141\,cm/sec$

03 토양 중 수분함량을 계산하는 식을 설명하시오.(단, W_1 : 건조증발접시의 무게, W_2 : 시료와 증발접시의 무게, W_3 : 건조된 시료와 증발접시의 무게)

> **풀이**
> $$수분(\%) = \frac{(W_2 - W_3)}{(W_2 - W_1)} \times 100$$

04 토양의 공극률이 0.4이고 토양입자밀도가 2.6g/cm³일 경우 용적밀도(g/cm³)를 구하시오.

> **풀이**
> $$공극률 = 1 - \left(\frac{토양용적밀도}{토양입자밀도}\right)$$
> $$0.4 = 1 - \left(\frac{토양용적밀도}{2.6}\right)$$
> 토양용적밀도 $= 1.56\text{g/cm}^3$

05 대수층 흡착에 의한 지연이 일어나지 않는 경우 지하수 흐름에 의한 오염운이 100m 진행하는 데 1년이 걸렸다. 대수층의 공극률이 0.3, 흡착계수가 0.2mL/g이고, 대수층 평균전체밀도가 1.8g/cm³인 경우, 선형흡착모델로부터 구해지는 지연계수를 이용하여, 대수층 흡착에 의한 지연에 의해 오염운이 100m 진행하는 데 걸리는 시간(year)을 계산하시오.

> **풀이**
> $$이동속도 = \frac{지하수\ 이동속도}{\left(\frac{용적밀도}{공극률} \times 분배계수\right) + 1}$$
> 지하수 이동속도 $= 100\text{m/year}$
> 용적밀도 $= 1.8\text{g/cm}^3$
> 공극률 $= 0.3$
> 흡착계수 $= 0.2\text{mL/g}$
> $$= \frac{100\text{m/year}}{\left(\frac{1.8\text{g/cm}^3}{0.3} \times 0.2\text{mL/g}\right) + 1} = 45.45\text{m/year}$$
> $$시간 = \frac{거리}{속도} = \frac{100\text{m}}{45.45\text{m/year}} = 2.20\text{year}$$

06 불포화토양 내 오염운에서부터 지하수오염운까지 생분해 반응을 순서대로 나열하시오.

> **풀이**
> 오염원으로부터 멀어질수록 메탄생성반응, 황산염환원, 철(3가)환원, 탈질소화, 호기성 산화가 진행된다.

07 토양증기추출기술의 설계인자 5가지를 쓰시오.

> **풀이**
> ① 대상오염물질의 종류 ② 증기압
> ③ 헨리상수 ④ 물에 대한 용해도
> ⑤ 토양 내 농도

08 토양세척방법의 장점 3가지를 쓰시오.

> **풀이**
> ① 외부환경의 조건 변화에 대한 영향이 적고 자체적인 조건 조절이 가능한 폐쇄형 공정이다.
> ② 부지 내에서 유해오염물의 이송 없이 바로 처리 가능하다.
> ③ 적용 가능한 오염물질 종류의 범위가 넓다. 또한 무기물과 유기물을 동시에 처리할 수 있다.

09 토양 내 물의 이동을 결정짓는 에너지는 수두식($h = z \pm \psi$)으로 표현된다. 상기 수두식이 불포화토양층, 지하수면, 포화토양층에 적용될 때 어떻게 표현되는지 쓰시오. (단, h = 수리수두, z = 위치수두, ψ = 압력수두)

> **풀이**
> ① 불포화토양층(대기압보다 낮은 $-$압력수두가 작용) : $h = z - \psi$
> ② 지하수면(압력수두가 존재하지 않음) : $h = z$
> ③ 포화토양층(지하수의 존재로 인해 $+$압력수두가 작용) : $h = z + \psi$

10 1 : 1형 점토광물 및 2 : 1형 점토광물의 종류를 각각 2가지씩 쓰시오.

> **풀이**
> (1) 1 : 1형 점토광물
>   ① 할로이사이트
>   ② 카올리나이트
>
> (2) 2 : 1형 점토광물
>   ① 몬모릴로라이트
>   ② 일라이트

11 옥탄(C_8H_{18}, 분자량 114)을 생물학적으로 완전분해한다. 산소주입량이 3.0 $moleO_2$/day일 경우 생물학적 분해속도(g오염물질/day)를 구하시오.

> **풀이**
> C_8H_{18} + 12.5O_2 → 8CO_2 + 9H_2O
> 114g : 12.5×32g
> 분해속도(g/day) : 96g/day
> 분해속도(g/day) = $\dfrac{114g \times 96g/day}{12.5 \times 32g}$ = 27.36g/day

12 휘발성 유기화합물(VOCs)을 원위치(In-situ)로 처리하고자 한다. 다음에서 처리효율이 가장 높은 것과 낮은 것을 1가지씩 고르시오.

> 고형화/안정화기술, 토양증기추출법, 공기분사법, 토양세척법, 토양세정법, 토양경작법

> **풀이**
> ① 처리효율이 가장 높은 것
>   토양증기추출법
> ② 처리효율이 가장 낮은 것
>   고형화/안정화기술

13 미국 농무성이 제시한 토양의 형태학적 분류체계(6단계)를 큰 것부터 순서대로 쓰시오.

> **풀이**
> ① 목(Order)　　　　　　　　② 아목(Sub-Order)
> ③ 대군(대토양군, Great Group)　④ 아군(아토양군, Sub-Group)
> ⑤ 과(계, Family)　　　　　　⑥ 통(Series)

14 500L의 유류가 토양으로 유출되었다. 불포화토양 내 유류가 균일하게 존재하는 것으로 가정할 경우, 토양 내 유류의 농도(mg/kg)를 구하시오. (단, 오염된 토양부피= 100m³, 토양밀도=1,600kg/m³, 유류밀도=960kg/m³, 토양 내 유류의 양은 불변, 건조토양으로 가정함)

> **풀이**
> $$\text{토양 내 유류의 농도(mg/kg)} = \frac{500\text{L} \times 960\text{kg/m}^3 \times \text{m}^3/1{,}000\text{L} \times 10^6 \text{mg/kg}}{100\text{m}^3 \times 1{,}600\text{kg/m}^3}$$
> $$= 3{,}000\text{mg/kg}$$

15 오염물질의 용해도를 증대시키기 위하여 첨가제를 함유한 물, 순수한 물 등을 원위치 처리방법으로 토양층에 주입하여 침출처리하는 방법을 쓰시오.

> **풀이**
> 토양세정방법

16 폐광산 주변농경지 토양이 Zn, Pb로 오염되어 있다. 토양객토법 적용 시 석회를 첨가하는 이유를 쓰시오.

> **풀이**
> 석회로 산성광산배수의 pH를 증가시켜 중금속을 제거하는 역할, 즉 SAPS의 B층 역할을 한다.

17 CEC 정의(단위 포함)를 설명하시오.

> **풀이**
> 양이온 교환용량(CEC)은 일정량의 토양교질이 보유할 수 있는 교환성 양이온의 총량을 말하며 토양이나 교질물 100g이 갖고 있는 치환성 양이온 총량을 mg당량(meq)으로 나타낸다.[단위는 meq/100g 또는 Centi mol/kg(cmol/kg)]

18 PCE 오염대수층의 토양 내 유기탄소 함량 0.5%, 지하수 내 PCE농도 400ppb, 유기탄소분배계수(K_{oc})가 300mL/g일 경우 대수층 토양의 PCE 흡착농도(mg/kg)를 구하시오. (단, $K_{oc} = \dfrac{K_p}{f_{oc}}$, K_{oc} =유기탄소분배계수, K_p =토양/지하수분배계수, f_{oc} =토양 내 유기물질 함량)

> **풀이**
> K_p = 토양/지하수 분배계수 $\left(\text{흡착계수} = \dfrac{\text{토양 내 오염물질농도}}{\text{지하수 내 오염물질농도}}\right)$
>
> $K_{oc} = 300\text{mL/g}$
>
> $f_{oc} = 0.5\% \, (0.005)$
>
> 지하수 내 PCE 농도 $= 400\text{ppb} \times \text{ppm}/10^3 \text{ppb} = 0.4\text{mg/L}$
>
> $K_p = f_{oc} \times K_{oc}$
>
> $\dfrac{\text{토양 내 PCE 농도}(\text{mg/kg})}{0.4\text{mg/L}} = 0.005 \times 300\text{mL/g}$
>
> 토양 내 PCE 농도(mg/kg) $= 0.005 \times 300\text{mL/g} \times 0.4\text{mg/L}$
> $\times \text{L}/1{,}000\text{mL} \times 1{,}000\text{g/kg}$
> $= 0.6\text{mg/kg}$

2017년 2회 복원기출문제

01 식물정화법에 의한 오염물질 제거 메커니즘 3가지를 쓰시오.

> 풀이
> ① 식물에 의한 추출
> ② 식물에 의한 분해
> ③ 식물에 의한 안정화

02 토양세척법의 처리공정 순서를 쓰시오.

> 풀이
> **처리공정 순서**
> 토양세척공정의 구성은 파쇄기, 선별기, 분리장치, 혼합 및 추출장치, 세척액 처리장치, 대기오염 방지장치, 미세토양의 2차 처리장치 등이다.
>
>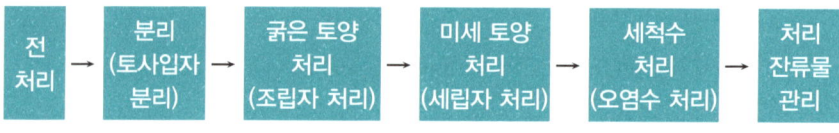
> 전처리 → 분리(토사입자 분리) → 굵은 토양 처리(조립자 처리) → 미세 토양 처리(세립자 처리) → 세척수 처리(오염수 처리) → 처리 잔류물 관리

03 부지평가 결과, 대수층의 투수량계수가 20m²/day이고 수리전도도가 1m/day일 경우 대수층의 두께(m)를 구하시오. (기타 조건은 고려하지 않음)

> 풀이
> $T = k \times b$
> $b = \dfrac{T}{k} = \dfrac{20\text{m}^2/\text{day}}{1\text{m}/\text{day}} = 20\text{m}$

04 열탈착의 영향인자 3가지를 쓰시오.

> **풀이**
> ① 탈착속도　　② 온도　　③ 체류시간
> ④ 공극　　⑤ 유기물 함량　　⑥ 수분(가소성)
> ※ 위의 내용 중 3가지만 기술

05 비소로 오염된 토양을 다음 그림과 같이 습식 사이클론을 이용하여 세척할 경우 1) 미세사 슬러리의 고형물 농도(g/L)와 2) 미세사 내 농축된 비소농도(mg/건조중량 kg)를 예측하시오.

⟨조건⟩ 체분석 결과 74μm 이하 중량비 = 30%
　　　오염토양 내 비소 농도 = 100mg/kg
　　　체분석 결과 비소는 74μm 이하 미세사에만 존재
　　　습식사이클론의 미세사 분리효율 = 100%

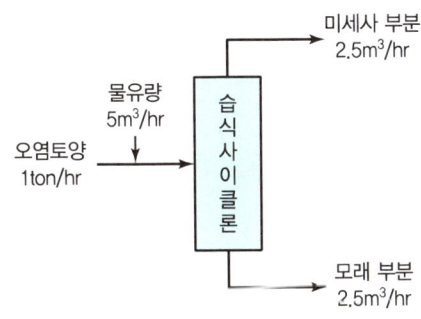

> **풀이**
> 1) 미세사 부분 중량 = 1ton/hr × 0.3 = 0.3ton/hr = 300,000g/hr
>   미세사 부분 액상 부피 = 2.5m³/hr = 2,500Liter/hr
>   미세사 슬러리 고형물 농도 = $\dfrac{300,000\text{g}}{2,500\text{L}}$ = 120g/L
>
> 2) 주입된 비소량 = 100mg/kg × 1,000kg/hr = 100,000mg/hr
>   미세사 부분 중량 = 300kg/hr
>   미세사 내 비소농도 = $\dfrac{100,000\text{mg/hr}}{300\text{kg/hr}}$ = 333.33mg/kg

06 TPH로 오염된 토양 1,000m³을 수거하여 오염도를 조사하였더니 오염농도가 5,000mg/kg이었다. 이 토양의 처리 시 투입해야 하는 황산암모늄[$(NH_4)_2SO_4$]의 양(kg)을 구하시오.(단, 미생물 활성을 위한 영양비는 C : N : P=100 : 10 : 1, 토양밀도 1.7g/cm³, 토양 중 질소 0, 유안분자량 132)

> **풀이**
>
> TPH 양(kg) = 5,000mg/kg × 1,000m³ × 1,700kg/m³ × kg/10⁶mg
> = 8,500kg
>
> C(TPH) : N ⇒ 100 : 10 = 8,500kg : N
>
> $$N = \frac{10 \times 8,500}{100} = 850kg$$
>
> 반응식
> $(NH_4)_2SO_4 \rightarrow N_2$
> 132g : 28g
> $(NH_4)_2SO_4$ (kg) : 850kg
>
> $$(NH_4)SO_4 (kg) = \frac{132g \times 850kg}{28g}$$
> = 4,007.14kg

07 인위적 중금속 오염원 4가지를 쓰고, 정화방법과 원리를 설명하시오.

> **풀이**
>
> (1) 인위적 중금속 오염원
>   ① 공장배기가스   ② 폐광산
>   ③ 제련슬러그   ④ 산업폐기물
>
> (2) 정화방법 및 원리
>   ① 석회질 투여 : 토양의 pH를 높여 중금속(Cu, Cd, Zn, Mn, Fe 등)을 수산화물로 침전시킴
>   ② 인산비료 투여 : 중금속(Cr, Pb, Zn, Cd, Fe, Mn)과 반응시켜 난용성의 인산염을 생성함으로써 중금속을 불용화시킴
>   ③ 토양환원 촉진 : 토양이 환원상태로 되면 Cd 등은 H_2S와 반응하여 난용성의 황화물을 형성함으로써 불용화시킴
>   ④ 식물을 이용한 제거 : 토양 중 중금속을 특이적으로 흡수·농축하는 식물을 이용하여 제거함(양치식물은 카드뮴, 해바라기는 납)
>   ⑤ 객토 : 오염된 토양을 깎아내고 그 위에 객토함

08 오염토양의 생물학적 복원기술의 장단점을 각각 3가지씩 쓰시오.

> **풀이**
>
> **생물학적 복원방법의 장단점(각 3가지만 기술)**
>
> (1) 장점
> ① 많은 에너지가 필요하지 않음(자연조건을 이용하기 때문)
> ② 2차 오염이 적음(약품을 사용하지 않기 때문)
> ③ 원위치에서 오염정화가 가능함
> ④ 타 처리방법에 비해 처리비용이 적게 소요됨
> ⑤ 저농도의 오염 및 광범위 분포 시에도 적용 가능
>
> (2) 단점
> ① 복원시간이 길게 소요됨
> ② 오염물질이 다양한 경우 신기술 개발이 요구됨
> ③ 생분해 가능한 물질에만 적용함
> ④ 유해한 중간물질이 발생할 수 있음

09 DNAPL(고밀도 비수용성 액체)의 거동특성 2가지를 쓰시오.

> **풀이**
>
> **DNAPL의 거동 특성(2가지만 기술)**
> ① DNAPL은 물보다 무거워서 지하수면을 통과함
> ② DNAPL은 수직이동 중 일부는 용존되고 토양 공극 사이에 잔유물을 약 1~40% 남김
> ③ 대수층 바닥에 도달 시 DNAPL은 지하수 이동방향과 관계없이 기반암의 기울기에 따라 이동방향이 결정됨

10 다음 조건에서 수리전도도(m/day)를 Darcy's 법칙을 이용하여 구하시오.

> 대수층 공극률 : 0.42
> 수리구배 : 0.01
> 30m 이동 시 소요 일수 : 50일

풀이

$$\overline{V} = \frac{K}{\eta_e}\left(\frac{dh}{dL}\right)$$

$$\frac{30\text{m}}{50\text{day}} = \frac{K}{0.42} \times 0.01$$

$$K = 25.2\text{m/day}$$

11 수분을 함유한 TPH 시험용 시료에서 TPH가 2,800mg/kg 검출되었다. 본 시료가 20%의 수분을 함유하고 있을 경우 수분을 제외한 시료의 TPH 함량(mg/kg)을 구하시오.

풀이

$$\text{TPH}(\text{mg/kg}) = 2,800\text{mg/kg} \times \frac{100}{100-20}$$
$$= 3,500\text{mg/kg}$$

12 On-site 및 Off-site의 장단점을 각각 1가지씩 쓰시오.

풀이

(1) On-site(현장 내 처리방법)
 ① 장점 : 처리비용이 적게 든다.
 ② 단점 : 처리효율에 대한 확신을 갖기 어렵다.
(2) Off-site(현장 외 처리방법)
 ① 장점 : 공학적으로 설계된 처리시설에서 최적조건하의 처리가 가능하다.
 ② 단점 : 처리비용이 많이 소요된다.

13 오염토양의 처리기술에 따른 구분 중 원위치 물리·화학적 처리방법 3가지를 쓰고 그 원리를 설명하시오.

> **풀이**
>
> ① 토양증기추출법
> 토양증기추출법(SVE ; Soil Vapor Extraction)은 불포화 대수층 위에 추출정을 설치하여 강제진공흡입으로 토양을 진공상태로 만들어 줌으로써 토양으로부터 휘발성·준휘발성 오염물질을 제거하는 기술이다.
>
> ② 동전기정화법
> 지층 속에 전극을 설치하고 전류를 가하여 지층의 물리·화학적 및 수리학적 변화를 유도한 후 전도현상을 일으켜 오염물질을 이동시켜 추출·제거하는 기술이다.
>
> ③ 공기분사법
> 오염된 지하수를 정화하기 위해 포화대(포화대수층) 내에 공기를 강제 주입하여 지하수를 폭기시킴으로써 휘발성 유기화합물(VOC)을 휘발시켜 제거하는 원위치 기술이다.

14 비소 13mg/kg인 오염토양지역(2m×2m)에 1m/day의 강우가 내릴 경우, 이 지역에 1일 동안 침출수에 용해되어 유출되는 비소의 양(mg/day)을 구하시오. (비소분배계수는 1,300L/kg)

> **풀이**
>
> 유출비소의 양(mg/kg) = $\dfrac{13\text{mg/kg}}{1,300\text{L/kg} \times \text{m}^3/1,000\text{L}}$
>
> $= 10\text{mg/m}^3 \times 4\text{m}^2 \times 1\text{m/day}$
>
> $= 40\text{mg/day}$

15 디젤유 탱크의 균열로 디젤유 유출이 발생되어 토양 및 지하수가 오염되었다. 토양 디젤유 농도가 2,000mg/kg, 지하수 내 디젤의 농도가 10mg/L이고 디젤유가 토양 및 지하수 내 균일하게 오염되어 있다는 가정과 다음 조건에 따라 유출된 경우의 양(L)을 구하시오.

> 오염토양 부피 : 300m³
> 오염지하수층 부피 : 1,200m³
> 토양의 밀도 : 1,600kg/m³
> 디젤유의 밀도 : 850kg/m³
> 지하수층 공극률 : 0.4

풀이

총 유출된 경유의 양(L) = 토양 내 유출된 경유 + 지하수 내 유출된 경유

$$\text{토양 내 유출된 경유(L)} = \frac{300\text{m}^3 \times 2,000\text{mg/kg} \times 1,600\text{kg/m}^3}{850\text{kg/m}^3 \times 10^6 \text{mg/kg} \times \text{m}^3/1,000\text{L}}$$

$$= 1129.41\text{L}$$

$$\text{지하수 내 유출된 경유(L)} = \frac{1,200\text{m}^3 \times 10\text{mg/L} \times 0.4 \times 1,000\text{L/m}^3}{850\text{kg/m}^3 \times 10^6 \text{mg/kg} \times \text{m}^3/1,000\text{L}}$$

$$= 5.65\text{L}$$

$$= 1,129.41 + 5.65 = 1,135.06\text{L}$$

16 지화학적 인자 값이 배경값보다 낮아지는 생분해 지표 3가지를 쓰시오.

풀이

① 산소(Oxygen)
② 질산염(Nitrate)
③ 황산염(Sulfate)
④ 산화환원포텐셜(Reduction Oxidation Potential)
※ 위의 내용 중 3가지만 기술

17 수직차단벽의 종류 6가지를 쓰시오.

> **풀이**
>
> **수직차단벽의 종류**
> ① 슬러리 월(Slurry Walls)
> ② 그라우트 커튼(Grout Curtains)
> ③ 진동빔차단벽(Vibrating Beam Cut Off Walls)
> ④ 스틸시트 파일링(Steel Sheet Piling)
> ⑤ 심층 토양혼합 수직차단벽(Deep Soil Mixed Cut Off Walls)
> ⑥ 얇은 막벽 차수공법(Thin Wall Barrier, HDPE)

2017년 4회 복원기출문제

01 대수층 내 공극률이 0.4이며 지하수 수리구배가 0.1로 알려진 지역의 수리전도도를 측정하기 위하여 추적자를 사용하였다. 확산 및 흡착이 전혀 없이 지하수의 흐름과 동일하게 추적자가 이동한다는 가정하에 추적자가 20m 이동하는 데 걸린 시간은 10일이었다. 이 지역 지하수의 수리전도도(cm/sec)를 Darcy's 법칙을 이용하여 구하시오. (소수 다섯째 자리에서 반올림)

> **풀이**
>
> $\overline{V} = \dfrac{k}{\eta_e}\left(\dfrac{dh}{dL}\right)$
>
> $\overline{V}(\text{공극유속}: \text{cm/sec}) = \dfrac{20\text{m} \times 100\text{cm/m}}{10\text{day} \times 86,400\text{sec/day}}$
>
> $= 2.31481 \times 10^{-3}\,\text{cm/sec}$
>
> $2.31481 \times 10^{-3}\,\text{cm/sec} = \dfrac{K \times 0.1}{0.4}$
>
> $K = \dfrac{2.31481 \times 10^{-3}\,\text{cm/sec} \times 0.4}{0.1} = 0.0093\,\text{cm/sec}$

02 대부분 소수성 유기오염물질을 토양으로부터 제거 가능하며 미생물의 활성도를 증가시켜 부가적인 생분해 효과를 얻을 수 있는 첨가물질을 쓰시오.

> **풀이**
>
> 계면활성제

03 유류로 오염된 토양이 있다. 다음 보기의 처리공법에 대하여 오염부지 내 처리가능을 양호, 보통, 불가로 구분하시오.

> ① 생분해법(Biodegration)   ② 바이오벤팅법(Bioventing)
> ③ 공기분사법(Air Sparging)   ④ 흰빛 썩음병 곰팡이

풀이
① 양호   ② 양호   ③ 양호   ④ 양호

04 토양 내 오염물질이 50mg/kg이다. 이 오염물질이 10mg/kg으로 되는 데 소요되는 시간(day)은?(단, 1차반응 속도상수 0.006/day)

풀이
$$\ln\left(\frac{C}{C_o}\right) = -k \cdot t$$
$$\ln\frac{10}{50} = -0.006 \times t$$
$$t = 268.24 \text{day}$$

05 다음 각각 설명에 대하여 해당 처리공법의 명칭을 쓰시오.

> ① 오염토양을 굴착하여 지표면에 깔아 놓고 정기적으로 뒤집어 줌으로써 공기를 공급하여 미생물과 산소의 접촉을 증가시켜 오염물질을 분해하는 호기성 생분해공정
> ② 오염된 불포화토양층에 인위적(강제적)으로 공기(산소)를 공급하여 산소의 농도를 증대시킴으로써 토양 내에 존재하는 토착 미생물의 활성을 촉진시켜 생분해도(생분해능)를 증진(극대화)하여 오염토양을 정화하는 공법
> ③ 중금속으로 오염된 토양에 pH가 낮은 산용액을 이용하여 중금속을 토양으로부터 분리시켜 처리하는 공법(오염토양을 굴착하여 토양입자 표면에 부착된 유·무기성 오염물질을 세척액으로 분리시켜 이를 토양 내에서 농축처분하거나 재래식 폐수처리방법으로 처리하는 방법)

풀이
① 토양경작법(Landfarming)   ② 생물학적 통기법(Bioventing)
③ 토양세척공법(Soil Washing)

06 유류(디젤)오염 토양을 굴착하여 화학적 산화법을 적용해 정화할 때 사용하는 산화제 종류 2가지를 쓰시오.

> **풀이**
> 화학적 산화제(2가지만 기술)
> ① 오존
> ② 과산화수소수
> ③ 차아염소산염
> ④ 염소
> ⑤ 이산화염소

07 토양오염 시료채취지점 선정 시 저장시설의 끝단으로부터 수평방향으로 1.2m 떨어진 지점에서 시료를 채취할 경우 채취깊이를 구하시오.

> **풀이**
> 저장시설의 끝단으로부터 수평방향으로 1m 이상 떨어진 지점에서 이격거리의 1.5배 이내 채취깊이= 1.2m × 1.5 = 1.8m

08 저장물질이 없는 지하매설저장시설 누출검사에서 가압 후 10분일 때의 안정된 시험압력은 90mmH$_2$O, 온도는 15℃이었다. 가압 후 60분일 때의 압력이 80mmH$_2$O이고 온도가 20℃라면 온도보정을 한 압력강하(mmH$_2$O)는 얼마인가?

> **풀이**
> $\Delta P = P_1 - P_2 \cdot T_1/T_2$
> 여기서, ΔP : 50분간 온도 보정을 한 압력강하
> P_1 : 가압 후 10분일 때의 안정된 시험압력
> P_2 : 가압 후 60분일 때의 압력
> T_1 : 가압 후 10분일 때의 평균절대온도(K)
> T_2 : 가압 후 60분일 때의 평균절대온도(K)
> $= 90 - \left(80 \times \dfrac{273+15}{273+20}\right)$
> $= 11.37 \text{mmH}_2\text{O}$

09 휘발성 방향족 탄화수소 BTEX의 종류 4가지를 쓰고 오염조사를 위한 시료채취지점 선정방법을 설명하시오.

> **풀이**
> (1) BTEX의 종류
>   ① Benzene
>   ② Toluene
>   ③ Ethylbenzene
>   ④ Xylene
>
> (2) 시료채취지점 선정방법
>   농경지 또는 기타 지역의 구분에 관계없이 대상지역을 대표할 수 있는 1개 지점 또는 오염의 개연성이 높은 1개 지점을 선정한다.

10 지하수의 수질특성도식법 파이퍼 다이어그램에 이용되는 음이온, 양이온 성분을 4가지씩 쓰시오.

> **풀이**
> (1) 음이온
>   ① Cl^-
>   ② SO_4^{2-}
>   ③ HCO_3^-
>   ④ CO_3^{2-}
>
> (2) 양이온
>   ① Na^+
>   ② K^+
>   ③ Ca^{2+}
>   ④ Mg^{2+}

11 다음은 토양관리기술의 내용이다. 알맞은 용어를 쓰시오.

> ① 수집, 저장, 갱신, 처리, 분석하는 (   )
> ② 지구 전 지역의 위치와 시간을 측정하는 (   )
> ③ 목표물에 접촉하지 않고 대상물을 판독, 해석할 수 있는 (   )
>
> **풀이**
> ① GIS기술   ② GPS기술   ③ 원격탐사기술

12 다음은 바이오필터의 퇴적운전조건에 관한 내용이다. 알맞은 내용을 쓰시오.

> ① 퇴비 적용 시 최적수분함량
> ② 적정온도
> ③ pH

풀이
① 30~55%
② 37℃ 정도
③ 6~8 정도

13 불포화토양층 내에 존재하는 휘발성 유기화합물을 제거하는 가장 효과적이고 경제적인 방법을 쓰시오.

풀이
토양증기추출법(SVE)

14 다음은 미국 농무부 토양입자의 분류체계이다. ( ) 안에 알맞은 내용을 쓰시오.

> ① 토양입경 0.05~2mm : (   )
> ② 토양입경 0.002~0.05mm : (   )
> ③ 토양입경 0.002mm 이하 : (   )

풀이
① 모래(sand)
② 실트(silt)
③ 점토(clay)

15 다음은 PCB-기체크로마토그래피 분석내용이다. ( ) 안에 알맞은 내용을 쓰시오.

> 토양을 알칼리 분해한 다음 노말헥산으로 추출하고 알칼리분해추출 과정 중 제거되지 않은 유류 등 유기물질이 존재하는 경우(①)처리하여 제거하고 (②) 또는 (③)을 통과시켜 정제한다.

풀이
① 황산
② 실리카겔
③ 다층실리카겔

16 입자밀도 $2.65g/cm^3$, 용적밀도 $1.6g/cm^3$인 토양의 공극률(%)을 구하시오.

풀이
$$공극률(\%) = \left(1 - \frac{용적밀도}{입자밀도}\right) \times 100$$
$$= \left(1 - \frac{1.6}{2.65}\right) \times 100$$
$$= 39.62\%$$

17 오염부지 정화를 위한 복원계획에 필요한 주요설계인사의 평가를 위해 현장적용에 앞서 실시하는 2가지 시험법은 Bench Test와 ( )이다.

풀이
Pilot Test

18 수리전도도는 포화대의 수리지질학적인 중요한 흐름특성을 나타내는 주요인자이다. 수리전도도를 밀도, 중력가속도, 점성도, 고유투수계수의 4가지 함수로 표시하시오.

> **풀이**
>
> 수리전도도(K)
>
> $$K = K_i \left(\frac{\rho g}{\nu} \right)$$
>
> 여기서, K_i : 매질의 특성으로 매질의 고유투수계수
> ρ : 유체밀도
> g : 중력가속도
> ν : 유체의 점도

SECTION 013 2018년 1회 복원기출문제

01 지하매설 저장시설에 대한 누출감지시설 중 자동누출측정법의 종류 4가지를 쓰시오. (단, 전자석 탐지식은 제외)

> **풀이**
> 지하매설 저장시설에 대한 누출감지시설 중 자동누출 측정방법(부피환산법 : 물리적 방법)(4가지만 기술)
> ① 압력측정식
> ② 기포식
> ③ 부표식
> ④ 레이저식
> ⑤ 광전기식
> ⑥ 초음파 측정식
> ⑦ 전자석 탐침식

02 ㉠은 굴착한 오염토양을 1~3m 높이로 쌓아 토양층 내부에 설치된 통기관을 통해 공기를 강제로 주입하여 미생물의 활성을 극대화하여 오염물질을 처리하는 방식이며, ㉡은 ㉠과 오염물질 정화 메커니즘은 같으나, 오염토양을 얇게 펴서 주기적으로 뒤집어줌으로써 대기의 지연적인 접촉이 일어나도록 하는 방식이다.

위의 내용 중 ㉠, ㉡의 처리방식을 쓰시오.

> **풀이**
> ㉠ : 바이오파일(Biopile)
> ㉡ : 토양경작방법(Landfarming)

03 포화대에 공기와 영양분을 함께 공급하여 토양 및 지하수 중 미생물에 의한 생분해를 촉진시키고, 이로 인해 휘발되는 증기는 불포화대에 설치된 공기추출정으로 추출한 후 지상에서 후처리하는 정화법은 무엇인가?

> **풀이**
> 바이오스티뮬레이션(Biostimulation)

04 토양세척기술의 제약조건 3가지를 쓰시오.

> **풀이**
> **적용 제약조건**
> ① 세척수로부터 미세토양입자를 분리해 내기 위해서 응집제를 첨가해 주어야 하는 경우도 있다.
> ② 복합오염물질의 경우 적용하고자 하는 세척제를 선별·제조하기가 어렵다.
> ③ 토양 내 휴믹질이 고농도로 존재할 경우 전처리가 요구된다.

05 수분 0.2kg을 함유한 토양 10kg의 온도를 20℃에서 300℃까지 올리는 데 필요한 에너지(kcal)를 구하시오. (단, 토양비열=200cal/kg℃, 물의 비열=1,000cal/kg℃, 물의 증발열=539,000cal/kg)

> **풀이**
> ① 토양
> $Q = mc\Delta t$
> $= 9.8\text{kg} \times 200\text{cal/kg}℃ \times (300-20)℃$
> $= 548,800\text{cal}$
>
> ② 수분
> $0.2\text{kg} \times 539,000\text{cal/kg} = 107,800\text{cal}$
>
> 에너지(kcal) $= 548,880 + 107,800$
> $= 656,600\text{cal} \times \text{kcal}/1,000\text{cal}$
> $= 656.600\text{kcal}$

06 수리전도도가 1m/day, 동수경사가 0.01, 공극률이 0.4인 대수층에서 비흡착성 물질이 1년 동안 이동하는 거리(m/year)를 구하시오. (단, Darcy 법칙 적용)

> **풀이**
>
> 1년 이동하는 거리($\overline{V}$)
>
> $\overline{V} = \dfrac{k}{\eta_e}\left(\dfrac{dh}{dL}\right)$
>
> $= \dfrac{1\text{m/day} \times 365\text{day/year}}{0.4} \times 0.01$
>
> $= 9.13\text{m/year}$

07 초기농도 5,000mg/L을 500mg/L로 줄이기 위해 완전혼합반응으로 처리하고자 할 때 반응조에서의 체류시간(hr)을 구하시오. (1차 반응속도상수 = 0.40/hr)

> **풀이**
>
> 완전혼합반응(CFSTR) 1차 반응식
>
> $\dfrac{C}{C_o} = \dfrac{1}{(1+kt)}$
>
> $\dfrac{500}{5,000} = \dfrac{1}{(1+0.40/\text{hr} \times t)}$
>
> $t(체류시간) = \dfrac{9}{0.40/\text{hr}} = 22.5\text{hr}$

08 폭발성 물질을 처리하기에 상대적으로 적합한 기술을 아래 보기에서 선택하여 4가지를 쓰시오.

생분해, 고형화/안정화, 퇴비화, 토양세척, 고온열탈착, 저온열탈착, 토양증기추출

> **풀이**
>
> ① 퇴비화
> ② 생분해
> ③ 고온열탈착
> ④ 고정화/안정화
> Note : 문제 복원 정확하지 않음

09 공극률과 공극비의 관계식을 유도하고 공극비가 0.75일 때 공극률(%)을 계산하시오. (단, 공극률은 η, 공극비 $e = \dfrac{V_v}{V_S}$ 의 기호를 사용한다.)

> **풀이**
>
> 공극률(η) = $\dfrac{\text{공극부피}(V_v)}{\text{토양 전체부피}(V)}$
>
> $V = V_v + V_S$
>
> 여기서, V_S : 토양(흙)의 부피
>
> 공극률(η)을 V_S로 나누면
>
> $\eta = \dfrac{\dfrac{V_v}{V_S}}{\left(\dfrac{V_v + V_S}{V_S}\right)} = \dfrac{e}{e+1}$
>
> $\eta = \dfrac{e}{e+1} = \dfrac{0.75}{0.75+1} \times 100 = 42.86\%$

10 다음 보기의 토양층위를 지표면으로부터 지하의 순서대로 나열하시오.

> A층, B층, C층, O층, R층

> **풀이**
>
> O층(유기물층) → A층(표층, 용탈층) → B층(집적층) → C층(모재층) → R층(기반암)

11 토양의 형태학적 분류체계 6가지를 큰 것부터 작은 것의 순서로 쓰시오.

> **풀이**
>
> 목(Order) > 아목(Sub-Order) > 대군(Great-Group) > 아군(Sub-Group) > 과(Family) > 통(Series)

12 지하수 1,000m³ 중에 페놀이 20mg/L의 농도로 함유되어 있다. 이를 활성탄으로 처리하여 1mg/L까지 낮추기 위해 필요한 활성탄의 양(kg)을 구하시오. (단, Freundlich의 등온흡착식을 이용하고 K는 0.5, n은 1.0을 적용)

> **풀이**
> Freundlich의 등온흡착식
> $$\frac{X}{M} = KC^{\frac{1}{n}}$$
> $$\frac{(20-1)}{M} = 0.5 \times 1^{\frac{1}{1}}$$
> M(활성탄 양) $= 38\text{mg/L} \times 1,000\text{m}^3 \times 1,000\text{L/m}^3 \times \text{kg}/10^6\text{mg}$
> $\qquad\qquad\qquad = 38\text{kg}$

13 점토광물 중 스멕타이트(Smectite)는 지하수 중 오염물질의 이동을 제지할 가능성이 아주 크다. 스멕타이트의 구조를 설명하고, 오염물질의 이동을 제지할 수 있는 이유를 기술하시오.

> **풀이**
> (1) 구조
> 3층형 광물(2 : 1형 구조)에 속하며 팽창성 구조이며 화학조성과 전하의 비율이 다른 몇 가지가 포함되는데 가장 대표적인 것이 몬모릴로나이트이다.
> (2) 이유
> 가소성이 크고 집결성, 수하 및 팽윤 특성을 갖고 있기 때문이다.

14 토양증기추출에 영향을 주는 오염물질의 물리화학적 특성을 3가지 이상 쓰시오.

> **풀이**
> 오염물질의 물리화학적 특성인자(3가지만 기술)
> ① 용해도　　　　　　　　② 헨리상수
> ③ 증기압　　　　　　　　④ 흡착계수

15 토양수분장력에 대하여 다음을 답하시오.

(1) 토양수분장력을 설명하고 관련식으로 나타내시오.
(2) 다음 주어진 보기 중 토양수분장력이 큰 순서대로 나열하시오.

> 결합수, 흡습수, 모세관수, 중력수

풀이
(1) 토양수분장력(pF)은 수분을 보유하는 힘, 즉 토양입자 표면과 수분 사이의 결합력을 압력단위로 표시한 것으로 수주높이(cm)의 대수값을 pF로 표시하여 나타낸다.
$pF = \log[H]$
(2) 결합수 > 흡습수 > 모세관수 > 중력수

16 지하저장시설로부터 이격거리가 5m 되는 지점에서 토양시료를 채취하고자 할 때 깊이(m)를 구하시오.

풀이
채취깊이 = 이격거리의 1.5배 깊이
= 5m × 1.5 = 7.5m

17 다음 보기에서 설명하고 있는 수질도식법의 명칭을 쓰시오.

> 지하수 모니터링의 수질조사에 널리 이용되고 있는 삼각수질도식법으로, 하단의 2개 삼각형 중 왼쪽은 주 양이온 Na^+, K^+, Ca^{2+}, Mg^{2+}의 농도(epm)를 백분율로 환산하여 도시하고, 오른쪽 삼각형에는 주 음이온인 Cl^-, SO_4^{2-}, HCO_3^-, CO_3^{2-} 이온농도(epm)를 백분율로 환산·도시하여 양이온과 음이온이 도시된 점을 상부에 있는 다이아몬드형 그래프에 도시하여 지하수의 유형분석과 진화 및 혼합작용을 분석하는 데 이용한다.

풀이
파이퍼 다이어그램(Piper Diagram)

2018년 2회 복원기출문제

01 토양경작법의 토양환경보전법 및 토양오염유발시설관리지침상 유류에 대한 오염도 기준 물질 2가지를 쓰시오.

> **풀이**
> **토양오염도 기준(복원목표치) 물질**
> ① BTEX(벤젠, 톨루엔, 에틸벤젠, 크실렌)
> ② TPH(석유계총탄화수소)

02 오염토양 복원방법 중 토양증기추출공법(SVE)을 적용 시 다음 내용 중 ( )에 알맞은 설계인자값을 쓰시오.

설계인자	내용
대상오염물질 종류	상온에서 휘발성을 갖는 유기물질
오염물질의 헨리상수	(①) 이상
오염부지토양의 투수계수	(②)cm/sec 이상

> **풀이**
> ① 0.01
> ② 1×10^{-4}

03 토양에 120mg/kg으로 오염된 토양(오염물질 : 톨루엔)이 2,000kg 있다. 이를 3,000L로 세척했을 경우 잔류 톨루엔의 농도(mg/kg)를 구하시오.(단, 톨루엔으로 오염된 토양-물 분배계수 3.38L/kg)

> **풀이**
>
> 물에서의 톨루엔 농도(mg/kg) = $\dfrac{\text{토양에서의 톨루엔 농도}}{\text{분배 계수}}$
>
> $= \dfrac{120\text{mg/kg}}{3.38\text{L/kg}} = 35.50\text{mg/L}$
>
> 물 3,000L에 녹은 톨루엔양(mg) = 35.50mg/L × 3,000L
> = 106,508.88mg
>
> 전체 톨루엔양(mg) = 120mg/kg × 2,000kg = 240,000mg
>
> 세척 후 잔류 톨루엔양(mg) = 240,000 − 106,508.88 = 133,491.12mg
>
> 세척 후 잔류 톨루엔 농도(mg/kg) = $\dfrac{133{,}491.12\text{mg}}{2{,}000\text{kg}} = 66.75\text{mg/kg}$

04 자유면 대수층 면적이 5,000,000cm²이고 저류계수가 0.25인 지하수가 가뭄으로 인하여 지하수위가 0.6m 하강하였다. 손실된 지하수량(L)을 구하시오.

> **풀이**
>
> $S = \dfrac{1}{A} \times \dfrac{\Delta V'}{\Delta h}$
>
> $\Delta V'(\text{L}) = S \times A \times \Delta h$
> $= 0.25 \times 5{,}000{,}000\text{cm}^2 \times 0.6\text{m} \times \text{m}^2/100^2\text{cm}^2 \times 1{,}000\text{L/m}^3$
> $= 75{,}000\text{L}$

05 토양오염의 위해성평가에서 건강위해성평가 4단계를 쓰시오.

> **풀이**
>
> ① 1단계 : 유해성확인
> ② 2단계 : 노출평가
> ③ 3단계 : 독성평가
> ④ 4단계 : 위해도 결정(위해의 특성화)

06 토양증기추출법 적용 시에 주입/추출정의 영향반경에 대해 설명하시오.

> **풀이**
> 영향반경이란 추출정 또는 주입정에서 공기를 추출 또는 주입 시 공기흐름이 가능한 최대거리, 즉 산소전달 반경을 말하며 영향반경은 토양조건에 따라 6m에서 45m 정도이며 심도 7m까지 토양조건에 적용할 수 있다.

07 생물학적 처리에 필요한 미생물에게 필요한 환경조절인자 3가지를 쓰시오.

> **풀이**
> **환경조절인자(3가지만 기술)**
> ① 전자수용체(산소)
> ② pH(수소이온농도)
> ③ 영양물질
> ④ 온도
> ⑤ 토양수분

08 토양경작법에서 가장 오랫동안 모니터링 해야 할 물질을 다음에서 선택하여 쓰시오.

석유계 화합물 구성 성분	증기압(mmHg at 20℃)
MTBE(methyl t-butyether)	245
나프탈렌(naphthalene)	0.5
톨루엔(toluene)	22
자일렌(xylenes)	6

> **풀이**
> 증기압이 낮을수록 제거효율이 낮으므로 표에서 증기압이 가장 낮은 나프탈렌을 가장 마지막까지 관찰하여야 한다.

09 토양세척공법의 장점 2가지를 쓰시오.

풀이

토양세척공법의 장점(2가지만 기술)
① 외부환경의 조건변화에 대한 영향이 적고 자체적인 조건 조절이 가능한 폐쇄형 공정이다.
② 부지 내에서 유해오염물질의 이송 없이 바로 처리가능하다.
③ 적용가능한 오염물질 종류의 범위가 넓다.
④ 단시간 내에 오염토양의 부피를 감소시킬 수 있다.

10 수직차단벽의 종류 3가지를 쓰고 간단히 설명하시오.

풀이

① 슬러리 월(Slurry Walls) : 낮은 수리전도도를 가진 슬러리(흙 또는 기타 첨가제)를 이용하여 지중 트렌치(Trench)에 채워 오염된 지하수를 상수원 또는 비오염 지하수와 단절시키는 방법이다.

② 그라우트 커튼(Grout Curtains, Grouting) : 지중의 공극을 채울 수 있는 물질들을 저수층까지 양수(삽입)시켜 유체의 흐름속도를 감소시키는 방법, 즉 액상 물질을 지반이나 암반 내에 주입·고화시키는 방법이다.

③ 스틸시트 파일링(Steel Sheet Piling) : 강재로 제작된 강널말뚝을 진동해머로 지반에 타입하고 연속벽체를 형성하여 지중의 물 흐름을 감소시키는 차단공법이다.

11 어느 지역의 토양공극률은 0.3이며 토양입자밀도는 $2.65 g/cm^3$이다. 이 지역의 토양단위용적밀도(g/cm^3)를 구하시오.

풀이

$$공극률 = 1 - \left(\frac{토양용적밀도}{토양입자밀도}\right)$$

$$0.3 = 1 - \left(\frac{토양용적밀도}{2.65}\right)$$

토양용적밀도 $= 1.86 g/cm^3$

12 다음 그림에 맞는 샘플채취방식의 명칭을 쓰시오.

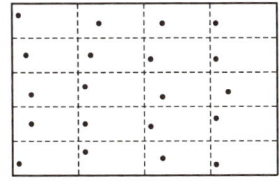

> **풀이**
> (1) 임의격자법
> (2) 고정격자법

13 토양오염물질 중에 수질의 부영양화 및 지하수 오염물질로 작용하는 물질 2가지를 쓰시오.

> **풀이**
> ① 질소(N)
> ② 인(P)

14 토양세척법에서 pH가 산성 및 알칼리성일 때의 차이점을 설명하시오.

> **풀이**
> ① 산성일 경우
>   보통금속들이 표면에 흡착되지 않고 이동성이 증가해서 분리가 가능하다.
> ② 알칼리성일 경우
>   비소, 몰리브덴, 셀레늄 금속은 알칼리성에서 음이온이 되어 토양에 흡착되지 않고 이동성이 증가해서 분리가 가능하며 수산화물이나 복합체 형태로 용출된다.

15 토양이 수분을 보유하는 힘인 pF에 대해 설명하고 계산식을 쓰시오.

> **풀이**
> pF는 토양수분장력으로 토양이 수분을 보유하는 힘으로, 수주높이(cm)의 대수값을 pF로 표시하여 나타낸다.
>
> $$pF = \log[H]$$
>
> 여기서, H : 물기둥(수주) 높이(cm)

16 토양증기추출 시스템의 유량을 120m³/min으로 운전할 때 배출 가스를 처리하기 위하여 요구되는 활성탄 흡착탑의 단면적(m²)은?(단, 활성탄 흡착탑의 적정 통과속도는 1m/sec)

> **풀이**
> $$Q = A \times V$$
> $$A = \frac{Q}{V} = \frac{120 \text{m}^3/\text{min}}{1\text{m}/\text{sec} \times 60\text{sec}/\text{min}} = 2\text{m}^2$$

17 다음은 납 표준원액(1,000mg/L) 제조방법이다. ( ) 안에 알맞은 내용을 쓰시오.

> 니켈 금속(99.9% 이상) ( )에 염산 10mL와 질산(1+3) 10mL를 넣어 녹이고 정제수 100mL를 넣고 가열하여 질소 증기를 방출시키기 위해 끓이고 식힌 다음 1L 부피 플라스크에 옮기고 정제수로 표선까지 맞추어 제조하여 사용하거나 시판용 표준용액을 사용한다.

> **풀이**
> 1.0g

18 지표면으로부터 50cm 되는 지점에 모세관물기둥원리를 이용한 Tensiometer를 설치하여 압력을 측정하였더니 14,700dyne/cm²이었다. 다음을 계산하시오.(단, 물의 밀도 1.0g/cm³)

(1) 압력계 설치지점의 압력수두(cm)
(2) 이론적인 지하수면의 위치(m)

> **풀이**
>
> (1) 압력수두$(\phi) = -\dfrac{P}{\rho_w g} = \dfrac{14,700 \text{dyne/cm}^2}{1\text{g/cm}^3 \times 980\text{cm/sec}^2} = 15\text{cm}$
>
> (2) 지하수면의 위치 = 측정지점까지 점도 − 압력수두가 0이 되는 지점까지 거리
> = 50cm − 15cm = 35cm(0.35m)

2018년 4회 복원기출문제

01 초기농도가 6,000mg/L인 오염물질이 30일 후에 4,500mg/L로 감소하였다면 초기 농도가 500mg/L로 감소되었을 때의 소요기간(day)을 구하시오. (단, 오염물질 분해는 1차 반응)

> **풀이**
>
> $$\ln \frac{C}{C_o} = -k \cdot t$$
>
> $$\ln \frac{4,500}{6,000} = -k \times 30 \text{day}$$
>
> $$k = 0.00959 \, \text{day}^{-1}$$
>
> $$\ln \frac{500}{6,000} = -0.00959 \text{day}^{-1} \times t$$
>
> $t(\text{소요시간}) = 259.11 \text{day}$

02 계면활성제를 이용한 토양세정공정으로 TCE로 오염된 토양 10m³를 처리하고자 한다. 오염된 토양 내 TCE 농도는 50mg/kg이었다. TCE를 모두 용해 처리하기 위한 계면활성제의 양(L)은?(단, 토양용적밀도 1,600kg/m³, 계면활성제 내 TCE 용해도 2,000mg/L)

> **풀이**
>
> $$\text{계면활성제 양(L)} = \text{밀도} \times \text{부피} = 1,600 \text{kg/m}^3 \times \frac{10\text{m}^3 \times 50\text{mg/kg}}{2,000\text{mg/L}} = 400\text{L}$$

03 지하탱크의 누설시험방법 4가지를 쓰시오.

> **풀이**
>
> **지하탱크 누설시험방법(4가지만 기술)**
> ① 수중거품법
> ② 비누거품법
> ③ 가압방치법
> ④ 차압법
> ⑤ 할로겐누설시험법
> ⑥ 액체도포법
> ⑦ 진공방치법

04 토양세척기법 적용 시 제약조건 3가지를 쓰시오.

> **풀이**
>
> **토양세척기법 적용 시 제약조건**
> ① 세척수로부터 미세토양입자를 분리하기 위해서 응집제를 첨가해 주어야 하는 경우도 있다.
> ② 복합오염물질의 경우 적용하고자 하는 세척제를 선별·제조하기가 어렵다.
> ③ 토양 내 휴믹질이 고농도로 존재 시 전처리가 요구된다.

05 오염원처리방법에 따라 구분되는 오염토양 복원기술 4가지를 쓰시오. (단, 치환방법은 제외)

> **풀이**
>
> **오염원처리방법에 따른 오염토양 복원기술**
> ① 차단방법
> ② 제거방법
> ③ 독성저하방법
> ④ 토지용도변경방법

06 다음 조건에서의 지하수 상류와 하류 두 지점의 수위차(m)를 구하시오.

- 지하수 유량 4.5m³/day
- 지하수 상류와 하류 두 지점의 수평거리 500m
- 수두계수 250m/day일 때 대수층의 단면적 6m²
- 공극률은 고려하지 않고 Darcy법칙 이용

풀이

$$Q = kA\frac{dh}{dL}$$

$$4.5\text{m}^3/\text{day} = 250\text{m/day} \times 6\text{m}^2 \times \frac{dh}{500\text{m}}$$

$dh(수위차) = 1.5\text{m}$

07 토양유기물질과 휘발속도의 관계를 기술하시오.

풀이

토양유기물질과 휘발속도의 관계

휘발성이 강한 토양오염물질, 즉 VOC(휘발성유기화합물)는 물에 대한 용해도가 작아 기체로 존재하고, 확산을 통해 지표면으로 배출되며, 토양의 흡착작용으로 증기밀도 저하 및 휘발속도 감소가 나타난다.

08 지하저장창고로부터 유류가 누출되어 토양이 오염되었다. 유류의 오염면적이 20m×40m(W×L)이며, 4개의 관측점에서 오염유류의 두께를 산출한 값이 각 55cm, 75cm, 58cm, 65cm이다. 오염면적에 존재하는 유류의 양(m³)은?(단, 토양 공극률은 0.40)

풀이

유류 양(m³) = 오염면적 × 평균두께 × 공극률

$$평균두께 = \frac{(55+75+58+65)\text{cm}}{4} = 63.25\text{cm} = 0.6325\text{m}$$

$$= (20 \times 40)\text{m}^2 \times 0.6325\text{m} \times 0.40 = 202.4\text{m}^3$$

09 토양증기추출시스템에 부적합한 오염물질 종류 3가지 및 구성장치를 쓰시오.

> **풀이**
>
> **토양증기추출시스템 부적합 오염물질 종류 3가지 및 구성장치**
>
> (1) 부적합한 오염물질
>   ① 중금속
>   ② PCB
>   ③ 다이옥신
>
> (2) 구성장치
>   ① 추출정 및 공기유입정
>   ② 진공장치(송풍기 및 진동펌프)
>   ③ 격리층(저투수성 덮개)
>   ④ 기액분리기
>   ⑤ 배기가스 처리장치

10 열적처리기술인 소각과 열탈착기술의 차이점을 쓰시오.

> **풀이**
>
> **소각과 열탈착기술의 차이점**
>
> (1) 소각
>   소각은 산소가 있는 조건에서 고온으로 온도를 높여 유기물을 휘발시키고 동시에 소각시키는 기술이다.
>
> (2) 열탈착기술
>   열탈착은 산소 또는 무산소의 500℃ 이하의 토양 온도조건에서 오염물질을 토양으로부터 제거하는 기술이다.

11 토양증기추출법(SVE)의 적용 제한인자(제약조건) 4가지를 쓰시오.

> **풀이**
>
> **토양증기추출법 제한인자(4가지만 기술)**
> ① 미세토양이나 수분함량이 50% 이상 높은 토양의 경우 통기성을 저해하여 증기압을 높이기 위한 추가비용 부담이 증가된다.
> ② 유기물의 함량이 높은 토양 및 건조한 토양은 VOC(휘발성 유기물질)의 흡착능력이 높아 제거율이 낮아진다.
> ③ 방출·추출된 증기는 인간이나 주변 환경에 해가 되지 않도록 처리해야 한다.
> ④ 추출가스 처리에 사용된 활성탄 및 용액을 안전하게 처리해야 한다.
> ⑤ 포화지역에는 효과가 없으나 대수층을 낮추면 적용범위가 많아진다.
> ⑥ 투수성 지반 내에 렌즈 모양의 불투수성 부분이 존재하는 경우 휘발성 오염물질의 제거효율이 저하된다.

12 토양세척법의 탈착원리 3가지를 쓰시오.

> **풀이**
>
> **토양세척법 탈착원리(3가지만 기술)**
> ① 전단력
> ② 충돌력
> ③ 마찰력
> ④ 탈착력
> ⑤ 용해력

13 토양환경보전법상 토양오염조사기관 3가지를 쓰시오.

> **풀이**
>
> **토양오염조사기관**
> ① 국립환경과학원
> ② 시·도보건환경연구원
> ③ 유역환경청 또는 지방환경청

14 석유계 총탄화수소(TPH) 시험방법 기체크로마토그래피 및 벤젠, 톨루엔, 에틸벤젠, 크실렌(BTEX) 시험방법 퍼지-트랩 기체크로마토그래피 방법의 정량한계(mg/kg)를 쓰시오.

> **풀이**
> (1) TPH
>   50mg/kg
> (2) BTEX
>   ① 벤젠 : 0.2mg/kg
>   ② 톨루엔 : 0.1mg/kg
>   ③ 에틸벤젠 : 0.1mg/kg
>   ④ 크실렌 : 0.5mg/kg

15 벤젠으로 오염된 오염부지 1,000m³의 토양가스 벤젠농도가 4mg/m³이다. SVE로 부지를 복원하고자 할 경우 정화기간(hr)을 예상하시오.

[조건]
- 오염토양 – 수분 – 토양공기 간 평형관계임을 고려하여야 함. 추출가스농도는 토양가스농도이며, 총 추출공기 유량은 20m³/hr임
- ρ_b=1,500kg/m³, K_{oc}=83L/kg, f_{oc}=0.02, θ_W=0.05, θ_g=0.5, H'=0.228

> **풀이**
> ① 전체 토양오염물질농도는 $C_T = \left(\rho_b \dfrac{K_d}{H'} + \dfrac{\theta_W}{H'} + \theta_g\right) C_g$ 이용하여 예측
>
> $K_d = K_{oc} f_{oc}$ = (83L/유기물 kg)(0.02 유기물 kg/전체토양 kg) = 1.66L/kg
>
> $\rho_b = 1,500$kg/m³ $= 1.50$kg/L
>
> $\therefore C_T = \left(1.5\text{kg/L} \times \dfrac{1.66\text{L/kg}}{0.228} + \dfrac{0.05}{0.228} + 0.5\right) 4\text{mg/m}^3$
>
> $= 46.56$mg/m³ $-$ soil
>
> ② $M = 46.56$mg/m³ $\times 1,000$m³ $= 46,561.4$mg
>
> ③ $t = M/CQ = 46,561.4\text{mg}/(4\text{mg/m}^3 \times 20\text{m}^3/\text{hr}) = 582.12$hr

16 토양 내 유기물의 농도가 50mg/kg이었다. 1시간 후의 유기물 농도가 40mg/kg이었다면 3시간 후의 유기물 농도(mg/kg)는?(단, 유기물의 분해는 토양에 존재하는 효소의 양에만 의존한다. 0차 반응 기준)

> **풀이**
>
> $C_t = -kt + C_0$ (0차 반응 속도식)
>
> 1시간 후의 반응속도상수(K)
>
> $40 = -K + 50$, $K = 10 \text{hr}^{-1}$
>
> 3시간 후의 유기물 농도(C_t)
>
> $C_t = -(10\text{hr}^{-1} \times 3\text{hr}) + 50 = 20 \text{mg/kg}$

SECTION 016 2019년 1회 복원기출문제

01 토양시료 100cm³을 채취하여 건조토양입자만 측정하였더니 60cm³이었다. 이것을 원통(직경 5cm)에 채워 물로 포화시킨 후 물은 유량 0.2cm³/sec로 보냈다. 다음을 구하시오. (단, 동수구배 0.2)

① 이때의 수리전도도(cm/sec)를 구하시오.
② 원통 길이가 1m일 때 통과시간(sec)을 구하시오.

풀이

① $V(\text{cm/sec}) = \dfrac{Q}{A} = KI$

$K = \dfrac{Q}{A \times I} = \dfrac{0.2\text{cm}^3/\text{sec}}{\left(\dfrac{3.14 \times 5^2}{4}\right)\text{cm}^2 \times 0.2} = 0.05\text{cm/sec}$

② 통과시간(sec) $= \dfrac{\text{이동길이}}{\text{이동속도}} = \dfrac{L}{\dfrac{K \cdot I}{\eta_e}}$

$= \dfrac{\eta_e L}{KI}$

$= \dfrac{\left(1 - \dfrac{60}{100}\right) \times 100\text{cm}}{0.05\text{cm/sec} \times 0.2} = 4{,}000\text{sec}$

02 토양수분의 물리학적 분류 3가지를 쓰시오.

풀이

토양수분의 물리학적 분류
① 결합수
② 흡습수
③ 모세관수

03 다공질매체 내 오염물질의 이동에 관계되는 주요 메커니즘 3가지를 기술하시오.

> **풀이**
> 다공질매체(지하수) 내 오염물질 이동 메커니즘
> ① 이류(이송)
>   지하수 환경으로 유입된 오염물질이나 용질이 지하수의 공극유속과 같은 속도로 움직이는 현상
> ② 확산
>   용액의 농도가 불균일할 때 농도가 높은 곳으로부터 낮은 곳으로 물질이 이동하는 현상
> ③ 분산
>   용질이 다공질매체를 통하여 이동하는 과정에서 희석되어 농도가 낮아지는 현상

04 산소 또는 무산소이고 대체로 500℃ 이하의 토양 온도 조건일 때 오염물질을 토양으로부터 제거하는 기술을 쓰시오.

> **풀이**
> 열탈착 기술(Thermal Desorption)

05 오염물질이 지중에서 분해되며 반감기가 90일이다. 이 오염물질의 분해반응속도가 1차 반응이라고 가정할 때 '① 반응속도 상수(k)'와 '② 초기오염농도의 20%가 제거되는 데 소요되는 시간(day)'을 구하시오.

> **풀이**
> ① 반응속도 상수(k)
>
> $$\ln \frac{0.5 C_0}{C_0} = -k \times 90$$
>
> $k = 0.007702 \text{day}^{-1} (7.702 \times 10^{-3} \text{day}^{-1})$
>
> ② 20% 제거 소요시간(t)
>
> $$\ln \frac{(1-0.2)C_0}{C_0} = -0.007702 \text{day}^{-1} \times t$$
>
> $$t = -\frac{\ln 0.8}{0.007702} = 28.97 \text{day}$$

06 기름의 입경 0.2mm, 밀도 0.92g/cm³, 물의 밀도 1g/cm³, 물의 점성도 0.01g/cm·sec인 지하수를 처리하는 수심 3m인 중력식 유수분리조가 있다. 기름이 수표면까지 부상하는 데는 몇 분이 소요되는가?(단, Stoke's의 법칙 이용)

> **풀이**
>
> 부유속도(cm/sec) $= \dfrac{g \cdot d^2(\rho_1 - \rho)}{18\mu}$
>
> $= \dfrac{980\text{cm/sec}^2 \times 0.02^2\text{cm}^2 \times (1-0.92)\text{g/cm}^3}{18 \times 0.01\text{g/cm} \cdot \text{sec}}$
>
> $= 0.174\text{cm/sec}$
>
> 부상시간(min) $= \dfrac{처리수심}{부유속도}$
>
> $= \dfrac{3\text{m} \times 100\text{cm/m}}{0.174\text{cm/sec} \times 60\text{sec/min}}$
>
> $= 28.70\text{min}$

07 미생물의 비증식 속도식(Monod 식)을 나타내고 각 변수를 설명하시오.

> **풀이**
>
> **Monod 식**
>
> $\mu = \mu_{\max} \dfrac{S}{K_s + S}$
>
> 여기서, μ : 비성장(비증식)속도(hr^{-1})
> $\mu_{\max}$: 최대 비성장속도(hr^{-1})
> S : 제한기질농도
> K_s : 반포화농도(반속도상수), 즉 $\mu = \dfrac{1}{2}\mu_{\max}$ 일 때 제한기질의 농도

08 포화대수층의 수리지질학적 요소 5가지를 쓰시오.

풀이

포화대수층 수리지질학적 요소(5가지만 기술)
① 수리전도도
② 투수량 계수
③ 공극률
④ 비저류계수 및 저류계수
⑤ 비산출률
⑥ 비보유율

09 오염토양의 생물학적 복원방법 3가지를 쓰고 간략히 설명하시오.

풀이

생물학적 복원방법

① 바이오벤팅(Bioventing)
  오염토양(불포화토양층)에 인위적으로 산소를 공급하여 토양 내에 존재하는 토착 미생물의 활성을 촉진하여 생분해도를 극대화하여 오염토양을 정화하는 기법이다.

② 토양경작방법(Landfarming)
  오염된 토양을 수거하여 처리하는 탈위치(Ex-Situ) 처리방식으로서 오염토양을 굴착하여 지표면에 깔아 놓고 정기적으로 뒤집어줌으로써 공기를 공급하여 미생물과 산소의 접촉을 증가시켜 오염물질을 분해하는 호기성 생분해공정을 말한다.

③ 바이오파일(Biopile)
  오염된 토양을 굴착한 후 일정한 파일(Pile) 안에 오염토양을 쌓은 다음 폭기, 영양물질, 수분함유량을 조절하여 호기성 미생물의 활성을 극대화하여 굴착된 토양 중의 유기성 오염물질을 처리하는 탈위치(Ex-Situ) 처리공법이다.

10 초기농도가 6,500mg/kg이고 90일 후 농도가 4,000mg/kg일 때 1차 반응속도상수(hr^{-1})를 구하시오. (단, 소수점 5자리까지 표기)

풀이

$$\ln \frac{C}{C_o} = -kt$$

$$\ln \frac{4,000}{6,500} = -k \times 90\,\text{day} \times 24\,\text{hr/day}$$

$$k = 0.00022\,\text{hr}^{-1}$$

11 비소로 오염된 토양을 다음 그림과 같이 습식 사이클론을 이용하여 세척할 경우 1) 미세사 슬러리의 고형물농도(g/L)와, 2) 미세사 내 농축된 비소농도(mg/건조중량 kg)를 예측하시오.

〈조건〉 체분석 결과 74μm 이하 중량비 = 30%
오염토양 내 비소농도 = 100mg/kg
체분석 결과 비소는 74μm 이하 미세사에만 존재
습식사이클론의 미세사 분리효율 = 100%

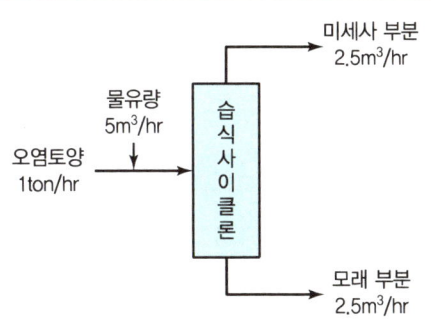

풀이

1) 미세사 부분 중량 = 1ton/hr × 0.3 = 0.3ton/hr = 300,000g/hr

   미세사 부분 액상부피 = 2.5m³/hr = 2,500Liter/hr

   미세사 슬러리 고형물농도 = $\dfrac{300,000\text{g}}{2,500\text{L}}$ = 120g/L

2) 주입된 비소량 = 100mg/kg × 1,000kg/hr = 100,000mg/hr

   미세사 부분 중량 = 300kg/hr

   미세사 내 비소농도 = $\dfrac{100,000\text{mg/hr}}{300\text{kg/hr}}$ = 333.33mg/kg

12 토양세정방법(Soil Flushing)에서 계면활성제를 첨가하여 용해도를 증가시키는 이유를 쓰시오.

풀이

계면활성제는 농도가 어느 이상이면 더 이상 표면장력을 낮추지 않고 마이셀을 형성하여 계면활성제 용액에 대한 오염물질의 용해도를 증가시킨다.

13 다음의 지하수 정화처리 기술을 쓰시오.

> 반응물질과 오염물질의 화학반응을 유도하여 오염물질을 제거하는 기술, 즉 오염된 지하수의 흐름은 유지하면서 오염물질만 이동을 방지, 제거하는 방법이다.

풀이
투수성 반응벽체(PRB)

14 석유계 총탄화수소(TPH)의 분석방법 및 검출기를 쓰시오.

풀이
① 분석방법 : 기체크로마토그래피법
② 검출기 : 불꽃이온화검출기(FID)

15 토양의 질을 판단하는 기준을 쓰시오.

(1) 물리적 기준(3가지)   (2) 화학적 기준(2가지)

풀이
(1) 물리적 기준(3가지만 기술)
　① 토양의 입경구분과 토성
　② 토양의 공극(투수성, 공극률, 유효수분량)
　③ 토양의 입단화
　④ 토양의 견지성(토양경도)
　⑤ 토양의 색
　⑥ 토양온도

(2) 화학적 기준(2가지만 기술)
　① 토양산도(pH)
　② 전기전도도(E.C)
　③ 염기치환용량(CEC)
　④ 유기물함량(O.M)
　⑤ 전질소량(T-N)

16 토양의 침식성에 따른 토양침식량의 변화를 나타내는 토양침식인자 3가지를 쓰시오.

> **풀이**
> **토양침식인자**
> ① 입도분포
> ② 토양의 구조
> ③ 유기물 함량

17 밀폐된 토양오염정화시설에서 작업 시 마스크를 써야 되는 공기 중 산소부피의 기준을 쓰시오.

> **풀이**
> 공기 중 산소농도가 18% 미만인 경우 송기마스크를 착용한다.

18 폭 1m, 두께 50m인 대수층에 설치된 관측정 A의 수위는 50m이고, 관측정 B의 수위는 30m이며 관측정 사이 거리가 1,000m일 때 대수층에 흐르는 지하수의 양(m³/day)은?(단, 수두계수 0.5m/day)

> **풀이**
> $$Q = KA\frac{dh}{dL} = 0.5\text{m/day} \times (1 \times 50)\text{m}^2 \times \frac{(50-30)\text{m}}{1,000\text{m}} = 0.5\text{m}^3/\text{day}$$

19 오염물질이 수리전도도가 0.5×10^{-7} cm/sec인 토양층에서 0.8m 깊이에 도달하는 시간(year)은?

> **풀이**
> 시간(year)
> $$= \frac{거리}{수리전도도} = \frac{0.8\text{m} \times 100\text{cm/m}}{0.5 \times 10^{-7}\text{cm/sec} \times 86,400\text{sec/day} \times 365\text{day/year}}$$
> $$= 50.74\text{year}$$

2019년 2회 복원기출문제

01 자연계에서 분리한 오염물에 분해능이 우수한 미생물이나 유전공학적으로 변형된 미생물을 공급함으로써 오염물질의 생분해도를 높여 제거하는 정화기술의 명칭을 쓰시오.

> **풀이**
> 바이오 어그멘테이션(Bio Augmentation)

02 각 지층의 투수계수가 각각 $K_1 : 5 \times 10^{-3}$ cm/sec, $K_2 : 2 \times 10^{-4}$ cm/sec, $K_3 : 3 \times 10^{-2}$ cm/sec이고, 두께는 $H_1 : 5$m, $H_2 : 4$m, $H_3 : 4$m일 때 수직등가 투수계수와 수평등가 투수계수(cm/sec)를 구하시오.

> **풀이**
>
> 수직등가 투수계수 $= \dfrac{d}{\sum\limits_{i=1}^{n} \dfrac{d_i}{K_i}}$
>
> $= \dfrac{(500+400+400)\text{cm}}{\left(\dfrac{500}{5 \times 10^{-3} \text{cm/sec}}\right) + \left(\dfrac{400}{2 \times 10^{-4} \text{cm/sec}}\right) + \left(\dfrac{400}{3 \times 10^{-2} \text{cm/sec}}\right)}$
>
> $= 6.14 \times 10^{-4}$ cm/sec
>
> 수평등가 투수계수 $= \dfrac{\sum\limits_{i=1}^{n} K_i d_i}{d}$
>
> $= \dfrac{[(5 \times 10^{-3} \text{cm/sec}) \times (500\text{cm})] + [(2 \times 10^{-4} \text{cm/sec}) \times (400\text{cm})] + [(3 \times 10^{-2} \text{cm/sec}) \times (400\text{cm})]}{(500+400+400)\text{cm}}$
>
> $= 1.12 \times 10^{-2}$ cm/sec

03 2kg의 유류(전량 탄화수소로 가정)로 대수층 토양에서 자연적으로 생분해되는 데 200일이 소요되었다. 생분해에 공급된 지하수 내 용존산소의 농도(mg/L)를 예측하시오.

- LNAPL 두께 : 0.4m
- LNAPL 폭 : 12m
- 지하수 Darcy 속도 : 1.2m/day
- 산소 – 탄화수소 소모비율 : 2mg Oxygen/1mg Hydrocarbon

풀이

$$산소농도(mg/L) = \frac{질량}{부피}$$

질량(산소) = 2mg O_2/1mgH C × 2kgH C = 4kgO_2

부피 = 유량 × 소요시간
= 1.2m/day × (0.4 × 12)m^2 × 200day = 1,152m^3

$$= \frac{4kgO_2 \times 10^6 mg/kg}{1,152m^3 \times 1,000L/m^3} = 3.47mgO_2/L$$

04 바이오벤팅(Bioventing) 방법은 토양 내에서 중온조건 미생물의 분해에 의해 직접 처리된다. 최적의 환경조건 유지를 위한 pH 및 온도의 적절한 범위를 쓰시오.

풀이
① pH : 6~8
② 온도 : 10~45℃

05 토양증기추출시스템의 구성장치 4가지를 쓰시오.(단, 추출정 및 공기유입정 제외)

풀이
구성장치
① 저투수성 덮개
② 기액분리기
③ 진공장치(송풍기 및 진공펌프)
④ 배기가스 처리장치

06 불포화토양 내 오염운에서부터 지하수오염운까지 생분해 반응을 순서대로 나열하시오.

> **풀이**
> 오염원으로부터 멀어질수록 메탄생성반응, 황산염환원, 철(3가)환원, 탈질소화, 호기성 산화가 진행된다.

07 벤젠으로 오염된 오염부지 1,000m³의 토양가스 벤젠농도가 4mg/m³이다. SVE로 부지를 복원하고자 할 경우 정화기간(hr)을 예상하시오.

> [조건]
> 1. 오염토양 – 수분 – 토양공기 간 평형관계임을 고려하여야 함. 추출가스농도는 토양가스농도이며, 총추출공기 유량은 20m³/hr임
> 2. $\rho_b = 1,500 \text{kg/m}^3$, $K_{oc} = 83 \text{L/kg}$, $f_{oc} = 0.02$, $\theta_W = 0.05$, $\theta_g = 0.5$, $H' = 0.228$

> **풀이**
> ① 전체 토양오염물질농도 $C_T = \left(\rho_b \dfrac{K_d}{H'} + \dfrac{\theta_w}{H'} + \theta_g\right) C_g$를 이용하여 예측
>
> $K_d = K_{oc} f_{oc} = (83\text{L/유기물 kg})(0.02 \text{ 유기물 kg/전체 토양 kg}) = 1.66 \text{L/kg}$
>
> $\rho_b = 1,500 \text{kg/m}^3 = 1.50 \text{kg/L}$
>
> $\therefore C_T = \left(1.5\text{kg/L} \times \dfrac{1.66\text{L/kg}}{0.228} + \dfrac{0.05}{0.228} + 0.5\right) 4\text{mg/m}^3$
>
> $\qquad = 46.56 \text{mg/m}^3 - \text{soil}$
>
> ② $M = 46.56 \text{mg/m}^3 \times 1,000\text{m}^3 = 46,561.4 \text{mg}$
>
> ③ $t = M/CQ = \dfrac{46,561.4 \text{mg}}{4\text{mg/m}^3 \times 20\text{m}^3/\text{hr}} = 582.12 \text{hr}$

08 오염토양의 처리기술에 따른 구분 중 열적처리기술 3가지를 쓰시오.

> **풀이**
>
> **열적처리기술(3가지만 기술)**
> ① 열탈착법
> ② 소각법
> ③ 유리화법
> ④ 열분해법

09 지하저장탱크 철거공사 시 발생한 오염토양의 양은 4,500m³이다. 오염토양의 공극률이 30%일 때 초기 수분포화도 25%를 생물학적 정화기술의 최적수분포화도인 65%로 조절하기 위해 필요한 수분의 초기 소요량은 몇 L인가?

> **풀이**
>
> 포화도 $= \dfrac{\text{물의 부피}}{\text{공극의 부피}}$
>
> 포화도 65%일 때 물의 양(L)$= 0.65\,(4{,}500\text{m}^3 \times 0.3) = 877.5\text{m}^3 = 877{,}500\text{L}$
>
> 포화도 25%일 때 물의 양(L)$= 0.25\,(4{,}500\text{m}^3 \times 0.3) = 337.5\text{m}^3 = 337{,}500\text{L}$
>
> 필요한 물의 양 $= 877{,}500\text{L} - 337{,}500\text{L} = 540{,}000\text{L}$

10 특정토양오염관리대상시설의 설치자가 받는 토양오염검사 주기를 설명하시오.

> **풀이**
>
> 매년 1회 환경부령으로 정하는 때에 토양 관련 전문기관으로부터 토양오염도 검사를 받을 것. 다만, 토양오염방지시설을 설치하고 적정하게 유시·관리하고 있는 경우에는 환경부령으로 정하는 기준에 따라 검사주기를 5년의 범위에서 조정할 수 있다.

11 LNAPL에 관하여 다음 내용을 설명하시오.

(1) 정의
(2) 종류(2가지)

풀이

(1) 정의
저밀도 비수용성 액체를 말하며 물에 쉽게 용해되지 않고 섞이지 않아 자연상에서 물과 분리된 유체의 형태로 존재하는 NAPL 중 물보다 밀도가 작은 NAPL을 말한다.

(2) 종류(2가지)
① BTEX(벤젠, 톨루엔, 에틸벤젠, 크실렌)
② 원유, 휘발유, 디젤유

---

12 석유계 총탄화수소(TPH)를 기체크로마토그래피법으로 분석 시 사용되는 추출물질을 쓰시오.

풀이

디클로로메탄

---

13 오염된 지역의 조사에서 용존산소 배경농도가 6mg/L, 벤젠으로 오염된 지역 내의 용존산소량이 0.5mg/L일 때 호기성 생분해 과정을 통해 소모된 산소에 따른 생분해 분해능(mg/L)을 구하시오.

풀이

$$C_6H_6 + 7.5O_2 \rightarrow 6CO_2 + 3H_2O$$

$$78g : (7.5 \times 32)g$$

$$C_6H_6(mg/L) : (6-0.5)mg/L$$

$$C_6H_6(mg/L) = \frac{78g \times 5.5mg/L}{(7.5 \times 32)g} = 1.79mg/L$$

14 유류오염지역의 토양 8,000m³을 수거하여 오염도를 조사한 결과 TPH 평균 오염농도가 1,200mg/kg이었다. 이 토양을 바이오파일(Biopile) 공법으로 처리 시 필요한 N(질소)와 P(인)의 양(kg)은?(단, 미생물 활성을 위한 영양물질 비율은 C : N : P = 100 : 10 : 1, 토양밀도 1.35g/cm³, 토양 중 N, P는 없음)

> **풀이**
>
> TPH의 양(kg) = 1,200mg/kg × 8,000m³ × 1.35g/cm³
> $\qquad\qquad\quad$ × 1kg/10⁶mg × 10⁶cm³/m³
> $\qquad\quad$ = 12,960,000g × 1kg/1,000g
> $\qquad\quad$ = 12,960kg
>
> (1) N 필요량
> $\quad$ TPH[C] : N(100 : 10) = 12,960kg : N
> $\quad$ N = $\dfrac{10 \times 12,960}{100}$ = 1,296kg
>
> (2) P 필요량
> $\quad$ TPH[C] : P(100 : 1) = 12,960 : P
> $\quad$ P = $\dfrac{1 \times 12,960}{100}$ = 129.6kg

15 오염토양의 물리·화학적 처리기술 4가지를 쓰시오.

> **풀이**
>
> **오염토양의 물리·화학적 처리기술**
> ① 토양세정법
> ② 토양증기추출법
> ③ 토양세척법
> ④ 용매추출법

16 오염토양의 처리장소를 위치에 따라 2가지로 구분하고 구분 중 한 가지는 다시 2가지로 구분하여 각각을 간단히 설명하시오.

> **풀이**
> (1) On-Situ
>   오염토양을 오염장소에서 직접 처리하는 방법
>   ① In-Situ
>   오염토양을 수거하지 않고 현위치에서 처리하는 방법
>   ② Ex-Situ
>   오염토양을 수거하여 부지 내 다른 장소에서 처리하는 방법
>
> (2) Off-Situ
>   오염토양을 수거하여 부지 밖 다른 장소에서 처리하는 방법

17 오염농도가 10,000mg/kg인 오염토양을 열탈착반응조에 투입처리한다. 제거율이 농도와 무관한 0차 반응에 의한 저감 시, 오염물질을 모두 탈착시키는 데 소요되는 시간(hr)을 구하시오. (단, 탈착계수는 2mol/kg·hr, 오염물질 1mol은 10g)

> **풀이**
> $C_t = -k \times t + C_o$
> $0 = (-2\text{mol/kg} \cdot \text{hr} \times t) + 10,000\text{mg/kg}$
> $t = \dfrac{10,000\text{mg/kg} \times \text{mol}/10\text{g} \times \text{g}/1,000\text{mg}}{2\text{mol/kg} \cdot \text{hr}}$
> $\quad = 0.5\text{hr}$

SECTION 018 2019년 4회 복원기출문제

01 토양증기추출법(SVE)의 적용 제한인자(제약조건) 4가지를 쓰시오.

> **풀이**
>
> **토양증기추출법 제한인자(4가지만 기술)**
> ① 미세토양이나 수분함량이 50% 이상 높은 토양의 경우 통기성을 저해하여 증기압을 높이기 위한 추가비용 부담이 증가된다.
> ② 유기물의 함량이 높은 토양 및 건조한 토양은 VOC(휘발성 유기물질)의 흡착능력이 높아 제거율이 낮아진다.
> ③ 방출·추출된 증기는 인간이나 주변 환경에 해가 되지 않도록 처리해야 한다.
> ④ 추출가스 처리에 사용된 활성탄 및 용액을 안전하게 처리해야 한다.
> ⑤ 포화지역에는 효과가 없으나 대수층을 낮추면 적용범위가 많아진다.
> ⑥ 투수성 지반 내에 렌즈 모양의 불투수성 부분이 존재하는 경우 휘발성 오염물질의 제거효율이 저하된다.

02 어느 지역의 토양공극률은 0.45이며 토양입자밀도는 2.65g/m³이다. 이 지역의 토양용적밀도(g/m³)를 구하시오.

> **풀이**
>
> $$\text{공극률} = 1 - \left(\frac{\text{토양용적밀도}}{\text{토양입자밀도}}\right)$$
> $$0.45 = 1 - \left(\frac{\text{토양용적밀도}}{2.65}\right)$$
> $$\text{토양용적밀도} = 1.46 \text{g/m}^3$$

03 다음은 지하매설 저장장치에 대한 누출감지시설 중 자동누출측정방법에 관한 내용이다. 이 내용에 맞는 측정방법을 쓰시오.

> 액상 저장물질의 상부 표면에 매우 민감한 부표를 띄우고 누출에 따른 표면의 감소를 고정되어 있는 균형추를 통해 변화를 컴퓨터나 도표로 출력하는 방법이다.

풀이
부표식

04 디젤유 탱크의 균열로 디젤유 유출이 발생되어 토양 및 지하수가 오염되었다. 토양 디젤유 농도가 2,000mg/kg, 지하수 내 디젤의 농도가 10mg/L이고 디젤유가 토양 및 지하수 내 균일하게 오염되어 있다는 가정과 다음 조건에 따라 유출된 경우의 양(L)을 구하시오.

- 오염토양 부피 : $300m^3$
- 오염지하수층 부피 : $1,200m^3$
- 토양의 밀도 : $1,600kg/m^3$
- 디젤유의 밀도 : $850kg/m^3$
- 지하수층 공극률 : 0.4

풀이

유출된 경유의 총량(L) = 토양 내 유출된 경유 + 지하수 내 유출된 경유

$$\text{토양 내 유출된 경유(L)} = \frac{300m^3 \times 2,000mg/kg \times 1,600kg/m^3}{850kg/m^3 \times 10^6 mg/kg \times m^3/1,000L}$$

$$= 1,129.41L$$

$$\text{지하수 내 유출된 경유(L)} = \frac{1,200m^3 \times 10mg/L \times 0.4 \times 1,000L/m^3}{850kg/m^3 \times 10^6 mg/kg \times m^3/1,000L}$$

$$= 5.65L$$

$$= 1,129.41 + 5.65 = 1,135.06L$$

05 토양세척법의 처리공정 순서를 쓰시오.

> **풀이**
>
> **처리공정 순서**
> 토양세척공정의 구성은 파쇄기, 선별기, 분리장치, 혼합 및 추출장치, 세척액 처리장치, 대기오염 방지장치, 미세토양의 2차 처리장치 등이다.
>
>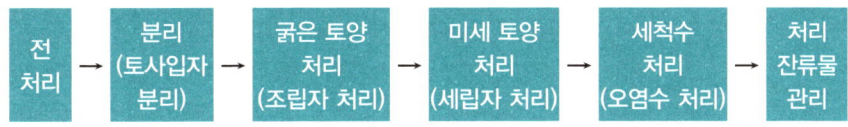

06 휘발성 유기화합물(VOCs)을 원위치(In-situ)로 처리하고자 한다. 다음에서 처리효율이 가장 높은 것과 낮은 것을 1가지씩 고르시오.

> 고형화/안정화 기술, 토양증기추출법, 공기분사법, 토양세척법, 토양세정법, 토양경작법

> **풀이**
>
> ① 처리효율이 가장 높은 것
>   토양증기추출법
> ② 처리효율이 가장 낮은 것
>   고형화/안정화 기술

07 토양 중 수분함량을 계산하는 식을 설명하시오. (단, W_1 : 건조증발접시의 무게, W_2 : 시료와 증발접시의 무게, W_3 : 건조된 시료와 증발접시의 무게)

> **풀이**
>
> $$수분(\%) = \frac{(W_2 - W_3)}{(W_2 - W_1)} \times 100$$

08 내재투수계수가 1.3darcy일 때, 물 온도 25℃의 수리전도도(cm/sec)를 구하시오. (단, 소수 6자리에서 반올림, $g = 980\,\text{cm/sec}^2$, 25℃에서 물의 점도 0.00890poise, 25℃에서 물의 밀도 $1\,\text{g/cm}^3$)

> **풀이**
>
> 수리전도도(K)
>
> $$K = K_i\left(\frac{\gamma}{\mu}\right) = K_i\left(\frac{\rho g}{\mu}\right)$$
>
> K_i(고유투수계수), $1\text{darcy} = 9.87 \times 10^{-9}\,\text{cm}^2$이므로
>
> $K_i = 9.87 \times 10^{-9} \times 1.3\,\text{cm}^2$
>
> $\rho = 1\,\text{g/cm}^3$
>
> $g = 980\,\text{cm/sec}^2$
>
> $\mu = 0.00890\text{poise} = 0.0089\,\text{g/cm} \cdot \text{sec}$
>
> $= \dfrac{9.87 \times 10^{-9} \times 1.3\,\text{cm}^2 \times 1\,\text{g/cm}^3 \times 980\,\text{cm/sec}^2}{0.0089\,\text{g/cm} \cdot \text{sec}}$
>
> $= 0.00141\,\text{cm/sec}$

09 다음 그림과 같이 지하수의 차수와 정화를 동시에 하는 처리방법의 명칭 및 반응 메커니즘 4가지를 쓰시오.

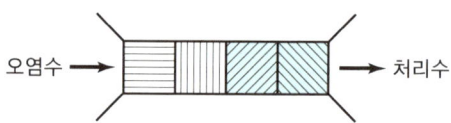

> **풀이**
>
> ① 명칭 : 투수성 반응벽체(PRB)
> ② 반응 메커니즘
>   ㉠ 침전
>   ㉡ 휘발 및 생분해
>   ㉢ 흡착
>   ㉣ 산화·환원

10 식물복원공정 오염물질의 제거기작 원리 3가지와 적합한 식물 1가지를 쓰시오.

> **풀이**
>
> (1) 식물에 의한 추출
>   ① 원리
>   식물조직이 중금속이나 방사성 물질과 같은 무기오염물질을 체내에 흡수하여 축적(농축)함으로써 오염물질을 제거하는 원리이다.
>   ② 적합한 식물
>   해바라기
>
> (2) 식물에 의한 분해
>   ① 원리
>   식물이 독성물질을 분해하는 효소를 분비하거나 오염물질을 분해하는 데 중요한 역할을 하는 토양미생물에 필요한 영양분을 제공하여 분해활동을 활성화시킴으로써 오염물질을 무독성의 물질로 전환시키는 원리이다.
>   ② 적합한 식물
>   포플러나무
>
> (3) 식물에 의한 안정화
>   ① 원리
>   오염물질이 식물 뿌리 주변에 비활성의 상태로 축적되거나 식물체에 의해 오염물질의 이동을 차단하는 원리를 이용하며, 뿌리 주변 토양의 pH 변화 등에 의하여 중금속의 산화도가 바뀌어 불용성의 상태로 되는 원리에 기초한다.
>   ② 적합한 식물
>   포플러나무

11 다음의 토양복원방법을 쓰시오.

> 지하수면 아래의 포화대에 공기를 주입함으로써 미생물에 의해 대수층 내의 유기물질을 분해하고 또한 휘발성 유기오염물질을 불포화 토양층으로 이동시켜 분해한다.

> **풀이**
> 바이오스파징(Bio Sparging)

12 100m³의 오염토양을 처리하기 위하여 토양을 물로 포화시키려 한다. 토양의 함수비는 10Wt%이고 습윤단위중량 1.7g/cm³, 토양입자 비중 2.7, 물의 단위중량 1g/cm³일 때 첨가해야 할 물의 양은 몇 ton인가?

> **풀이**
>
> 첨가해야 할 물(ton) = 공극의 부피 − 물의 무게
>
> $$공극률 = \frac{공극부피}{토양\ 전체부피}$$
>
> 공극의 부피 = 공극률 × 토양 전체부피
>
> $$공극률 = \left(1 - \frac{용적비중}{입자비중}\right)$$
>
> $$= 1 - \left(\frac{1.7}{2.7}\right) = 0.3704$$
>
> $$= 0.3704 \times 100m^3 = 37.04m^3 (37.04ton)$$
>
> $$함수비 = \frac{물의\ 무게}{건조토양\ 전체무게}$$
>
> 물의 무게 = 함수비 × 건조토양 전체무게
>
> $$습윤단위중량 = \frac{토양\ 전체무게}{전체부피}$$
>
> 토양 전체무게 = 습윤단위중량 × 전체부피
>
> $$= 1,700 kg/m^3 \times 100 m^3$$
>
> $$= 170 ton$$
>
> $$= 0.1 \times 170 ton = 17 ton$$
>
> $$= 37.04 - 17 = 20.04 ton$$

13 다음은 오염토양 반입정화시설의 세부설치기준에 관한 내용이다. ( ) 안에 알맞은 내용을 쓰시오.

> 정화시설의 바닥면적에 높이 (가)미터를 곱한 용적에 (나)를 곱하여 산출한 용량 (정화시설이 2개소 이상인 경우 각각의 시설에 대한 용량을 산정하여야 한다)

> **풀이**
>
> 가 : 2
> 나 : 0.9

14 수분 20%를 함유한 토양 100ton의 온도를 20℃에서 300℃까지 올리는 데 필요한 전력(kWh)사용량을 구하시오.(단, 토양비열 200cal/kg·℃, 물의 비열 1,000 cal/kg·℃, 물의 증발열 539,000cal/kg, 1kWh=860kcal)

> **풀이**
>
> ① 토양
>
> $Q = mC\Delta t$
> $= (100-20)\text{ton} \times 0.2\text{kcal/kg}\cdot℃ \times (300-20)℃ \times 1,000\text{kg/ton}$
> $= 4,480,000\text{kcal}$
>
> ② 수분
>
> $Q = mC\Delta t$
> $= 20\text{ton} \times 539\text{kcal/kg} \times 1,000\text{kg/ton}$
> $= 10,780,000\text{kcal}$
>
> 전력(kWh)사용량 $= (4,480,000 + 10,780,000)\text{kcal} \times 1\text{kWh}/860\text{kcal}$
> $= 17,744.19\text{kWh}$

15 다음 조건에서 제거해야 할 비소의 양(kg)을 구하시오.

- 비소로 오염된 오염지역의 토양 밀도 : 1.8g/cm^3
- 비소의 오염농도 : 5,500mg/kg
- 오염토양 부피 : $1,800\text{m}^3$
- 목표오염농도 기준 : 80mg/kg

> **풀이**
>
> 제거해야 할 비소량(kg) $= (5,500-80)\text{mg/kg} \times 1.8\text{g/cm}^3 \times 1,800\text{m}^3$
> $\times \text{cm}^3/10^{-6}\text{m}^3 \times \text{kg}/1,000\text{g} \times 10^{-6}\text{kg/mg}$
> $= 17,560.8\text{kg}$

16 폐광산의 중금속을 처리할 수 있는 공법 3가지를 쓰시오.

> **풀이**
> (1) 격리저장 및 처리방법
>   ① 차수벽 설치 및 복토
>   ② 투수성 반응벽체
>
> (2) 화학적 처리방법
>   ① 고정화/안정화 방법
>   ② 유리화 방법
>   ③ 화학적 산화 · 환원방법
>
> (3) 추출 · 처리방법
>   ① 토양세척방법
>   ② 공기파쇄추출방법
>   ③ 전기동력학적 방법
>   ④ 식물정화기법

17 오염측정망 설치 시 중금속 조사 항목 8가지 중 6가지를 쓰시오.

> **풀이**
> Cd, Cu, As, Hg, Pb, Cr^{6+}, Zn, Ni(8가지 중 6가지 답안 작성)

18 다음은 토양을 오염시키는 주요물질에 관한 내용이다. ( ) 안에 알맞은 내용을 쓰시오.

> 일상생활에서 볼 수 있는 난분해성 물질 중에서 유기용매, 세정용도로 사용되는 (가) 화합물, 제초제 · 살충제 · 화학에 사용되는 (나) 화합물 등이 있다.

> **풀이**
> 가 : 할로겐
> 나 : 유기염소계

019 | 2020년 1회 복원기출문제

01 다음 그림과 같이 지하수의 차수와 정화를 동시에 하는 처리방법의 명칭 및 반응 메커니즘 4가지를 쓰시오.

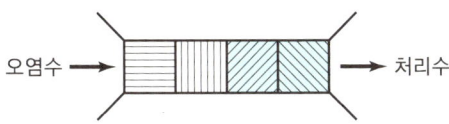

풀이

(1) 명칭 : 투수성 반응벽체(PRB)

(2) 반응 메커니즘
  ① 침전　　　　② 휘발 및 생분해
  ③ 흡착　　　　④ 산화 · 환원

02 오염물질이 지중에서 분해되며 반감기가 90일이다. 이 오염물질의 분해반응속도가 1차 반응이라고 가정할 때 '① 반응속도 상수(k)'와 '② 초기오염농도의 20%가 제거되는 데 소요되는 시간(day)'을 구하시오.

풀이

① 반응속도 상수(k)

$$\ln \frac{0.5\,C_0}{C_0} = -k \times 90\,\text{day}$$

$$k = 0.007702\,\text{day}^{-1}\,(7.702 \times 10^{-3}\,\text{day}^{-1})$$

② 20% 제거 소요시간(t)

$$\ln \frac{(1-0.2)\,C_0}{C_0} = -0.007702\,\text{day}^{-1} \times t$$

$$t = -\frac{\ln 0.8}{0.007702\,\text{day}^{-1}} = 28.97\,\text{day}$$

03 열적처리기술인 소각과 열탈착기술의 차이점을 쓰시오.

> **소각과 열탈착기술의 차이점**
> (1) 소각
>   소각은 산소가 있는 조건에서 고온으로 온도를 높여 유기물을 휘발시키고 동시에 소각시키는 기술이다.
> (2) 열탈착기술
>   열탈착은 산소 또는 무산소의 500℃ 이하의 토양 온도조건에서 오염물질을 토양으로부터 제거하는 기술이다.

04 어느 지역의 토양공극률은 0.3이며 토양입자밀도는 2.65g/cm³이다. 이 지역의 토양단위용적밀도(g/cm³)를 구하시오.

> $$공극률 = 1 - \left(\frac{토양용적밀도}{토양입자밀도}\right)$$
> $$0.3 = 1 - \left(\frac{토양용적밀도}{2.65}\right)$$
> 토양용적밀도 $= 1.86 \text{g/cm}^3$

05 토양의 형태학적 분류체계 6가지를 큰 것부터 작은 것의 순서로 쓰시오.

> 목(Order) > 아목(Sub-Order) > 대군(Great-Group) > 아군(Sub-Group) > 과(Family) > 통(Series)

06 유류(디젤)오염 토양을 굴착하여 화학적 산화법을 적용해 정화할 때 사용하는 산화제 종류 2가지를 쓰시오.

> **화학적 산화제(2가지만 기술)**
> ① 오존   ② 과산화수소수
> ③ 차아염소산염   ④ 염소
> ⑤ 이산화염소

07 다음 각각 설명에 대하여 해당 처리공법의 명칭을 쓰시오.

① 오염토양을 굴착하여 지표면에 깔아 놓고 정기적으로 뒤집어 줌으로써 공기를 공급하여 미생물과 산소의 접촉을 증가시켜 오염물질을 분해하는 호기성 생분해공정
② 오염된 불포화토양층에 인위적(강제적)으로 공기(산소)를 공급하여 산소의 농도를 증대시킴으로써 토양 내에 존재하는 토착 미생물의 활성을 촉진시켜 생분해도(생분해능)를 증진(극대화)하여 오염토양을 정화하는 공법
③ 중금속으로 오염된 토양에 pH가 낮은 산용액을 이용하여 중금속을 토양으로부터 분리시켜 처리하는 공법(오염토양을 굴착하여 토양입자 표면에 부착된 유·무기성 오염물질을 세척액으로 분리시켜 이를 토양 내에서 농축처분하거나 재래식 폐수처리방법으로 처리하는 방법)

풀이
① 토양경작법(Landfarming)
② 생물학적 통기법(Bioventing)
③ 토양세척공법(Soil Washing)

08 대부분 소수성 유기오염물질을 토양으로부터 제거 가능하며 미생물의 활성도를 증가시켜 부가적인 생분해 효과를 얻을 수 있는 첨가물질을 쓰시오.

풀이
계면활성제

09 DNAPL을 설명하고 대표적인 오염물질 종류 2가지를 쓰시오.

풀이
DNAPL(고밀도 비수용성 액체)
① 정의
　물에 쉽게 용해되지 않고 혼합되지 않아 자연상에서 물과 분리된 유체의 형태로 존재하는 NAPL 중 물보다 밀도가 큰 비수용성 액체로 밀도가 $1g/cm^3$ 이상이다.
② 대표적 오염물질(2가지만 기술)
　㉠ TCE(Trichloroethylene), PCE(Perchloroethylene)
　㉡ 페놀, PCB(Polychlorinated Biphenyl)
　㉢ 1,1,1-Trichloroethane(1,1,1-TCA), 2-Chlorophenol(클로로페놀)
　㉣ 클로로포름, 사염화탄소

10 1 : 1형 점토광물 및 2 : 1형 점토광물의 종류를 각각 2가지씩 쓰시오.

> **풀이**
>
> (1) 1 : 1형 점토광물
> ① 할로이사이트
> ② 카올리나이트
>
> (2) 2 : 1형 점토광물
> ① 몬모릴로라이트
> ② 일라이트

11 토양오염원 분류에서 비점오염원의 종류 5가지를 쓰시오.

> **풀이**
>
> **비점오염원의 종류(5가지만 기술)**
> ① 산성비
> ② 농약 및 화학비료
> ③ 도로제설제
> ④ 도로노면 배수
> ⑤ 쓰레기에서 유발된 질산성 질소
> ⑥ 휴・폐광산으로부터 유출되는 중금속
> ⑦ 방사성 물질

12 토양의 투수계수가 0.15m/day이고 공극률이 0.3, 수리경사가 0.033일 때 오염물질이 90cm 이동하는 데 걸리는 시간(day)은?(단, Darcy 법칙 적용)

> **풀이**
>
> $$\overline{V} = \frac{k}{\eta_e}\left(\frac{dh}{dL}\right) = \frac{L}{T}$$
>
> $$T = \frac{L}{\dfrac{k}{\eta_e}\left(\dfrac{dh}{dL}\right)} = \frac{0.9\mathrm{m}}{\left(\dfrac{0.15\mathrm{m/day}}{0.3}\right) \times 0.033} = 54.55\mathrm{day}$$

13 생물학적 처리 경우 미생물에게 필요한 환경조절인자 3가지를 쓰시오.

> **풀이**
>
> **환경조절인자(3가지만 기술)**
> ① 전자수용체(산소)
> ② pH(수소이온농도)
> ③ 영양물질
> ④ 온도
> ⑤ 토양수분

14 토양정밀조사 3단계를 쓰고 간단히 설명하시오.

> **풀이**
>
> **토양정밀조사 3단계**
> ① 기초조사
>   자료조사, 청취조사 및 현지조사 등을 통하여 토양오염가능성 유무를 판단하기 위한 조사
> ② 개황조사
>   개황조사는 오염토양 정화 및 토양오염 방지를 위한 조치가 필요한 지역의 오염물질 종류, 오염면적 및 오염범위 등을 파악하기 위한 사전 개략조사이며, 이를 기준으로 정밀조사를 실시한다.
> ③ 정밀조사(상세조사로 변경)
>   정밀조사(상세조사)는 개황조사 결과 우려기준을 초과하거나 오염이 우려되는 농도(중금속과 불소는 우려기준의 70%, 그 밖의 오염물질은 우려기준의 40%를 초과하는 농도를 말한다. 이하 같다.)에 해당하는 지역과 심도를 대상으로 정밀조사(상세조사)를 실시한다.

15 식물복원공정 오염물질 제거기작 원리 3가지와 적합한 식물 1가지를 쓰시오.

> **풀이**
>
> (1) 식물에 의한 추출
>   ① 원리 : 식물조직이 중금속이나 방사성 물질과 같은 무기오염물질을 체내에 흡수하여 축적(농축)함으로써 오염물질을 제거하는 원리
>   ② 적합한 식물 : 해바라기
> (2) 식물에 의한 분해
>   ① 원리 : 식물이 독성물질을 분해하는 효소를 분비하거나 또는 오염물질을 분해하는 데 중요한 역할을 하는 토양미생물에 필요한 영양분을 제공하여 분해활동을 활성화시킴으로써 오염물질을 무독성의 물질로 전환시키는 원리
>   ② 적합한 식물 : 포플러나무
> (3) 식물에 의한 안정화
>   ① 원리 : 오염물질이 식물 뿌리 주변에 비활성의 상태로 축적되거나 식물체에 의해 오염물질의 이동을 차단하는 원리를 이용하며, 뿌리 주변 토양의 pH 변화 등에 의하여 중금속의 산화도가 바뀌어 불용성의 상태로 되는 원리에 기초한다.
>   ② 적합한 식물 : 포플러나무

16 어느 오염 부지의 깊이별 토양 오염도를 조사한 결과가 다음과 같을 때 총 오염토양의 양(kg)은 얼마인가?(단, 오염토양밀도=1,800kg/m³)

깊이(m)	오염면적(m²)
0.0~1.0	0
1.0~1.5	308
1.5~2.0	428
2.0~2.5	590
2.5~3.0	600
3.0~3.5	0

> **풀이**
>
> 오염토양의 부피(m³) = 깊이 × 면적
> $= 0.5m \times (308+428+590+600)m^2 = 963m^3$
>
> 총 오염토양의 양(kg) = 부피 × 밀도
> $= 963m^3 \times 1,800kg/m^3 = 1,733,400kg$

17 잔류성 유기오염물질(POPs)의 정의 및 다른 물질과 구별되는 특징 4가지를 쓰시오.

> **풀이**
>
> **(1) 정의**
> 유해화학물질 중에서 독성이 강하면서 분해가 느려 생태계에 오랫동안 남아 피해를 일으키는 물질을 잔류성 유기오염물질이라 한다.
>
> **(2) 특징**
> ① 독성　　　　　　　② 잔류성
> ③ 생물농축성　　　　④ 장거리 이동성

18 점토토양(점토광물)에서 pH의 영향을 받는 전하, 영향을 받지 않는 전하, pH에 따라 변화하는 전하의 명칭을 각각 쓰시오.

> **풀이**
> ① pH의 영향을 받는 전하 : 토양의 순전하(양전하와 음전하의 합)
> ② pH의 영향을 받지 않는 전하 : 영구전하
> ③ pH에 따라 변화하는 전하 : 가변전하
>
> [참고]
> - 음전하(양이온 교환용량) : 토양 pH의 상승에 따라 증가
> - 양전하(음이온 교환용량) : 토양 pH의 하강에 따라 증가
> - pH 4.4에서 음전하와 양전하가 같아져 순전하가 0이 되는 pH를 등전점이라 함

19 다음 자료를 이용하여 오염된 대수층의 폭(m)을 계산하시오.

- 유량 : 100m³/min
- 수리전도도 : 3.0×10^{-3}cm/sec
- 동수구배 : 0.002
- 유효공극률 : 0.23
- 대수층 길이 : 400m

> **풀이**
> 평균이동속도($\overline{V}$)
> $$\overline{V}(\text{m/sec}) = \frac{k}{\eta_e}\left(\frac{dh}{dL}\right)$$
> $$= \frac{3.0 \times 10^{-3}\text{cm/sec} \times \text{m}/100\text{cm} \times 0.002}{0.23} = 2.6 \times 10^{-7}\text{m/sec}$$
> 대수층 면적(m²) $= \dfrac{100\text{m}^3/\text{min} \times \text{min}/60\text{sec}}{2.6 \times 10^{-7}\text{m/sec}} = 6,410,256.41\text{m}^2$
>
> 대수층 폭(m) $= \dfrac{6,410,256.41\text{m}^2}{400\text{m}} = 16,025.64\text{m}$

2020년 통합 1·2회 복원기출문제

01 대수층 흡착에 의한 지연이 일어나지 않는 경우 지하수 흐름에 의한 오염운이 100m 진행하는 데 1년이 걸렸다. 대수층의 공극률이 0.3, 흡착계수가 0.2mL/g이고, 대수층 평균전체밀도가 1.8g/cm³인 경우, 선형흡착모델로부터 구해지는 지연계수를 이용하여, 대수층 흡착에 의한 지연에 의해 오염운이 100m 진행하는 데 걸리는 시간(year)을 계산하시오.

풀이

$$\text{이동속도} = \frac{\text{지하수 이동속도}}{\left(\frac{\text{용적밀도}}{\text{공극률}} \times \text{분배계수}\right) + 1}$$

지하수 이동속도 = 100m/year
용적밀도 = 1.8g/cm³
공극률 = 0.3
흡착계수 = 0.2mL/g

$$= \frac{100\text{m/year}}{\left(\frac{1.8\text{g/cm}^3}{0.3} \times 0.2\text{mL/g}\right) + 1} = 45.45\text{m/year}$$

$$\text{시간} = \frac{\text{거리}}{\text{속도}} = \frac{100\text{m}}{45.45\text{m/year}} = 2.20\text{year}$$

02 다음은 PCB-기체크로마토그래피 분석내용이다. ( ) 안에 알맞은 내용을 쓰시오.

토양을 알칼리 분해한 다음 노말헥산으로 추출하고 알칼리분해추출 과정 중 제거되지 않은 유류 등 유기물질이 존재하는 경우 (①)처리하여 제거하고 (②) 또는 (③)을 통과시켜 정제한다.

풀이

① 황산   ② 실리카겔   ③ 다층실리카겔

03 토양수분의 물리학적 분류 3가지를 쓰시오.

풀이

토양수분의 물리학적 분류
① 결합수   ② 흡습수   ③ 모세관수

04 다음 보기에서 설명하고 있는 수질도식법의 명칭을 쓰시오.

> 지하수 모니터링의 수질조사에 널리 이용되고 있는 삼각수질도식법으로, 하단의 2개 삼각형 중 왼쪽은 주 양이온 Na^+, K^+, Ca^{2+}, Mg^{2+}의 농도(epm)를 백분율로 환산하여 도시하고, 오른쪽 삼각형에는 주 음이온인 Cl^-, SO_4^{2-}, HCO_3^-, CO_3^{2-} 이온농도(epm)를 백분율로 환산·도시하여 양이온과 음이온이 도시된 점을 상부에 있는 다이아몬드형 그래프에 도시하여 지하수의 유형분석과 진화 및 혼합작용을 분석하는 데 이용한다.

풀이
파이퍼 다이어그램(Piper Diagram)

05 다음 보기의 토양층위를 지표면으로부터 지하의 순서대로 나열하시오.

> A층, B층, C층, O층, R층

풀이
O층(유기물층) → A층(표층, 용탈층) → B층(집적층) → C층(모재층) → R층(기반암)

06 지하매설 저장시설에 대한 누출감지시설 중 자동누출측정법의 종류 4가지를 쓰시오. (단, 전자석 탐지식은 제외)

풀이
지하매설 저장시설에 대한 누출감지시설 중 자동누출 측정방법(부피환산법 : 물리적 방법)(4가지만 기술)
① 압력측정식 ② 기포식 ③ 부표식
④ 레이저식 ⑤ 광전기식 ⑥ 초음파 측정식
⑦ 전자석 탐침식

07 벤젠 20kg으로 오염된 토양을 원위치 생물학적 복원기술에 의해 정화하고자 한다. 다음의 조건에 의해 벤젠이 완전분해되는 데 필요한 산소를 과산화수소로 공급하고자 할 때 필요한 과산화수소의 양(kg)은?

> **풀이**
>
> 호기성 생분해 반응식
>
> $$C_6H_6 + 7.5O_2 \rightarrow 6CO_2 + 3H_2O$$
>
> $78kg : (7.5 \times 32)kg$
>
> $20kg : O_2(kg)$
>
> $$O_2(kg) = \frac{20kg \times 240kg}{78kg} = 61.54kg$$
>
> 과산화수소의 양
>
> $$2H_2O_2 \rightarrow 2H_2O + O_2$$
>
> $\ 68kg\ :\ 32kg$
>
> $2H_2O_2(kg) : 61.54kg$
>
> $$2H_2O_2(kg) = \frac{68kg \times 61.54kg}{32kg} = 130.77kg$$

08 오염부지 정화를 위한 복원계획에 필요한 주요 설계인자의 평가를 위해 현장적용에 앞서 실시하는 2가지 시험법은 Bench Test와 (　　　)이다.

> **풀이**
>
> Pilot Test

09 대기의 공기조성과 토양의 공기조성의 차이점을 쓰시오.

> **풀이**
>
> 토양공기는 일반공기에 비해 산소(O_2)의 농도는 낮고 이산화탄소(CO_2) 및 수증기(H_2O)의 함량은 높다. 또한 토양공기 중 질소(N_2) 농도는 일반공기 중과 비슷하다.

10 Bio Sparging 복원방법에서 Ferrous Iron(Fe^{2+})이 10mg/L 이상에서는 적합하지 않은 이유를 쓰시오.

> **풀이**
>
> 지하수 내에 용존 Fe^{2+}이 바이오스파징 중 산소와 접촉 시 Fe^{3+}로 산화되면서 불용상태로 존재하여 대수층의 공극 내에 침전, 투수성을 저하시킨다.

11 대수층에서 지하수의 이동속도를 수리전도도를 이용하여 구하는 Darcy 법칙 및 각 변수를 설명하시오.

> **풀이**
>
> 이동속도($\overline{V}$)
>
> $$\overline{V} = \frac{k}{\eta_e} \times \left(\frac{dh}{dL} = I\right) = \frac{k \cdot I}{\eta_e}$$
>
> 여기서, $\overline{V}$: 실제 지하수 이동속도
> η_e : 유효공극률
> k : 수리전도도(투수계수)
>   지층에서 물의 이동속도를 표시하는 척도로 사용함
> I : 동수경사(수리경사)
>   유체가 다공성 매체를 통과 시 마찰 등으로 인한 에너지 손실을 의미함

12 유기독성 물질의 미생물 분해반응의 종류 6가지 중 3가지의 반응식을 쓰고 간단히 설명하시오.

> **풀이**
>
> **유기독성 물질의 미생물 분해반응(3가지만 기술)**
>
> ① 가수분해반응
>
> $$RX + H_2O \rightarrow ROH + H^+ + X^-$$
>
> 여기서 X^- : 할로겐 원소
> 물이 가수분해 반응 시 발생된 수산이온(OH)이 유기화합물질과 반응하고 할로겐이온이 떨어져 나오는 반응이다.
>
> ② 탈염소반응
>
> $$CCl_4 \rightarrow HCCl_3 \rightarrow H_2CCl_2$$
>
> 염소 치환 유기화합물이 전자수용체로 이용되어 수소원자 한 개와 반응하면서 염소원자가 떨어져 나오는 반응이다.
>
> ③ 분할
>
> $$R-COOH \rightarrow RH + CO_2$$
>
> 유기화합물 내의 탄소-탄소 사이의 결합이 분할되거나 탄소사슬의 끝단에 있는 탄소가 떨어져 나오는 반응이다.
>
> ④ 산화반응
>
> $$RCH_3 \rightarrow RCH_2OH \rightarrow RCHO \rightarrow RCOOH$$

친전자성인 산소를 이용하여 유기화합물을 분해하는 반응 또는 전자를 잃어버리는 반응으로, 예를 들어 방향족화합물인 경우 고리의 한쪽 끝에서 수산화반응에 의해 산화반응이 시작된다.

⑤ 환원반응

$$CCl_4 + H^+ + 3e^- \rightarrow CHCl_3 + Cl^-$$

친핵성인 수소를 이용하여 유기화합물을 분해하는 반응 또는 전자를 얻는 반응이며 지방족화합물에서 염소이온의 수를 줄여 주는 역할을 한다.

⑥ 탈수소할로겐화 반응

$$CCl_3CH_3 \rightarrow CCl_2CH_2 + HCl$$

유기화합물로부터 수소이온과 염소이온이 떨어져 나오는 반응으로 탈염소반응과 유사하다.

13 헥산 50kg으로 오염된 토양을 바이오벤팅 기술을 이용하여 처리하고자 한다. 헥산을 완전분해하기 위해 필요한 산소의 양(kg)을 구하고, 공기주입량이 5m³/day일 경우 헥산을 제거하는 데 소요되는 시간(day)을 예측하시오. (단, 기타 조건은 고려하지 않음)

$$C_6H_{14} + 19/2O_2 \rightarrow 6CO_2 + 7H_2O$$

공기밀도 : 1.205kg/m³
공기 중 산소함유율(무게기준) : 23.15%

풀이

산소의 양(kg)

$$C_6H_{14} + 9.5O_2 \rightarrow 6CO_2 + 7H_2O$$

86kg : 9.5×32kg
50kg : O_2(kg)

$$O_2(산소의\ 양) = \frac{50kg \times (9.5 \times 32)kg}{86kg} = 176.74kg$$

$$소요시간(day) = \frac{총\ 필요\ 주입\ 공기량}{1일\ 주입\ 공기량}$$

$$= \frac{(176.74/0.2315)kg}{5m^3/day \times 1.205kg/m^3} = 126.71(127day)$$

14 벤젠으로 오염된 지역에 대해 지하수 오염 모니터링을 진행하였다. 300일 후 벤젠의 농도가 0.5mg/L로 검출되었다면 초기의 벤젠농도(mg/L)는 얼마인가?(단, 1차 반응속도 상수 $K=0.005$/day)

> **풀이**
>
> $\ln \dfrac{C}{C_0} = -K \cdot t$
>
> $C = C_0 \times e^{-k \cdot t}$
>
> $0.5 = C_0 \times e^{-0.005 \times 300}$
>
> $C_0(\text{초기 농도}) = 2.24 \text{mg/L}$

15 토양오염의 위해성평가에서 건강위해성평가 4단계를 쓰시오.

> **풀이**
>
> ① 1단계 : 유해성확인
> ② 2단계 : 노출평가
> ③ 3단계 : 독성평가
> ④ 4단계 : 위해도 결정(위해의 특성화)

16 토양시료의 채취방법 중 일반지역에서 농경지의 경우 시료채취지점 선정에 대하여 설명하시오.

> **풀이**
>
> 농경지의 경우는 대상지역 내에서 지그재그형으로 5~10개 지점을 선정한다.

2020년 3회 복원기출문제

01 토양의 공극률이 0.4이고 토양입자밀도가 2.6g/cm³일 경우 용적밀도(g/cm³)를 구하시오.

풀이

$$공극률 = 1 - \left(\frac{토양용적밀도}{토양입자밀도}\right)$$

$$0.4 = 1 - \left(\frac{토양용적밀도}{2.6}\right)$$

토양용적밀도 = 1.56g/cm³

02 토양세척법에서 pH가 산성 및 알칼리성일 때의 차이점을 설명하시오.

풀이

① 산성일 경우
  보통 금속들이 표면에 흡착되지 않고 이동성이 증가해서 분리가 가능하다.

② 알칼리성일 경우
  비소, 몰리브덴, 셀레늄 금속은 알칼리성에서 음이온이 되어 토양에 흡착되지 않고 이동성이 증가해서 분리가 가능하며 수산화물이나 복합체 형태로 용출된다.

03 ㉠은 굴착한 오염토양을 1~3m 높이로 쌓아 토양층 내부에 설치된 통기관을 통해 공기를 강제로 주입하여 미생물의 활성을 극대화하여 오염물질을 처리하는 방식이며, ㉡은 ㉠과 오염물질 정화 메커니즘은 같으나, 오염토양을 얇게 펴서 주기적으로 뒤집어줌으로써 대기의 자연적인 접촉이 일어나도록 하는 방식이다.

위의 내용 중 ㉠, ㉡의 처리방식을 쓰시오.

풀이

㉠ : 바이오파일(Biopile) ㉡ : 토양경작방법(Landfarming)

04 휘발성 방향족 탄화수소 BTEX의 종류 4가지를 쓰고 오염조사를 위한 시료채취지점 선정방법을 설명하시오.

> **풀이**
>
> (1) BTEX의 종류
>   ① Benzene   ② Toluene
>   ③ Ethylbenzene   ④ Xylene
>
> (2) 시료채취지점 선정방법
>   농경지 또는 기타 지역의 구분에 관계없이 대상지역을 대표할 수 있는 1개 지점 또는 오염의 개연성이 높은 1개 지점을 선정한다.

05 DNAPL(고밀도 비수용성 액체)의 거동특성 2가지를 쓰시오.

> **풀이**
>
> **DNAPL의 거동 특성(2가지만 기술)**
> ① DNAPL은 물보다 무거워서 지하수면을 통과한다.
> ② DNAPL은 수직이동 중 일부는 용존되고 토양 공극 사이에 잔유물을 약 1~40% 남긴다.
> ③ 대수층 바닥에 도달 시 DNAPL은 지하수 이동방향과 관계 없이 기반암의 기울기에 따라 이동방향이 결정된다.

06 토양세척방법의 장점 3가지를 쓰시오.

> **풀이**
>
> ① 외부환경의 조건 변화에 대한 영향이 적고 자체적인 조건 조절이 가능한 폐쇄형 공정이다.
> ② 부지 내에서 유해오염물의 이송 없이 바로 처리 가능하다.
> ③ 적용 가능한 오염물질 종류의 범위가 넓다. 또한 무기물과 유기물을 동시에 처리할 수 있다.

07 TCE로 오염된 지하수를 양수하여 폭기조 내에서 공기분산법으로 제거하는 경우, 폭기조의 부피가 500m³인 처리장에서 1일 3,000m³의 오염지하수가 유입된다면 폭기시간(hr)은?

> **풀이**
>
> $$\text{폭기시간(hr)} = \frac{V}{Q} = \frac{500\text{m}^3}{3,000\text{m}^3/\text{day} \times \text{day}/24\text{hr}} = 4\text{hr}$$

08 토양의 투수계수가 0.15m/day이고 공극률이 0.3, 수리경사가 0.033일 때 오염물질이 90cm 이동하는 데 걸리는 시간(day)은?(단, Darcy 법칙 적용)

> **풀이**
>
> $$\overline{V} = \frac{k}{\eta_e}\left(\frac{dh}{dL}\right) = \frac{L}{T}$$
>
> $$T = \frac{L}{\frac{k}{\eta_e}\left(\frac{dh}{dL}\right)} = \frac{0.9\text{m}}{\left(\frac{0.15\text{m/day}}{0.3}\right) \times 0.033} = 54.55\text{day}$$

09 토양시료의 채취방법 중 일반지역에서의 농경지가 아닌 기타 지역의 시료 채취지점 선정에 대하여 설명하시오.

> **풀이**
>
> 공장지역 · 매립지역 · 시가지지역 등 농경지가 아닌 기타 지역의 경우는 대상지역의 중심이 되는 1개 지점과 주변 4방위의 5~10m 거리에 있는 1개 지점씩 총 5개 지점을 선정하되, 대상지역에 시설물 등이 있어 각 지점 간의 간격이 불충분할 경우 간격을 적절히 조절할 수 있다.

10 오염토양 처리공법을 선택하기 위한 토양의 곡률계수(C_z)를 구하시오.(단, D_{10}은 0.0025mm, D_{30}은 0.025mm, D_{60}은 0.18mm이며 D_{10}, D_{30}, D_{60}은 각각 입도 분포곡선에서 통과백분율 10%, 30%, 60%에 해당하는 직경)

> **풀이**
>
> $$C_z = \frac{(D_{30})^2}{D_{10} \times D_{60}} = \frac{0.025^2}{0.0025 \times 0.18} = 1.39$$

11 식물정화법의 단점 2가지를 쓰시오.

> **풀이**
>
> **식물정화법의 단점**
> ① 다른 방법에 비해 효과가 느리다.
> ② 넓은 부지가 필요하고 지역에 따라 기후 및 계절의 영향을 받는다.

12 풍화가 심한 지역의 산화물토양이며 용탈이 매우 심하게 일어나는 고온다습한 열대기후지역에서 발달한 토양목을 쓰시오.

> **풀이**
>
> 옥시졸(Oxisols)

13 초기 TPH 오염농도가 13,500ppm이고 1차 분해반응에 의해 6일 후의 농도가 8,400ppm이다. 오염농도가 2,000ppm으로 될 때의 시간(day)은?

> **풀이**
>
> $$\ln \frac{C}{C_0} = -kt$$
>
> $$\ln \left(\frac{8,400}{13,500} \right) = -k \times 6\,\text{day}$$
>
> $$k = 0.0791\,\text{day}^{-1}$$
>
> $$\ln \left(\frac{2,000}{13,500} \right) = -0.0791\,\text{day}^{-1} \times t$$
>
> $$t = 24.14\,\text{day}$$

14 토양오염 위해성 평가과정 4단계를 쓰시오.

> **풀이**
>
> ① 1단계 : 노출경로 선택(유해성 인식) ② 2단계 : 노출평가
> ③ 3단계 : 독성평가 ④ 4단계 : 위해도 결정

15 유기독성 물질의 미생물 분해반응의 종류 6가지 중 3가지의 반응식을 쓰고 간단히 설명하시오.

> **풀이**
>
> **유기독성 물질의 미생물 분해반응(3가지만 기술)**
>
> ① 가수분해반응
>
> $$RX + H_2O \rightarrow ROH + H^+ + X^-$$
>
> 여기서 X^- : 할로겐 원소
>
> 물이 가수분해 반응 시 발생된 수산이온(OH)이 유기화합물질과 반응하고 할로겐이온이 떨어져 나오는 반응이다.
>
> ② 탈염소반응
>
> $$CCl_4 \rightarrow HCCl_3 \rightarrow H_2CCl_2$$
>
> 염소 치환 유기화합물이 전자수용체로 이용되어 수소원자 한 개와 반응하면서 염소원자가 떨어져 나오는 반응이다.
>
> ③ 분할
>
> $$R-COOH \rightarrow RH + CO_2$$
>
> 유기화합물 내의 탄소-탄소 사이의 결합이 분할되거나 탄소사슬의 끝단에 있는 탄소가 떨어져 나오는 반응이다.
>
> ④ 산화반응
>
> $$RCH_3 \rightarrow RCH_2OH \rightarrow RCHO \rightarrow RCOOH$$
>
> 친전자성인 산소를 이용하여 유기화합물을 분해하는 반응 또는 전자를 잃어버리는 반응으로, 예를 들어 방향족화합물인 경우 고리의 한쪽 끝에서 수산화반응에 의해 산화반응이 시작된다.
>
> ⑤ 환원반응
>
> $$CCl_4 + H^+ + 3e^- \rightarrow CHCl_3 + Cl^-$$
>
> 친핵성인 수소를 이용하여 유기화합물을 분해하는 반응 또는 전자를 얻는 반응이며 지방족화합물에서 염소이온의 수를 줄여주는 역할을 한다.
>
> ⑥ 탈수소할로겐화 반응
>
> $$CCl_3CH_3 \rightarrow CCl_2CH_2 + HCl$$
>
> 유기화합물로부터 수소이온과 염소이온이 떨어져 나오는 반응으로 탈염소반응과 유사하다.

16 오염토양처리방법 중 화학적 산화·환원법에서 화학적 산화제 종류 2가지와 적용 메커니즘 2가지를 쓰시오.

> **풀이**
> (1) 화학적 산화제
>   ① 오존(O_3)   ② 과산화수소수(H_2O_2)
> (2) 적용 메커니즘
>   ① 가수분해   ② 탈염소

17 인위적 중금속 오염원 4가지를 쓰고, 정화방법과 원리를 설명하시오.

> **풀이**
> (1) 인위적 중금속 오염원
>   ① 공장배기가스   ② 폐광산   ③ 제련슬러그   ④ 산업폐기물
> (2) 정화방법 및 원리
>   ① 석회질 투여 : 토양의 pH를 높여 중금속(Cu, Cd, Zn, Mn, Fe 등)을 수산화물로 침전시킨다.
>   ② 인산비료 투여 : 중금속(Cr, Pb, Zn, Cd, Fe, Mn)과 반응시켜 난용성의 인산염을 생성함으로써 중금속을 불용화시킨다.
>   ③ 토양환원 촉진 : 토양이 환원상태로 되면 Cd 등은 H_2S와 반응하여 난용성의 황화물을 형성함으로써 불용화시킨다.
>   ④ 식물을 이용한 제거 : 토양 중 중금속을 특이적으로 흡수·농축하는 식물을 이용하여 제거한다.(양치식물은 카드뮴, 해바라기는 납)
>   ⑤ 객토 : 오염된 토양을 깎아내고 그 위에 객토한다.

18 휘발성 유기물질의 처리를 위해 Bioventing의 적용성 시험을 하였다. 다음의 자료를 활용할 때 평균산소 소모율(% O_2/day)은?(단, 주입공기유량 30L/min, 초기산소농도 21%, 배기가스의 산소농도 5%, 시험용 토양부피 100m^3, 토양공극률 50%)

> **풀이**
> 평균산소 소모율(% O_2/day)
> $= \dfrac{Q(C_0 - C_f)}{V \times P}$
> $= \dfrac{30\text{L/min} \times 1\text{m}^3/1{,}000\text{L} \times 1{,}440\text{min/day} \times (21-5)\% O_2}{100\text{m}^3 \times 0.5}$
> $= 13.82\% \ O_2/\text{day}$

2020년 4회 복원기출문제

01 점토광물 중 스멕타이트(Smectite)는 지하수 중 오염물질의 이동을 제지할 가능성이 아주 크다. 스멕타이트의 구조를 설명하고, 오염물질의 이동을 제지할 수 있는 이유를 기술하시오.

> **풀이**
> (1) 구조
>   3층형 광물(2 : 1형 구조)로 팽창성 구조이며 화학조성과 전하의 비율이 다른 몇 가지가 포함되는데 가장 대표적인 것이 몬모릴로나이트이다.
> (2) 이유
>   가소성이 크고 집결성, 수화 및 팽윤 특성을 가지고 있기 때문이다.

02 다음은 미국 농무부 토양입자의 분류체계이다. ( ) 안에 알맞은 내용을 쓰시오.

① 토양입경 0.05~2mm : (   )
② 토양입경 0.002~0.05mm : (   )
③ 토양입경 0.002mm 이하 : (   )

> **풀이**
> ① 모래(Sand)   ② 실트(Silt)   ③ 점토(Clay)

03 부지평가 결과, 대수층의 투수량계수가 20m²/day이고 수리전도도가 1m/day일 경우 대수층의 두께(m)를 구하시오. (기타 조건은 고려하지 않음)

> **풀이**
> $T = k \times b$
> $b = \dfrac{T}{k} = \dfrac{20\text{m}^2/\text{day}}{1\text{m}/\text{day}} = 20\text{m}$

04 저장물질이 없는 지하매설저장시설 누출검사에서 가압 후 10분일 때의 안정된 시험압력은 90mmH₂O, 온도는 15℃이었다. 가압 후 60분일 때의 압력이 80mmH₂O이고 온도가 20℃라면 온도보정을 한 압력강하(mmH₂O)는 얼마인가?

> **풀이**
>
> $$\Delta P = P_1 - P_2 \cdot \frac{T_1}{T_2}$$
>
> 여기서, ΔP : 50분간 온도 보정을 한 압력강하
> P_1 : 가압 후 10분일 때의 안정된 시험압력
> P_2 : 가압 후 60분일 때의 압력
> T_1 : 가압 후 10분일 때의 평균절대온도(K)
> T_2 : 가압 후 60분일 때의 평균절대온도(K)
>
> $$= 90 - \left(80 \times \frac{273+15}{273+20}\right) = 11.37 \text{mmH}_2\text{O}$$

05 오염토양의 처리기술에 따른 구분 중 원위치 물리·화학적 처리방법 3가지를 쓰고 그 원리를 설명하시오.

> **풀이**
>
> ① 토양증기추출법
> 토양증기추출법(SVE ; Soil Vapor Extraction)은 불포화 대수층 위에 추출정을 설치하여 강제진공흡입으로 토양을 진공상태로 만들어 줌으로써 토양으로부터 휘발성·준휘발성 오염물질을 제거하는 기술이다.
>
> ② 동전기정화법
> 지층 속에 전극을 설치하고 전류를 가하여 지층의 물리·화학적 및 수리학적 변화를 유도한 후 전도현상을 일으켜 오염물질을 이동시켜 추출·제거하는 기술이다.
>
> ③ 공기분사법
> 오염된 지하수를 정화하기 위해 포화대(포화대수층) 내에 공기를 강제 주입하여 지하수를 폭기시킴으로써 휘발성 유기화합물(VOC)을 휘발시켜 제거하는 원위치 기술이다.

06 지하 저장탱크로부터 유류 500L가 유출되었다. 불포화 토양층 내 유류의 농도가 3,000mg/kg으로 오염지역 내에 균일하게 분포하고 있다. 다음 조건을 이용하여 유출된 유류가 불포화 토양 및 지하수에 모두 분포하고 있는지 또는 토양에만 분포하고 있는지 판단하고 만일 지하수에도 유류가 존재하는 것으로 판단될 경우 그 농도(mg/L)를 예측하시오.

[조건]
- 오염된 불포화 토양의 부피(면적×길이) $100m^3$
- 토양밀도 $1,600kg/m^3$
- 오염된 불포화 토양 아래 대수층의 부피 $500m^3$
- 대수층의 공극률 0.5
- 유류밀도 $960kg/m^3$

풀이

$$\text{토양층 내 유류의 양(L)} = \frac{3,000mg/kg \times 1,600kg/m^3 \times 100m^3}{960kg/m^3 \times 10^6 mg/kg \times m^3/1,000L}$$
$$= 500L$$

유출된 유류 500L가 모두 토양층 내에 존재하므로 토양만 오염되었음

Note : 지하수 중에 존재하는 오염물질의 양을 계산할 경우에는 지하수가 토양공극 사이에 존재하기 때문에 공극률을 곱하여 계산하며, 토양 내에 있는 오염물질 양을 계산할 경우 공극률을 적용하지 않는다.

07 동전기 현상 중 다음 2가지의 이동기작을 쓰고 설명하시오.

① 전기삼투
② 전기영동

풀이

① 전기삼투 이론
전기경사에 의한 공극수(간극수)의 이동

② 전기영동 이론
전기경사에 의한 전하를 띤 입자의 이동

08 벤젠으로 오염된 지하수의 벤젠농도는 200mg/L이고 벤젠 몰분자량 78.12g/mol, 헨리상수 4.7×10^{-3} atm·m³/mol일 때 부분압력(atm)은?

> **풀이**
>
> $$P = H \times C = \frac{H \times S}{MW}$$
>
> $$= \frac{4.7 \times 10^{-3} \text{atm} \cdot \text{m}^3/\text{mol} \times 200\text{mg/L} \times 1,000\text{L/m}^3 \times \text{g}/1,000\text{mg}}{78.12\text{g/mol}} = 0.01\text{atm}$$

09 DNAPL을 설명하고 대표적인 오염물질 종류 2가지를 쓰시오.

> **풀이**
>
> **DNAPL(고밀도 비수용성 액체)**
>
> ① 정의
>
> 물에 쉽게 용해되지 않고 혼합되지 않아 자연상에서 물과 분리된 유체의 형태로 존재하는 NAPL 중 물보다 밀도가 큰 비수용성 액체로 밀도가 1g/cm^3 이상이다.
>
> ② 대표적 오염물질(2가지만 기술)
>
> ㉠ TCE(Trichloroethylene), PCE(Perchloroethylene)
>
> ㉡ 페놀, PCB(Polychlorinated Biphenyl)
>
> ㉢ 1,1,1-Trichloroethane(1,1,1-TCA), 2-Chlorophenol(클로로페놀)
>
> ㉣ 클로로포름, 사염화탄소

10 추출정 A, B, C가 있다. A와 B 사이의 거리는 40m, B와 C 사이의 거리는 50m이고 수리전도도는 각각 1.0m/day, 2m/day이다. A, C의 수두깊이가 각각 20m, 16m일 때 B의 수두(m)를 구하시오.

> **풀이**
>
> Darcy 속도$(V) = k\dfrac{dh}{dL}$
>
> $1\text{m/day} \times \dfrac{(20-B)\text{m}}{40\text{m}} = 2\text{m/day} \times \dfrac{(B-16)\text{m}}{50\text{m}}$
>
> $B(\text{m}) = 17.54\text{m}$

11 기름으로 오염된 지하수를 처리하기 위하여 유수분리기를 설계하고자 한다. 기름의 입경은 0.15mm, 기름의 밀도는 0.92g/cm³, 물의 밀도는 1g/cm³, 물의 점성도는 0.01 g/cm·sec일 때 기름의 부상속도(cm/min)를 Stoke's의 법칙을 이용하여 구하시오.

풀이

$$부상속도(cm/min) = \frac{g \cdot d^2(\rho_1 - \rho)}{18\mu}$$

$$= \frac{980\,cm/sec^2 \times (1-0.92)g/cm^3 \times (0.015cm)^2}{18 \times 0.01\,g/cm \cdot sec}$$

$$= 0.098\,cm/sec \times 60\,sec/min = 5.88\,cm/min$$

12 다음은 토양정밀조사결과 오염등급에 따른 색구분이다. ( ) 안에 알맞은 내용을 쓰시오.

등급	색 구분
Ⅰ	흰색
Ⅱ	(가)
Ⅲ	(나)
Ⅵ	(다)

풀이

(가) : 녹색   (나) : 노란색   (다) : 빨간색

13 부지환경평가방법(ESA)의 1단계, 2단계를 설명하시오.

풀이

(1) 1단계 부지환경평가
표준화된 절차에 따라 특정부지의 오염상태 및 토지오염 개연성을 판단(확인)하는 단계

(2) 2단계 부지환경평가
1단계 부지환경평가 절차에 따라 유해물질 또는 석유류 제품의 폐기나 노출에 의한 토양오염 개연성이 확인되면 확인된 오염 개연성에 대하여 시료의 채취 및 분석을 통해 추정되는 오염물질에 의한 오염 여부를 정확히 평가하는 단계

14 Hydraulic Fracturing기술에 대하여 다음을 답하시오.

(1) 적용지반
(2) 원리(방법) 및 효과

풀이

(1) 적용지반
   암반, 점토 등과 같이 투수성이 매우 낮은 토양, 즉 수리전도도가 불량하고 과잉압밀된 오염지반

(2) 원리 및 효과
   지반 내에 물을 고압으로 분사하여 기존의 간극을 확장시키거나 새로운 파쇄간극을 생성시켜줌으로써 토양의 투과성을 향상시켜 오염물질의 추출 및 처리를 용이하게 하는 토양오염 복원기술이다.

15 등온흡착모델 중 Langmuir 등온흡착식 및 각각의 인자를 쓰시오.

풀이

$$\frac{X}{M} = \frac{abC}{1+bC} \quad \left(\frac{C}{(X/M)} = \frac{1}{ab} + \frac{C}{a}\right)$$

여기서, X : 흡착된 용질의 양(흡착제에 흡착된 피흡착제 농도)
  M : 흡착제의 양
  C : 용질의 평형농도
  a : 상수(최대흡착량)
  b : 상수(흡착에너지)

16 지하수 내 벤젠의 농도가 10mg/L이다. 1차 감쇠계수가 0.005/day일 때 5년 후 지하수 내 벤젠의 농도(mg/L)는?

풀이

$$C = C_0 e^{-kt} = 10 \times e^{-(0.005 \times 365 \times 5)} = 0.001 \text{mg/L}$$

17 대수층 내 공극률이 0.4이며 지하수 수리구배가 0.1로 알려진 지역의 수리전도도를 측정하기 위하여 추적자를 사용하였다. 확산 및 흡착이 전혀 없이 지하수의 흐름과 동일하게 추적자가 이동한다는 가정하에 추적자가 20m 이동하는 데 걸린 시간은 10일이었다. 이 지역 지하수의 수리전도도(cm/sec)를 Darcy's 법칙을 이용하여 구하시오. (소수 다섯째 자리에서 반올림)

> **풀이**
>
> $$\overline{V} = \frac{k}{\eta_e}\left(\frac{dh}{dL}\right)$$
>
> $$\overline{V}(공극유속 : \text{cm/sec}) = \frac{20\text{m} \times 100\text{cm/m}}{10\text{day} \times 86,400\text{sec/day}} = 2.31481 \times 10^{-3}\text{cm/sec}$$
>
> $$2.31481 \times 10^{-3}\text{cm/sec} = \frac{K \times 0.1}{0.4}$$
>
> $$K = \frac{2.31481 \times 10^{-3}\text{cm/sec} \times 0.4}{0.1} = 0.0093\text{cm/sec}$$

18 지하매설저장시설 배관 부위에서 시료채취지점 선정에 대하여 설명하시오.

> **풀이**
>
> 배관 부위에서 채취하는 1개 지점은 저장시설로부터 가장 멀리 떨어진 배관에서 수평방향으로 1m 이상 떨어진 지점에서부터 이격거리의 1.5배 깊이까지로 한다.

SECTION 023 2021년 1회 복원기출문제

01 완전혼합반응조식을 물질수지(Mass Balance)를 이용하여 설명하시오. (단, 1차 반응)

풀이

Mass = Input − Output ± Reaction

$V\dfrac{dC}{dt} = QC_o - QC + V(-kC^n)$: 물질수지식

C_o : 반응조 유입농도
C : 반응조 유출농도
V : 반응조 부피
k : 반응속도
n : 반응차수

물질수지식을 풀기 위해 정상상태($V\dfrac{dC}{dt} = 0$)로 가정

$0 = QC_o - QC - kCV$

$Q(C_o - C) = kCV$

$C_o - C = \dfrac{kCV}{Q}$

$C_o - C = ktC$

$C_o = C + ktC$

$C_o = C(1 + kt)$

$t = \dfrac{V}{Q} = \dfrac{\left(\dfrac{C_o}{C} - 1\right)}{k}$

02 토양세척공법의 장점 4가지를 쓰시오.

풀이

토양세척공법의 장점
① 외부환경의 조건변화에 대한 영향이 적고 자체적인 조건 조절이 가능한 폐쇄형 공정이다.
② 부지 내에서 유해오염물질의 이송 없이 바로 처리 가능하다.
③ 적용 가능한 오염물질 종류의 범위가 넓다.
④ 단시간 내에 오염토양의 부피를 감소시킬 수 있다.

03 지하수 1,000m³ 중에 페놀이 20mg/L의 농도로 함유되어 있다. 이를 활성탄으로 처리하여 1mg/L까지 낮추기 위해 필요한 활성탄의 양(kg)을 구하시오. (단, Freundlich의 등온흡착식을 이용하고 K는 0.5, n은 1.0을 적용)

> **풀이**
>
> Freundlich의 등온흡착식
>
> $$\frac{X}{M} = KC^{\frac{1}{n}}$$
>
> $$\frac{(20-1)}{M} = 0.5 \times 1^{\frac{1}{1}}$$
>
> M(활성탄 양) = 38mg/L × 1,000m³ × 1,000L/m³ × kg/10⁶mg = 38kg

04 토양경작법과 바이오파일 방법의 공통점과 차이점을 쓰시오.

> **풀이**
>
> (1) 공통점
>   굴착된 오염토양에 공기를 주입하여 미생물의 활성을 증대시킴으로써 처리효율을 증가시킨다(호기성 상태 유지). 즉, 오염물질 제거기작이 동일하다.
> (2) 차이점
>   공기주입방식에 차이가 있다. 즉, 바이오파일(Biopile)은 파일(Pile) 더미까지 통하는 관을 이용하여 강제적으로 공기를 주입하거나 추출하며, 토양경작법(Landfarming)은 토양을 경작(Plowing)하거나 이랑을 만들어 공기를 통기시킴으로써 공기를 주입한다. 즉, 시스템 구성에 있어서 차이는 토양높이, 공기접촉방식에 있다.

05 자연저감법(Natural Attenuation)의 오염물질 감소 메커니즘 5가지를 쓰시오.

> **풀이**
>
> ① 희석 ② 생분해
> ③ 휘발 ④ 흡착
> ⑤ 지중물질과 화학반응

06 미생물에 의한 오염토양 처리 시 탄소원과 에너지원을 구분하여 쓰시오.

> **풀이**
> (1) 종속영양미생물
>   ① 화학합성 종속영양
>   ㉠ 탄소원 : 유기탄소
>   ㉡ 에너지원 : 유기물의 산화·환원반응
>   ② 광합성 종속영양
>   ㉠ 탄소원 : 유기탄소
>   ㉡ 에너지원 : 빛
> (2) 독립영양미생물
>   ① 화학합성 자가영양
>   ㉠ 탄소원 : 이산화탄소(CO_2)
>   ㉡ 에너지원 : 무기물의 산화·환원반응
>   ② 광합성 자가영양
>   ㉠ 탄소원 : 이산화탄소(CO_2)
>   ㉡ 에너지원 : 빛

07 체분석에 의한 토양의 입도분포곡선의 통과백분율에 해당하는 입자직경이 D_{10}=0.0035mm, D_{20}=0.0075mm, D_{30}=0.045mm, D_{60}=0.15mm일 경우 곡률계수 및 균등계수는?

> **풀이**
> $$곡률계수 = \frac{(D_{30})^2}{D_{10} \times D_{60}} = \frac{0.045^2}{0.0035 \times 0.15} = 3.85$$
> $$균등계수 = \frac{D_{60}}{D_{10}} = \frac{0.15}{0.0035} = 42.86$$

08 토양공기를 유량 0.1m³/min으로 직경 25mm의 직관을 통해 추출할 때 배관 1m당 마찰손실수두(m)는?(단, 관마찰계수 0.03, 비중 1.2)

> **풀이**
>
> 관 마찰손실수두(HL)
>
> $$HL = \lambda \times \frac{L}{D} \times \frac{rV^2}{2g}$$
>
> λ : 마찰계수 0.03
> L : 관 길이 1m
> D : 관직경 0.025m
> V : 유속 $V = \dfrac{Q}{A} = \dfrac{0.1 \text{m}^3/\text{min}}{\left(\dfrac{3.14 \times 0.025^2}{4}\right)\text{m}^2}$
>
> $\qquad\qquad\qquad = 203.8 \,\text{m/min} \times \text{min}/60\,\text{sec}$
> $\qquad\qquad\qquad = 3.397 \,\text{m/sec}$
>
> g : 중력가속도 9.8m/sec²
>
> $$= 0.03 \times \frac{1\text{m}}{0.025\text{m}} \times \frac{1.2 \times 3.397^2 (\text{m/sec})^2}{(2 \times 9.8)\text{m/sec}^2} = 0.85\text{m}$$

09 휘발성 유기물질의 처리를 위해 바이오벤팅(Bioventing)의 적용성 시험을 하였다. 다음의 자료를 활용하여 평균산소 소모율(%, O₂/day)을 구하면?

- 주입공기유량 : 30L/min
- 초기 산소농도 : 21%
- 배기가스의 산소농도 : 5%
- 시험용 토양부피 : 100m³
- 토양공극률 : 50%

> **풀이**
>
> 평균산소 소모율(%, O₂/day)
>
> $$= \frac{Q(C_0 - C_f)}{V \cdot P}$$
>
> $$= \frac{30\text{L/min} \times 1\text{m}^3/1{,}000\text{L} \times 1{,}440\text{min/day} \times (21-5)\%\,\text{O}_2}{100\text{m}^3 \times 0.5}$$
>
> $= 13.82\%, \text{O}_2/\text{day}$

10 페놀로 오염된 지하수를 과산화수소(H_2O_2)와 철촉매(Fe^{2+})를 사용하여 처리하고자 한다. 예비실험결과 99% 제거 시 각각 과산화수소와 철의 필요량이 2.5(g H_2O_2/g penol), 0.05(mg Fe^{2+}/mg H_2O_2)임을 알았다. 오염 현장의 페놀의 오염농도가 6,000mg/L이고 추출된 지하수의 유량이 10,000L/day일 때 필요한 철촉매(Fe^{2+})의 양(kg/day)은?(단, 비중 1.0, 페놀제거율 99% 기준)

풀이

유입 Penol의 양 = $6,000mg/L \times 10,000L/day \times 1kg/10^6 mg = 60kg/day$

유출 Penol의 양

$99 = \left(1 - \dfrac{C}{60}\right) \times 100$

C(유출 Penol의 양) = 0.6kg/day

제거 Penol의 양 = $60 - 0.6 = 59.4kg/day$

H_2O_2의 양(kg/day) = $59.4kg/day \times 2.5g\ H_2O_2/g\ penol = 148.5kg/day$

Fe^{2+}의 양(kg/day) = $59.4kg/day \times 2.5g\ H_2O_2/g\ penol$
　　　　　　　　$\times 0.05mg\ Fe^{2+}/mg\ H_2O_2$
　　　　　　　= $7.43kg/day$

11 전기동력학적 오염토양복원기술이 타 기술과 비교하여 갖는 장점 5가지를 기술하시오.

풀이

전기동력학적 오염토양복원기술의 장점(5가지만 기술)
① 다양한 종류의 오염물질에 적용 가능하다.(특히 금속으로 오염된 지역에 효과적)
② 이질토양에서도 균일하게 오염물질의 제거가 가능하다.
③ 토양의 포화도에 무관하게 적용이 가능하다.
④ 오염물질 이동방향 조절이 가능하다.
⑤ 상대적으로 에너지가 적으므로 경제적이다.
⑥ 굴착 등이 필요하지 않기 때문에 현재의 현장상태를 유지하면서 복원할 수 있다.
⑦ 집수정으로부터 오염된 지중용액의 추출이 용이하다.
⑧ 처리된 토양은 재생이 가능하다.

12 지하저장탱크에서 오염물질이 유출되었다. 지하수의 오염물질농도가 6mg/L일 경우 유출된 오염물질의 양(kg)을 구하시오. (단, 지하대수층은 100m×30m×5m이고 공극률은 30%이다.)

> **풀이**
> 오염물질 양(kg) = 부피 × 농도 × 공극률
> $= (100 \times 30 \times 5) \text{m}^3 \times 6\text{mg/L} \times 0.3 \times \text{kg}/10^6\text{mg} \times 10^3\text{L/m}^3$
> $= 27\text{kg}$

13 지하수 유량이 2.5m³/day이고 두 지점 사이의 수평거리가 500m, 투수계수가 250m/day, 대수층의 단면적이 4m²인 경우 두 지점의 지하수 수두차(m)를 구하시오. (단, Darcy-Weisbach식 이용. 기타 사항은 고려하지 않음)

> **풀이**
> $$Q = KA\frac{dH}{dL}$$
> $2.5\text{m}^3/\text{day} = 250\text{m/day} \times 4\text{m}^2 \times \frac{dH}{500\text{m}}$
> 수두차(dH) = 1.25m

14 토양시료 채취기 중 지중 토양의 교란되지 않은 시료를 채취할 수 있는 토양채취기 2가지를 쓰시오.

> **풀이**
> **지중토양 채취기(교란되지 않은 시료채취)**
> ① 박벽개방식 튜브
> ② 지오프로브 시스템

15 다음은 산업지역에서 개황조사 시 시료채취에 관한 내용이다. ( ) 안에 알맞은 내용을 쓰시오.

> 토양오염물질이 지상에서 토양으로 유입된 경우의 시료채취지점수는 오염가능지역의 면적이 (①) 이하일 경우에는 (②)당 1개 이상 지점으로 하고 (③)를 초과할 경우에는 (④)까지는 (⑤)당 1개 이상의 지점, 1,000m²를 초과할 때부터는 (⑥)당 1개 이상의 지점을 선정한다.

풀이

① $1,000m^2$　　② $500m^2$　　③ $1,000m^2$
④ $1,000m^2$　　⑤ $500m^2$　　⑥ $1,000m^2$

16 토양의 수리전도도가 150m/day이고 공극률이 0.3, 수리구배가 0.015일 때 오염물질이 250m 떨어진 우물까지 이동하는 데 걸리는 시간(hr)을 구하시오. (단, Darcy 법칙 적용)

풀이

$$\overline{V} = \frac{k}{\eta_e}\left(\frac{dh}{dL}\right) = \frac{L}{T}$$

$$T = \frac{L}{\frac{k}{\eta_e}\left(\frac{dh}{dL}\right)} = \frac{250\text{m}}{\left(\frac{150\text{m/day} \times \text{day}/24\text{hr}}{0.3}\right) \times 0.015} = 800\text{hr}$$

17 오염토양의 처리기술 중 토양증기추출법(Soil Vapor Extraction) 및 생물학적 통기법(Bioventing)의 원리를 간단히 설명하시오.

풀이

(1) 토양증기추출법
　　토양증기추출법(SVE ; Soil Vapor Extraction)은 불포화 대수층 위에 추출정을 설치하여 강제진공흡입으로 토양을 진공상태로 만들어 줌으로써 토양으로부터 휘발성·준휘발성 오염물질을 제거하는 기술이다.
(2) 생물학적 통기법
　　오염된 불포화 토양층에 인위적(강제적)으로 공기(산소)를 공급하여 산소의 농도를 증대시킴으로써 토양 내에 존재하는 토착 미생물의 활성을 촉진시켜 생분해도(생분해능)를 증진(극대화)하여 오염토양을 정화하는 공법이다.

18 다음은 토양 내의 원소순환(대기유출가스)에 관한 내용이다. (   ) 안에 알맞은 내용을 넣으시오.

> 토양 중 탄소의 산화형태는 (①)이고 환원형태는 (②)이다. 또한 토양 중 질소의 산화형태는 (③)이고 환원형태는 (④)이다.

풀이
① CO_2 ② CH_4 ③ NO_3^- ④ NH_3

19 위험성평가 실시요령 중 위험성평가 절차 6단계를 쓰시오. (단, 토양오염물질 위해성 평가지침 기준)

풀이
① 1단계 : 사전 준비
② 2단계 : 유해·위험요인 파악
③ 3단계 : 위험성 추정
④ 4단계 : 위험성 결정
⑤ 5단계 : 위험성 감소대책 수립 및 실행
⑥ 6단계 : 기록

20 토양환경평가의 절차 및 방법을 쓰시오.

풀이
(1) 토양환경평가의 절차
　① 기초조사
　② 개황조사
　③ 정밀조사
(2) 토양환경평가의 방법
　① 오염물질의 오염도 등의 조사·분석 및 평가
　② 대상부지의 이용현황
　③ 토양오염관리대상시설에 해당하는지 여부

SECTION 024 2021년 2회 복원기출문제

01 100m³의 오염토양을 처리하기 위하여 토양을 물로 포화시키려 한다. 토양의 함수비는 10Wt%이고 습윤단위중량 1.7g/cm³, 토양입자 비중 2.7, 물의 단위중량 1g/cm³일 때 첨가해야 할 물의 양은 몇 ton인가?

풀이

첨가해야 할 물(ton) = 공극의 부피 - 물의 무게

$$공극률 = \frac{공극부피}{토양\ 전체부피}$$

공극 부피 = 공극률 × 토양 전체부피

$$공극률 = \left(1 - \frac{용적비중}{입자비중}\right)$$

$$= 1 - \left(\frac{1.7}{2.7}\right) = 0.3704$$

$$= 0.3704 \times 100\text{m}^3 = 37.04\text{m}^3 (37.04\text{ton})$$

$$함수비 = \frac{물의\ 무게}{건조토양\ 전체무게}$$

물의 무게 = 함수비 × 건조토양 전체무게

$$습윤단위중량 = \frac{토양\ 전체무게}{전체부피}$$

토양 전체무게 = 습윤단위중량 × 전체부피

$$= 1,700\text{kg/m}^3 \times 100\text{m}^3$$

$$= 170\text{ton}$$

$$= 0.1 \times 170\text{ton} = 17\text{ton}$$

$$= 37.04 - 17 = 20.04\text{ton}$$

02 수리전도도가 1m/day, 동수경사가 0.01, 공극률이 0.4인 대수층에서 비흡착성 물질이 1년 동안 이동하는 거리(m/year)를 구하시오. (단, Darcy 법칙 적용)

풀이

1년 이동하는 거리($\overline{V}$)

$$\overline{V} = \frac{k}{\eta_e}\left(\frac{dh}{dL}\right) = \frac{1\text{m/day} \times 365\text{day/year}}{0.4} \times 0.01 = 9.13\text{m/year}$$

03 토양 내 오염물질이 50mg/kg이다. 이 오염물질이 10mg/kg으로 되는 데 소요되는 시간(day)은?(단, 1차반응 속도상수 0.006/day)

> **풀이**
> $$\ln\left(\frac{C}{C_o}\right) = -k \cdot t$$
> $$\ln\frac{10}{50} = -0.006\text{day}^{-1} \times t$$
> $$t = 268.24\text{day}$$

04 지하저장창고로부터 디젤이 유출되어 토양이 오염되었다. 오염부지 평가결과 오염노출지역 토양의 밀도가 1.8g/cm³, 오염농도가 4,000mg/kg, 오염범위가 10m×25m×3m이라면 오염된 토양 내 디젤의 양(kg)은?

> **풀이**
> 디젤의 양(kg) = 부피 × 밀도
> $= (10 \times 25 \times 3)\text{m}^3 \times 4,000\text{mg/kg} \times 1.8\text{g/cm}^3 \times \text{cm}^3/10^{-6}\text{m}^3$
> $\times 1\text{kg}/1,000\text{g} \times 10^{-6}\text{kg/mg}$
> $= 5,400\text{kg}$

05 입도분포곡선으로부터 구한 통과백분율 10%, 30%, 60%에 해당하는 직경이 각각 0.05mm, 0.15mm, 0.45mm이다. 이때 균등계수(C_u)는?

> **풀이**
> $$C_u = \frac{D_{60}}{D_{10}} = \frac{0.45\text{mm}}{0.05\text{mm}} = 9$$

06 토양환경평가 절차를 순서대로 쓰시오.

> **풀이**
> **토양환경평가 절차**
> ① 기초조사
> ② 개황조사
> ③ 정밀조사

07 옥탄(C_8H_{18}, 분자량 114)을 생물학적으로 완전분해한다. 산소주입량이 3.0 $moleO_2$/day일 경우 생물학적 분해속도(g오염물질/day)를 구하시오.

> **풀이**
>
> 1mole C_8H_{18} + 12.5mole O_2 → 8mole CO_2 + 9mole H_2O
>
> 1mole C_8H_{18} : 12.5mole O_2
>
> 분해속도(g/day) : 3.0mole O_2/day
>
> $$분해속도(g/day) = \frac{1mole\,C_8H_{18} \times 3.0mole\,O_2/day}{12.5mole\,O_2} = 0.24mole\,C_8H_{18}/day$$
>
> $$= 0.24mole\,C_8H_{18}/day \times \frac{114g}{mole} = 27.36g\,C_8H_{18}/day$$

08 토양경작법(Landfarming)에 대하여 간략히 설명하시오.

> **풀이**
>
> 오염된 토양을 수거하여 처리하는 탈위치(Ex-Situ) 처리방식으로서 오염토양을 굴착하여 지표면에 깔아 놓고 정기적으로 뒤집어줌으로써 공기를 공급하여 미생물과 산소의 접촉을 증가시켜 오염물질을 분해하는 호기성 생분해공정을 말한다.

09 폭발성 물질을 처리하기에 상대적으로 적합한 기술을 아래 보기에서 선택하여 4가지를 쓰시오.

생분해, 고형화/안정화, 퇴비화, 토양세척, 고온열탈착, 저온열탈착, 토양증기추출

> **풀이**
>
> ① 퇴비화
> ② 생분해
> ③ 고온열탈착
> ④ 고정화/안정화
> Note : 문제 복원 정확하지 않음

10 헨리상수의 정의 및 SVE 정화 시 효율과 헨리상수값과의 관계를 쓰시오.

> **풀이**
> (1) 헨리상수
>   물질의 기상과 액상에서의 평형농도분포를 나타내는 값으로 휘발성 물질일수록 헨리상수는 높은 값을 나타낸다.
> (2) SVE 효율과 헨리상수값의 관계
>   높은 헨리상수값을 가진 물질일수록 SVE에 의한 처리가 용이하다.

11 오염지역의 지하수 수두구배 0.003, 수리전도도 10^{-5}cm/sec, 지하수의 지표하 10m, 지하수 유입단면적 300m²일 때 오염플럼으로 유입되는 지하수의 유입유량(L/min)을 구하시오.

> **풀이**
> $$Q = KA\frac{dH}{dL}$$
> $= 10^{-5}\text{cm/sec} \times \text{m}/100\text{cm} \times 60\text{sec/min} \times 300\text{m}^2 \times 0.003$
> $= 0.0000054\text{m}^3/\text{min} \times 1,000\text{L/m}^3$
> $= 0.0054\text{L/min}\,(5.4 \times 10^{-3}\text{L/min})$

12 다음은 일반지역의 토양시료 채취방법이다. ( ) 안에 알맞은 내용을 쓰시오.

> ① 농경지의 경우는 대상지역 내에서 (㉠)으로 5~10개 지점을 선정한다.
> ② 공장지역·매립지역·시가지지역 등 농경지가 아닌 기타 지역의 경우는 대상지역의 중심이 되는 (㉡)개 지점과 주변 (㉢)방위의 5~10m 거리에 있는 (㉣)개 지점씩 총 (㉤)개 지점을 선정하되, 대상지역에 시설물 등이 있어 각 지점 간의 간격이 불충분할 경우 간격을 적절히 조절할 수 있다.

> **풀이**
> ㉠ 지그재그형, ㉡ 1, ㉢ 4, ㉣ 1, ㉤ 5

13 토양수분 특성 중 모세관압력과 표면장력 및 모세관압력과 토양공극 반지름의 관계를 비례, 반비례로 구분하여 쓰시오.

> **풀이**
> (1) 모세관압력과 표면장력 : 비례
> (2) 모세관압력과 토양공극 반지름 : 반비례
>
> [참고] $\Delta P = \dfrac{2\sigma}{R} = \dfrac{2\sigma\cos\theta}{r}$
>
> 여기서, ΔP : 액체 – 기체 간 압력 차이(dyne/cm^2)
> σ : 표면장력(dyne/cm)
> R : 계면곡선 반지름(cm)
> r : 모세관 반지름(cm)

14 토양 개황조사 시 광산(휴・폐광산 포함) 관련 지역의 시료채취(표토)에 관한 내용 중 다음의 (   ) 안에 알맞은 내용을 쓰시오.

> 시료채취지점 수는 오염가능지역의 면적이 100,000m²를 초과할 경우에는 100,000 m²까지는 (㉠)당 (㉡)개 이상의 지점과 100,000m²를 초과할 때부터는 (㉢)당 (㉣)개 이상의 지점을 선정한다.

> **풀이**
> ㉠ 10,000m², ㉡ 1, ㉢ 50,000m², ㉣ 1

15 열탈착기술에서 분자량, 휘발성, 오염기간에 따른 탈착속도와의 관계(비례, 반비례)를 쓰시오.

> **풀이**
> (1) 분자량 : 분자량이 클수록 탈착속도가 느리다.(반비례)
> (2) 휘발성 : 휘발성이 낮을수록 탈착속도가 느리다.(비례)
> (3) 오염기간 : 오염기간이 짧을수록 탈착속도가 빠르다.(반비례)

16 토양환경보전법상 지정한 토양오염물질 5가지를 쓰시오. (단, 유사한 토양오염물질로서 토양오염의 방지를 위하여 특별히 관리할 필요가 있다고 인정되어 환경부장관이 고시하는 물질은 답안에서 제외)

> **풀이**
>
> **토양오염물질(5가지만 기술)**
>
> 1. 카드뮴 및 그 화합물
> 2. 구리 및 그 화합물
> 3. 비소 및 그 화합물
> 4. 수은 및 그 화합물
> 5. 납 및 그 화합물
> 6. 6가 크롬화합물
> 7. 아연 및 그 화합물
> 8. 니켈 및 그 화합물
> 9. 불소화합물
> 10. 유기인화합물
> 11. 폴리클로리네이티드비페닐
> 12. 시안화합물
> 13. 페놀류
> 14. 벤젠
> 15. 톨루엔
> 16. 에틸벤젠
> 17. 크실렌
> 18. 석유계 총 탄화수소
> 19. 트리클로로에틸렌
> 20. 테트라클로로에틸렌
> 21. 벤조(a)피렌
> 22. 1,2-디클로로에탄
> 23. 다이옥신(퓨란을 포함한다)

17 지하수 1,500m³ 중에 페놀이 24mg/L의 농도로 함유되어 있다. 이를 활성탄으로 처리하여 1mg/L까지 낮추기 위해 소요되는 활성탄의 양(kg)을 구하시오. (단, Freundlich 흡착등온식을 이용하고 K는 0.5, n은 1을 적용)

> **풀이**
>
> Freundlich 흡착등온식
>
> $$\frac{X}{M} = KC^{\frac{1}{n}}$$
>
> $$\frac{(24-1)}{M} = 0.5 \times 1^{\frac{1}{1}}$$
>
> M(활성탄 양) = 46mg/L × 1,500m³ × 1,000L/m³ × kg/10⁶mg = 69kg

025 2021년 4회 복원기출문제

01 PCE 오염대수층의 토양 내 유기탄소 함량 0.5%, 지하수 내 PCE농도 400ppb, 유기탄소 분배계수(K_{oc})가 300mL/g일 경우 대수층 토양의 PCE 흡착농도(mg/kg)를 구하시오. (단, $K_{oc} = \dfrac{K_p}{f_{oc}}$, K_{oc} = 유기탄소분배계수, K_p = 토양/지하수분배계수, f_{oc} = 토양 내 유기물질 함량)

풀이

K_p = 토양/지하수 분배계수 $\left(\text{흡착계수} = \dfrac{\text{토양 내 오염물질농도}}{\text{지하수 내 오염물질농도}}\right)$

$K_{oc} = 300\text{mL/g}$

$f_{oc} = 0.5\% \,(0.005)$

지하수 내 PCE 농도 $= 400\text{ppb} \times \text{ppm}/10^3\text{ppb} = 0.4\text{mg/L}$

$K_p = f_{oc} \times K_{oc}$

$\dfrac{\text{토양 내 PCE 농도(mg/kg)}}{0.4\text{mg/L}} = 0.005 \times 300\text{mL/g}$

토양 내 PCE 농도(mg/kg) $= 0.005 \times 300\text{mL/g} \times 0.4\text{mg/L}$
$\times \text{L}/1{,}000\text{mL} \times 1{,}000\text{g/kg}$
$= 0.6\text{mg/kg}$

02 다음 그림에 맞는 샘플채취방식의 명칭을 쓰시오.

(1) 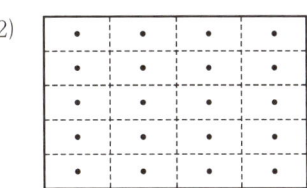　(2)

풀이

(1) 임의격자법
(2) 고정격자법

03 공극률과 공극비의 관계식을 유도하고 공극비가 0.75일 때 공극률(%)을 계산하시오. (단, 공극률은 η, 공극비 $e = \dfrac{V_v}{V_S}$의 기호를 사용한다.)

> **풀이**
>
> $$\text{공극률}(\eta) = \dfrac{\text{공극부피}(V_v)}{\text{토양 전체부피}(V)}$$
>
> $$V = V_v + V_S$$
>
> 여기서, V_S : 토양(흙)의 부피
>
> 공극률(η)을 V_S로 나누면
>
> $$\eta = \dfrac{\dfrac{V_v}{V_S}}{\left(\dfrac{V_v + V_S}{V_S}\right)} = \dfrac{e}{e+1}$$
>
> $$\eta = \dfrac{e}{e+1} = \dfrac{0.75}{0.75+1} \times 100 = 42.86\%$$

04 토양오염 위해성 평가과정 4단계를 쓰시오.

> **풀이**
>
> ① 1단계 : 노출경로 선택(유해성 인식)　② 2단계 : 노출평가
> ③ 3단계 : 독성평가　　　　　　　　　　④ 4단계 : 위해도 결정

05 옥탄올-물 분배계수(Kow)의 정의와 오염물질과의 이동성 관계를 설명하시오.

> **풀이**
>
> (1) 정의
>   옥탄올-물 두 환경에서 옥탄올 층의 화학물질 농도와 물 층의 화학물질 농도의 비, 즉 혼합되지 않는 두 상인 옥탄올과 물에서의 용질의 분포를 나타내는 계수이다.
> (2) Kow와 이동성 관계
>   ① Kow가 작은 경우(Kow < 2)
>   친수성이며 고용해도를 가져 오염물질의 이동성이 커짐
>   ② Kow가 큰 경우(Kow > 4)
>   소수성이며 고축적성을 가져 오염물질의 이동성이 작아짐

06 토양증기추출에 영향을 주는 오염물질의 물리화학적 특성을 3가지 이상 쓰시오.

> **풀이**
> 오염물질의 물리화학적 특성인자(3가지만 기술)
> ① 용해도　　　　　　　　　② 헨리상수
> ③ 증기압　　　　　　　　　④ 흡착계수

07 자연정화기법(자연저감법)에서 오염물질 처리 후 모니터링해야 하는 항목 3가지를 쓰시오.

> **풀이**
> 모니터링 항목
> ① 시간경과에 따른 오염물질의 농도 감소
> ② 전자수용체(용존산소의 농도)의 농도 감소
> ③ 분해대사과정에서 생성되는 분해물질(CO_2, CH_4, 2가 철이온)의 농도

08 열적 처리 기술인 소각과 열탈착 기술의 차이점 및 열탈착 기술의 장점 4가지를 쓰시오.

> **풀이**
> (1) 소각과 열탈착 기술의 차이점
>   소각은 산소가 있는 조건에서 고온으로 온도를 높여 유기물을 휘발시키고 동시에 연소시키는 기술이다. 반면에 열탈착은 산소 또는 무산소의 500℃ 이하 토양온도 조건에서 오염물질을 토양으로부터 제거하는 기술이다.
> (2) 열탈착 기술의 장점(4가지만 기술)
>   ① 같은 용량의 소각공정에 비하여 가스양이 상대적으로 적게 발생한다.
>   ② 유기염소 및 유기인 살충제 등 오염토양을 처리하는 동안 다이옥신과 퓨란이 생성되지 않는다.
>   ③ 토양으로부터 검출한계 이하로 휘발성 유기화합물, 유기염소, 유기인 살충제의 제거가 가능하다.
>   ④ 다양한 수분함량과 오염농도를 가진 여러 종류의 토양에 적용이 가능하며 고농도 Hot Spot 처리도 가능하다.
>   ⑤ 소각공정에 비하여 먼지의 양이 적고, 유기물을 응축시켜 회수 가능하거나 후처리할 수 있다.
>   ⑥ 처리 토양을 현장에서 재매립할 수 있고 일관성 있는 처리결과를 얻을 수 있다.
>   ⑦ 부지 내외 처리가 가능하며 비교적 많은 오염토양 처리 시 경제성이 있다.

09 식물정화법의 대표적 처리기작(메커니즘) 6가지를 쓰시오.

> **풀이**
>
> 대표적 처리기작
> ① 식물에 의한 추출
> ② 식물에 의한 분해
> ③ 식물에 의한 안정화
> ④ 식물에 의한 휘발화
> ⑤ 근권에 의한 분해
> ⑥ 근권에 의한 여과

10 토양의 수직적 성층구조를 쓰고 간단히 설명하시오.

> **풀이**
>
> (1) O층 : 유기물층
>   부분적으로 분해가 일어나고 있는 토양 단면의 최상부층으로 주로 산림토양에서 볼 수 있다.
> (2) A층 : 용탈층
>   성토층의 가장 윗부분에 위치하고 기후나 식생 등의 영향을 받아 가용성 염류가 용탈되는 층이다.
> (3) B층 : 집적층
>   풍화작용이 가장 활발하게 진행되고 있는 층으로, 상부 토층으로부터 용탈된 철과 알루미늄산화물, 고운 점토 등이 집적된다.
> (4) C층 : 모재층
>   무기물층으로서 토양생성작용(풍화작용)을 거의 받지 않는 기반층 위의 모재층이다.
> (5) R층 : 모암층
>   단단한 모암으로 미약하게 풍화된 토양이다.

11 토양 가소성의 정의를 쓰고, 열탈착 시 가소성이 미치는 영향에 대하여 설명하시오.

> **풀이**
>
> (1) 가소성
>   토양에 외력을 가했을 때 부서지지 않고 유연하게 견디어 그 본래의 형태를 유지하는 성질을 말한다. 즉 토양에 힘을 가했을 때 파괴되는 일이 없이 단지 모양만 변화하고 힘이 제거된 후에도 원점으로 되지 않는 성질이다.
> (2) 열탈착 시 가소성이 미치는 영향
>   가소성이 높은 토양은 스크린 및 장비에 엉겨붙어 운영에 지장을 초래할 수 있다.

12 토양세정법에서 계면활성제를 첨가하여 얻을 수 있는 효과 2가지를 쓰시오.

> **풀이**
> 계면활성제 첨가효과
> ① 계면활성제가 마이셀을 형성하여 계면활성제 용액에 대한 오염물질의 용해도를 증가시키고 이동성을 향상시킴
> ② 미생물의 활성도를 증가시켜 부가적인 생분해 효과를 얻음

13 다음은 토양오염관리대상 시설지역의 시료채취 및 보관에 관한 내용이다. ( ) 안에 알맞은 내용을 쓰시오.

> 트리클로로에틸렌 시험용 시료의 경우, 시료부위의 토양을 즉시 한쪽이 터진 10mL 부피의 (1) 재질의 주사기 또는 (2)를 사용하여 3곳에서 각각 약 2mL씩 채취한 5~10g의 토양을 미리 준비한 시험관에 넣고, 마개로 막아 밀봉한 후 (3) 상태로 실험실로 운반한다.

> **풀이**
> (1) 테플론, 스테인리스, 알루미늄 또는 유리
> (2) 코어샘플러
> (3) 0~4℃의 냉장

14 지하저장탱크 철거공사 시 발생한 오염토양의 양은 8,500m³이다. 오염토양의 공극률이 35%일 때 초기 수분포화도 25%를 생물학적 정화기술의 최적수분포화도인 75%로 소설하기 위해 필요한 수분의 초기 소요량은 몇 L인가?

> **풀이**
> 포화도 = $\frac{물의\ 부피}{공극의\ 부피}$
> 포화도 75%일 때 물의 양(L) = 0.75(8,500m³ × 0.35) = 2,231.25m³ = 2,231,250L
> 포화도 25%일 때 물의 양(L) = 0.25(8,500m³ × 0.35) = 743.75m³ = 743,750L
> 필요한 물의 양 = 2,231,250 − 743,750 = 1,487,500L

15 어느 토양칼럼의 물 수리전도도가 5m/day이었다면 토양칼럼에 기름을 통과시킬 경우 기름의 수리전도도(m/day)를 구하시오. (단, 물의 동점도는 1.1×10^{-3} Pa·s, 밀도는 1,000kg/m³, 기름의 동점도는 0.08Pa·s, 밀도는 825kg/m³)

> **풀이**
>
> 물의 수리전도도(K_w)
>
> $$K_w = \frac{K \rho_w g}{\mu_w}$$
>
> $$5\text{m/day} = \frac{K \times 1{,}000\text{kg/m}^3 \times 9.8\text{m/sec}^2}{1.1 \times 10^{-3} \text{kg/m} \cdot \text{sec}} \times 86{,}400 \text{sec/day}$$
>
> $K = 6.50 \times 10^{-12} \text{m}^2$ (K : 고유투수계수)
>
> 기름의 수리전도도($K_{기름}$)
>
> $$K_{기름} = \frac{K \rho_{기름} g}{\mu_{기름}}$$
>
> $$= \frac{(6.50 \times 10^{-12} \text{m}^2) \times 825\text{kg/m}^3 \times 9.8\text{m/sec}^2}{0.08\text{kg/m} \cdot \text{sec}}$$
>
> $= 0.06\text{m/day}$

16 100mm 직경의 지하수 관측정을 설치하기 위해 4군데 지점에 250mm 직경으로 심도 17m까지 보링하였다. 보링 후 관측정을 삽입하고 지표로부터 1.5m 깊이까지만 벤토나이트를 넣어 마감처리를 하였다면 소요되는 벤토나이트의 양(kg)은? (단, 벤토나이트 밀도 1.8g/cm³, 안전율 1.2)

> **풀이**
>
> 보링부피 − 관측정부피 = $73{,}593.75\text{cm}^3 - 11{,}775.0\text{cm}^3 = 61{,}818.75\text{cm}^3$
>
> $$\text{보링부피} = \frac{3.14 \times 25^2}{4}\text{cm}^2 \times 150\text{cm} = 73{,}593.75\text{cm}^3$$
>
> $$\text{관측정부피} = \frac{3.14 \times 10^2}{4}\text{cm}^2 \times 150\text{cm} = 11{,}775.0\text{cm}^3$$
>
> 벤토나이트의 양(kg) = $61{,}818.75\text{cm}^3 \times 1.8\text{g/cm}^3$
> $\times 1\text{kg}/1{,}000\text{g} \times 1.2 \times 4$지점
> = 534.11kg

17 폭 1m, 두께 50m인 대수층에 설치된 관측정 A의 수위는 50m이고, 관측정 B의 수위는 30m이며 관측정 사이 거리가 1,000m일 때 대수층에 흐르는 지하수의 양(m^3/day)은?(단, 수두계수 0.5m/day)

> **풀이**
> $$Q = KA\frac{dh}{dL} = 0.5\text{m/day} \times (1 \times 50)\text{m}^2 \times \frac{(50-30)\text{m}}{1,000\text{m}} = 0.5\text{m}^3/\text{day}$$

18 벤젠이 포화토양층에 평형상태로 용해 또는 흡착되어 있다. 지하수와 토양에서의 벤젠의 농도는 각각 10mg/L, 50mg/kg이며, 포화토양층의 부피는 2,500m^3이다. 토양공극률이 0.44, 토양입자밀도가 3.50g/cm^3일 경우 지하수에 용해된 벤젠의 양(kg)은?

> **풀이**
> 지하수에 용해된 벤젠의 양(kg)
> $= 2,500\text{m}^3 \times 10\text{mg/L} \times 0.44 \times 1\text{kg}/10^6\text{mg} \times 10^3\text{L/m}^3 = 11\text{kg}$

2022년 1회 복원기출문제

01 토양오염 위해성 평가과정 4단계를 쓰시오.

> **풀이**
> ① 1단계 : 노출경로 선택(유해성 인식)   ② 2단계 : 노출평가
> ③ 3단계 : 독성평가   ④ 4단계 : 위해도 결정

02 토양증기추출시스템의 구성장치 4가지를 쓰시오. (단, 추출정 및 공기유입정 제외)

> **풀이**
> **구성장치**
> ① 저투수성 덮개   ② 기액분리기
> ③ 진공장치(송풍기 및 진공펌프)   ④ 배기가스 처리장치

03 기름의 입경 0.2mm, 밀도 0.92g/cm³, 물의 밀도 1g/cm³, 물의 점성도 0.01g/cm · sec인 지하수를 처리하는 수심 3m인 중력식 유수분리조가 있다. 기름이 수표면까지 부상하는 데는 몇 분이 소요되는가?(단, Stoke's의 법칙 이용)

> **풀이**
> $$\text{부유속도(cm/sec)} = \frac{g \cdot d^2 (\rho_1 - \rho)}{18\mu}$$
> $$= \frac{980 \text{cm/sec}^2 \times 0.02^2 \text{cm}^2 \times (1-0.92)\text{g/cm}^3}{18 \times 0.01 \text{g/cm} \cdot \text{sec}}$$
> $$= 0.174 \text{cm/sec}$$
>
> $$\text{부상시간(min)} = \frac{\text{처리수심}}{\text{부유속도}}$$
> $$= \frac{3\text{m} \times 100\text{cm/m}}{0.174\text{cm/sec} \times 60\text{sec/min}} = 28.70 \text{min}$$

04 토양시료 100cm³를 채취하여 건조토양입자만 측정하였더니 60cm³이었다. 이것을 원통(직경 5cm)에 채워 물로 포화시킨 후 물은 유량 0.2cm³/sec로 보냈다. 다음을 구하시오. (단, 동수구배 0.2)

> ① 이때의 수리전도도(cm/sec)를 구하시오.
> ② 원통 길이가 1m일 때 통과시간(sec)을 구하시오.

풀이

① $V(\text{cm/sec}) = \dfrac{Q}{A} = KI$

$K = \dfrac{Q}{A \times I} = \dfrac{0.2\,\text{cm}^3/\text{sec}}{\left(\dfrac{3.14 \times 5^2}{4}\right)\text{cm}^2 \times 0.2} = 0.05\,\text{cm/sec}$

② 통과시간(sec) $= \dfrac{\text{이동길이}}{\text{이동속도}} = \dfrac{L}{\dfrac{K \cdot I}{\eta_e}}$

$= \dfrac{\eta_e L}{KI}$

$= \dfrac{\left(1 - \dfrac{60}{100}\right) \times 100\,\text{cm}}{0.05\,\text{cm/sec} \times 0.2} = 4{,}000\,\text{sec}$

05 다음 화학반응식(헥산)을 완성하시오.

$$C_6H_{14} + ① \, O_2 \rightarrow ② \, CO_2 + ③ \, H_2O$$

풀이

$C_xH_y + \left(x + \dfrac{y}{4}\right)O_2 \rightarrow xCO_2 + \dfrac{y}{2}H_2O$

$C_6H_{14} + \left(6 + \dfrac{14}{4}\right)O_2 \rightarrow 6CO_2 + \left(\dfrac{14}{3}\right)H_2O$

$C_6H_{14} + 9.5O_2 \rightarrow 6CO_2 + 7H_2O$

06 토양수분장력을 pF와 관련하여 설명하고, 토양수분 분류를 pF값이 큰 순서대로 나열하시오.

> **풀이**
>
> ① 토양수분장력(pF)
>   pF = log[H]
>   여기서, H : 물기둥(수주) 높이(cm)
>   pF : 토양수분장력은 토양이 수분을 보유하는 힘으로, 수주높이(cm)의 대수값을 pF로 표시하여 나타냄
>
> ② 토양수분의 pF 크기 순서
>   결합수 > 흡습수 > 모세관수 > 중력수

07 유류 550L가 유출되었다. 토양 중 유류의 농도가 3,000mg/kg일 때 토양층 내 유류의 양(L)과 지하수 내 오염농도(mg/L)를 구하시오. (단, 오염토양밀도=1,600kg/m³, 오염토양부피=100m³, 유류밀도=960kg/m³, 대수층의 부피=100m³, 공극률=0.5)

> **풀이**
>
> 토양층 내 유류의 양(L) = $\dfrac{3{,}000\text{mg/kg} \times 1{,}600\text{kg/m}^3 \times 100\text{m}^3}{960\text{kg/m}^3 \times 10^6\text{mg/kg} \times \text{m}^3/1{,}000\text{L}}$
>
>   = 500L
>
> 지하수 내 오염농도(mg/L)
>   = $\dfrac{(550-500)\text{L} \times 960\text{kg/m}^3 \times \text{m}^3/1{,}000\text{L} \times 10^6\text{mg/kg}}{100\text{m}^3 \times 0.5 \times 1{,}000\text{L/m}^3}$
>
>   = 960mg/L

08 토양의 용적비중이 1.6이고 공극률이 20%라면 이 토양의 입자비중은?

> **풀이**
>
> 공극률 = $\left(1 - \dfrac{\text{용적비중}}{\text{입자비중}}\right)$
>
> $0.2 = \left(1 - \dfrac{1.6}{\text{입자비중}}\right)$
>
> 입자비중 = 2.0

09 다음은 저장물질이 없는 누출검사대상시설의 가압시험법 검사절차에 관한 내용이다. ( ) 안에 알맞은 내용을 쓰시오.

> 누출검사대상시설 및 이와 연결된 지하매설배관은 질소 등 불활성 가스를 사용하여 $0.2\text{kg}_f/\text{cm}^2$의 시험압력으로 가압한 후 (①)분 동안 유지시켜 안정된 시험압력을 확인하고, 그 후 (②)시간 동안의 압력변화를 측정한다. '안정된 시험압력'이라 함은 가압 후 유지시간 동안 압력강하가 시험압력의 (③)% 이하의 압력을 말한다.

풀이

①: 10   ②: 1   ③: 10

10 토양 중 폴리클로리네이티드비페닐(PCBs)을 분석하는 방법에서 사용되는 검출기의 종류를 쓰시오.

풀이

전자포착검출기(ECD)

11 미생물의 최대비증식속도가 0.8hr^{-1}, 제한기질농도가 150mg/L, 반포화농도가 60mg/L일 때 세포의 비증식속도(hr^{-1})는?(단, Monod 식 적용)

풀이

$$\mu = \mu\max \frac{S}{K_s + S} = 0.8 \times \left(\frac{150}{60+150}\right) = 0.57\text{hr}^{-1}$$

12 다음은 토양오염관리대상 시설지역의 부지 내 지하저장시설 시료채취지점 선정에 관한 내용이다. ( ) 안에 알맞은 내용을 쓰시오.

> 토양오염물질의 누출이 인지되거나 토양오염의 개연성이 높은 3개 지점을 선정하되, 저장시설의 끝단으로부터 수평방향으로 (①)m 이상 떨어진 지점에서 이격거리의 (②)배 깊이까지로 한다.

풀이

①: 1   ②: 1.5

13 초기농도 5,000mg/L를 500mg/L로 줄이기 위해 완전혼합반응으로 처리하고자 할 때 반응조에서의 체류시간(hr)을 구하시오. (1차 반응속도상수=0.40/hr)

> **풀이**
>
> 완전혼합반응(CFSTR) 1차 반응식
>
> $$\frac{C}{C_o} = \frac{1}{(1+kt)}$$
>
> $$\frac{500}{5,000} = \frac{1}{(1+0.40/\text{hr} \times t)}$$
>
> $$t(\text{체류시간}) = \frac{9}{0.40/\text{hr}} = 22.5\text{hr}$$

14 유출된 유류의 부피가 5,000L이고 오염토양의 부피는 200m³, 공극률 0.4, 토양입자밀도는 2.65g/cm³이다. 유류의 비중이 0.94일 때 토양 내 유출유류농도(mg/kg)는?

> **풀이**
>
> $$\text{유류농도(mg/kg)} = \frac{\text{유출유류부피} \times \text{유류밀도}}{\text{오염토양 부피} \times \text{오염토양 용적밀도}}$$
>
> 유출유류부피 = 5,000L = 5m³
> 유류밀도 = 0.94 × 1,000kg/m³ = 940kg/m³
> 오염토양 부피 = 200m³
> 오염토양 용적밀도 = $(1-\eta_e)$ × 토양입자밀도
> $= (1-0.4) \times 2.65\text{g/cm}^3 \times \text{kg}/10^3\text{g}$
> $\times 10^6 \text{cm}^3/\text{m}^3$
> $= 1,590\text{kg/m}^3$
>
> $$= \frac{5\text{m}^3 \times 940\text{kg/m}^3}{200\text{m}^3 \times 1,590\text{kg/m}^3} \times 10^6 \text{mg/kg} = 14,779.87\text{mg/kg}$$

15 오염토양 중 평형상태에서의 벤젠농도가 200mg/L일 때 벤젠의 부분증기압(atm)을 구하시오. (단, 헨리상수 4.7×10^{-3} atm·m³/mol, 벤젠분자량 72.12g/mol)

> **풀이**
>
> $$헨리상수 = \frac{부분압 \times 분자량}{용해도}$$
>
> $$부분압 = \frac{헨리상수 \times 용해도}{분자량}$$
>
> $$= \frac{4.7 \times 10^{-3} \text{atm} \cdot \text{m}^3/\text{mol} \times 200\text{mg/L} \times 1,000\text{L/m}^3}{72.12\text{g/mol} \times 1,000\text{mg/g}}$$
>
> $$= 0.01\text{atm}$$

16 토양환경평가 절차 3단계를 쓰고 토양정밀조사 중 개황조사 시 산업지역 1,800m²의 표토시료채취 최소지점수를 쓰시오.

> **풀이**
>
> (1) 토양환경평가 절차
>   ① 기초조사
>   ② 개황조사
>   ③ 정밀조사
> (2) 산업지역 1,800m²의 표토시료채취 최소지점수 : 3지점
>   (시료채취 지점수는 오염가능지역의 면적이 1,000m² 이하일 경우에는 500m²당 1개 이상, 1,000m²를 초과할 때부터는 1,000m²당 1개 이상의 지점을 선정)

17 토양정화기술 중 고형화·안정화 방법의 특징 4가지를 쓰시오.

> **풀이**
>
> **고형화·안정화의 특징(4가지만 기술)**
> ① 물리적·화학적 방법을 통해 독성물질과 오염물질의 유동성을 감소시킨다.
> ② 부피감소가 가능하여 취급이 용이하다.
> ③ 오염물질이 용출되어 나올 수 있는 표면적이 감소한다.
> ④ 대부분의 시약과 첨가제의 적용범위가 매우 넓고 가격면에서 경제적이다.
> ⑤ 폐석이나 암석들은 공정 전에 제거되어야 한다.

18 다음은 비소 및 그 화합물에 관한 내용이다.

> (1) 3가비소와 5가비소 중 이동성이 큰 것을 쓰시오.
> (2) 3가비소와 5가비소 중 독성이 큰 것을 쓰시오.
> (3) Fe/As 비의 감소에 따른 이동성 경향을 쓰시오.

풀이
(1) : 3가비소
(2) : 3가비소
(3) : 이동성 증가(As가 클수록 비가 감소하고 이동성은 증가함)

19 과수원에서 비소, 카드뮴, 수은, 6가크롬의 농도가 2.3mg/kg일 경우 오염등급의 구분 중 녹색에 해당하는 물질을 쓰시오(단, 토양오염우려기준의 40%로 적용함)

풀이
토양오염우려기준의 40% 초과부터 토양오염우려기준 이하인 지역은 녹색으로 구분하므로
비소=25mg/kg×0.4=10mg/kg
카드뮴=4mg/kg×0.4=1.6mg/kg
수은=4mg/kg×0.4=1.6mg/kg
6가크롬=5mg/kg×0.4=2.0mg/kg이므로
녹색에 해당하는 금속은 카드뮴, 수은, 6가크롬이다.

2022년 4회 복원기출문제

01 토양수분의 물리학적 분류 3가지를 쓰시오.

> **풀이**
> **토양수분의 물리학적 분류**
> ① 결합수 ② 흡습수 ③ 모세관수

02 식물을 이용한 토양 및 지하수 정화법의 대표적 처리메커니즘에는 식물에 의한 추출, 식물에 의한 분해, 식물에 의한 안정화 등이 있다. 이 방법 중 하나를 선택하여 적용하는 식물과 그 식물이 주로 처리 가능한 오염물질을 1가지씩 쓰시오.

> **풀이**
> **식물에 의한 추출(1가지씩만 기술)**
> ① 대표적 식물 : 해바라기, 인도겨자, 보리 등
> ② 오염물질 : 중금속, 방사성 물질

03 토양 중 수분함량을 계산하는 식을 설명하시오. (단, W_1 : 건조증발접시의 무게, W_2 : 시료와 증발접시의 무게, W_3 : 건조된 시료와 증발접시의 무게)

> **풀이**
> $$수분(\%) = \frac{(W_2 - W_3)}{(W_2 - W_1)} \times 100$$

04 불포화토양 내 오염운에서부터 지하수오염운까지 생분해 반응을 순서대로 나열하시오.

> **풀이**
> 오염원으로부터 멀어질수록 메탄생성반응, 황산염환원, 철(3가)환원, 탈질소화, 호기성 산화가 진행된다.

05 석유계 총탄화수소(TPH)의 분석방법 및 검출기를 쓰시오.

> 풀이
> ① 분석방법 : 기체크로마토그래피법
> ② 검출기 : 불꽃이온화검출기(FID)

06 초기농도가 6,000mg/L인 오염물질이 30일 후에 4,500mg/L로 감소하였다면 초기농도가 500mg/L로 감소되었을 때의 소요기간(day)을 구하시오. (단, 오염물질 분해는 1차 반응)

> 풀이
> $$\ln \frac{C}{C_o} = -k \cdot t$$
> $$\ln \frac{4,500}{6,000} = -k \times 30\,\text{day}$$
> $$k = 0.00959\,\text{day}^{-1}$$
> $$\ln \frac{500}{6,000} = -0.00959\,\text{day}^{-1} \times t$$
> $$t(소요시간) = 259.11\,\text{day}$$

07 토양오염 시료채취지점 선정 시 저장시설의 끝단으로부터 수평방향으로 1.2m 떨어진 지점에서 시료를 채취할 경우 채취깊이를 구하시오.

> 풀이
> 저장시설의 끝단으로부터 수평방향으로 1m 이상 떨어진 지점에서 이격거리의 1.5배 이내 채취깊이 = 1.2m × 1.5 = 1.8m

08 유류로 오염된 토양이 있다. 다음 보기의 처리공법에 대하여 오염부지 내 처리가능을 양호, 보통, 불가로 구분하시오.

① 생분해법(Biodegration)   ② 바이오벤팅법(Bioventing)
③ 공기분사법(Air Sparging)   ④ 흰빛 썩음병 곰팡이

> 풀이
> ① 양호   ② 양호   ③ 양호   ④ 양호

09 미국 농무성이 제시한 토양의 형태학적 분류체계(6단계)를 큰 것부터 순서대로 쓰시오.

> **풀이**
> ① 목(Order)
> ② 아목(Sub-Order)
> ③ 대군(대토양군, Great Group)
> ④ 아군(아토양군, Sub-Group)
> ⑤ 과(계, Family)
> ⑥ 통(Series)

10 우리나라에 분포하고 있는 토양목을 엔티졸을 제외하고 3가지만 쓰시오.

> **풀이**
> **우리나라 분포 토양목(3가지만 기술)**
> ① 인셉티졸
> ② 몰리졸
> ③ 알피졸
> ④ 얼티졸
> ⑤ 히스토졸

11 다음 조건에서 추출정 개수를 구하시오.

> 오염토양 반경 : 30m   오염원 깊이 : 5m
> 추출정 영향 반경 : 5m   추출정 유량 : 30L/day

> **풀이**
> $$\text{추출정 개수} = \frac{\text{전체오염면적}}{1개\ 추출정\ 영향면적} = \frac{\left(\frac{3.14 \times 60^2}{4}\right)m^2}{\left(\frac{3.14 \times 10^2}{4}\right)m^2} = 36개$$

12 다음 그림과 같은 지하매설저장시설의 조사지점은 총 몇 군데를 선정하는지 쓰시오.

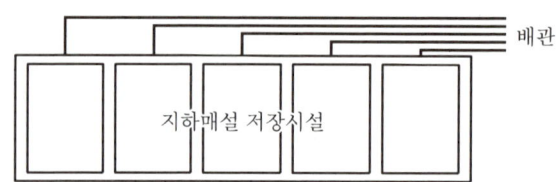

> **풀이**
> 3개 지점
>
>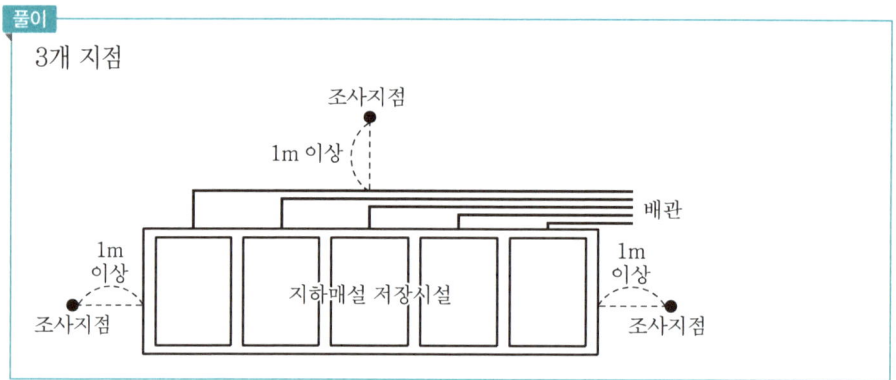

13 부지환경평가의 2단계에서 시료의 채취 및 분석을 하는 이유를 쓰시오.

> **풀이**
> 1단계 부지환경평가에서 토양오염 개연성이 확인되면 확인된 오염개연성에 대하여 시료의 채취 및 분석을 통해 추정되는 오염물질에 의한 오염 여부를 정확히 평가하기 위함

14 식물은 제외하고 동물 및 조류에 모두 영향을 주는 중금속 종류 3가지를 쓰시오.

> **풀이**
> 수은, 카드뮴, 납
> Note : 문제복원이 완벽하지는 않습니다.

15 다음은 토양환경평가지침상 정밀조사보고서의 단계이다. ( ) 안에 알맞은 내용을 쓰시오.

요약문 → 서론 → 배경 → 조사방법 → 결과 → ( ) → 고찰 → 부록

> **풀이**
> 평가의견

16 토양세척법 설계 시 고려인자 중 물리·화학적 특성 2가지를 쓰시오.

> **풀이**
>
> **토양세척법 설계 시 고려인자 중 물리·화학적 특성(2가지만 기술)**
> ① 부지 지질 및 지반형태   ② 입경분포곡선
> ③ 미세토사함량   ④ 유기물함량
> ⑤ 수분함량

17 특정토양오염관리대상시설 중 송유관시설의 검사항목 5가지를 쓰시오.

> **풀이**
>
> 벤젠, 톨루엔, 에틸벤젠, 크실렌, 석유계 총 탄화수소(TPH)

18 다음은 토양정밀조사의 폐기물 매립 및 재활용지역 개황조사에 관한 내용이다. ( )에 알맞은 내용을 쓰시오.

> 시료채취지점수는 표토 1개당 심토 (가)개를 채취하며, 그 깊이는 오염우려심도 또는 폐기물 매립(재활용)지역의 깊이를 기준으로 상·하부 (나)m 간격으로 1점 이상의 시료를 채취하되, 추가적 오염확산이 의심되는 경우에는 (다)m 간격으로 (라)개 이상의 시료를 채취한다.

> **풀이**
>
> (가) : 1   (나) : 1   (다) : 1   (라) : 1

19 토양정밀조사에서 환경부장관, 시·도지사 또는 시장·군수, 구청장이 우려기준을 넘을 가능성이 크다고 인정되는 지역 3가지를 쓰시오.

> **풀이**
>
> **우려기준을 넘을 가능성이 크다고 인정되는 지역(단, 3가지만 기술)**
> ① 토양오염사고가 발생한 지역
> ② 산업단지(농공단지 제외)
> ③ 폐광산의 주변지역
> ④ 폐기물처리시설 중 매립시설과 그 주변지역

20 토양 내 유기물의 농도가 50mg/kg이었다. 1시간 후의 유기물 농도가 40mg/kg이었다면 3시간 후의 유기물 농도(mg/kg)는?(단, 유기물의 분해는 토양에 존재하는 효소의 양에만 의존한다. 0차 반응 기준)

> **풀이**
>
> $C_t = -kt + C_0$ (0차 반응 속도식)
>
> 1시간 후의 반응속도상수(K)
>
> $40 = -K + 50$, $K = 10$
>
> 3시간 후의 유기물 농도(C_t)
>
> $C_t = -(10 \times 3) + 50 = 20 \text{mg/kg}$

SECTION 028 2023년 1회 복원기출문제

01 오염토양 복원기술 기술평가 절차를 4단계로 쓰시오.

> **풀이**
>
> **오염토양 복원기술 평가절차**
> ① 1단계 : 처리대상 오염물질 확인
> ② 2단계 : 대상오염물질군에 대해 적용 가능한 기술선정
> ③ 3단계 : 기술평가 항목별 평가
> ④ 4단계 : 종합평가

02 토양공극 반경이 0.02m인 포화토양공극에 TCE가 진입하기 위해 필요한 TCE Pool의 높이(cm)를 구하시오. (단, 접촉각은 무시하며 TCE-물 간 계면장력은 34.5dyne/cm, TCE와 물의 밀도는 각각 1.47, 1.0g/cm³)

> **풀이**
>
> $$P_c = \frac{2\sigma\cos\theta}{r} = P_{nw} - P_w = (\rho_{nw} - \rho_w)gh$$
>
> 여기서, P_c : 두 액체 간 형성된 모세관 압력
> r : 모세관 반경
> σ : 계면장력(표면장력)
> θ : NAPL의 접촉각
> P_{nw} : 비젖음 액체압력
> P_w : 젖음 액체압력
> ρ_{nw} : 비젖음 액체밀도
> ρ_w : 젖음 액체밀도
> h : 모세관 내 액체높이
>
> $$= \frac{2 \times 34.5\text{dyne/cm}}{0.002\text{cm}} = 34{,}500\text{dyne/cm}^2 \quad [\text{dyne} = \text{g} \cdot \text{cm/sec}^2]$$
>
> $$h \geq \frac{34{,}500\text{dyne/cm}^2}{(1.47 - 1.0)\text{g/cm}^3 \times 980\text{cm/sec}^2} = 74.90\text{cm}$$

03 추출정 A, B, C가 있다. A와 B 사이의 거리는 40m, B와 C 사이의 거리는 50m이고 수리전도도는 각각 1.0m/day, 2m/day이다. A, C의 수두깊이가 각각 20m, 16m일 때 B의 수두(m)를 구하시오.

> **풀이**
>
> $$\text{Darcy 속도}(V) = k\frac{dh}{dL}$$
>
> $$1\,\text{m/day} \times \frac{(20-B)\text{m}}{40\text{m}} = 2\,\text{m/day} \times \frac{(B-16)\text{m}}{50\text{m}}$$
>
> $$B(m) = 17.54\,\text{m}$$

04 오염토양의 처리장소를 위치에 따라 2가지로 구분하고 구분 중 한 가지는 다시 2가지로 구분하여 각각을 간단히 설명하시오.

> **풀이**
>
> (1) On-Situ
>   오염토양을 오염장소에서 직접 처리하는 방법
>   ① In-Situ
>   오염토양을 수거하지 않고 현위치에서 처리하는 방법
>   ② Ex-Situ
>   오염토양을 수거하여 부지 내 다른 장소에서 처리하는 방법
>
> (2) Off-Situ
>   오염토양을 수거하여 부지 밖 다른 장소에서 처리하는 방법

05 바이오벤팅(Bioventing) 방법은 토양 내에서 중온조건 미생물의 분해에 의해 직접 처리된다. 최적의 환경조건 유지를 위한 pH 및 온도의 적절한 범위를 쓰시오.

> **풀이**
>
> ① pH : 6~8
> ② 온도 : 10~45℃

06 토양의 질을 판단하는 기준을 쓰시오.

(1) 물리적 기준(3가지) (2) 화학적 기준(2가지)

풀이

(1) 물리적 기준(3가지만 기술)
   ① 토양의 입경구분과 토성
   ② 토양의 공극(투수성, 공극률, 유효수분량)
   ③ 토양의 입단화
   ④ 토양의 견지성(토양경도)
   ⑤ 토양의 색
   ⑥ 토양온도

(2) 화학적 기준(2가지만 기술)
   ① 토양산도(pH)
   ② 전기전도도(E.C)
   ③ 염기치환용량(CEC)
   ④ 유기물함량(O.M)
   ⑤ 전질소량(T-N)

07 오염토양의 생물학적 복원방법 3가지를 쓰고 간략히 설명하시오.

풀이

생물학적 복원방법

① 바이오벤팅(Bioventing)
   오염토양(불포화토양층)에 인위적으로 산소를 공급하여 토양 내에 존재하는 토착미생물의 활성을 촉진하여 생분해도를 극대화하여 오염토양을 정화하는 기법이다.

② 토양경작방법(Landfarming)
   오염된 토양을 수기하여 처리하는 탈위치(Ex-Situ) 처리방식으로서 오염토양을 굴착하여 지표면에 깔아 놓고 정기적으로 뒤집어줌으로써 공기를 공급하여 미생물과 산소의 접촉을 증가시켜 오염물질을 분해하는 호기성 생분해공정을 말한다.

③ 바이오파일(Biopile)
   오염된 토양을 굴착한 후 일정한 파일(Pile) 안에 오염토양을 쌓은 다음 폭기, 영양물질, 수분함유량을 조절하여 호기성 미생물의 활성을 극대화하여 굴착된 토양 중의 유기성 오염물질을 처리하는 탈위치(Ex-Situ) 처리공법이다.

08 토양증기추출 시스템의 유량을 120m³/min으로 운전할 때 배출 가스를 처리하기 위하여 요구되는 활성탄 흡착탑의 단면적(m²)은?(단, 활성탄 흡착탑의 적정 통과속도는 1m/sec)

> **풀이**
> $Q = A \times V$
> $A = \dfrac{Q}{V} = \dfrac{120\text{m}^3/\text{min}}{1\text{m}/\text{sec} \times 60\text{sec}/\text{min}} = 2\text{m}^2$

09 요오드화칼륨용액 20W/V%를 조제하는 방법을 쓰시오.

> **풀이**
> W/V%는 용액 100mL 중 성분 무게(g)를 의미하므로 요오드화칼륨 20g을 정제수로 용해하여 용액 100mL로 조제한다.

10 다음은 수소이온농도(유리전극법)의 분석절차이다. ( ) 안에 알맞은 내용을 쓰시오.

시료의 채취 및 조제방법에 따라 조제한 분석용 시료 5g의 무게를 달아 50mL 비커에 취하고 정제수 (①)를 넣어 가끔 유리막대로 저어주면서 (②) 동안 방치한다. pH측정기를 pH표준용액으로 보정한 다음 깨끗하게 씻어 말린 유리전극 및 표준전극을 시료용액에 넣고 (③) 이내에 읽는다.

> **풀이**
> ① 25mL
> ② 1시간
> ③ 60초

11 행잉 슬러리 월(Hanging-In Slurry Wall)을 사용할 수 있는 조건을 쓰시오.

> **풀이**
> **행잉 슬러리 월 적용조건**
> ① 저투수성의 토양층
> ② 기반암의 심도가 깊을 경우
> ③ 슬러리 월 외부의 지하수위가 내부에 비하여 상대적으로 높아 오염물질의 흐름이 외부로 발생하지 않을 경우

12 토양오염실태조사지침상 시·도지사 또는 시장·군수·구청장이 관할구역 안의 토양오염이 우려되는 지역에 대하여 토양오염실태를 조사하여야 한다. 토양오염이 우려되는 지역 2가지를 쓰시오.

> **풀이**
> **관할구역 안의 토양오염이 우려되는 지역(2가지만 기술)**
> ① 산업단지 및 공장지역
> ② 공장폐수 유입지역
> ③ 원광석·고철 등의 보관·사용지역
> ④ 금속제련소 지역

13 다음은 오염사고지역 개황조사 중 심토의 시료채취에 관한 내용이다. ( ) 안에 알맞은 내용을 쓰시오.

> 사고로 토양오염물질이 누출된 경우 누출 및 확산 우려지역을 중심으로 지질특성을 고려하여 시료채취 깊이를 2m 이상으로 하되, (ㄱ)까지는 (ㄴ), (ㄷ) 초과지점은 (ㄹ) 간격으로 시료를 채취

> **풀이**
> ㄱ : 2m   ㄴ : 50cm   ㄷ : 2m   ㄹ : 1m

14 오염지하수 흐름방향과 수직되게 반응성 매체로 충진된 벽체를 설치하여 오염물질을 지하수로부터 제거하는 공법을 무엇이라 하는지 쓰시오.

> **풀이**
> 투수성반응벽체(PRB : 반응성 투수벽체)

15 100L의 유류가 토양으로 유출되었다. 불포화 토양 내 유류가 존재하는 것으로 가정할 경우 다음 조건에 따른 유류농도(mg/L)는?

> 오염된 토양부피 : 1,000m³
> 유류밀도 : 960kg/m³
> (토양 내 유류의 양은 불변하며 건조토양으로 가정함)

풀이

$$\text{토양 내 유류농도(mg/L)} = \frac{0.1\text{m}^3 \times 960\text{kg/m}^3}{1,000\text{m}^3 \times \text{kg}/10^6\text{mg} \times 1,000\text{L/m}^3}$$
$$= 96\text{mg/L}$$

16 지하수면 아래 대수층이 TCE 오염원에 의해 오염되었다. 오염대수층의 체적은 1,000m³이고 매질의 공극률이 0.3이며, 오염원 내 지하수의 평균 TCE 농도가 1.0mg/L이라면, 오염원의 지하수 내에 존재하는 TCE 총량(kg)은?

풀이

$$\text{TCE총량(kg)} = \text{부피} \times \text{농도} \times \text{공극률}$$
$$= 1,000\text{m}^3 \times 1.0\text{mg/L} \times 0.3 \times 10^3\text{L/m}^3 \times 1\text{kg}/10^6\text{mg}$$
$$= 0.3\text{kg}$$

17 토양세척공법의 적용제약조건 3가지를 쓰시오.

풀이

적용제약조건
① 세척수로부터 미세토양입자를 분리해 내기 위해서 응집제를 첨가해 주어야 한다.
② 복합오염물질의 경우 적용하고자 하는 세척제를 선별·제조하기가 어렵다.
③ 토양 내 휴믹질이 고농도로 존재 시 전처리가 요구된다.

2023년 2회 복원기출문제

01 열탈착기술에서 분자량, 휘발성, 오염기간에 따른 탈착속도와의 관계(비례, 반비례)를 쓰시오.

풀이
(1) 분자량 : 분자량이 클수록 탈착속도가 느리다.(반비례)
(2) 휘발성 : 휘발성이 낮을수록 탈착속도가 느리다.(비례)
(3) 오염기간 : 오염기간이 짧을수록 탈착속도가 빠르다.(반비례)

02 휘발성 유기물질의 처리를 위해 바이오벤팅(Bioventing)의 적용성 시험을 하였다. 다음의 자료를 활용하여 평균산소 소모율(%, O_2/day)을 구하면?

- 주입공기유량 : 30L/min
- 배기가스의 산소농도 : 5%
- 토양공극률 : 50%
- 초기 산소농도 : 21%
- 시험용 토양부피 : 100m³

풀이

평균산소 소모율(%, O_2/day)

$$= \frac{Q(C_0 - C_f)}{V \cdot P}$$

$$= \frac{30\text{L/min} \times 1\text{m}^3/1{,}000\text{L} \times 1{,}440\text{min/day} \times (21-5)\%O_2}{100\text{m}^3 \times 0.5}$$

$$= 13.82\%, O_2/\text{day}$$

03 토양의 공극률이 0.4이고 토양입자밀도가 2.6g/cm³일 경우 용적밀도(g/cm³)를 구하시오.

풀이

$$공극률 = 1 - \left(\frac{토양용적밀도}{토양입자밀도}\right)$$

$$0.4 = 1 - \left(\frac{토양용적밀도}{2.6}\right)$$

토양용적밀도 = 1.56g/cm³

04 내재투수계수가 1.3darcy일 때, 물 온도 25℃의 수리전도도(cm/sec)를 구하시오. (단, 소수 6자리에서 반올림, $g = 980\,cm/sec^2$, 25℃에서 물의 점도 0.00890poise, 25℃에서 물의 밀도 $1g/cm^3$)

> **풀이**
>
> 수리전도도(K)
>
> $$K = K_i\left(\frac{\gamma}{\mu}\right) = K_i\left(\frac{\rho g}{\mu}\right)$$
>
> K_i(고유투수계수), 1darcy = $9.87 \times 10^{-9}\,cm^2$ 이므로
>
> $K_i = 9.87 \times 10^{-9} \times 1.3\,cm^2$
>
> $\rho = 1g/cm^3$
>
> $g = 980\,cm/sec^2$
>
> $\mu = 0.00890\,poise = 0.0089\,g/cm \cdot sec$
>
> $$= \frac{9.87 \times 10^{-9} \times 1.3\,cm^2 \times 1g/cm^3 \times 980\,cm/sec^2}{0.0089\,g/cm \cdot sec}$$
>
> $= 0.00141\,cm/sec$

05 토양증기추출법(SVE)의 적용 제한인자(제약조건) 4가지를 쓰시오.

> **풀이**
>
> **토양증기추출법 제한인자(4가지만 기술)**
> ① 미세토양이나 수분함량이 50% 이상 높은 토양의 경우 통기성을 저해하여 증기압을 높이기 위한 추가비용 부담이 증가된다.
> ② 유기물의 함량이 높은 토양 및 건조한 토양은 VOC(휘발성 유기물질)의 흡착능력이 높아 제거율이 낮아진다.
> ③ 방출·추출된 증기는 인간이나 주변 환경에 해가 되지 않도록 처리해야 한다.
> ④ 추출가스 처리에 사용된 활성탄 및 용액을 안전하게 처리해야 한다.
> ⑤ 포화지역에는 효과가 없으나 대수층을 낮추면 적용범위가 많아진다.
> ⑥ 투수성 지반 내에 렌즈 모양의 불투수성 부분이 존재하는 경우 휘발성 오염물질의 제거효율이 저하된다.

06 지하저장탱크 철거공사 시 발생한 오염토양의 양은 4,500m³이다. 오염토양의 공극률이 30%일 때 초기 수분포화도 25%를 생물학적 정화기술의 최적수분포화도인 65%로 조절하기 위해 필요한 수분의 초기 소요량은 몇 L인가?

풀이

$$포화도 = \frac{물의\ 부피}{공극의\ 부피}$$

포화도 65%일 때 물의 양(L) = $0.65(4,500m^3 \times 0.3) = 877.5m^3 = 877,500L$

포화도 25%일 때 물의 양(L) = $0.25(4,500m^3 \times 0.3) = 337.5m^3 = 337,500L$

필요한 물의 양 = $877,500L - 337,500L = 540,000L$

07 토양증기추출시스템의 구성장치 4가지를 쓰시오.(단, 추출정 및 공기유입정 제외)

풀이

구성장치
① 저투수성 덮개   ② 기액분리기
③ 진공장치(송풍기 및 진공펌프)   ④ 배기가스 처리장치

08 토양경작법의 토양환경보전법 및 토양오염유발시설관리지침상 유류에 대한 오염도 기준 물질 2가지를 쓰시오.

풀이

토양오염도 기준(복원목표치) 물질
① BTEX(벤젠, 톨루엔, 에틸벤젠, 크실렌)
② TPH(석유계총탄화수소)

09 다음은 토양관리기술의 내용이다. 알맞은 용어를 쓰시오.

① 수집, 저장, 갱신, 처리, 분석하는 (   )
② 지구 전 지역의 위치와 시간을 측정하는 (   )
③ 목표물에 접촉하지 않고 대상물을 판독, 해석할 수 있는 (   )

풀이

① GIS기술   ② GPS기술   ③ 원격탐사기술

10 토양수분의 물리학적 분류 4가지를 쓰시오.

> **풀이**
> 토양수분의 물리학적 분류
> ① 결합수   ② 흡습수   ③ 모세관수   ④ 중력수(자유수)

11 부지평가 결과 대수층의 투수량계수가 9m²/day이고 대수층 두께가 3m일 경우 수리전도도(m/day)는?(단, 기타 조건은 고려하지 않음)

> **풀이**
> $T = K \cdot b$
> $K = \dfrac{T}{b} = \dfrac{9\text{m}^2/\text{day}}{3\text{m}} = 3\text{m/day}$

12 열탈착 및 소각기술 적용 시 부산물로 발생되는 2차 오염원 3가지와 각각의 기본적인 제어장치 설비를 쓰시오.

> **풀이**
> 소각 및 열탈착에서 생성되는 2차 오염원과 처리방법
> ① 먼지 : 집진장치(여과집진장치, 전기집진장치)
> ② 다이옥신, 퓨란류 : 활성탄 주입장치 + 여과집진장치 + SCR
> ③ 산성증기 : 세정식 집진장치(벤투리 스크러버)

13 다음 각 오염물질에 노출 시 발생되는 질병을 쓰시오.

① 카드뮴   ② 수은   ③ PCBs   ④ 질산성질소

> **풀이**
> ① 카드뮴 : 이따이이따이병(신장기능장애)
> ② 수은 : 미나마타병
> ③ PCBs : 카네미유증(만성중독)
> ④ 질산성질소 : 청색증

14 자유면 대수층의 면적 5,000,000cm², 저류계수 0.25인 지하수의 수위가 가뭄으로 0.6m 하강하였다면 손실된 지하수량(L)은?

> **풀이**
>
> $$S = \frac{1}{A} \frac{\Delta V'}{\Delta h}$$
>
> $\Delta V' = S \times A \times \Delta h$
> $\quad\quad\, = 0.25 \times 5,000,000 \text{cm}^2 \times 0.6\text{m} \times \text{m}^2/100^2\text{cm}^2 \times 1,000\text{L}/\text{m}^3$
> $\quad\quad\, = 75,000\text{L}$

15 다음 처리기술을 설명하고 처리장소 위치에 따른 구분을 쓰시오.

① 바이오벤팅
② 식물정화법
③ 자연저감법

> **풀이**
>
> (1) 바이오벤팅
> ① 정의 : 오염토양에 인위적으로 산소를 공급하여 토양 내에 존재하는 토착미생물의 활성을 촉진시켜 생분해도를 극대화하여 오염토양을 정화하는 기술이다.
> ② 처리장소 위치구분 : 원위치 처리방법(In-situ)
>
> (2) 식물정화법
> ① 정의 : 토양 및 지하수로부터 유해한 오염물질을 식물을 이용한 정화, 즉 생물학적 및 물리·화학적인 세서 메커니즘이 모두 포함되며 오염물실 제거, 안성화·무독화시키는 자연친화적인 환경복원 기술이다.
> ② 처리장소 위치구분 : 원위치 처리방법(In-situ)
>
> (3) 자연저감법
> ① 정의 : 자연적인 지중공정(희석, 생분해, 휘발, 흡착, 지중물질과 화학반응 등)에 의해 오염물질농도가 허용가능한 농도수준으로 저감되도록 유도하는 기법이다.
> ② 처리장소 위치구분 : 원위치 처리방법(In-situ)

16 폐기물 매립 시 지하수위는 12m이고 500m 떨어진 곳에서의 지하수위는 1m이다. 수리전도도가 1.0×10^{-3}cm/sec이고 공극률이 0.34일 때 300m 떨어진 곳까지 이동하는 데 소요되는 시간(month)을 구하시오. (단, 1month=30day)

> **풀이**
>
> $$V = \frac{k}{\eta_e}\left(\frac{dh}{dL}\right)$$
>
> $$= \frac{\begin{array}{c}1.0 \times 10^{-3}\text{cm/sec} \times (12-1)\text{m} \times 60\sec/\min \\ \times 60\min/1\text{hr} \times 24\text{hr}/1\text{day} \times 30\text{day}/\text{month}\end{array}}{0.34 \times 500\text{m}}$$
>
> $= 167.72 \text{cm/month}$
>
> 소요시간(month) $= \dfrac{거리}{속도} = \dfrac{300\text{m} \times 100\text{cm/m}}{167.72\text{cm/month}} = 178.87 \text{month}$

17 토양입자 중 모래, 실트, 점토의 이화학적 특성을 서술하시오.

> **풀이**
>
> (1) 모래
>   ① 입자 직경은 2~0.05mm이다.
>   ② 비표면적이 비교적 작아 수분보유력이 매우 약하고 응집성 및 점착성은 없다. 따라서 토양의 이화학 특성에 거의 기여하지 않는다.
>
> (2) 실트(미사)
>   ① 입자 직경은 0.05~0.002mm이다.
>   ② 실트 중 거친 부분은 모래와 유사하나 가는 부분은 이화학적 특성에 관계된다. 즉, 점토에 부착, 생물생육을 이롭게 하고, 응집성, 가역성도 가진다.
>
> (3) 점토
>   ① 입자 직경은 0.002mm 이하이다.
>   ② 점착성과 응집성이 크고 표면적이 매우 커서 표면활성이 높다. 즉, 토양의 이화학적 특성에 크게 기여한다.

18 기름으로 오염된 지하수를 처리하기 위하여 유수분리기를 설계하고자 한다. 기름의 입경은 0.15mm, 기름의 밀도는 0.92g/cm³, 물의 밀도는 1g/cm³, 물의 점성도는 0.01 g/cm · sec일 때 기름의 부상속도(cm/min)를 Stoke's의 법칙을 이용하여 구하시오.

> **풀이**
>
> $$\text{부상속도(cm/min)} = \frac{g \cdot d^2(\rho_1 - \rho)}{18\mu}$$
>
> $$= \frac{980\,\text{cm/sec}^2 \times (1-0.92)\,\text{g/cm}^3 \times (0.015\,\text{cm})^2}{18 \times 0.01\,\text{g/cm} \cdot \text{sec}}$$
>
> $$= 0.098\,\text{cm/sec} \times 60\,\text{sec/min} = 5.88\,\text{cm/min}$$

19 토양정밀조사 중 개황조사 시 "폐기물 매립 및 재활용지역"의 시료채취 밀도 및 심도에 관한 내용 중 다음의 (   ) 안에 알맞은 내용을 쓰시오.

(1) 표토
  시료채취 지점수는 오염가능지역의 면적이 (㉠) 이하일 경우에는 (㉡) 당 1개 이상 지점으로 하고, (㉠)를 초과할 경우에는 (㉠)까지는 (㉡) 당 1개 이상의 지점과 (㉠)을 초과할 때부터는 (㉢) 당 1개 이상의 지점을 선정한다.

(2) 심토
  시료채취 지점수는 표토와 동일한 비율로 채취하며, 그 깊이는 오염우려심도 또는 폐기물 매립(재활용)지역의 깊이를 기준으로 상하부 (㉣) 간격으로 1점 이상의 시료를 채취하되, 추가적 오염확산이 의심되는 경우에는 (㉤) 간격으로 1개 이상의 시료를 추가로 채취한다.

> **풀이**
>
> ㉠ : 10,000m²   ㉡ : 1,000m²   ㉢ : 2,000m²
> ㉣ : 1m   ㉤ : 1m

20 시료 중의 BTEX을 분석 시 메틸알코올로 추출하는 이유를 쓰시오.

> **풀이**
> 메틸알코올로 추출 시 타 추출물질보다 추출효율이 높아 고순도의 성분을 얻을 수 있기 때문이다.

2023년 4회 복원기출문제

01 토양오염물질 중에 수질의 부영양화 및 지하수 오염물질로 작용하는 물질 2가지를 쓰시오.

풀이
① 질소(N)
② 인(P)

02 물에 의한 토양침식의 진행 3단계를 쓰시오.

풀이
물에 의한 침식 진행 3단계
① 면상침식
② 세류침식
③ 협곡침식

03 토양증기추출법의 장점 5가지를 쓰시오.

풀이
토양증기추출법의 장점
① 기계 및 장치가 간단하다.
② 유지 및 관리비용이 저렴하다.
③ 단기간 내에 설치 가능하다.
④ 즉시 복원 효율에 대한 결과를 얻을 수 있다.
⑤ 굴착이 필요 없어 오염되지 않은 토양과 혼합될 우려가 없다.

04 Bio Sparging 복원방법에서 Ferrous Iron(Fe^{2+})이 10mg/L 이상에서는 적합하지 않은 이유를 쓰시오.

풀이
지하수 내에 용존 Fe^{2+}이 바이오스파징 중 산소와 접촉 시 Fe^{3+}로 산화되면서 불용상태로 존재하여 대수층의 공극 내에 침전, 투수성을 저하시킨다.

05 토양정밀조사 3단계를 쓰고 간단히 설명하시오.

> **풀이**
>
> **토양정밀조사 3단계**
>
> ① 기초조사
>   자료조사, 청취조사 및 현지조사 등을 통하여 토양오염가능성 유무를 판단하기 위한 조사
>
> ② 개황조사
>   개황조사는 오염토양 정화 및 토양오염 방지를 위한 조치가 필요한 지역의 오염물질 종류, 오염면적 및 오염범위 등을 파악하기 위한 사전 개략조사이며, 이를 기준으로 정밀조사를 실시한다.
>
> ③ 정밀조사(상세조사로 변경)
>   정밀조사(상세조사)는 개황조사 결과 우려기준을 초과하거나 오염이 우려되는 농도(중금속과 불소는 우려기준의 70%, 그 밖의 오염물질은 우려기준의 40%를 초과하는 농도를 말한다. 이하 같다.)에 해당하는 지역과 심도를 대상으로 정밀조사(상세조사)를 실시한다.

06 LNAPL에 관하여 다음 내용을 설명하시오.

(1) 정의
(2) 종류(2가지)

> **풀이**
>
> (1) 정의
>   저밀도 비수용성 액체를 말하며 물에 쉽게 용해되지 않고 섞이지 않아 자연상에서 물과 분리된 유체의 형태로 존재하는 NAPL 중 물보다 밀도가 작은 NAPL을 말한다.
>
> (2) 종류(2가지)
>   ① BTEX(벤젠, 톨루엔, 에틸벤젠, 크실렌)
>   ② 원유, 휘발유, 디젤유

07 포화대에 공기와 영양분을 함께 공급하여 토양 및 지하수 중 미생물에 의한 생분해를 촉진시키고, 이로 인해 휘발되는 증기는 불포화대에 설치된 공기추출정으로 추출한 후 지상에서 후처리하는 정화법은 무엇인가?

> **풀이**
> 바이오스티뮬레이션(Biostimulation)

08 자연저감법(Natural Attenuation)의 오염물질 감소 메커니즘 4가지를 쓰시오.

> **풀이**
> ① 희석　　　　　　　　② 생분해
> ③ 휘발　　　　　　　　④ 흡착
> ⑤ 지중물질과 화학반응

09 토양시료의 채취방법 중 일반지역에서의 농경지가 아닌 기타 지역의 시료 채취지점 선정에 대하여 설명하시오.

> **풀이**
> 공장지역·매립지역·시가지지역 등 농경지가 아닌 기타 지역의 경우는 대상지역의 중심이 되는 1개 지점과 주변 4방위의 5~10m 거리에 있는 1개 지점씩 총 5개 지점을 선정하되, 대상지역에 시설물 등이 있어 각 지점 간의 간격이 불충분할 경우 간격을 적절히 조절할 수 있다.

10 토양오염물질의 이동특성에 영향을 주는 특성인자를 유기·무기오염물질로 구분하여 2가지씩 쓰시오.

> **풀이**
> **토양오염물질의 이동경로(특이성)에 영향을 주는 주요 특성인자**
> (1) 유기오염물질의 특성인자 (2가지만 서술)
> 　　① 증기압　　　　　　② 헨리상수(공기/물 분배계수)
> 　　③ 분해상수　　　　　④ 옥탄올/분배계수(K_{ow})
> (2) 무기오염물질의 특성인자
> 　　① 용해도적
> 　　② 착염물질의 형성

11 계면활성제를 이용한 토양세정공정으로 TCE로 오염된 토양 100m³를 처리하고자 한다. 오염된 토양 내 TCE 농도는 100mg/kg이었다. TCE를 모두 용해처리하기 위한 계면활성제의 양(L)을 구하시오. (단, 계면활성제 내 TCE 용해도 2,000mg/L, 공극률 0.4, 토양입자밀도 2.65g/cm³)

> **풀이**
>
> 계면활성제 양(L) = 토양용적밀도 × 부피
>
> $$공극률 = \left(1 - \frac{토양용적밀도}{토양입자밀도}\right)$$
>
> $$0.4 = \left(1 - \frac{토양용적밀도}{2.65}\right)$$
>
> 토양용적밀도 $= 1.59 \text{g/cm}^3$
>
> $$= 1,590 \text{kg/m}^3 \times \frac{100 \text{m}^3 \times 100 \text{mg/kg}}{2,000 \text{mg/L}}$$
>
> $= 7,950 \text{L}$

12 생물학적 통기법(Bioventing)의 설계를 위해 실시하는 실험항목 3가지를 쓰시오.

> **풀이**
>
> **생물학적 통기법의 설계를 위한 실험항목**
> ① 미생물 생분해 실험
> ② 미생물 호흡률 측정 실험
> ③ 공기흐름 영향반경 실험

13 수직차단벽 종류 중 오염확산방지를 위하여 Steel Sheet Piling을 단독으로 사용할 경우의 문제점을 설명하시오.

> **풀이**
>
> Steel Sheet Piling을 단독으로 사용할 경우 Steel Sheet Piling의 연결부분을 통해 누출이 일어날 수 있는 문제점이 있으며 이 누출은 차단시설의 허용기준치보다 일반적으로 더 높다.

14 토양오염도 조사 중 1단계 부지환경평가의 3가지 단계의 특징을 기술하시오.

> **풀이**
>
> **1단계 부지환경평가**
> (1) 서류검토
> 부지환경평가를 위한 첫 단계로 대상부지와 관계된 서류를 검토하는 절차
>
> (2) 관계자 면담
> 방문, 전화 및 서면으로 이루어지며 면담대상은 조사대상부지의 사업장 책임자, 경영자, 현장관리 담당자, 환경부서 담당자, 대상 부지 거주자, 지방공무원 등이다.
>
> (3) 현장조사
> 서류검토와 관계자면담이 끝나면 대상 부지를 직접 방문하여 오염개연성을 관찰하고 상세하게 기록, 현장 사진을 확보한다.

15 다음 내용의 토양중금속 간섭영향 보정방법의 명칭을 쓰시오.

> 토양시료에 표준물질을 첨가하여 검량곡선을 작성하는 방법으로 간섭효과가 큰 분석대상 시료나 동일한 매질의 표준시료를 확보하지 못한 경우 매질효과를 보정하여 분석하는 방법

> **풀이**
>
> 표준물질첨가법

16 오염물질이 고체의 표면에 접촉하여 축적되거나 결합하는 현상을 의미하는 용어를 쓰시오.

> **풀이**
>
> 흡착(Adsorption)

17 불포화대수층 위에 추출정을 설치하여 10mg/L의 BTEX를 2.5mg/L만 배출되도록 활성탄흡착탑을 설치하였을 경우 활성탄흡착탑의 처리효율(%)을 구하시오.

> **풀이**
> $$처리효율(\%) = \left(1 - \frac{C_o}{C_i}\right) \times 100$$
> $$= \left(1 - \frac{2.5}{10}\right) \times 100$$
> $$= 75\%$$

18 수분을 함유한 TPH 시험용 시료에서 TPH가 2,800mg/kg 검출되었다. 본 시료는 20%의 수분을 함유하고 있다. 수분을 제외한 시료의 TPH 함량(mg/kg)은 얼마인가?

> **풀이**
> $$\text{TPH}(\text{mg/kg}) = 2,800\text{mg/kg} \times \frac{100}{100-20} = 3,500\text{mg/kg}$$

2024년 1회 복원기출문제

01 지하매설 저장시설 누출검사에 이용되는 방법인 비파괴시험법의 종류 5가지를 쓰시오.

> **풀이**
> ① 방사선투과법(RT)
> ② 초음파탐사법(UT)
> ③ 자분탐사법(MT)
> ④ 와전류탐사법(ECT)
> ⑤ 액체침투탐사법(PT)

02 토양오염 위해성 평가 과정을 4단계로 쓰시오.

> **풀이**
> ① 1단계 : 오염범위 및 노출농도 결정(유해성 인식)
> ② 2단계 : 노출평가
> ③ 3단계 : 독성평가
> ④ 4단계 : 위해도 결정

03 다음 조건에서 추출정 개수를 구하시오.

오염토양 반경 : 30m	오염원 깊이 : 5m
추출정 영향 반경 : 5m	추출정 유량 : 30L/day

> **풀이**
> $$\text{추출정개수} = \frac{\text{전체오염면적}}{1\text{개 추출정 영향면적}} = \frac{\left(\frac{3.14 \times 60^2}{4}\right)\text{m}^2}{\left(\frac{3.14 \times 10^2}{4}\right)\text{m}^2} = 36\text{개}$$

04 DNAPL(고밀도 비수용성 액체)의 거동특성 2가지를 쓰시오.

> **풀이**
>
> **DNAPL의 거동 특성(2가지만 기술)**
> ① DNAPL은 물보다 무거워서 지하수면을 통과한다.
> ② DNAPL은 수직이동 중 일부는 용존되고 토양 공극 사이에 잔유물을 약 1~40% 남긴다.
> ③ 대수층 바닥에 도달 시 DNAPL은 지하수 이동방향과 관계없이 기반암의 기울기에 따라 이동방향이 결정된다.

05 토양의 공극률이 0.4이고 토양입자밀도가 2.6g/cm³일 경우 용적밀도(g/cm³)를 구하시오.

> **풀이**
>
> $$공극률 = 1 - \left(\frac{토양용적밀도}{토양입자밀도}\right)$$
> $$0.4 = 1 - \left(\frac{토양용적밀도}{2.6}\right)$$
> 토양용적밀도 $= 1.56 \text{g/cm}^3$

06 기름의 입경 0.2mm, 밀도 0.92g/cm³, 물의 밀도 1g/cm³, 물의 점성도 0.01g/cm·sec인 지하수를 처리하는 수심 3m인 중력식 유수분리조가 있다. 기름이 수표면까지 부상하는 데는 몇 분이 소요되는가?(단, Stoke's이 법칙 이용)

> **풀이**
>
> $$부유속도(\text{cm/sec}) = \frac{g \cdot d^2(\rho_1 - \rho)}{18\mu}$$
> $$= \frac{980\text{cm/sec}^2 \times 0.02^2\text{cm}^2 \times (1-0.92)\text{g/cm}^3}{18 \times 0.01\text{g/cm} \cdot \text{sec}}$$
> $$= 0.174\text{cm/sec}$$
>
> $$부상시간(\text{min}) = \frac{처리수심}{부유속도}$$
> $$= \frac{3\text{m} \times 100\text{cm/m}}{0.174\text{cm/sec} \times 60\text{sec/min}} = 28.70\text{min}$$

07 다음 보기에서 설명하고 있는 수질도식법의 명칭을 쓰시오.

> 지하수 모니터링의 수질조사에 널리 이용되고 있는 삼각수질도식법으로, 하단의 2개 삼각형 중 왼쪽은 주 양이온 Na^+, K^+, Ca^{2+}, Mg^{2+}의 농도(epm)를 백분율로 환산하여 도시하고, 오른쪽 삼각형에는 주 음이온인 Cl^-, SO_4^{2-}, HCO_3^-, CO_3^{2-} 이온농도(epm)를 백분율로 환산·도시하여 양이온과 음이온이 도시된 점을 상부에 있는 다이아몬드형 그래프에 도시하여 지하수의 유형분석과 진화 및 혼합작용을 분석하는 데 이용한다.

풀이
파이퍼 다이어그램(Piper Diagram)

08 대수층 흡착에 의한 지연이 일어나지 않는 경우 지하수 흐름에 의한 오염운이 100m 진행하는 데 1년이 걸렸다. 대수층의 공극률이 0.3, 흡착계수가 0.2mL/g이고, 대수층 평균전체밀도가 1.8g/cm³인 경우, 선형흡착모델로부터 구해지는 지연계수를 이용하여, 대수층 흡착에 의한 지연에 의해 오염운이 100m 진행하는 데 걸리는 시간(year)을 계산하시오.

풀이

$$\text{이동속도} = \frac{\text{지하수 이동속도}}{\left(\dfrac{\text{용적밀도}}{\text{공극률}} \times \text{분배계수}\right) + 1}$$

지하수 이동속도 = 100m/year
용적밀도 = 1.8g/cm³
공극률 = 0.3
흡착계수(분배계수) = 0.2mL/g

$$= \frac{100\text{m/year}}{\left(\dfrac{1.8\text{g/cm}^3}{0.3} \times 0.2\text{mL/g}\right) + 1} = 45.45\text{m/year}$$

$$\text{시간} = \frac{\text{거리}}{\text{속도}} = \frac{100\text{m}}{45.45\text{m/year}} = 2.20\text{year}$$

09 포화대수층의 수리지질학적 요소 5가지를 쓰시오.

> **풀이**
>
> **포화대수층 수리지질학적 요소(5가지만 기술)**
> ① 수리전도도   ② 투수량 계수
> ③ 공극률   ④ 비저류계수 및 저류계수
> ⑤ 비산출률   ⑥ 비보유율

10 수직차단벽의 종류 3가지를 쓰고 간단히 설명하시오.

> **풀이**
>
> ① 슬러리 월(Slurry Walls) : 낮은 수리전도도를 가진 슬러리(흙 또는 기타 첨가제)를 이용하여 지중 트렌치(Trench)에 채워 오염된 지하수를 상수원 또는 비오염 지하수와 단절시키는 방법이다.
>
> ② 그라우트 커튼(Grout Curtains, Grouting) : 지중의 공극을 채울 수 있는 물질들을 저수층까지 양수(삽입)시켜 유체의 흐름속도를 감소시키는 방법, 즉 액상 물질을 지반이나 암반 내에 주입·고화시키는 방법이다.
>
> ③ 스틸시트 파일링(Steel Sheet Piling) : 강재로 제작된 강널말뚝을 진동해머로 지반에 타입하고 연속벽체를 형성하여 지중의 물 흐름을 감소시키는 차단공법이다.

11 바이오스티뮬레이션(Bio Stimulation)과 바이오어그멘테이션(Bio Augmentation)을 간단히 설명하시오.

> **풀이**
>
> ① 바이오스티뮬레이션(Bio Stimulation)
>   서식하는 토착미생물의 활성을 촉진시키기 위해 영양물질, 전자수용체, pH, 온도 등을 조절하여 미생물의 분해를 촉진시키는 기술
> ② 바이오어그멘테이션(Bio Augmentation)
>   자연계에서 분리한 오염물에 분해능이 우수한 미생물이나 유전공학적으로 변형된 미생물을 공급함으로써 오염물질의 생분해도를 높여 제거하는 기술

12 바이오벤팅(Bioventing) 방법은 중온조건 미생물의 분해에 의해 직접 처리된다. 최적의 환경조건을 위한 pH, 미생물수, 탄소 : 질소 : 인의 비율을 쓰시오.

> **풀이**
> (1) pH : 6~8
> (2) 미생물수 : 1,000CFU/g-건조토양 이상
> (3) 탄소 : 질소 : 인=100 : 10 : 1~100 : 1 : 0.5

13 토양환경보전법상 석유계 총탄화수소(TPH) 및 BTEX의 1지역 토양오염대책기준을 쓰시오.

> **풀이**
> (1) TPH : 2,000mg/kg
> (2) BTEX : 3mg/kg, 60mg/kg, 150mg/kg, 45mg/kg

14 자연저감법효율에 영향을 미치는 수질·지질학적 인자 및 토양·지하수 인자를 각각 2가지씩 쓰시오.

> **풀이**
> (1) 수리·지질학적 인자(2가지만 기술)
>   ① 지하수의 동수구배(수리경사)
>   ② 토양 입경의 분포
>   ③ 지표수와 지하수의 관계
>   ④ 대수층의 수리전도도
>   ⑤ 선택적인 흐름경로
>
> (2) 토양·지하수 인자(2가지만 기술)
>   ① 오염물질의 농도(형태)
>   ② 온도·수분
>   ③ 영양분
>   ④ 전자수용체

15 평균농도 20mg/kg의 벤젠으로 오염된 토양의 부피가 1,200m³라면 오염부지 내 존재하는 벤젠의 총함량(kg)은?(단, 토양 Bulk Density 1.8g/cm³)

> **풀이**
>
> 벤젠 양(kg) = 밀도(비중) × 부피 × 농도
> $= 20\text{mg/kg} \times 1,200\text{m}^3 \times 1.8\text{g/cm}^3$
> $\times 1\text{cm}^3/10^{-6}\text{m}^3 \times 10^{-3}\text{kg/g} \times 10^{-6}\text{kg/mg}$
> $= 43.2\text{kg}$

16 다음 조건에서 '① 추출정 최소수'와 '② 추출 소요시간(hr)'을 구하시오.

오염원 면적 : 10,000m²
오염원 깊이 : 3m
공극률 : 0.4
추출정 영향 반경 : 10m
추출속도 : 50m³/hr

> **풀이**
>
> ① 추출정 최소수
>
> $$\text{추출정 개수} = \frac{\text{전체오염면적}}{\text{1개 추출정 영향면적}}$$
>
> $$= \frac{10,000\text{m}^2}{\frac{3.14 \times (20\text{m})^2}{4}} = 31.85(32개)$$
>
> ② 추출 소요시간
>
> $$\text{추출 소요시간(hr)} = \frac{V}{Q}$$
>
> $$= \frac{10,000\text{m}^2 \times 3\text{m} \times 0.4}{50\text{m}^3/\text{hr}} = 240\text{hr}$$

17 토양슬러지 반응기를 이용하여 슬러리유량 100L/min 규모로 초기 TPH 1,200mg/kg 농도를 TPH 50mg/kg 농도까지 최종처리하고자 할 때 필요한 반응조 크기(L)는?[단, 반응속도=1차 반응, 반응조 종류=연속류 완전혼합형 반응조(CFSTR), 반응 속도상수=0.25/min, 정상상태 유출기준]

> **풀이**
>
> CFSTR 1차 반응식
>
> $$\frac{C}{C_0} = \frac{1}{(1+K \cdot t)}$$
>
> $$\frac{50}{1,200} = \frac{1}{(1+0.25/\min \times t)}$$
>
> $t = 92\min$
>
> 반응조 크기(L) $= t \times Q = 92\min \times 100\text{L/min} = 9,200\text{L}$

18 다음 설명에 대하여 해당 처리공법의 명칭을 쓰시오.

- 순수한 물 또는 오염물질 용해도를 증대시키기 위해 화학적 첨가제가 함유된 물을 토양에 주입함으로써 오염물질의 이동성을 향상시켜 추출하여 제거하는 기술이다.
- 화학적 첨가제로 주로 사용되는 계면활성제는 공기-물, 기름-물 등 다른 물질 사이에 끼어들어 두 물질 사이의 자유에너지를 낮추는 역할을 한다.

> **풀이**
>
> 토양세정방법(Soil Flushing)

19 오염물질 저장시설의 부식방지를 위하여 전기를 가하여 저장시설을 보호하는 방법을 쓰시오.

> **풀이**
>
> 전기화학적 방식법(외부전원법, 희생양극법)
>
> [참고] 저장시설의 금속 부식방지 방법
> ① 내식성 재료를 사용하는 방법
> ② 금속이나 비금속의 피복법
> ③ 환경처리법
> ④ 전기화학적 방식법

20 유류 550L가 유출되었다. 토양 중 유류의 농도가 3,000mg/kg일 때 토양층 내 유류의 양(L)과 지하수 내 오염농도(mg/L)를 구하시오. (단, 오염토양밀도=1,600kg/m³, 오염토양부피=100m³, 유류밀도=960kg/m³, 대수층의 부피=100m³, 공극률=0.5)

풀이

$$\text{토양층 내 유류의 양(L)} = \frac{3,000\text{mg/kg} \times 1,600\text{kg/m}^3 \times 100\text{m}^3}{960\text{kg/m}^3 \times 10^6\text{mg/kg} \times \text{m}^3/1,000\text{L}}$$

$$= 500\text{L}$$

지하수 내 오염농도(mg/L)

$$= \frac{(550-500)\text{L} \times 960\text{kg/m}^3 \times \text{m}^3/1,000\text{L} \times 10^6\text{mg/kg}}{100\text{m}^3 \times 0.5 \times 1,000\text{L/m}^3}$$

$$= 960\text{mg/L}$$

SECTION 032 2024년 2회 복원기출문제

01 옥탄(C_8H_{18}, 분자량 114)을 생물학적으로 완전분해한다. 산소주입량이 3.0mole O_2/day일 경우 생물학적 분해속도(g오염물질/day)를 구하시오.

> **풀이**
>
> 1mole C_8H_{18} + 12.5mole O_2 → 8mole CO_2 + 9mole H_2O
> 1mole C_8H_{18} : 12.5mole O_2
> 분해속도(g/day) : 3.0mole O_2/day
>
> 분해속도(g/day) = $\dfrac{1\text{mole } C_8H_{18} \times 3.0\text{mole } O_2/\text{day}}{12.5\text{mole } O_2}$ = 0.24mole C_8H_{18}/day
>
> = 0.24mole C_8H_{18}/day × $\dfrac{114\text{g}}{\text{mole}}$ = 27.36g C_8H_{18}/day

02 토양환경평가 절차를 순서대로 쓰시오.

> **풀이**
>
> **토양환경평가 절차**
> ① 기초조사
> ② 개황조사
> ③ 정밀조사

03 오염토양의 처리기술 중 토양증기추출법(Soil Vapor Extraction) 및 생물학적 통기법(Bioventing)의 원리를 간단히 설명하시오.

> **풀이**
>
> (1) 토양증기추출법
> 토양증기추출법(SVE ; Soil Vapor Extraction)은 불포화 대수층 위에 추출정을 설치하여 강제진공흡입으로 토양을 진공상태로 만들어 줌으로써 토양으로부터 휘발성·준휘발성 오염물질을 제거하는 기술이다.
>
> (2) 생물학적 통기법
> 오염된 불포화 토양층에 인위적(강제적)으로 공기(산소)를 공급하여 산소의 농도를 증대시킴으로써 토양 내에 존재하는 토착 미생물의 활성을 촉진시켜 생분해도(생분해능)를 증진(극대화)하여 오염토양을 정화하는 공법이다.

04 자연저감법(Natural Attenuation)의 오염물질 감소 메커니즘 5가지를 쓰시오.

> **풀이**
> ① 희석   ② 생분해
> ③ 휘발   ④ 흡착
> ⑤ 지중물질과 화학반응

05 오염토양의 처리기술에 따른 구분 중 원위치 물리·화학적 처리방법 3가지를 쓰고 그 원리를 설명하시오.

> **풀이**
> ① 토양증기추출법
>   토양증기추출법(SVE ; Soil Vapor Extraction)은 불포화 대수층 위에 추출정을 설치하여 강제진공흡입으로 토양을 진공상태로 만들어 줌으로써 토양으로부터 휘발성·준휘발성 오염물질을 제거하는 기술이다.
> ② 동전기정화법
>   지층 속에 전극을 설치하고 전류를 가하여 지층의 물리·화학적 및 수리학적 변화를 유도한 후 전도현상을 일으켜 오염물질을 이동시켜 추출·제거하는 기술이다.
> ③ 공기분사법
>   오염된 지하수를 정화하기 위해 포화대(포화대수층) 내에 공기를 강제 주입하여 지하수를 폭기시킴으로써 휘발성 유기화합물(VOC)을 휘발시켜 제거하는 원위치 기술이다.

06 다음은 토양시료의 채취방법 중 일반지역에서의 농경지가 아닌 기타 지역의 시료채취지점 선정에 대한 내용이다. ( ) 안에 알맞은 내용을 쓰시오.

> 농경지가 아닌 기타지역의 경우는 대상지역의 중심이 되는 (㉠)개 지점과 주변 4방위의 5~10m 거리에 있는 (㉡)개 지점씩 총 (㉢)개 지점을 선정하되, 대상지역에 시설물 등이 있어 각 지점 간의 간격이 불충분할 경우 간격을 적절히 조절할 수 있다.

> **풀이**
> ㉠ : 1, ㉡ : 1, ㉢ : 5

07 1 : 1형 점토광물 및 2 : 1형 점토광물의 종류를 각각 2가지씩 쓰시오.

> **풀이**
> (1) 1 : 1형 점토광물
>   ① 할로이사이트
>   ② 카올리나이트
> (2) 2 : 1형 점토광물
>   ① 몬모릴로라이트
>   ② 일라이트

08 석유계 총탄화수소(TPH)를 기체크로마토그래피법으로 분석 시 사용되는 추출물질을 쓰시오.

> **풀이**
> 디클로로메탄

09 다공질매체 내 오염물질의 이동에 관계되는 주요 메커니즘 3가지를 기술하시오.

> **풀이**
> **다공질매체(지하수) 내 오염물질 이동 메커니즘**
> ① 이류(이송)
>   지하수 환경으로 유입된 오염물질이나 용질이 지하수의 공극유속과 같은 속도로 움직이는 현상
> ② 확산
>   용액의 농도가 불균일할 때 농도가 높은 곳으로부터 낮은 곳으로 물질이 이동하는 현상
> ③ 분산
>   용질이 다공질매체를 통하여 이동하는 과정에서 희석되어 농도가 낮아지는 현상

10 입자밀도 $2.65g/cm^3$, 용적밀도 $1.6g/cm^3$인 토양의 공극률(%)을 구하시오.

> **풀이**
> $$공극률(\%) = \left(1 - \frac{용적밀도}{입자밀도}\right) \times 100$$
> $$= \left(1 - \frac{1.6}{2.65}\right) \times 100$$
> $$= 39.62\%$$

11 유기인화합물을 기체크로마토그래피법으로 측정할 경우 적용될 수 있는 검출기 종류 2가지를 쓰시오.

> **풀이**
> 유기인화합물 GC 측정 시 사용검출기
> ① 질소인검출기
> ② 불꽃광도검출기

12 다음은 점토광물의 표면전하에 관한 내용이다. ( ) 안에 알맞은 내용을 쓰시오.

(㉠)는 동형치환에 의해 생성되는 전하로서 일반적으로 음전하를 띠며 pH 영향을 받지 않는다. (㉡)는 토양의 pH 영향을 많이 받는 전하이며 pH가 낮은 조건에서는 양전하, 높은 조건에서는 음전하가 생성된다.

> **풀이**
> ㉠ : 영구전하, ㉡ : 가변전하

13 토양환경 평가 시 시료채취 방법에 관한 내용 중 다음 조사면적의 시료채취 지점수를 쓰시오.

조사면적(m^2)	최소 지점수
500	㉠
1,000	㉡
10,000	㉢
50,000	㉣

> **풀이**
> 시료채취 지점수는 오염가능지역의 면적이 $500m^2$ 이하일 경우에는 5개 이상 지점으로 하고, $1,000m^2$까지는 6개 이상의 지점, $1,000m^2$을 초과할 때는 $1,000m^2$당 1개 이상의 지점을 추가로 선정한다.
> ㉠ : 5개, ㉡ : 6개, ㉢ : 15개, ㉣ : 55개

14 실트질 점토 내 유류오염농도 범위가 5,000~36,000mg/kg이다. 오염된 유류의 자연 생분해 속도가 6.0mg/kg·day이라면 자연저감기간(년)을 구하시오. (단, 1년은 365일)

> **풀이**
> - 농도 5,000mg/kg인 경우
>   자연저감기간(year)
> $= \dfrac{5,000\text{mg/kg}}{6.0\text{mg/kg}\cdot\text{day}} = 833.33\text{day} \times \text{year}/365\text{day} = 2.28$년
> - 농도 36,000mg/kg인 경우
>   자연저감기간(year)
> $= \dfrac{36,000\text{mg/kg}}{6.0\text{mg/kg}\cdot\text{day}} = 6,000\text{day} \times \text{year}/365\text{day} = 16.44$년

15 휘발성 방향족 탄화수소 BTEX의 종류 4가지를 쓰고 오염조사를 위한 시료채취지점 선정방법을 설명하시오.

> **풀이**
> (1) BTEX의 종류
>   ① Benzene   ② Toluene
>   ③ Ethylbenzene   ④ Xylene
> (2) 시료채취지점 선정방법
>   농경지 또는 기타 지역의 구분에 관계없이 대상지역을 대표할 수 있는 1개 지점 또는 오염의 개연성이 높은 1개 지점을 선정한다.

16 다음 내용의 분석방법을 쓰시오.

> 기체시료 또는 기화한 액체나 고체시료를 운반가스에 의하여 분리관 내에 전개시켜 기체상태에서 분리되는 각 성분을 분석하는 방법

> **풀이**
> 기체크로마토그래피법(GC)

17 토양오염복원기술의 중요한 선정기준 3가지를 쓰시오.

> **풀이**
> **복원(정화)방법 선정기준(3가지만 기술)**
> ① 오염물질 정화 또는 저감 목표치 달성 여부
> ② 정화대상 오염물질과 정화방법의 적합성 여부(모형실험을 통해 정화대상 오염물질 정화 가능성 사전 검토)
> ③ 정화기간 및 소요비용의 충족 여부
> ④ 대상기술의 적용이 토양 및 지하수 환경에 미치는 영향 예측
> ⑤ 적용된 정화방법의 상용화 정도 및 현장 적용 가능성 검토

18 추출정 A, B, C가 있다. A와 B 사이의 거리는 40m, B와 C 사이의 거리는 50m이고 수리전도도는 각각 1.0m/day, 2m/day이다. A, C의 수두깊이가 각각 20m, 16m일 때 B의 수두(m)를 구하시오.

> **풀이**
> $\text{Darcy 속도}(V) = k\dfrac{dh}{dL}$
> $1\text{m/day} \times \dfrac{(20-\text{B})\text{m}}{40\text{m}} = 2\text{m/day} \times \dfrac{(\text{B}-16)\text{m}}{50\text{m}}$
> $\text{B(m)} = 17.54\text{m}$

19 대수층의 공극률이 0.25, 다르시안 유속(Darcian Velocity)이 0.05m/hr이다. 대수층의 두께가 2m라면 깅우 시 침투하여 지하수에 도달하는 데 소요되는 시간(hr)을 구하시오.

> **풀이**
> $\text{지하수이동 속도(m/hr)} = \dfrac{V}{\eta_e} = \dfrac{0.05\text{m/hr}}{0.25} = 0.2\text{m/hr}$
> $\text{소요시간(hr)} = \dfrac{2\text{m}}{0.25\text{m/hr}} = 8\text{hr}$

20 토양오염 위해성 평가 결과 보고서 작성 시 포함사항 3가지를 쓰시오.

> **풀이**
>
> **위해성 평가 결과서 포함사항(3가지만 기술)**
> ① 오염범위 및 노출농도 결정
> ② 노출경로 결정
> ③ 노출경로별 인체 일일 평균 노출량 및 위해도 산정
> ④ 총위해도 결정
> ⑤ 정화목표치 설정
> ⑥ 불확실성 분석

2024년 3회 복원기출문제

01 다음은 비소 및 그 화합물에 관한 내용이다.

(1) 3가 비소와 5가 비소 중 이동성이 큰 것을 쓰시오.
(2) 3가 비소와 5가 비소 중 독성이 큰 것을 쓰시오.
(3) Fe/As 비의 감소에 따른 이동성 경향을 쓰시오.

풀이

(1) : 3가 비소
(2) : 3가 비소
(3) : 이동성 증가(As가 클수록 비가 감소하고 이동성은 증가함)

02 지하수 1,500m³ 중에 페놀이 24mg/L의 농도로 함유되어 있다. 이를 활성탄으로 처리하여 1mg/L까지 낮추기 위해 소요되는 활성탄의 양(kg)을 구하시오.(단, Freundlich 흡착등온식을 이용하고 K는 0.5, n은 1을 적용)

풀이

Freundlich 흡착등온식

$$\frac{X}{M} = KC^{\frac{1}{n}}$$

$$\frac{(24-1)}{M} = 0.5 \times 1^{\frac{1}{1}}$$

M(활성탄 양) = $46\text{mg/L} \times 1,500\text{m}^3 \times 1,000\text{L/m}^3 \times \text{kg}/10^6\text{mg} = 69\text{kg}$

03 토양 개황조사 시 광산(휴·폐광산 포함) 관련 지역의 시료채취(표토)에 관한 내용 중 다음 (   ) 안에 알맞은 내용을 쓰시오.

시료채취 지점수는 오염가능지역의 면적이 100,000m²를 초과할 경우 100,000m²까지는 (㉠)당 (㉡)개 이상의 지점을 선정하고, 100,000m²를 초과하면 (㉢)당 (㉣)개 이상의 지점을 선정한다.

풀이

㉠ 10,000m², ㉡ 1, ㉢ 50,000m², ㉣ 1

04 토양 내 오염물질이 50mg/kg이다. 이 오염물질이 10mg/kg으로 되는 데 소요되는 시간(day)은?(단, 1차반응 속도상수 0.006/day)

> **풀이**
> $$\ln\left(\frac{C}{C_o}\right) = -k \cdot t$$
> $$\ln\frac{10}{50} = -0.006\,\text{day}^{-1} \times t$$
> $$t = 268.24\,\text{day}$$

05 다음은 미국 농무부 토양입자의 분류체계이다. ( ) 안에 알맞은 내용을 쓰시오.

① 토양입경 0.05~2mm : (   )
② 토양입경 0.002~0.05mm : (   )
③ 토양입경 0.002mm 이하 : (   )

> **풀이**
> ① 모래(Sand)   ② 실트(Silt)   ③ 점토(Clay)

06 벤젠 20kg으로 오염된 토양을 원위치 생물학적 복원기술에 의해 정화하고자 한다. 다음의 조건에 의해 벤젠이 완전분해되는 데 필요한 산소를 과산화수소로 공급하고자 할 때 필요한 과산화수소의 양(kg)은?

> **풀이**
> 호기성 생분해 반응식
> $$C_6H_6 + 7.5O_2 \rightarrow 6CO_2 + 3H_2O$$
> $78\text{kg} : (7.5 \times 32)\text{kg}$
> $20\text{kg} : O_2(\text{kg})$
> $$O_2(\text{kg}) = \frac{20\text{kg} \times 240\text{kg}}{78\text{kg}} = 61.54\text{kg}$$
>
> 과산화수소의 양
> $$2H_2O_2 \rightarrow 2H_2O + O_2$$
> $68\text{kg} \;\; : \;\; 32\text{kg}$
> $2H_2O_2(\text{kg}) : 61.54\text{kg}$
> $$2H_2O_2(\text{kg}) = \frac{68\text{kg} \times 61.54\text{kg}}{32\text{kg}} = 130.77\text{kg}$$

07 식물복원공정 오염물질 제거기작 원리 3가지와 적합한 식물 1가지를 쓰시오.

> **풀이**
>
> (1) 식물에 의한 추출
> ① 원리 : 식물조직이 중금속이나 방사성 물질과 같은 무기오염물질을 체내에 흡수하여 축적(농축)함으로써 오염물질을 제거하는 원리
> ② 적합한 식물 : 해바라기
>
> (2) 식물에 의한 분해
> ① 원리 : 식물이 독성물질을 분해하는 효소를 분비하거나 오염물질을 분해하는 데 중요한 역할을 하는 토양미생물에 필요한 영양분을 제공하여 분해활동을 활성화시킴으로써 오염물질을 무독성의 물질로 전환시키는 원리
> ② 적합한 식물 : 포플러나무
>
> (3) 식물에 의한 안정화
> ① 원리 : 오염물질이 식물 뿌리 주변에 비활성의 상태로 축적되거나 식물체에 의해 오염물질의 이동을 차단하는 원리를 이용하며, 뿌리 주변 토양의 pH 변화 등에 의하여 중금속의 산화도가 바뀌어 불용성의 상태로 되는 원리
> ② 적합한 식물 : 포플러나무

08 대부분 소수성 유기오염물질을 토양으로부터 제거 가능하며 미생물의 활성도를 증가시켜 부가적인 생분해 효과를 얻을 수 있는 첨가물질을 쓰시오.

> **풀이**
>
> 계면활성제

09 유류(디젤)오염 토양을 굴착하여 화학적 산화법을 적용해 정화할 때 사용하는 산화제 종류 2가지를 쓰시오.

> **풀이**
>
> **화학적 산화제(2가지만 기술)**
> ① 오존   ② 과산화수소수
> ③ 차아염소산염   ④ 염소
> ⑤ 이산화염소

10 다음은 토양을 오염시키는 주요물질에 관한 내용이다. (   ) 안에 알맞은 내용을 쓰시오.

> 일상생활에서 볼 수 있는 난분해성 물질 중에서 유기용매, 세정용도로 사용되는 (㉠) 화합물, 제초제ㆍ살충제ㆍ화학에 사용되는 (㉡) 화합물 등이 있다.

풀이
㉠ : 할로겐
㉡ : 유기염소계

11 산소 또는 무산소이고 대체로 500℃ 이하의 토양 온도 조건일 때 오염물질을 토양으로부터 제거하는 기술을 쓰시오.

풀이
열탈착 기술(Thermal Desorption)

12 지하매설 저장시설에 대한 누출감지시설 중 자동누출측정법의 종류 4가지를 쓰시오. (단, 전자석 탐지식은 제외)

풀이
지하매설 저장시설에 대한 누출감지시설 중 자동누출 측정방법(부피환산법 : 물리적 방법)(4가지만 기술)
① 압력측정식
② 기포식
③ 부표식
④ 레이저식
⑤ 광전기식
⑥ 초음파 측정식
⑦ 전자석 탐침식

13 지하수의 수질특성도식법 파이퍼 다이어그램에 이용되는 음이온, 양이온 성분을 4가지씩 쓰시오.

> **풀이**
>
> (1) 음이온
> ① Cl^-
> ② SO_4^{2-}
> ③ HCO_3^-
> ④ CO_3^{2-}
>
> (2) 양이온
> ① Na^+
> ② K^+
> ③ Ca^{2+}
> ④ Mg^{2+}

14 토양오염에 대한 건강 위해성 평가 과정을 4단계로 쓰시오.

> **풀이**
>
> **토양오염에 대한 건강 위해성 평가 과정 4단계**
> ① 1단계 : 유해성 인식(Hazard Identification)
> ② 2단계 : 노출평가(Exposure Assessment)
> ③ 3단계 : 독성평가(Toxicity Assessment)
> ④ 4단계 : 위해의 특성화(위해도 결정, Risk Characterization)

15 토양의 양이온 교환능력(CEC)을 결정하는 인자 5가지를 쓰시오.

> **풀이**
>
> **양이온 교환능력 결정인자(5가지만 기술)**
> ① pH 조건
> ② 점토광물에 존재하는 양이온의 위치
> ③ 양이온의 종류
> ④ 점토의 농도
> ⑤ 입자의 크기
> ⑥ 결정입자의 결정구조적 특성

16 토양환경보전법상 지정한 토양오염물질 중 중금속에 해당하는 물질 5가지를 쓰시오.

> **풀이**
>
> **토양오염물질 중 중금속(5가지만 기술)**
> ① 카드뮴 및 그 화합물
> ② 구리 및 그 화합물
> ③ 비소 및 그 화합물
> ④ 수은 및 그 화합물
> ⑤ 납 및 그 화합물
> ⑥ 6가 크롬 화합물
> ⑦ 아연 및 그 화합물
> ⑧ 니켈 및 그 화합물

17 바이오벤팅(Bioventing) 설계조건 중 미생물이 분해 가능한 THP와 중금속의 농도는 각각 몇 ppm 이하인지 쓰시오.

> **풀이**
>
> TPH : 50,000ppm   중금속 : 2,500ppm

18 계면활성제를 이용한 토양세정공정으로 TCE로 오염된 토양 $1,000m^3$를 처리하고자 한다. 오염된 토양 내 TCE 농도는 50mg/kg이었다. TCE를 모두 용해처리하기 위한 계면활성제의 양(L)을 구하시오. (단, 계면활성제 내 TCE 용해도 5,000mg/L, 공극률 0.4, 토양입자밀도 $2.65g/cm^3$)

> **풀이**
>
> 계면활성제 양(L) = 토양용적밀도 × 부피
>
> $$공극률 = \left(1 - \frac{토양용적밀도}{토양입자밀도}\right)$$
>
> $$0.4 = \left(1 - \frac{토양용적밀도}{2.65}\right)$$
>
> 토양용적밀도 = $1.59g/cm^3$
>
> $= 1,590 kg/m^3 \times \dfrac{1,000m^3 \times 50mg/kg}{5,000mg/L}$
>
> $= 15,900 L$

19 PCE 오염대수층의 토양 내 유기탄소 함량 0.5%, 지하수 내 PCE 농도 400ppb, 유기탄소분배계수(K_{oc})가 300mL/g일 경우 대수층 토양의 PCE 흡착농도(mg/kg)를 구하시오. (단, $K_{oc} = \dfrac{K_p}{f_{oc}}$, K_{oc}=유기탄소분배계수, K_p=토양/지하수분배계수, f_{oc}=토양 내 유기물질 함량)

> **풀이**
>
> K_p = 토양/지하수 분배계수 $\left(\text{흡착계수} = \dfrac{\text{토양 내 오염물질농도}}{\text{지하수 내 오염물질농도}}\right)$
>
> $K_{oc} = 300\text{mL/g}$
>
> $f_{oc} = 0.5\%\,(0.005)$
>
> 지하수 내 PCE 농도 $= 400\text{ppb} \times \text{ppm}/10^3\text{ppb} = 0.4\text{mg/L}$
>
> $K_p = f_{oc} \times K_{oc}$
>
> $\dfrac{\text{토양 내 PCE 농도(mg/kg)}}{0.4\text{mg/L}} = 0.005 \times 300\text{mL/g}$
>
> 토양 내 PCE 농도(mg/kg) $= 0.005 \times 300\text{mL/g} \times 0.4\text{mg/L}$
> $\qquad \times \text{L}/1{,}000\text{mL} \times 1{,}000\text{g/kg}$
> $= 0.6\text{mg/kg}$

20 투기된 매립지로부터 지하수로 침출수가 흘러들어 이동하고 있다. 매립지의 침출수위가 12m이고 이로부터 300m 떨어진 하천의 평시수위는 1m라고 할 때 침출수가 유출된 직후 하천에 도달하는 데 걸리는 기간(월)은 얼마인가?(단, 이동구간의 투수계수 1×10^{-3}cm/sec, 흙의 공극률 0.34, 한 달은 30일 기준)

> **풀이**
>
> $\overline{V} = \dfrac{k}{\eta_e}\left(\dfrac{dh}{dL}\right)$
>
> $= \dfrac{1 \times 10^{-3}\text{cm/sec}}{0.34} \times \dfrac{(12-1)\text{m}}{300\text{m}} \times \dfrac{1\text{m}}{100\text{cm}} \times 86{,}400\text{sec/day}$
>
> $= 9.317 \times 10^{-2}\text{m/day}$
>
> 기간(월) $= \dfrac{\text{거리}}{\text{속도}} = \dfrac{300\text{m}}{9.317 \times 10^{-2}\text{m/day} \times 30\text{day}/1\text{month}}$
> $= 107.33\,(108\text{개월})$

MEMO

토양환경기사 실기

발행일 | 2014. 9. 20 초판발행
　　　　　2016. 1. 15 개정 1판 1쇄
　　　　　2017. 2. 10 개정 2판 1쇄
　　　　　2018. 2. 10 개정 3판 1쇄
　　　　　2019. 2. 10 개정 4판 1쇄
　　　　　2020. 2. 10 개정 5판 1쇄
　　　　　2021. 2. 10 개정 6판 1쇄
　　　　　2022. 2. 20 개정 7판 1쇄
　　　　　2023. 2. 20 개정 8판 1쇄
　　　　　2024. 1. 10 개정 9판 1쇄
　　　　　2024. 5. 10 개정10판 1쇄
　　　　　2025. 1. 20 개정11판 1쇄

저　자 | 서영민
발행인 | 장용수
발행처 | 예문사

주　소 | 경기도 파주시 직지길 460(출판도시) 도서출판 예문사
T E L | 031) 955-0550
F A X | 031) 955-0660
등록번호 | 11-76호

- 이 책의 어느 부분도 저작권자나 발행인의 승인 없이 무단 복제하여 이용할 수 없습니다.
- 파본 및 낙장은 구입하신 서점에서 교환하여 드립니다.
- 예문사 홈페이지 http : //www.yeamoonsa.com

정가 : 36,000원

ISBN 978-89-274-5722-0　13530